页岩气开发基础理论与工程技术丛书

页岩油气藏微观渗流理论与数值模拟方法

孙　海　宋文辉　姚　军　著

科学出版社
北京

内 容 简 介

页岩油气藏赋存方式多样、孔隙结构复杂，常规的油气渗流理论已不再适用。分子模拟和孔隙尺度流动模拟是揭示页岩油气流动的有效手段。本书从分子模拟、解析模型、数字岩心和孔隙网络模型等方面论述页岩油气藏微观渗流理论和数值模拟方法等的研究进展，充分考虑页岩油气的纳米受限效应、吸附/解吸、多流动模态等机制，揭示了页岩油气在纳微米尺度上的流动机理，为理解页岩油气藏的开发和生产提供了重要的理论基础。

本书可供从事页岩油气理论研究和勘探开发的科研人员和技术人员参考，也可供相关专业的研究生使用。

图书在版编目(CIP)数据

页岩油气藏微观渗流理论与数值模拟方法 / 孙海, 宋文辉, 姚军著. --北京 : 科学出版社, 2024. 10.(页岩气开发基础理论与工程技术丛书) --ISBN 978-7-03-079578-6

Ⅰ. ①TE3

中国国家版本馆 CIP 数据核字第 2024ZG9232 号

责任编辑：吴凡洁 冯晓利 / 责任校对：王萌萌
责任印制：师艳茹 / 封面设计：赫 健

科学出版社 出版
北京东黄城根北街 16 号
邮政编码：100717
http://www.sciencep.com
涿州市般润文化传播有限公司印刷
科学出版社发行 各地新华书店经销
*
2024 年 10 月第 一 版 开本：787×1092 1/16
2024 年 10 月第一次印刷 印张：19 1/2
字数：458 000

定价：298.00 元

(如有印装质量问题，我社负责调换)

丛书编委会

丛 书 序

作为一个石油人，常常遇到为人类未来担心的人忧心忡忡地问：石油还能用多久？关于石油枯竭的担忧早已有之。1914 年，美国矿务局预测，美国的石油储量只能用 10 年；1939 年，美国内政部说石油能用 13 年；20 世纪 70 年代，美国的卡特总统说：下一个 10 年结束的时候，我们会把全世界所有探明的石油储量用完。事实上，石油不但没有枯竭，而且在过去的几十年里，世界石油储量和产量一直保持增长，这是科技进步使然。

回顾石油的历史，公元前 10 世纪古巴比伦城墙和塔楼的建造中就使用了天然沥青，石油伴随人类已经有 3000 年的历史。近代以来，在许多重大的政治经济社会事件中总会嗅到石油的气息：第一次世界大战，1917 年英军不惜代价攻占石油重镇巴格达；第二次世界大战，盟军控制巴库和中东的石油供应，为最终胜利发挥了巨大作用；1956 年，发生控制石油运输通道的苏伊士危机；1973 年，阿拉伯国家针对美国开始石油禁运，油价高涨 4 倍；1990 年，石油争端引发海湾战争；2008 年 7 月 11 日，国际原油价格创下每桶 147.27 美元的历史新高；2012 年，由于页岩气产量的增长，北美天然气价格降至 21 世纪以来的最低水平，使美国能源格局产生根本性的变化，被称为页岩气革命。

页岩气革命是 21 世纪最伟大的一次能源革命，其成功的因素是多方面的，无疑，水平井技术和分段水力压裂技术作出了最突出的贡献。可是，页岩气的开采早已有之。早在 1821 年在美国纽约弗雷多尼亚就有了第一次商业性页岩气开采，1865 年美国退伍军人罗伯茨就申请了第一个压裂专利，1960 年美国工程师切林顿提出了水平井钻井方案，直到 1997 年，美国米切尔能源公司进行了第一次滑溜水压裂，实现了页岩气盈利性大规模商业开采，页岩气革命的引信被无声地点燃。

为什么早年的页岩气开采、水平井技术、压裂技术没有引发页岩气革命？我以为偶然的发现和片段的奇想固然可喜，但唯有构建完整的科学理论体系和普适的技术规范才使得大规模工业化应用成为可能。过去北美的页岩油气开发是这样，今天中国的页岩油气开发也一定是这样。

与北美相比，中国的页岩储层具有地质构造强烈、地应力复杂、埋藏较深、地表条件恶劣和水资源匮乏等特点，简单照搬北美页岩油气的理论与技术难以实现高效开发，需要系统开展页岩油气开发理论与方法的研究。为此，2011 年国家自然科学基金委员会组织页岩气高效开发重大科学问题研讨会，2014 年设立“页岩油气高效开发基础理论研究”重大项目，该项目以中国石油大学(北京)为依托单位，联合中国石油大学(华东)、西南石油大学、东北石油大学和中石化石油工程技术研究院共同承担。

这个项目基于当前我国页岩油气高效开发的战略需求与工程技术理论前沿科学问题，系统开展页岩油气工程地质力学理论、安全优质钻井技术、储层缝网改造理论和高效流动机理方面的研究，其研究成果涵盖了相关科学问题的诸多方面。例如：在页岩微观表征与断裂方面，分析了入井流体作用下页岩微观各向异性特征和时效规律，建立了考虑天然裂缝尺度与湿润性的页岩压裂缝网扩展模型，研究了毛细管力影响下页岩裂缝网络的扩展特征，为页岩微观断裂提供科学依据；在宏观页岩破坏方面，开展了龙马溪组页岩室内宏观力学行为研究，得到了页岩在压缩应力作用下的 4 个变形阶段，探讨了最大主应力与页理面法线方向夹角对页岩强度、脆性和各向异性的影响，为研究页岩复杂的破坏规律奠定了实验基础；在新型破岩方式方面，借助扫描电镜和 CT 图像三维重构技术，开展了淹没条件下水射流冲蚀破岩试验，分析了岩石宏观破坏过程和微观破坏形貌特征，探索了渗流冲击力与页岩破坏程度的关系，研究结果可为水射流提高页岩破碎效率提供理论指导；在水力压裂物理模拟方面，采用真三轴压裂物理模拟的方法，研究了页岩储层压裂过程中的水力裂缝扩展行为和裂缝形态；在页岩气开发机理方面，建立了考虑页岩基岩有机质分布特征和相应运移机制的尺度升级数学模型，探索了吸附能力与渗流尺度模型的关系，为准确描述页岩气的开发动态提供依据。在理论研究的基础上形成了工程地质甜点评价、高性能水基钻井液、全井段缝网压裂、井工厂立体开发等系列方法，并在涪陵、永川和威荣等地区试验应用百余井次。其间建成了我国首个国家级页岩气示范区，页岩气产量由 2 亿 m^3 增加到 109 亿 m^3，实现了深层页岩气勘探开发的重大突破，理论研究为此作出了应有的贡献。相关成果与中石化相结合，获得 2018 年国家科技进步奖一等奖。本丛书是此项研究的部分成果。

这些研究成果的取得与各界人士的支持密不可分。这里我首先要感谢沈平平先生，他是我崇拜的长者，5 年里他主持了 10 余次页岩油气高效开发基础理论的学术讨论，无论是艰深的数学物理模型还是复杂的勘探开发问题，他总是以他丰富的研究经验，给出娓娓的点评、直率的建议。

我还要感谢谢和平院士、彭苏萍院士、高德利院士、李阳院士、李根生院士和张东晓院士，他们自始至终在关心这项页岩油气的研究，并给出许多重要的方向性建议。

感谢丁云宏、冯夏庭、黄桢、黄仲尧、琚宜文、鞠杨、李晓、刘书杰、刘同斌、刘曰武、马发明、石林、孙宁、王欣、王香增、许怀先、张金川、赵亚溥、周德胜、周文、周英操、庄茁等专家，他们多年来与作者在科学理论和工程技术方面许多的讨论和帮助使我们受益匪浅。

感谢我的同行和好友，中石化的曾义金、林永学、蒋廷学、周建等专家，石油高校的赵金洲、姚军、葛洪魁、闫铁、郭建春、李相方、李勇明、金衍、田守嶒、李玮、卢运虎等教授。当工业界专家与高等院校学者密切结合，共同研讨，总能激发自由的想象力，萃取科学性灵，探究缜密的工程细节。这是我们一次非常愉快的合作。

本丛书的出版是国家自然科学基金重大项目“页岩油气高效开发基础理论研究”(项目编号：51490650)资助的结果，在此衷心感谢国家自然科学基金委员会的大力支持。

壳牌公司首席科学家、哈佛大学教授、孔隙弹性力学的奠基人毕奥特在 1962 年获得铁摩辛柯奖的演讲中说："让我们期待科学界人文精神和综合分析风气的复兴，工程科学作为一门专门性的技术学科，不但需要精湛技能、先天优秀的禀赋，还需要社会的认可。现代工程学的本质是综合的，工程师和工科高校在恢复自然科学领域的统一性和核心理念上将会担当重任。"

我们相信，以非常规油气开发为契机，石油工程科学的新气象正在出现！

陈勉

2019 年 10 月 1 日于北京

前　言

油气资源开发事关我国可持续发展和能源安全。我国常规油气剩余可采储量和产量逐年下降，已不能满足我国逐年增长的油气需求。页岩油气藏油气资源储量丰富，是目前我国油气增储上产的关键。油气渗流是油气田开发的基础，对油气藏的高效开发具有重要意义。传统基于达西定律的连续介质渗流力学涉及的介质孔隙多属微米级，而页岩油气藏储层孔隙以纳米级孔隙为主（一般占60%以上），且孔隙介质多样、赋存方式复杂，与微米尺度介质的流体流动相比，微纳介质内的流体流动极其复杂，具有多运移模式和多尺度的特点，流动机制受控于微尺度效应、吸附/解吸、多流动模态等相互作用，传统的连续介质油气渗流理论已不再适用。

微观孔隙尺度上研究流体在多孔介质中的流动是揭示其流动机制、获得新认识的重要途径，是目前多孔介质渗流研究领域国际学术界研究的热点。页岩油气藏渗透率极低，导致难以开展岩心流动物理实验，难以保证测试准确性，现阶段只能采用数值模拟方法研究页岩油气藏微观渗流机理。随着高性能计算技术的快速发展，分子模拟与数字岩心技术逐渐成为孔隙级微观渗流理论研究的核心手段。传统的孔隙尺度渗流理论研究主要针对以微米级孔隙为主的砂岩和碳酸盐岩油气藏，页岩油气藏孔隙尺度渗流研究在国际上尚未有完善的系统性理论与方法。本书是笔者近10年来在页岩油气藏微观渗流研究领域的系统成果总结，针对页岩油气藏多尺度孔隙介质、多样性储集方式的特点，综合不同微观渗流研究手段优势，开展页岩油气藏渗流机理研究，形成了一套页岩油气藏纳-微米尺度流动模拟理论与方法。

全书共分6章，第1章简要介绍我国页岩油气开发背景、微观渗流理论研究的重要意义及研究手段；第2章介绍了分子模拟方法在页岩油气微观流动模拟方面的理论与进展；第3章介绍了页岩气运移机制判定方法以及视渗透率模型；第4章介绍了基于数字岩心和格子玻尔兹曼（Boltzmann）方法在页岩气微观流动模拟方面的理论与进展；第5章介绍了基于数字岩心的纳维-斯托克斯方程（N-S方程）直接求解方法在页岩油微观流动模拟研究方面的理论与进展；第6章详细论述了基于孔隙网络模型的页岩气藏微观流动模拟理论。

本书撰写过程中得到了国家自然科学基金（项目编号：52122402、42090024、51490654）和山东省自然科学基金（项目编号：ZR2022JQ23）的资助。本书是集体智慧的结晶，由孙海主编、姚军教授指导，另有多位从事页岩油气微观渗流机理的中青年教师和研究生也参与了撰写。本书第1章由孙海撰写，第2章由李正、孙海、隋宏光、寇建龙、李天豪撰写，第3章由孙海、宋文辉、杨汶鑫撰写，第4章由张磊、赵建林、刘磊、孙海、阚煜达撰写，第5章由孙海、段炼、魏光源撰写，第6章由宋文辉、魏光源撰写。全书由孙海负责统稿。

感谢油气渗流研究中心各位老师及已毕业研究生的支持与帮助。感谢课题组杨汶鑫、李天豪、魏光源、阚煜达、景华鹏、周亮、胡卓成、杨灿、平晶晶、王萌、江鸿飞、赖思岑等研究生为本书的出版做了大量的资料整理工作。衷心感谢科学出版社各位老师为本书的编辑出版付出的辛勤劳动。

由于作者经验和水平所限，书中难免存在不足之处，敬请读者批评指正。

作　者

2023 年 11 月

目　录

第1章　绪　　论

近年来，随着世界各国对煤、石油、天然气资源需求的不断攀升，能源压力日益增大。此外，由于国际形势复杂多变，能源市场动荡不安。为了保障国家能源安全，我国作出了一系列重大战略决策与部署。但“十三五”以来，中国油气资源对外依赖度仍持续上涨，我国的原油储备能力远不能满足保障能源安全的需要。作为常规能源的重要补充，页岩油气、煤层气、油砂等非常规能源逐渐进入人们的视野。页岩油气在美国、加拿大等地已是重要的替代能源，正广泛应用于燃气化工、汽车燃料等方面。

全球页岩油气资源储量丰富，开发前景巨大。页岩气资源量为456.24万亿m^3，其中可采储量约为214.5万亿m^3。页岩油技术可采资源总量约为25152亿t，低成熟页岩油和中高熟页岩油技术可采资源量分别为2099亿t和413亿t。美国是开展页岩油气勘探开发较早、技术较为成熟的国家。早在21世纪初，斯伦贝谢(Schlumberger)公司成功在威利斯顿(Williston)页岩盆地应用水力压裂技术实现开采。截至目前，美国已经拥有655个钻探公司，共钻探了约40000口页岩气水平井。近10年来，美国页岩油产量以年均超过25%的速度快速增长，2021年页岩油产量达3.52亿t。相对美国，我国页岩油气开发起步较晚，截至目前，我国累计建成页岩气探矿区50余个，页岩气有利区面积约43万km^2，主要分布在四川、鄂尔多斯、松辽、渤海湾、江汉等主要含油气盆地。近年来，我国在准噶尔、鄂尔多斯、松辽、渤海湾、四川、三塘湖、柴达木等盆地取得页岩油开发重要进展，建立了新疆吉木萨尔、大庆古龙等国家级陆相页岩油示范区。

尽管页岩油气已实现了商业化开发，目前对页岩油气储集模式及渗流机理认识还不够全面，为页岩油气藏的宏观数值模拟及开发方案制订等带来了困难。作为非常规油气藏，页岩油气藏与常规油气藏相比具有以下截然不同的储层特征。

(1)页岩油气藏与常规油气藏具有不同的成藏模式，在成藏过程中页岩层既是烃源岩又是储集岩，油气形成过程中无运移“生-储-盖”三位一体。

(2)页岩油气藏孔隙类型多，孔隙结构复杂，且具有多尺度性。页岩储层储集空间主要由四类系统构成：有机质中分布的纳米级粒内孔隙、无机矿物中纳米-微米级粒间孔隙、微米-毫米级天然裂缝以及更大尺度的水力压裂缝(图1.1)。基岩孔隙是页岩油气藏的主要储集空间，主要为纳米孔隙，渗透率极低。

(3)吸附相和游离相共存，储集方式多样。游离相储集在孔隙空间中，吸附相储集在有机质中。以页岩气藏为例，吸附气可占总储集量的20%～85%。

由于页岩油气藏储层发育大量的纳米孔隙，油气在其中的流动属于纳米尺度流动，纳米尺度流体流动与常规油气藏微米孔隙中流体流动存在很大不同。页岩油气藏纳米级孔隙很大程度上导致页岩岩心流动物理实验较为困难。目前实验方法主要围绕页岩油气单相流动规律开展，压力脉冲测试方法和稳态法仅能得到实验室条件下页岩油气单相渗透率，无法揭示页岩油气在原位环境下的流动规律。另一方面，页岩岩心两相流动物理实验目前还无法进行。因此对页岩油气微纳尺度运移机制以及多相多组分流动规律的研究主要通过模拟手段开展。克努森数（*Kn*）是微纳尺度流体力学中的一个重要参数，为分子平均自由程与流动特征长度的比值，根据 *Kn*，流动可划分为四个流动区域，如图 1.2 所示，不同流动区域内流体流动可以采用不同方法进行研究。

（1）$Kn \leqslant 0.001$，此时分子平均自由程与流动特征长度相比很小，流体可视为连续流体，在该流动区域，流体分子间的碰撞频率远高于流体分子与壁面间的碰撞频率，壁面滑移流速可以忽略，经典的无滑移纳维-斯托克斯（N-S）方程可用来描述该区域流体流动。

（2）$0.001 < Kn \leqslant 0.1$，此时流体分子间的碰撞频率仍占主导地位，但流体分子与壁面间的碰撞频率增加，壁面出现滑移流速，由于分子平均自由程与流动特征长度相比仍较小，流体仍可视为连续流体，采用滑移边界的 N-S 方程可用来描述该区域内的流体流动。

（3）$0.1 < Kn \leqslant 10$，此时流动处于过渡流区，分子平均自由程与流动特征长度为同一个量级，流体分子之间的碰撞频率与流体分子和固体之间的碰撞频率相当，连续介质假设不再成立，基于连续介质假设的 N-S 方程也不再成立，可采用伯内特（Burnett）方程或玻尔兹曼（Boltzmann）方程描述该区域流体流动。

（4）$Kn > 10$，此时流动处于自由分子流区域，流体流动受流体分子与固体壁面间的碰撞控制，流体分子之间的碰撞所占比例很小，可用 Boltzmann 方法描述该区域流体流动。

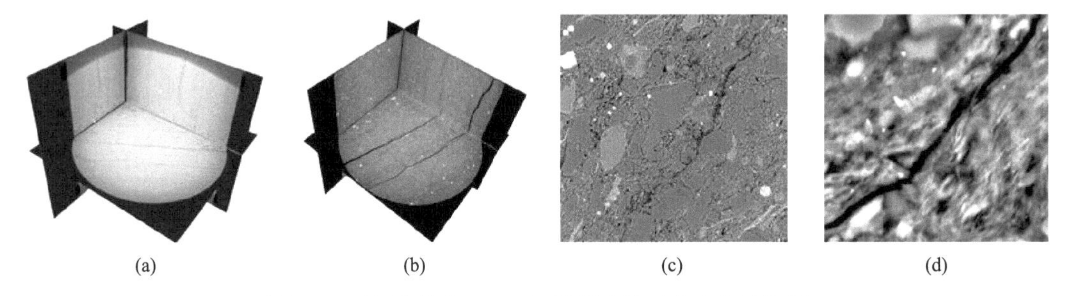

图 1.1　不同分辨率下 CT 扫描得到的页岩孔隙结构图

（a）25μm；（b）4μm；（c）160nm；（d）10nm

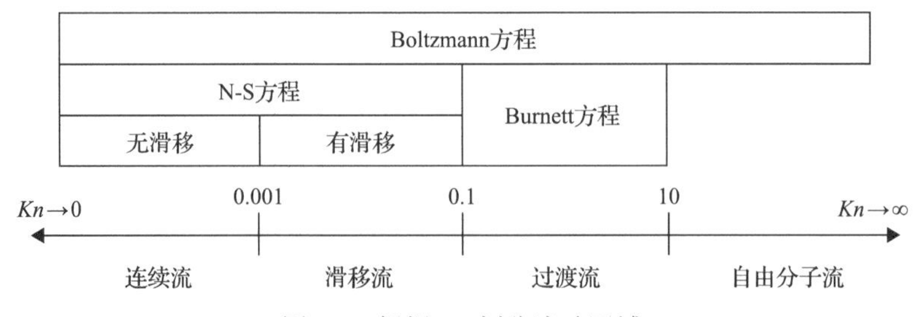

图 1.2　根据 *Kn* 划分流动区域

目前页岩油气微观渗流模拟方法根据研究对象以及建模方法的不同，可分为以下四类。

（1）分子模拟方法。该方法利用计算机以原子水平的分子模型来模拟分子结构与行为，进而模拟分子体系的各种物理、化学性质的方法，主要包括分子动力学模拟（MD）方法以及蒙特卡罗模拟（MC）方法，研究对象针对单个纳米级孔隙或干酪根分子，主要应用于对纳米尺度油气流动和赋存状态分析。分子模拟方法能够对单个纳米孔隙或者概念多孔介质模型中油气流动与赋存机制进行准确分析，但由于该方法计算量巨大，无法直接应用于研究油气在页岩多尺度孔隙介质空间中的渗流规律，但分子模拟结果可作为研究页岩油气分子尺度-孔隙尺度多尺度流动的底层平台，为页岩油气孔隙尺度渗流机理研究提供单孔隙内油气流动赋存机制的基础认识。

(2)基于数字岩心的流动模拟方法。该模拟方法主要包括格子玻尔兹曼(LBM)方法以及直接求解N-S方程方法。LBM方法是由Boltzmann方程的简化模型——Boltzmann-BGK方程发展而来，而Boltzmann方程适用于所有流动模态，因而LBM方法适用于滑移区以及过渡区的流动模拟。LBM方法模拟页岩油气流动边界条件一般采用滑移边界条件和非滑移边界条件的组合形式，滑移边界主要有镜面反射条件、漫反射条件、非平衡外推格式等。直接求解N-S方程方法通过对数字岩心孔隙空间划分网格，数值离散求解油气流动。LBM方法和直接求解N-S方程方法均可基于分子模拟结果修正流体-壁面边界条件来考虑油气吸附和滑脱现象。数字岩心流动模拟方法一般需要较大计算资源才能开展页岩油气流动模拟，近几年快速发展的大型并行超算平台极大地促进了该方法在页岩油气微观渗流机理研究中的应用。

(3)基于孔隙网络模型的流动模拟方法。多孔介质孔隙像人体血管一样贯穿岩心内部，形成复杂孔隙网络。孔隙网络模型将数字岩心空隙在保留孔隙形状、连通性信息前提下进行规则化提取，形成大空间孔隙和狭窄空间喉道组成的网络。孔隙网络流动模拟方法以页岩单孔隙内油气流动解析模型为基础开展流动模拟，相对于纯网格计算的数字岩心流动模拟，其计算速度呈现数量级式提升，因此该方法得到了广泛应用。孔隙网络模型可拓展性较强，通过建立考虑多流动模态、吸附/解吸、岩石-流体作用力的纳米孔隙多相多组分流体传输模型，可构建适用于页岩油气藏的孔隙网络渗流模拟方法，以此揭示页岩油气微观渗流机理。

(4)解析解方法。该方法主要包括等效多孔介质方法和分形几何方法。等效多孔介质方法首先研究页岩单孔隙油气流动规律，基于平均孔隙半径考虑孔隙度和迂曲度校正后得到表征岩心尺度页岩油气流动能力的视渗透率模型。由于页岩储层非均质性较强，孔隙尺寸跨度大，等效多孔介质方法对孔隙结构进行了简化表征，只能研究单相流动规律。分形几何方法从页岩多尺度孔隙结构的尺度不变性以及自相似性出发，采用分形维数来准确描述页岩孔隙结构的统计特征，将页岩单孔隙油气单相以及多相流动解析模型拓展至岩心尺度。等效多孔介质方法和分形几何方法可直接与页岩油气藏宏观数值模拟相结合，方便工程应用，但由于无法表征页岩多尺度孔隙空间连通性，因此该方法计算精度相对较低。

本书针对页岩油气藏多尺度孔隙介质、多样性储集方式的特点，综合不同微观渗流研究手段优势，分别从分子尺度和孔隙尺度两个尺度开展页岩油气藏流动机理的研究，形成了一套页岩油气藏微纳尺度流动模拟理论与方法。

第2章利用MD方法，研究了水环境下页岩气在固体壁面附近的吸附和解吸机制，并分析了在电场诱导下页岩气的解吸规律。借助于MC方法和MD方法，模拟在不同宽度和温度下，甲烷、二氧化碳在有机质石墨和黏土矿物蒙脱石狭缝中的吸附规律，分析了在有机质和黏土矿物孔隙中甲烷、二氧化碳的吸附机理，研究微纳尺度下储层温度、压力对甲烷、二氧化碳吸附的影响。利用巨正则蒙特卡罗(GCMC)方法和MD方法模拟CH_4、CO_2在有机质Ⅱ型干酪根孔隙中的吸附行为，研究了干酪根对CH_4和CO_2的吸附性能，阐明CH_4和CO_2在有机质干酪根中的吸附机理。利用MD方法，研究了单组分正辛烷和多组分页岩油在石英和干酪根纳米孔中的流动规律；分析了不同压力梯度下的流速分布、密度分布、相互作用能、剪切速率和流固相互作用；揭示了压力梯度增加到临界值时流态发生改变的原因，即压力梯度增大会导致流体重分布，吸附层分子脱附、聚集在孔隙中心并形成难以剪切的团簇。

第3章研究了页岩气在多孔介质中的运移机制。根据气体在多孔介质的储集方式，分别建立了可采用Kn、等效流动半径及多孔介质结构参数(固有渗透率、孔隙度和迂曲度)表征的气体在微纳尺度多孔介质中的耦合运移模型，可考虑微纳尺度多孔介质存在的所有运移机制，准确描述气体在微纳尺度多孔介质中的运移规律，最后基于页岩多孔介质分形几何表征，考虑页岩气运移机制和储集模式，建立了气体滑移系数在有机质孔隙系统和无机质孔隙系统的解析表达形式。

第4章首先建立了一套能准确描述页岩多尺度孔隙结构的多尺度数字岩心构建方法；进一步构建了考虑微尺度效应和气体高压影响的LBM模型，将微尺度LBM气体单相流模型与数字岩心技术相结合，进行微尺度气体流动模拟，研究多孔介质中气体流动规律；基于微尺度LBM气体单相流模型的基础，引入气体粒子与固体壁面间的相互作用力来描述有机质对气体的吸附，开展了孔隙尺度页岩气生产模拟，研究了有机质吸附对气体储量、采收率及生产的影响；最后利用LBM方法颜色梯度模型模拟页岩数字岩心中高密度比的气水两相流动，揭示页岩气水两相孔隙尺度渗流规律。

第5章建立了考虑油水滑移长度差异的页岩油水两相微观流动数学模型，并基于有限体积法离散、VOF模型和SIMPLE算法求解，开发了相应的求解器，结合真实页岩三维数字岩心，研究了页岩油水两相流动规律，计算了相渗曲线等渗流物性参数，为页岩油藏的开发提供了理论支持。

第6章首先提出了考虑吸附气和自由气流动的有机质孔隙网络气体流动模型和考虑自由气流动的无机质孔隙网络气体流动模型，阐述了有机质和无机质气体渗透率影响因素，进一步提出考虑有机孔-无机孔相互作用的双重孔隙类型孔隙网络气体流动模型，阐述了有机质孔隙分布对气体渗透率影响，将孔隙网络模型串联成岩心尺度模型，提出一套实验室压力脉冲数据解释方法；最后针对常见有机孔分散分布在无机孔隙系统情况，考虑毛细管力、润湿性、孔隙类型对气水两相赋存状态影响，提出双重孔隙类型混合润湿孔隙网络气水两相流动模型，分析了压裂液注入与返排过程中气水相渗曲线随储层参数的变化趋势，并应用到我国某页岩气藏区块实际开发。

第 2 章　页岩油气吸附解吸与流动的分子动力学研究

近年来，随着美国页岩油气的成功开发，研究页岩储层纳米尺度孔隙中流体的流动规律引起了学术界的广泛关注。目前，研究纳米尺度流体流动主要采用理论分析、实验研究和数值模拟三种方法。理论分析通常采用各种方法来直接求解 Boltzmann 方程，但由于该方程高度非线性，求解异常复杂，因此难度较大。目前，随着计算机运算和存储能力的大幅提升，数值模拟方法成为微纳尺度流动规律研究的有力工具，主要分为基于连续介质假设的数学模型方法和基于粒子模型的方法两大类。基于连续介质假设的数学模型方法主要通过修正滑移边界条件或视黏度等来模拟流体流动，但这种方法不能真正反映流体流动的本质物理规律，需要结合物理实验结果或其他粒子模拟方法来修正相关参数。但该方法计算较为简单，易于推广应用。基于粒子模型的方法包括直接求解 Boltzmann 方程、格子 Boltzmann（LBM）、直接模拟蒙特卡罗（DSMC）和分子动力学模拟（MD）等方法。

分子模拟方法是利用计算机以原子水平的分子模型来模拟分子结构与行为，进而模拟分子体系的各种物理、化学性质的方法，主要包括分子动力学模拟方法以及分子蒙特卡罗方法，研究对象针对单个纳米级孔隙或干酪根分子。分子动力学模拟方法主要应用于对微纳尺度气体流动和赋存状态分析，能够对单个孔隙或者概念多孔介质模型中气体流动与吸附机理进行准确分析。

本章将介绍分子动力学模拟和蒙特卡罗模拟方法在页岩油气微观流动模拟方面的理论与进展。

2.1　页岩气在有机质及黏土矿物狭缝中的吸附规律

石墨材料、碳纳米管等较广泛被用于有机质（干酪根）的模拟[1-5]。本章首先以四层石墨狭缝结构模拟页岩中有机质纳米孔隙，借助于蒙特卡罗方法和分子动力学方法，模拟在不同宽度和温度下，甲烷、二氧化碳在石墨狭缝中的吸附规律，计算甲烷的自扩散系数及甲烷二氧化碳在狭缝中平衡时的密度分布，进而分析在有机质孔隙中甲烷、二氧化碳的吸附机理，研究微纳尺寸下储层温度、压力对甲烷、二氧化碳吸附的影响。页岩中不仅有吸附能力较强的有机质，还有与机质相似、含有大量微纳孔隙的、对页岩气有较强吸附能力和储存能力的黏土矿物[6-8]。黏土矿物主要由蒙脱石、伊利石、高岭石等组成，其大量的发育比表面可为页岩气提供吸附存储空间[9]，其中蒙脱石对甲烷的吸附能力最强[10]。因此进一步构建以蒙脱石为代表的黏土模型，用于研究页岩气在黏土矿物纳米狭缝中的吸附规律。

2.1.1　模型与方法

本节采用上下各四层石墨构成的狭缝，如图 2.1（a）所示，模拟页岩有机质微纳米级孔隙，模型为周期性结构，x 方向和 y 方向长度分别为 3.936nm 和 3.409nm，孔隙宽度 H 为中间两层石墨碳原子中间位置的距离，不同的碳原子之间的距离表示不同的宽度。实验中模拟计算不同孔隙宽度、不同温度(T=298K、313K、333K 和 353K)、不同压力下的吸附等温线。模型由 Material Studio 软件包数据库中选取石墨结构构建。蒙脱石类矿物由两个硅氧四面体片和一个铝氧八面体片结合而成，为 2∶1 型的层状硅酸盐矿物，单斜晶体系，其典型层状结构式为 $Al_4Si_8O_{20}(OH)_4 \cdot n\ H_2O$。本章的黏土模型根据 Skipper 等[11-14]的美国怀俄明蒙脱石构建。该模型为单斜晶体系，晶胞参数为 a=0.523nm，b=0.906nm，c=0.960nm，$\alpha=\gamma=90°$，$\beta=99°$，蒙脱石晶胞的分子式为 $Na_{0.75}(Si_{7.75}Al_{0.25})(Al_{3.5}Mg_{0.5})O_{20}(OH)_4$。根据蒙脱石结构，用 32 个蒙脱石晶胞构建模拟单元超晶包，x 方向和 y 方向的尺寸分别为 4.224nm 和 3.656nm，如图 2.1(b)和(c)所示。两种黏土模型在模拟实验中被使用，分别为无离子交换模型(叶蜡石)和有离子交换模型(钠基蒙脱石)，主要研究离子交换后的电荷以及钠离子对页岩气吸附的影响。

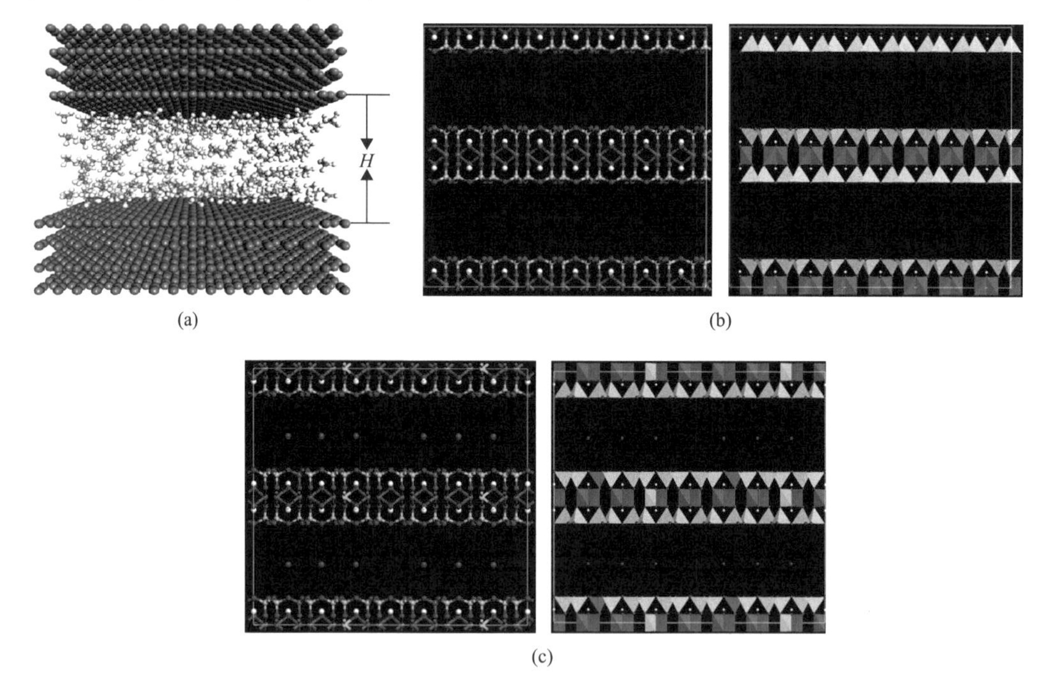

图 2.1 不同类型纳米孔模型快照

(a)石墨狭缝模型；(b)无离子交换蒙脱石模型(叶蜡石)(左边为球棍型，右边为多面体模型)；(c)阳离子交换蒙脱石模型(左边为球棍型，右边为多面体模型)

蒙特卡罗方法模拟计算采用 MS 软件包中 Sorption 模块。在分子间的范德瓦耳斯相互作用和静电相互作用分别采用 Atom 和 Ewald 求和方法，模型体系采用周期性边界条件。每个循环都包括四种可能尝试：①插入一个分子到模拟盒子中；②从模拟盒子中随机删除一个分子；③完全重生长一个分子；④移动一个分子，每种尝试的概率分别为 0.4、0.2、0.2、0.2。每个数据点的前 500 万步为吸附平衡阶段，后 1000 万步作为平衡后吸附量数据统计样本。页岩气在有机质狭缝内的吸附模拟力场选择 COMPASS 力场[15]，页岩气在无机质狭缝内的模拟力场选择 CLAYFF 力场[16]。分子动力学方法模拟计算采用 MS 软件包中 Focite 模块，力场与分子间作用力设置与蒙特卡罗方法一样。模型使用蒙特卡罗方法计算后的平衡构型，采用正则系综(NVT)，用 Andersen 热浴控温，进行 1ns 的分子动力学运算，步长为 1fs，其中前 50 万步使体系达到平衡，后 50 万步统计要计算的热力学性质。

2.1.2　页岩气在有机质狭缝中的吸附

为研究狭缝宽度对甲烷和二氧化碳吸附的影响，采用五种不同宽度的石墨狭缝来研究甲烷及二氧化碳的吸附规律。图 2.2 为甲烷在 1nm 宽的石墨狭缝中的总吸附量、超额吸附量以及自由吸附量之间的关系曲线。超额吸附量的定义为总气体含量与自由气体含量之差，即

$$N_{\text{excess}} = N_{\text{total}} - N_{\text{bulk}} \tag{2-1}$$

式中，N_{excess} 为超额吸附量；N_{total} 为总吸附量；N_{bulk} 为自由吸附量，其表达式为

$$N_{\text{bulk}} = \rho_{\text{gra}} V_{\text{gra}} \tag{2-2}$$

其中，ρ_{gra} 为借助于彭-罗宾森(Peng-Robinson)状态方程计算出来的自由气体密度；V_{gra} 为有效孔隙体积，其计算方法为

$$V_{\text{gra}} = L_x L_y H_{\text{eff}} \tag{2-3}$$

这里，L_x、L_y 分别为模型晶胞在 x 方向、y 方向长度；H_{eff} 为孔隙的有效宽度，其计算方法为

$$H_{\text{eff}} = H - 0.34 \tag{2-4}$$

该式中，0.34 为石墨狭缝表面碳原子的有效分子直径，nm。

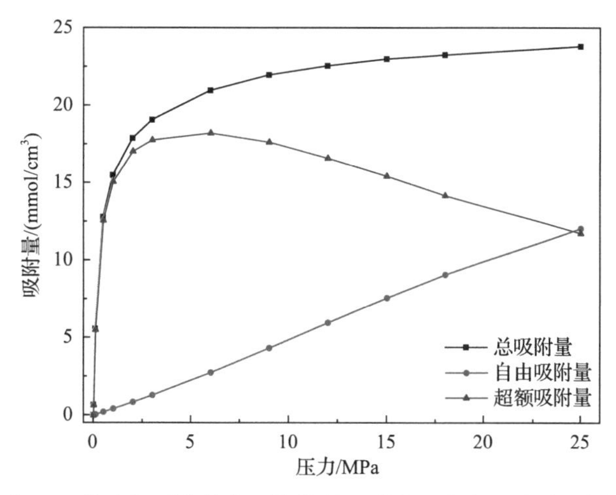

图 2.2　宽 1nm 的有机质狭缝中甲烷的总吸附量、自由吸附量和超额吸附量

图 2.3 为甲烷、二氧化碳单组分气体在温度为 298K、不同石墨狭缝宽度下的吸附等温线。对于小狭缝(0.72nm、1.0nm)，吸附开始阶段，随着压力的变大，甲烷吸附量迅速变大而达到平衡状态，继续增大压力时，甲烷的吸附量基本保持不变，吸附等温线有明显的拐点；当狭缝宽度较大(>2.0nm)时，吸附量随着压力的增大缓慢增大，吸附等温线较平缓，没有明显的拐点。总体趋势为石墨狭缝宽度越小，吸附等温线拐点越明显；石墨狭缝宽度越大，吸附等温线越平滑。二氧化碳的吸附等温线与甲烷具有相似的特点，但是在缝宽小于 3nm 时，吸附等温线都有较为明显的拐点。

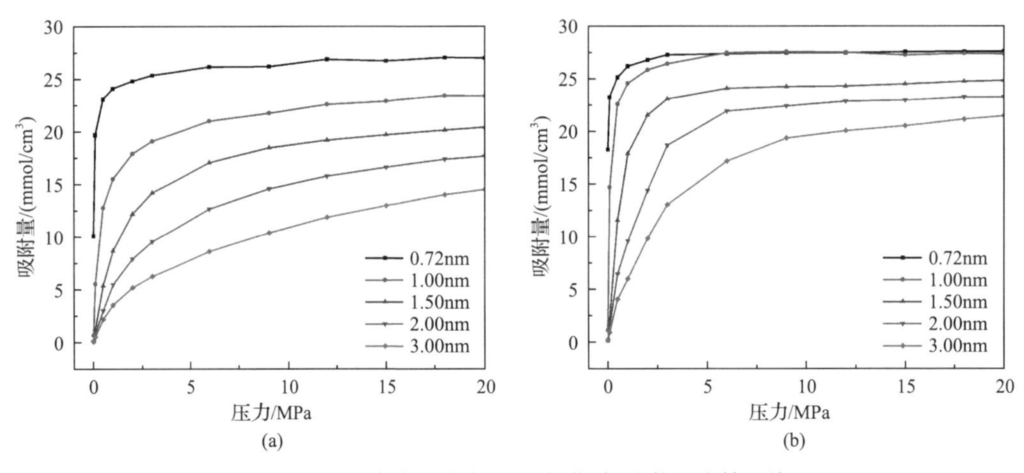

图 2.3 不同宽度甲烷(a)、二氧化碳(b)的吸附等温线

图 2.4 为甲烷、二氧化碳在不同宽度石墨狭缝中的超额吸附等温线。超额吸附量的超额吸附曲线的总体变化趋势为：开始阶段随着压力的变大，超额吸附量变大，会快速达到最大值，当达到最大之后，超额吸附量会随着压力的变大而缓慢变小。表明超额吸附量在一定压力下达到最大值，见表 2.1。二氧化碳与甲烷有相似的趋势，但可以发现，其在更小的压力下达到饱和，且饱和吸附量较甲烷明显大些，表明石墨狭缝与二氧化碳之间的作用力要更大些。由图 2.4 和表 2.1 可以看出，对于两种气体的超额吸附等温线都

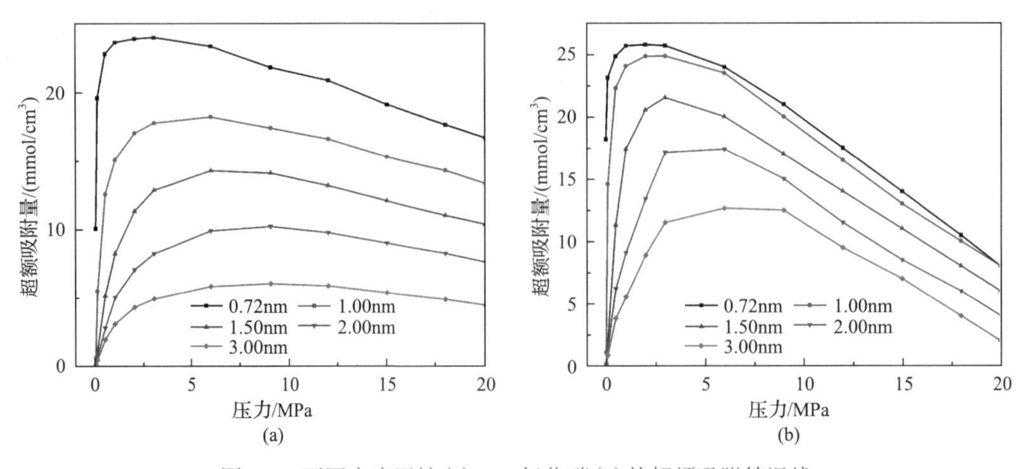

图 2.4 不同宽度甲烷(a)、二氧化碳(b)的超额吸附等温线

表 2.1 不同狭缝宽度下的最大超额吸附量

狭缝宽度/nm	CH_4		CO_2	
	压力/MPa	吸附量/(mmol/cm^3)	压力/MPa	吸附量/(mmol/cm^3)
0.72	4.55	23.61	2.11	25.79
1.00	5.23	18.22	2.89	24.85
1.50	6.89	13.19	3.08	21.51
2.00	8.06	10.21	4.87	17.38
3.00	9.11	6.04	5.69	12.67

有相同的变化规律，宽度较小的狭缝对应较大的最大吸附量，同时对应较小的压力；宽度较大狭缝的最大吸附密度对应压力较大。较小狭缝的超额吸附等温线有清晰的最大值顶点，而狭缝宽度变大后超额吸附曲线顶点处越来越平滑。

超额吸附量在石墨孔隙中先变大后变小的原因为：在吸附开始之前，石墨狭缝中没有甲烷(二氧化碳)，此时总气体含量、自由气体含量以及超额吸附量均为零；吸附初始阶段，随着压力的缓慢变大，甲烷(二氧化碳)进入石墨狭缝孔隙，由于石墨壁面对甲烷(二氧化碳)较强的相互作用，使其迅速吸附到石墨狭缝表面，此时自由气体较小，吸附气体较大，则产生较大的超额吸附，随着压力的继续增大，甲烷(二氧化碳)分子充满石墨狭缝，吸附气体增大缓慢，而自由气体逐渐变大，此时超额吸附量则逐渐变小；随着压力继续增加到足够大时，自由气体基本等于总气体量，此时超额吸附则为 0。

图 2.5 为甲烷、二氧化碳在四种不同温度下在 2nm 石墨狭缝孔隙中的吸附等温线。由图可以看出，所研究的四种不同温度下甲烷(二氧化碳)的吸附等温线变化趋势相同。但随着温度的升高，在相同的压力条件下吸附量会降低，说明温度不利于甲烷(二氧化碳)的吸附。这主要是因为温度的升高会增加甲烷(二氧化碳)分子的动能，进而使其不易被石墨壁面“捕获”而吸附。

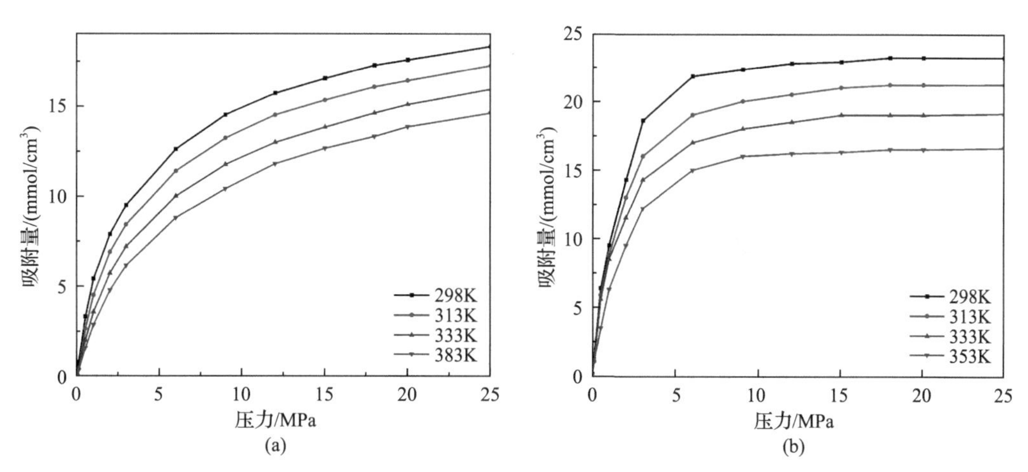

图 2.5 不同温度下甲烷(a)、二氧化碳(b)在 2nm 石墨狭缝孔隙中的吸附等温线

通过实验的方法很难直接测出甲烷、二氧化碳在石墨狭缝孔隙中不同压力下的密度

分布，而分子模拟方法却可以很方便地观测到每一压力条件下甲烷、二氧化碳的具体位置，方便地计算出密度分布。以缝宽为4.0nm、压力为20MPa、温度为298K条件为例，模拟计算其吸附的微观结构及密度分布，如图2.6所示。由图2.6可以看出，甲烷在靠近狭缝内壁处明显聚集，形成吸附层，而在狭缝内壁之间的中央区域呈无序随机分布特征，以游离状态存在，其密度约为0.190g/cm^3，该值与相同压力和温度下的实验值吻合较好[17]。在距离石墨狭缝壁0.4nm和0.75nm处分别出现两个峰，表明甲烷在石墨狭缝中因为吸附作用而形成了两个分子层，靠近壁面的第一个吸附层最大密度要远大于第二个吸附层。页岩气的吸附层密度以及吸附层厚度对页岩气藏的储量计算相当重要[2,18]，油气藏中孔隙越小，吸附层占据空间的比例越大，对地质储量及其计算影响越大。

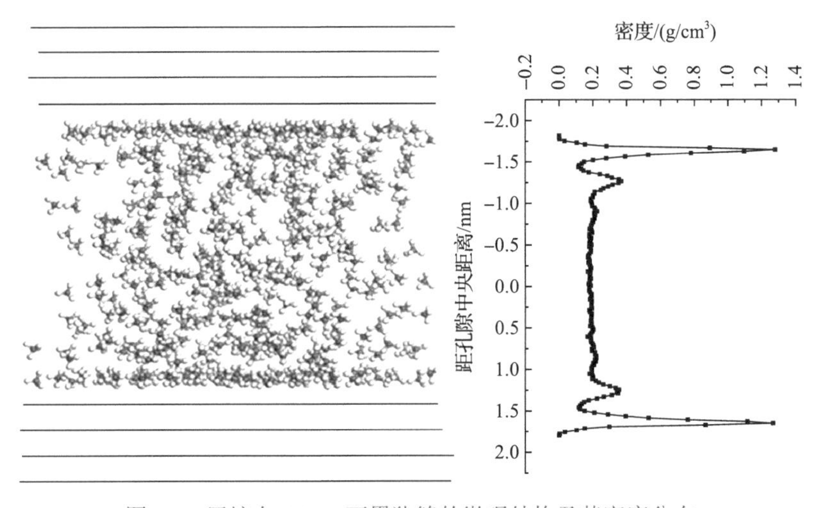

图2.6 甲烷在4.0nm石墨狭缝的微观结构及其密度分布

图2.7表示在压力为20MPa、温度为298K条件下，不同石墨狭缝宽度的甲烷分子密度分布曲线，可以看出，在0.72nm、1nm的石墨狭缝中，甲烷的第一吸附层密度明显大于其他宽度的石墨狭缝，原因是在较小石墨狭缝中，壁面距离较近，壁面对甲烷的相互作用叠加，吸附量密度就会变大。在0.72nm石墨狭缝中只有一个吸附层，位于狭缝中间位置，因为此宽度只能容纳一层甲烷分子，此宽度的石墨狭缝的甲烷吸附密度最大。在小于2.0nm宽度的石墨狭缝中，甲烷都是以吸附状态存在，没有游离态[19]；大于2.0nm的石墨狭缝中，靠近壁面的第一层吸附密度最大值基本一样，表明石墨单壁面对甲烷的吸附作用没有叠加影响，此时孔隙中的甲烷以吸附态和游离态共同存在。随着孔隙宽度的增加，在同一温度和压力条件下，吸附态甲烷的数量基本保持不变。我们同时对x、y方向尺寸相同，宽度分别为4.0nm、5.0nm和6.0nm的石墨狭缝进行甲烷吸附的模拟。经计算，在压力为20MPa、温度为298K下，宽度分别为2nm、3nm、4nm、5nm和6nm的孔隙中，处于吸附态甲烷占比分别为100%、66.44%、53.63%、40.37%和39.33%。而压力为6MPa、温度为298K时，甲烷占比分别为100%、80.13%、74.12%、69.48%和63.90%。二氧化碳在石墨狭缝中的吸附与甲烷趋势相似，如图2.8所示，但由于其与石墨狭缝壁面之间的作用大于甲烷与石墨壁面的作用，其吸附密度要大于甲烷的密度。

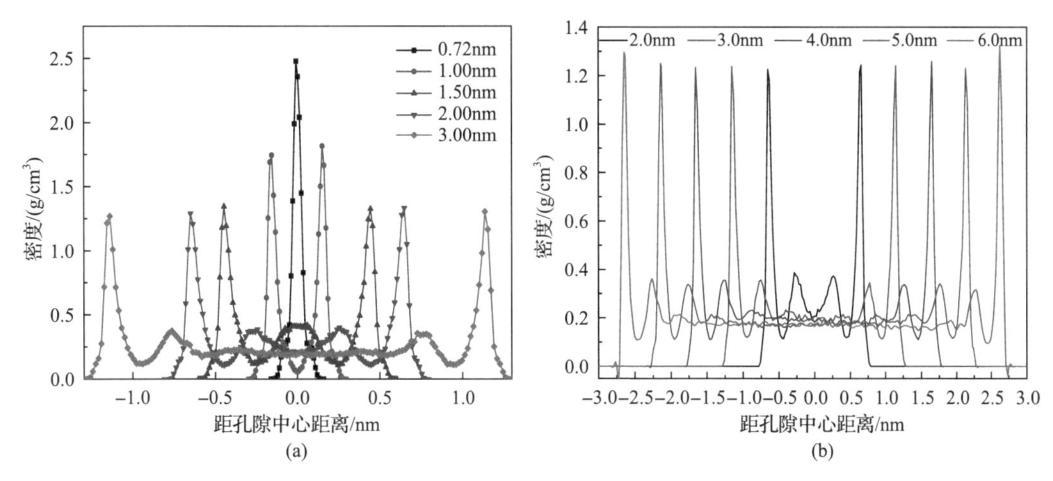

图 2.7 不同石墨狭缝宽度的甲烷分子密度分布

(a) 狭缝宽度 0.72～3nm；(b) 狭缝宽度 2～6nm

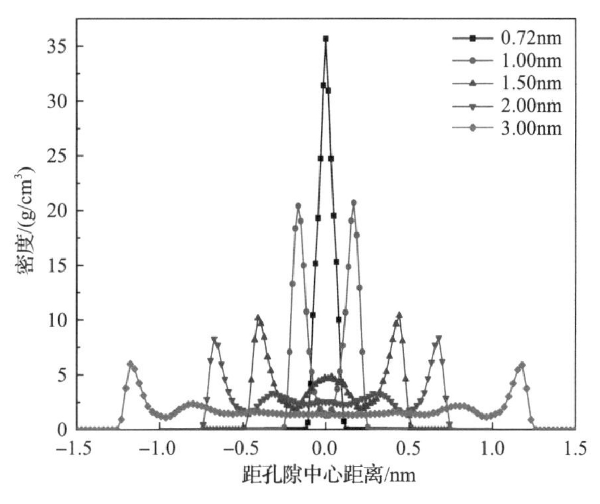

图 2.8 不同石墨狭缝宽度的二氧化碳密度分布

同样，为研究甲烷、二氧化碳与石墨狭缝壁面之间的相互作用以及甲烷在狭缝中的结构特征，考虑径向分布函数(RDF)和平均作用势(PMF)。径向分布函数是以某个原子为中心，在距其 r 处发现另一个原子的概率，它表示两个粒子之间在彼此空间出现的概率。平均作用势则体现了粒子之间的结合能力，可根据粒子之间的径向分布函数计算得出[20,21]：

$$W(r) = -k_{\mathrm{B}} T \ln g(r) \tag{2-5}$$

式中，k_{B} 为 Boltzmann 常数；T 为系统的绝对温度；$g(r)$ 为径向分布函数。

图 2.9(a) 为石墨狭缝中甲烷分子中碳原子的径向分布函数。可以看出不同狭缝宽度中碳原子的径向分布函数形状相似，均出现两次峰值，且峰值位置相同，位于 0.398nm 和 0.743nm 处，但最大峰值不同，随着孔隙的变大最大峰值逐渐变小。其中 0.72nm 和 1.0nm 中的峰值远大于其他峰值，表明较小宽度的狭缝壁面对甲烷的作用相互叠加，使

甲烷堆积更紧密，状态更稳定。图 2.9(b) 为石墨狭缝中甲烷分子中碳原子的平均作用势。从不同狭缝宽度中的 PMF 曲线中可以看出，在 0.398nm 和 0.743nm 处分别出现两个粒子相接触极小势(CM)和分离极小势(SM)，CM 随着狭缝宽度的减小而减小，表明较小的狭缝形成的吸附层更加稳定。在 CM 与 SM 之间存在层障(layer barrier，LB)，LB 表明任一中心甲烷分子周围存在不同的甲烷分子层，甲烷分子层之间存在能垒。如果甲烷分子要由游离层进入吸附层并与之发生相互作用，须克服分子层之间的层障，即能垒。由 PMF 可以看出，若甲烷分子形成吸附层，则吸附层中任一分子周围都会形成不同的分子层，不同的分子为了处于更加稳定的状态而存在于各自的第一分子层中，因此使吸附层更加稳定，表明甲烷以吸附气存在是比较稳定的赋存状态。图 2.10 为二氧化碳在不同宽度石墨狭缝中的径向分布函数与平均作用势，与甲烷相比较可以发现，其径向分布函数与平均作用势的值均要大些，表明二氧化碳与石墨壁面作用力较大，但总体变化趋势与甲烷比较相似。

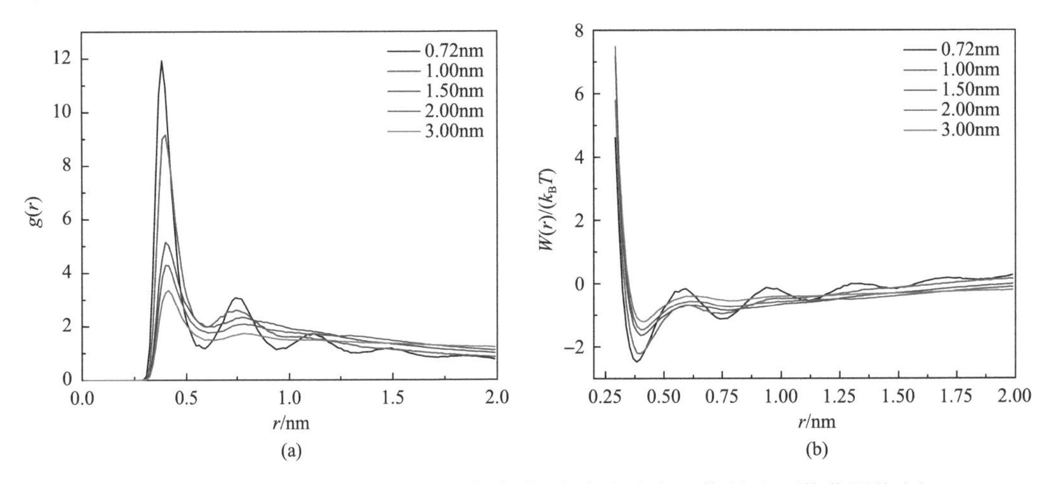

图 2.9 不同狭缝宽度中甲烷分子中碳原子的径向分布函数(a)和平均作用势(b)

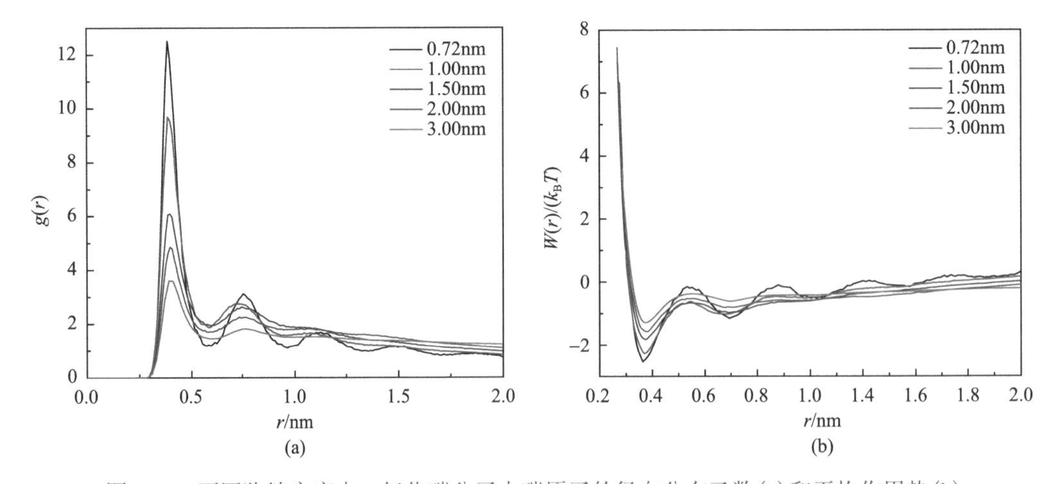

图 2.10 不同狭缝宽度中二氧化碳分子中碳原子的径向分布函数(a)和平均作用势(b)

为描述石墨表面的活性及吸附能力，计算甲烷、二氧化碳在其壁面吸附的吸附热。

图 2.11 为甲烷、二氧化碳在不同宽度石墨狭缝中的吸附热曲线。图 2.11(a)为甲烷在石墨狭缝中的吸附热曲线图，随着孔隙宽度的增大，吸附热呈现减小的趋势，在缝宽小于 1.5nm 的孔隙中吸附热与吸附量基本呈线性变化。图 2.11(b)为二氧化碳的吸附热变化曲线。与甲烷相似，在小于 1.5nm 的孔隙中，吸附热与吸附量呈线性变化，但其总体数值大于甲烷的吸附热。吸附热的线性变化表明：①吸附剂即石墨表面的均质性，使其表面能量(活化能)具有均匀性，吸附质(甲烷或二氧化碳)在吸附的过程中，会均匀地吸附在石墨狭缝的表面；②吸附质分子均处于吸附态。

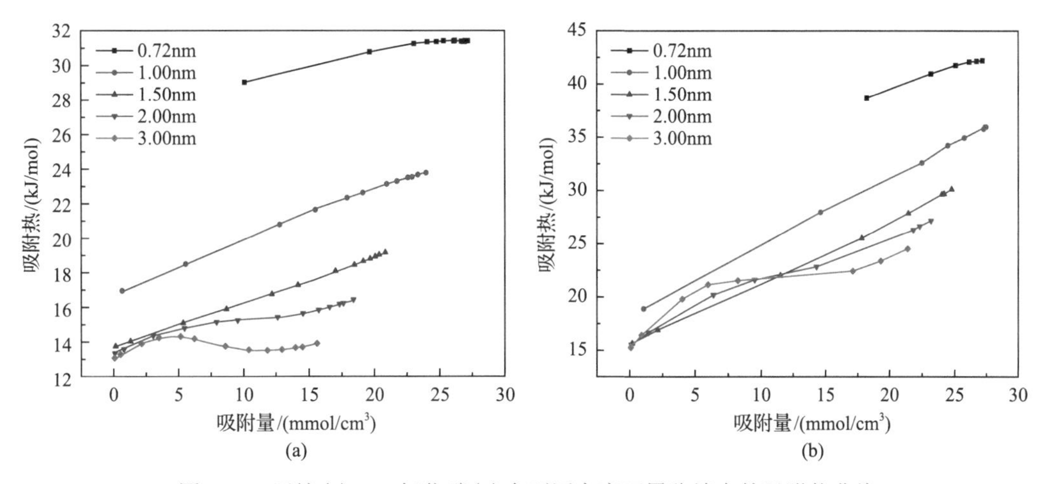

图 2.11 甲烷(a)、二氧化碳(b)在不同宽度石墨狭缝中的吸附热曲线

图 2.12 为甲烷、二氧化碳在不同孔隙中与石墨狭缝之间的范德瓦耳斯作用势和静电作用势。甲烷与石墨之间的静电力很小，基本可以忽略，在吸附的过程中范德瓦耳斯力发挥主要作用，在缝宽较小的狭缝中，范德瓦耳斯力在低压时变化迅速，并较快(较低压力)达到恒定值，此后随着压力的进一步增大，范德瓦耳斯力基本保持不变。较大的孔隙中，范德瓦耳斯力随着压力的变化较为平缓，在较大的压力下达到恒定值。二氧化碳与石墨狭缝之间不仅有范德瓦耳斯力的作用还有静电力的作用，两者的变化趋势与甲烷的

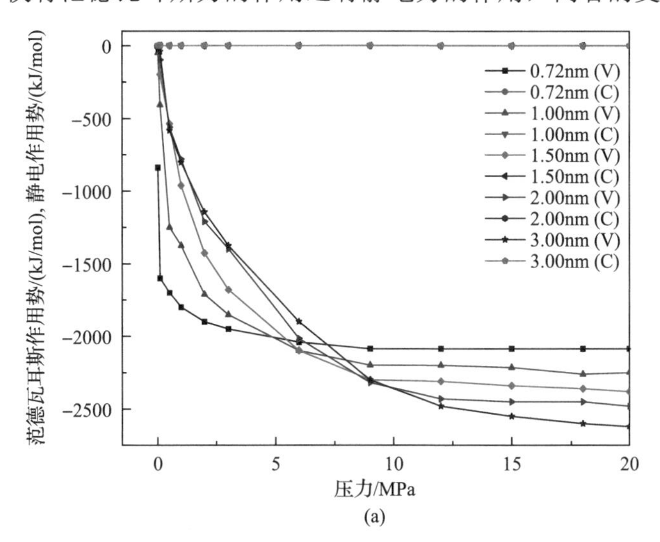

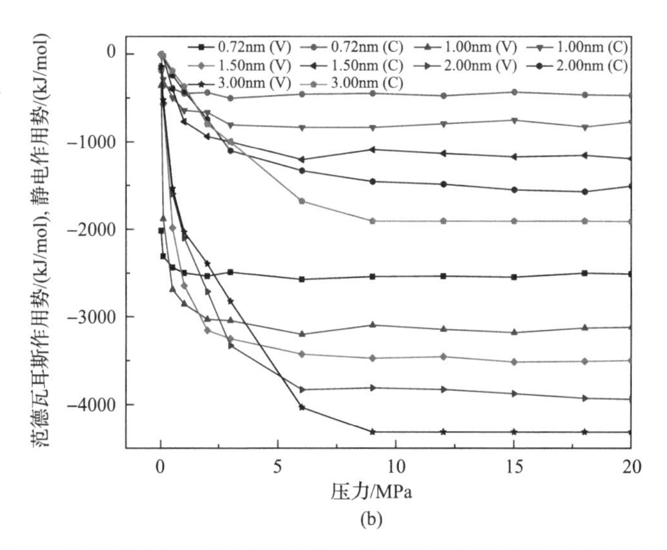

图 2.12　甲烷(a)、二氧化碳(b)在不同孔隙中与石墨狭缝之间的范德瓦耳斯作用势和静电作用势

(V)表示范德瓦尔斯作用势；(C)表示静电作用势。含义下同

范德瓦耳斯力变化趋势相似。比较范德瓦耳斯力与静电力可以发现，范德瓦耳斯力的作用要大于静电力。

图 2.13 为二氧化碳/甲烷在温度为 298K、不同宽度石墨狭缝中的吸附选择性(定义见 2.3.2 节)。在所研究的孔隙狭缝中，吸附选择性数值均大于 2，表明石墨狭缝对二氧化碳吸附具有优先性。吸附选择性随着压力的变化趋势为：吸附开始阶段，随着压力的变大，吸附选择性迅速变大达到最大值，随着压力的继续变大，吸附选择性则缓慢变小至基本保持恒定值。混合气体的吸附选择性先变大后变小的性质与石墨狭缝和吸附质分子之间的作用大小有关。吸附开始阶段，由于二氧化碳与石墨之间有较强的相互作用，优先被吸附到干酪根表面，致使选择吸附性变大，随着吸附的继续进行，压力继续增大，甲烷也渐渐进入石墨狭缝中央位置。图 2.14 为甲烷、二氧化碳二元混合气体在石墨狭缝中不同压力下的吸附示意图，吸附选择性则达到最大值后缓慢减小。

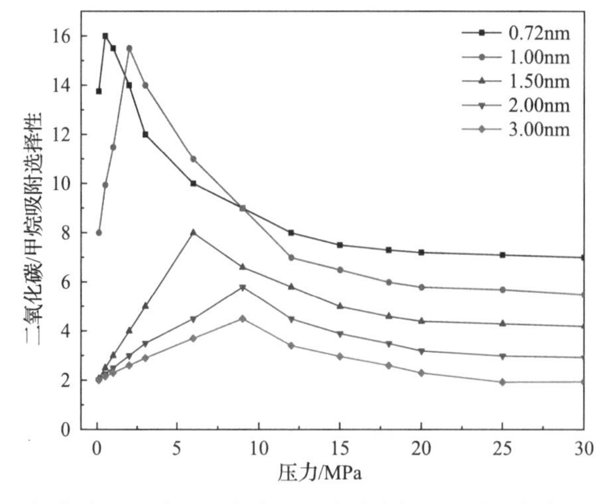

图 2.13　二氧化碳/甲烷在不同宽度石墨狭缝中的吸附选择性与压力之间关系

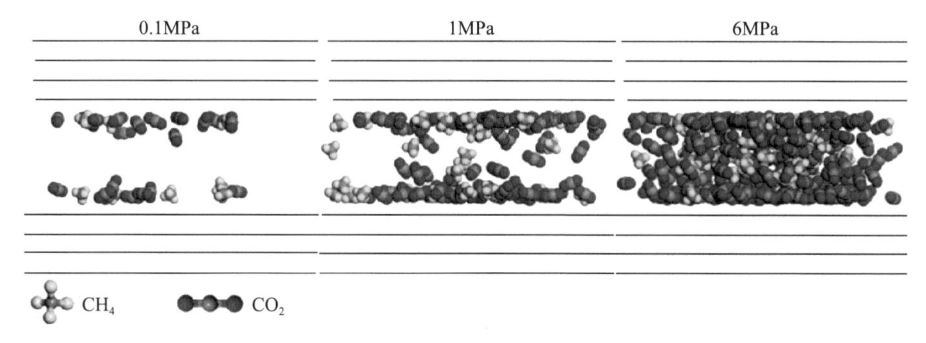

图 2.14　甲烷、二氧化碳二元混合气体在石墨狭缝中吸附的示意图

2.1.3　页岩气在黏土矿物狭缝中的吸附

图 2.15 为温度为 298K、压力由 0.01MPa 到 20MPa 条件下甲烷在 4nm 无离子交换蒙脱石狭缝中的吸附等温线。由图 2.15 可以看出，甲烷在蒙脱石狭缝中的吸附等温线呈 I 型朗缪尔(Langmuir)吸附，结果符合文献[22]特征，并对其采用 Langmuir 吸附公式[23]拟合：

$$A = \frac{A_L p}{p + p_L} \tag{2-6}$$

式中，A 为吸附气含量；A_L 为 Langmuir 体积，代表最大吸附量；p_L 为 Langmuir 压力，其值是当吸附量达到最大吸附量一半所对应的压力；p 为当前所处的压力。

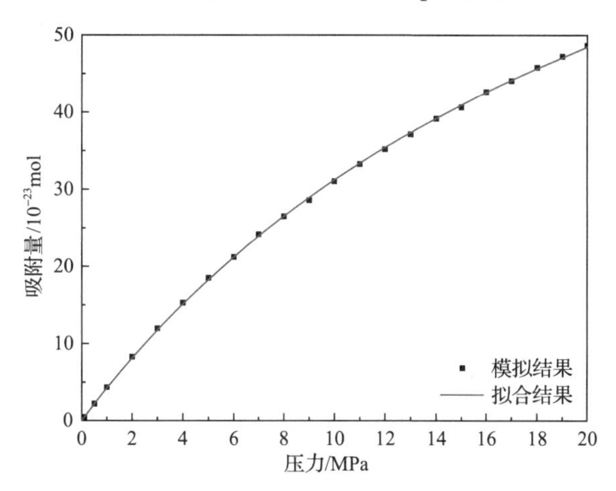

图 2.15　甲烷的吸附等温线及 Langmuir 公式拟合

通过 Langmuir 公式拟合可以得到：A_L=107.99×10^{-23}mol，p_L=24.59MPa，拟合相关系数 R^2=0.99988。结果表明，甲烷在蒙脱石表面上的吸附符合 Langmuir 吸附规律。表 2.2 为甲烷在各不同狭缝宽度条件下的 Langmuir 吸附拟合结果。

图 2.16 为在温度为 298K、压力由 0.01MPa 到 20MPa 条件下，甲烷气体在孔隙宽度分别为 1.0nm、2.0nm、3.0nm 和 4.0nm 时两种黏土矿物(叶蜡石、钠基蒙脱石)中的吸附

表 2.2 甲烷在蒙脱石吸附 Langmuir 吸附拟合结果

参数	狭缝宽度			
	1nm	2nm	3nm	4nm
$A_L/10^{-23}$mol	21.39	49.33	76.21	107.99
p_L/MPa	5.50	14.76	19.75	24.59
拟合相关系数(R^2)	0.9997	0.9999	0.9999	0.9998

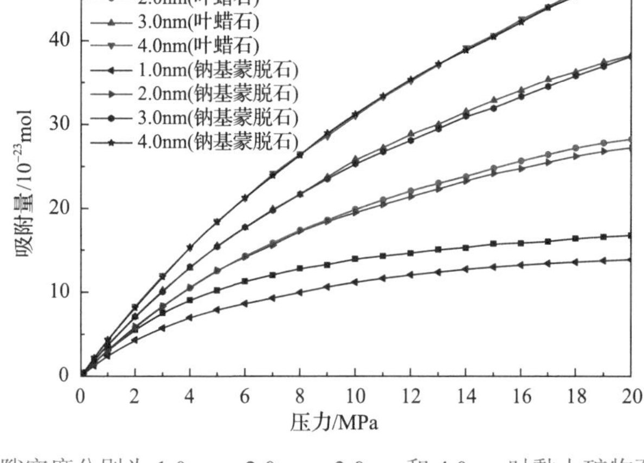

图 2.16 甲烷在孔隙宽度分别为 1.0nm、2.0nm、3.0nm 和 4.0nm 时黏土矿物孔隙中的吸附等温线

等温线。由图 2.16 可以看出，随着孔隙的变大，即可以容纳甲烷分子的空间变大，绝对吸附量也会随之变大。当孔隙宽度为 1nm 时，蒙脱石狭缝中的钠离子对甲烷吸附的影响较小，随着孔隙变大，影响越来越小，表明钠离子的存在对甲烷的吸附基本不起作用，这是由甲烷分子的性质决定的，甲烷为电中性分子，不会产生偶极矩和四极矩[24]，甲烷分子和钠离子之间没有较强的静电作用。较小狭缝宽度的影响是因为钠离子的存在占据吸附空间，从而导致吸附量变小。

图 2.17 为甲烷气体在温度为 298K、压力由 0.01MPa 到 20MPa 条件下，孔隙宽度分

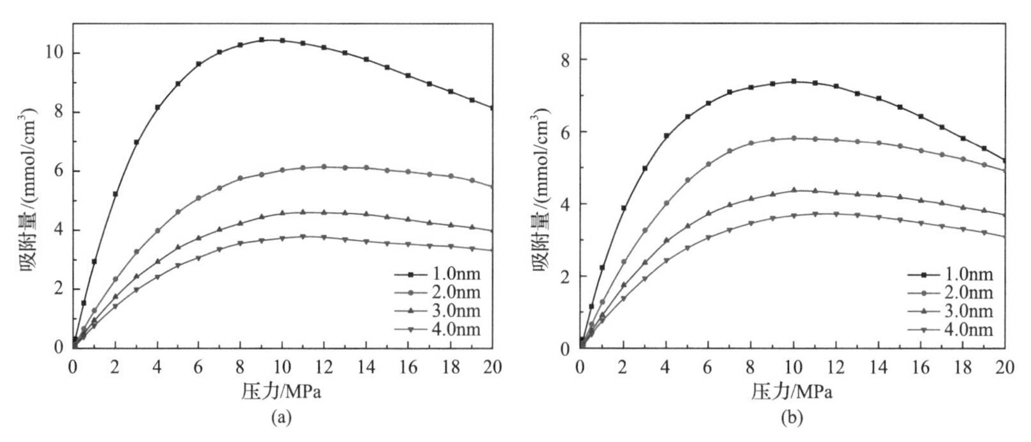

图 2.17 甲烷在黏土矿物中的超额吸附等温线

(a) 叶蜡石；(b) 钠基蒙脱石

别为 1.0nm、2.0nm、3.0nm 和 4.0nm 时的叶蜡石和钠基蒙脱石的超额吸附等温线。在两种黏土模型中，超额吸附等温线的趋势基本一致，即在吸附开始阶段，压力较小，超额吸附量随着压力的变大而变大，当压力约为 9MPa 时达到最大值，随着压力继续增大，超额吸附量会逐渐变小，表明每种宽度狭缝都有一个最大的吸附量，见表 2.3，且对应一个特定的压力，这种性质对研究页岩气在黏土矿物中的吸附有较大的意义。另外还可以发现，较小的孔隙宽度有较大的超额吸附量，较大宽度孔隙的超额吸附等温线较为平缓，这主要是因为，在较小的狭缝中，两个壁面对甲烷气体的作用相互叠加，吸附作用变强，使单位空间内甲烷气体数目增多。

表 2.3　不同孔隙宽度对应的最佳压力

参数	不同孔隙宽度下未发生离子交换				不同孔隙宽度下发生离子交换			
	1.0nm	2.0nm	3.0nm	4.0nm	1.0nm	2.0nm	3.0nm	4.0nm
最大吸附量/(mmol/cm^3)	10.46	6.15	4.61	3.78	7.40	5.83	4.38	3.73
压力/MPa	8	11	12	13	8	9	10	11

不同的页岩气藏储层具有不同的地层深度，不同的地层深度对应不同地层温度，为研究温度对吸附的影响，对孔隙宽度为 2.0nm 的叶蜡石模型分别计算了温度为 298K、340K 和 380K 时的吸附情况，如图 2.18 所示。由图 2.18 看出，温度的升高会导致吸附量下降，高温不利于甲烷在蒙脱石上的吸附，因为温度的升高会增加甲烷分子的动能，使其不易被蒙脱石壁面吸附。因此对页岩气的加热也是一种有效的开采方式。

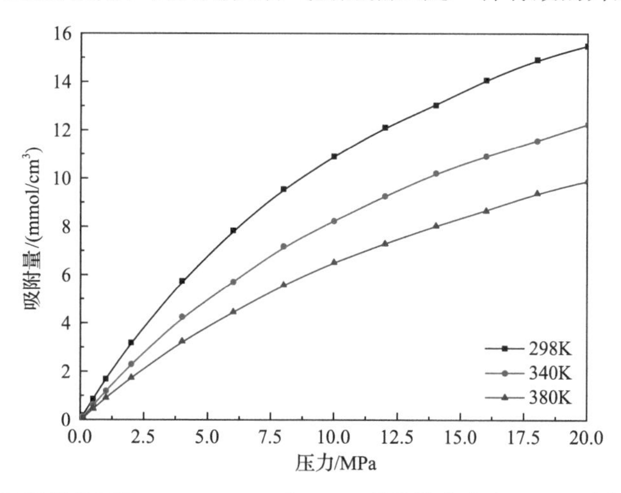

图 2.18　甲烷温度分别为 298K、340K 和 380K 且孔隙宽度为 2.0nm 时的吸附等温线

通过实验的方法很难直接测出甲烷在黏土矿物孔隙中不同压力下的密度分布，而分子模拟方法却可以很方便地观测到每一压力下甲烷的具体位置，并方便地计算出密度分布。

图 2.19 为 8MPa、298K 条件下甲烷在两种黏土矿物孔隙中不同孔隙宽度的分布情况，图 2.20 是与其对应的甲烷密度分布曲线。由图可以看出，甲烷在两种模型(叶蜡石、蒙脱石)所对应的相同宽度孔隙中的密度分布基本相同。由于壁面对甲烷具有较强的作用，距离壁面较近处都有一个密度较大的区域，即吸附层，但可以发现，甲烷在蒙脱石狭缝

中有一个较明显的吸附层。在同一种黏土模型中，甲烷在不同宽度的孔隙中呈现不同的分布状态，在 1.0nm 的孔隙中，形成两个明显的吸附层，分别靠近两个壁面，中间区域密度最小，可见在 1.0nm 孔隙中，在所研究的条件下，甲烷均以吸附态存在，没有游离态。随着狭缝宽度的变大，甲烷在孔隙中间区域分布较为均匀，密度基本没有发生较大

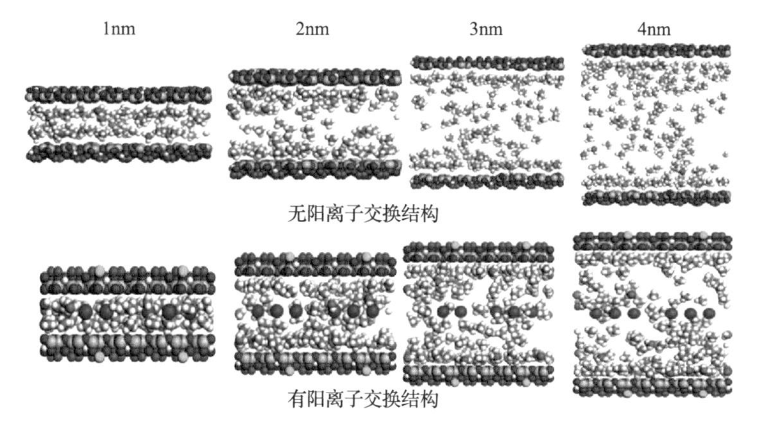

图 2.19 甲烷在 8MPa、298K 条件下不同黏土模型孔隙中分布图

红色圆球表示氧原子；黄色圆球表示硅原子；灰色圆球表示碳原子；白色圆球表示氢原子；浅紫色圆球表示铝离子；绿色圆球表示镁离子；深紫色圆球表示钠离子

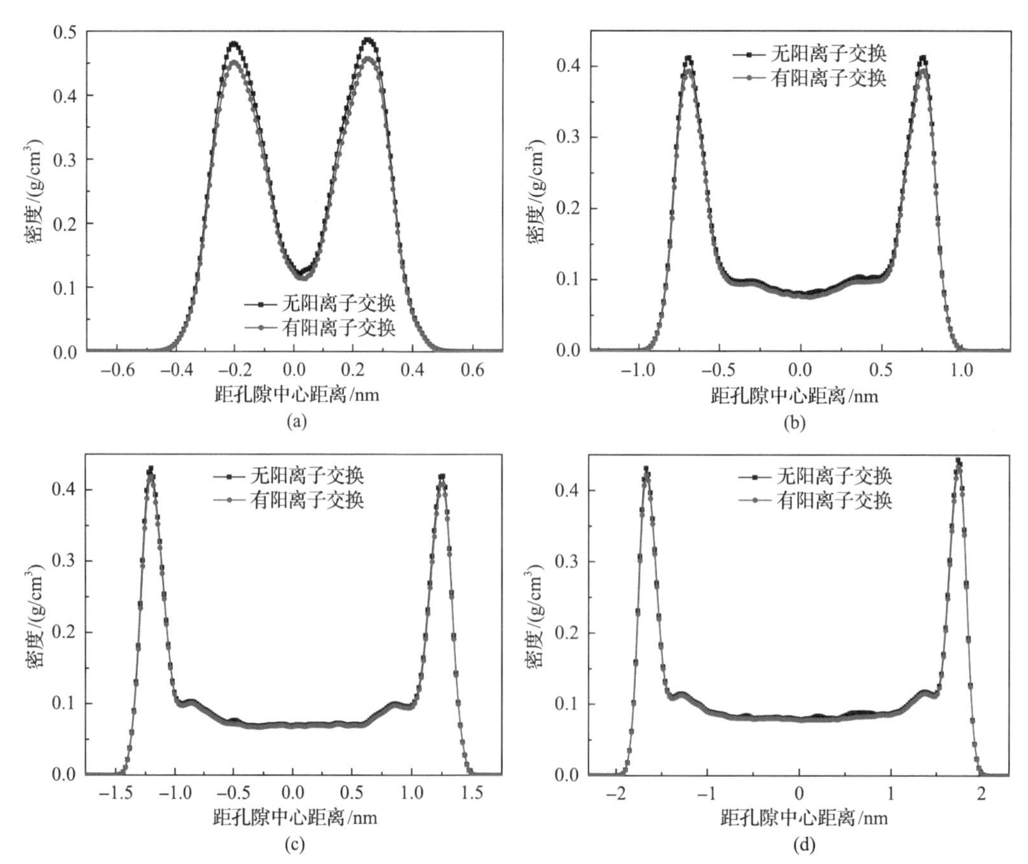

图 2.20 甲烷在 8MPa、298K 条件下不同黏土模型孔隙中密度分布曲线

变化，可视为自由密度。比较两种模型的甲烷分布以及密度曲线可以看出，钠离子的存在对甲烷的吸附基本不起作用。

图 2.21 为不同蒙脱石狭缝宽度中甲烷分子中碳原子的径向分布函数。两种蒙脱石结构中，甲烷分子中碳原子的径向分布函数形状基本一样，出现一次明显的峰值，位于 0.43nm 处，峰值的大小会随着孔隙的变大而减小。

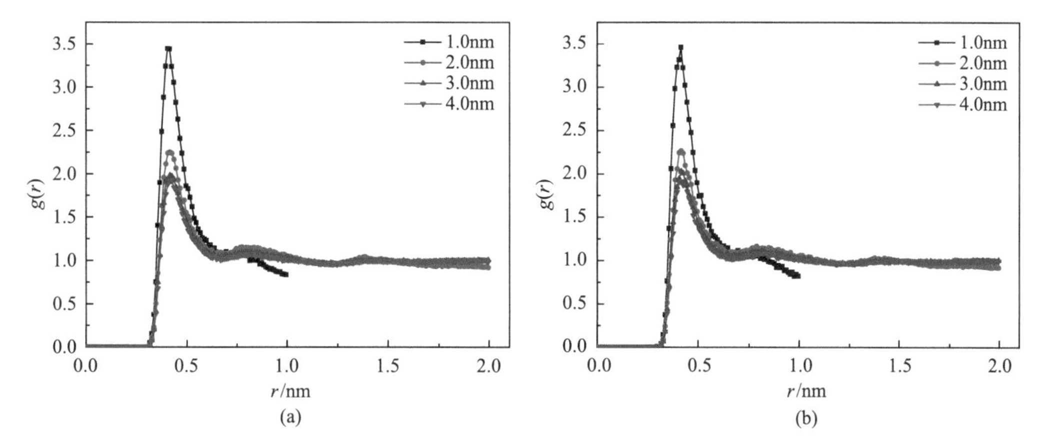

图 2.21 不同蒙脱石狭缝宽度中甲烷分子中碳原子的径向分布函数

(a) 叶蜡石；(b) 钠基蒙脱石

图 2.22 为不同蒙脱石狭缝宽度中甲烷分子中碳原子的平均作用势。由图可以看出，在甲烷吸附结构中，在约为 0.43nm 和 0.80nm 处出现两个粒子相接触极小势(CM)和分离极小势(SM)，在 CM 与 SM 之间存在层障(LB)，LB 表明任意中心甲烷分子周围存在不同的甲烷分子层，分子层之间存在能垒。周围甲烷要进入中心甲烷分子区域并与之发生作用，必须要克服两层之间的 LB，即能垒。从图 2.22 可以看出，甲烷克服能垒进入第一层与中心甲烷形成粒子对，以及脱离第一分子层进入周围分子层中，这两个相反过程中甲烷要克服的能垒并不相等(即分子层障能垒的顺反方向不等)。对平均作用势分析表明，甲烷分子一旦由于某些相互作用而形成紧密分布的吸附层，则吸附层中任一分子周

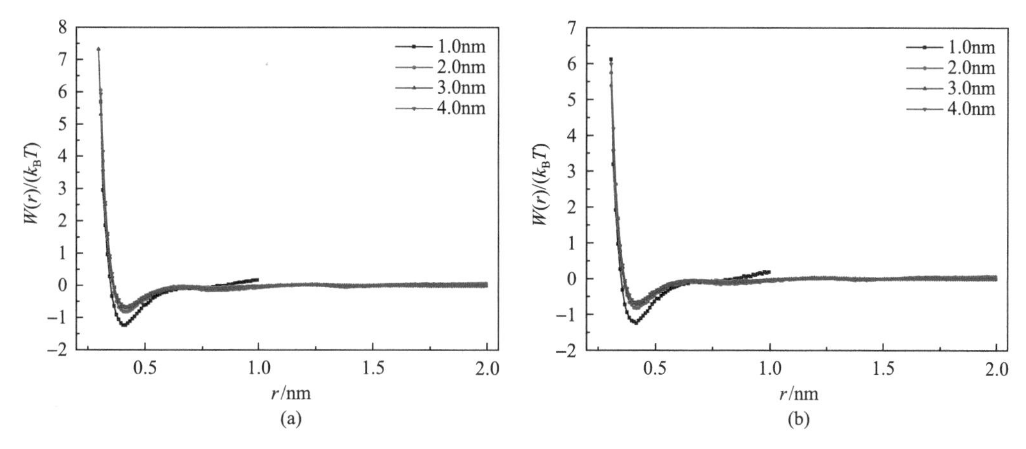

图 2.22 不同蒙脱石狭缝宽度中甲烷分子中碳原子的平均作用势

(a) 叶蜡石；(b) 钠基蒙脱石

围都会形成不同的分子层，不同的分子为了达到更加稳定的状态而存在于各自的第一分子层中，因此使吸附层更加稳定。

图 2.23 为甲烷在不同蒙脱石宽度狭缝中温度为 298K、压力为 0～20MPa 条件下的范德瓦耳斯作用势与静电作用势曲线图。由图 2.23 可以看出，两种模型与甲烷相互的静电作用势很小，主要是因为甲烷是电中性分子，基本不与蒙脱石壁面以及模型中的钠离子有静电作用，静电作用势基本可以忽略。范德瓦耳斯作用势会随着压力的变大而变大，不同狭缝宽度对范德瓦耳斯作用势的影响较小，基本趋势为在高压区域内，缝宽越大，范德瓦耳斯作用势越大。在压力为 18MPa、温度为 298K 时，宽度分别为 1.0nm、2.0nm、3.0nm 和 4.0nm 的叶蜡石和钠基蒙脱石孔隙对应的范德瓦耳斯作用势分别为–1171kJ/mol、–1213kJ/mol、–1297kJ/mol、–1380kJ/mol，以及–936kJ/mol、–1156kJ/mol、–1237kJ/mol、–1386kJ/mol。

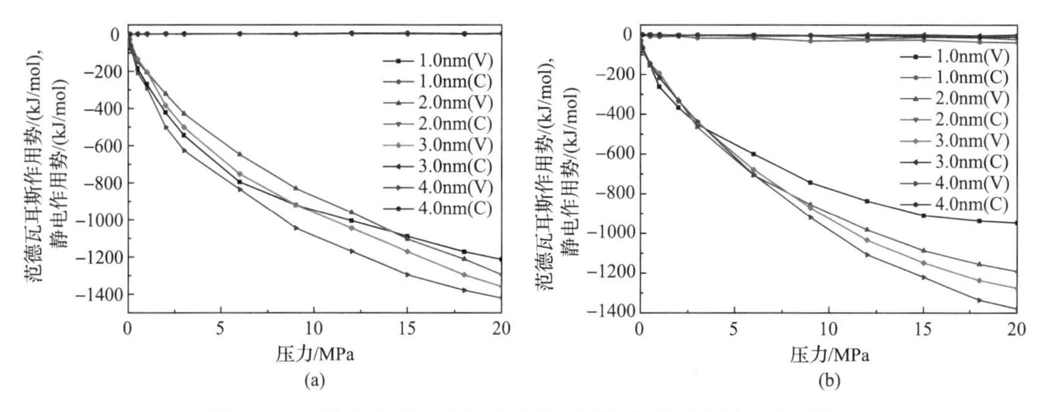

图 2.23 甲烷与蒙脱石之间的范德瓦耳斯作用势和静电作用势

(a) 叶蜡石；(b) 钠基蒙脱石

图 2.24 为甲烷在两种黏土模型中吸附的吸附热曲线。由图 2.24 可以看出，甲烷在两种模型中不同宽度的狭缝孔隙中变化趋势基本相同，均随着压力的变大而缓慢增大。在所研究的条件下，在叶蜡石(无阳离子交换结构)中，吸附热在 1.0nm、2.0nm、

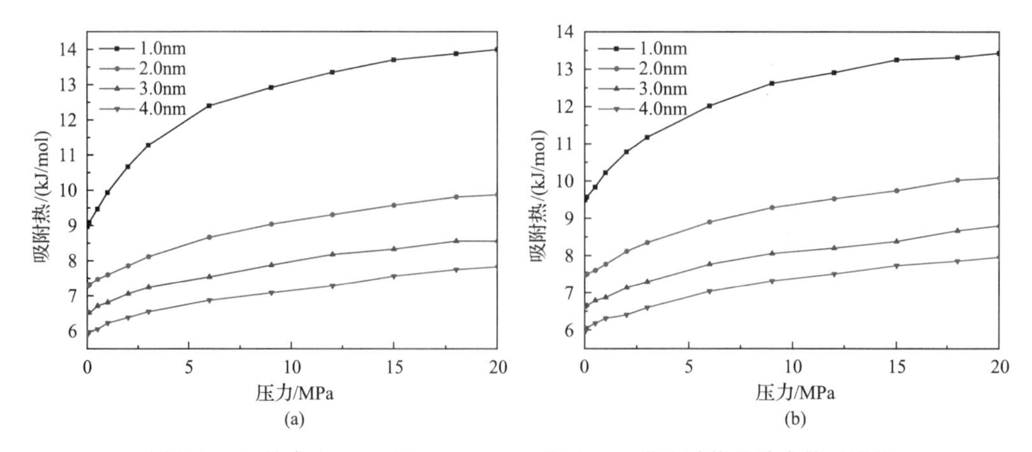

图 2.24 甲烷在 1.0nm、2.0nm、3.0nm 和 4.0nm 黏土矿物孔隙中的吸附热

(a) 叶蜡石；(b) 钠基蒙脱石

3.0nm 和 4.0nm 狭缝孔隙中变化范围分别为 8.97～14.01kJ/mol、7.28～9.87kJ/mol、6.53～8.55kJ/mol 和 5.90～7.82kJ/mol。在钠基蒙脱石（有阳离子交换）中，吸附热的变化范围为 9.49～13.43kJ/mol、7.46～10.08kJ/mol、6.60～8.79kJ/mol 和 5.95～7.95kJ/mol。综上可知，钠离子的存在会增加整个甲烷吸附系统的吸附热，但增量较小。

二氧化碳在蒙脱石狭缝中吸附的参数设置与甲烷吸附的参数设置保持一致。图 2.25 为在温度为 298K，压力由 0.01MPa 到 20MPa 条件下二氧化碳在 1.0nm、2.0nm、3.0nm 和 4.0nm 蒙脱石狭缝孔隙宽度的吸附等温线。由图 2.25 可以看出，钠离子对二氧化碳的吸附影响较大，促进二氧化碳的吸附，且在较小的压力下就达到吸附饱和状态。虽然二氧化碳分子也为电中性，不会产生偶极矩，但有较强的四极距[25]，与钠离子有较强的相互作用。对比相同结构和条件下甲烷和二氧化碳的吸附，二氧化碳的吸附量明显大于甲烷的吸附量[26,27]。综上可知，蒙脱石表面有利于二氧化碳的存储，适合二氧化碳的封存及页岩气的二氧化碳驱开采。

图 2.26 为三种不同温度分别为 298K、340K 和 380K 条件下 2.0nm 蒙脱石狭缝孔隙

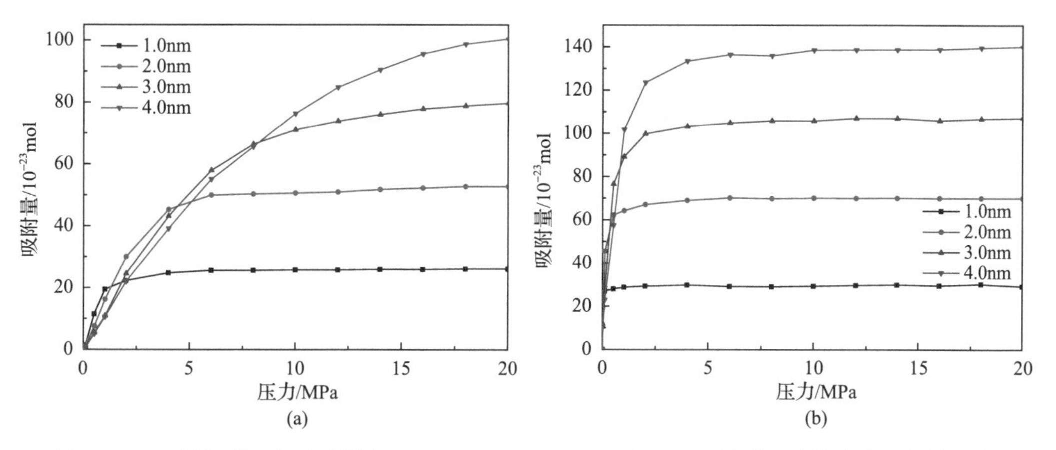

图 2.25　二氧化碳在宽度分别为 1.0nm、2.0nm、3.0nm 和 4.0nm 蒙脱石狭缝中的吸附等温线

(a) 叶蜡石；(b) 钠基蒙脱石

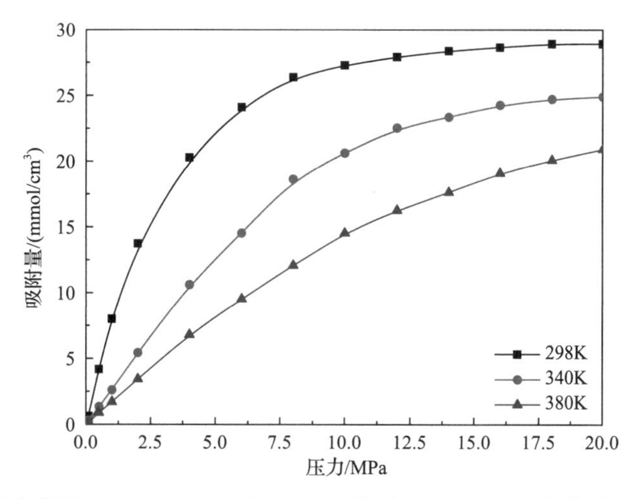

图 2.26　温度分别为 298K、340K 和 380K 条件下 2.0nm 孔隙二氧化碳的吸附等温线

中二氧化碳的吸附等温线，可以看出温度对二氧化碳的吸附有较大的影响，在相同的温度下，温度越高，吸附量越小。

图 2.27 为 8MPa、293K 条件下二氧化碳分子在两种蒙脱石狭缝中分布情况，图 2.28 是与其对应的二氧化碳密度分布曲线。由图可以看出，二氧化碳在不同宽度的狭缝中呈现出不同的分布状态。在有阳(钠)离子交换结构存在的情况下，钠离子对二氧化碳的吸附较强的促进作用，其密度值较大，与甲烷吸附密度曲线明显不同。在 1.0nm 的两种蒙脱石狭缝中，密度曲线的形状和趋势相似，二氧化碳形成两个较大的吸附层，分别靠近两个壁面。同时可看出，两种黏土结构中的二氧化碳均处于吸附状态，没有游离态的分子存在。在 2.0nm 的蒙脱石孔隙中，二氧化碳的分布与 1.0nm 孔隙完全不同，可以发现二氧化碳呈现多层吸附状态，靠近壁面的第一吸附层密度值最大，靠近孔隙中间位置密度值越来越小。两种黏土结构对二氧化碳的吸附也有明显的区别，无钠离子交换结构(叶蜡石)对二氧化碳的吸附会形成两个吸附层，而钠基蒙脱石结构则在孔隙中间区域形成第三

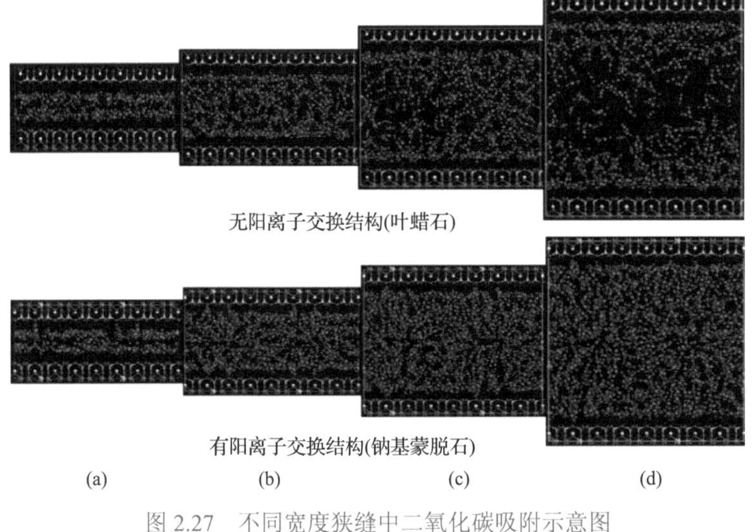

图 2.27　不同宽度狭缝中二氧化碳吸附示意图

(a) 1.0nm；(b) 2.0nm；(c) 3.0nm；(d) 4.0nm

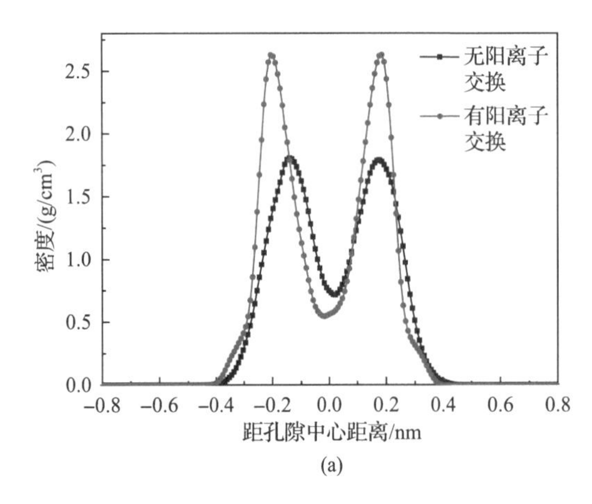

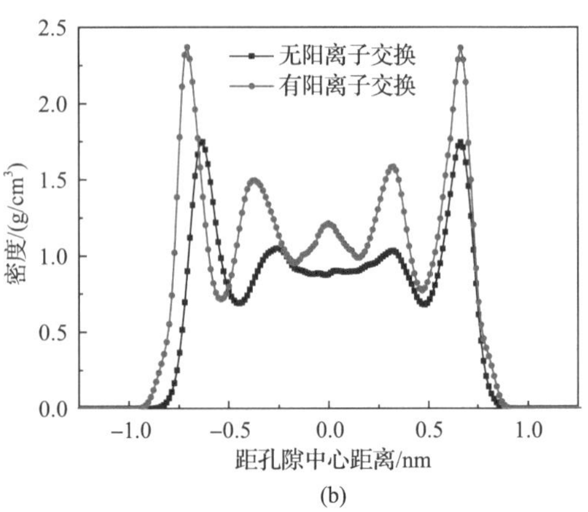

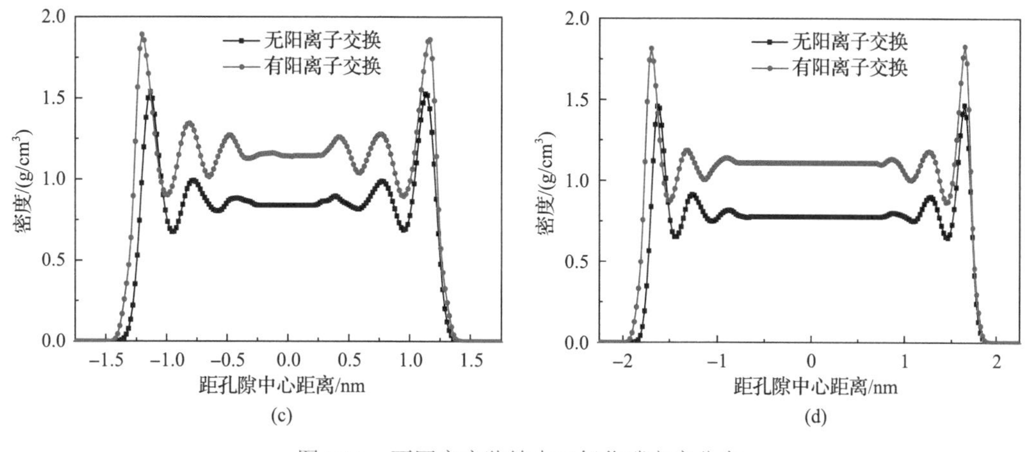

图 2.28　不同宽度狭缝中二氧化碳密度分布

(a) 1.0nm；(b) 2.0nm；(c) 3.0nm；(d) 4.0nm

个吸附层，说明钠离子会促进二氧化碳的吸附。3.0nm 与 4.0nm 的两种黏土孔隙中二氧化碳的分布较为相似，在靠近壁面处形成三个较为明显的吸附层，密度依次变小，中间区域密度曲线较为平和，基本保持恒定，接近自由密度。

图 2.29 为二氧化碳分子中碳原子的径向分布函数。两种蒙脱石结构中，二氧化碳分子中碳原子的径向分布函数的形状基本一样，会出现较明显的两次峰值，无阳离子交换结构(叶蜡石)的峰值位于 0.40nm 和 0.75nm 处，有阳离子交换结构(钠基蒙脱石)的峰值位于 0.38nm 和 0.72nm 处。再次表明不同的蒙脱石结构甲烷吸附影响较小，对二氧化碳影响较大。

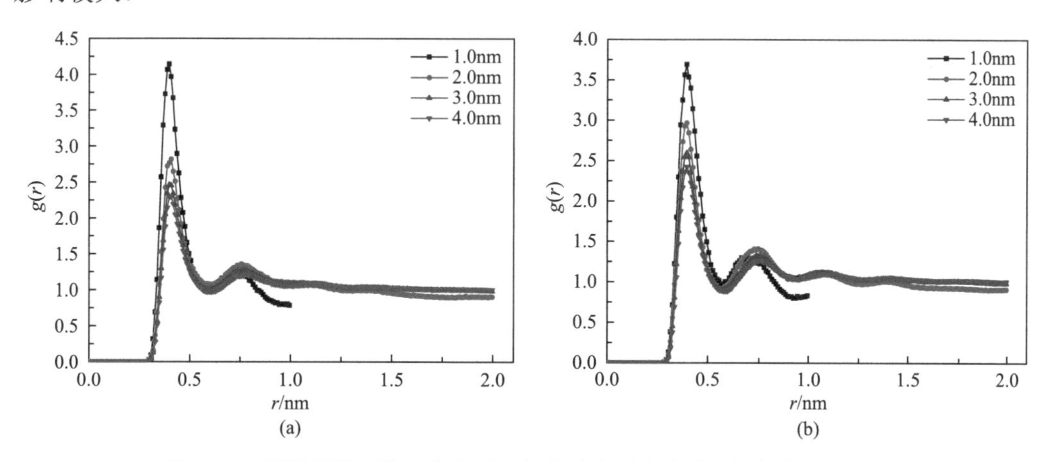

图 2.29　不同蒙脱石狭缝宽度下二氧化碳分子中碳原子的径向分布函数

(a) 叶蜡石；(b) 钠基蒙脱石

图 2.30 为二氧化碳分子中碳原子的平均作用势。由图 2.30 可以看出，在二氧化碳吸附结构中，在约为 0.39nm 和 0.73nm 处出现两个粒子 CM 和 SM，在 CM 与 SM 之间存在 LB，LB 表明任意中心二氧化碳分子周围存在不同的二氧化碳分子层，分子层之间存在能垒。周围二氧化碳要进入中心二氧化碳分子区域并与之发生作用，必须要克服两层

之间的 LB，即能垒。从图中可以看出，二氧化碳克服能垒进入第一层与中心二氧化碳形成粒子对，以及脱离第一分子层进入周围分子层中，这两个相反过程中二氧化碳要克服的能垒并不相等(即分子层障能垒的顺反方向不等)。对平均作用势分析表明，二氧化碳分子一旦由于某些相互作用而形成紧密分布的吸附层，则吸附层中任一分子周围都会形成不同的分子层，不同的分子为了达到更加稳定的状态而存在于各自的第一分子层中，因此使吸附层更加稳定。在甲烷的吸附结构中，在约为 0.41nm 和 0.8nm 处出现粒子 CM，但趋势没有二氧化碳吸附结构中较明显，说明所研究的蒙脱石结构对二氧化碳具有更强的作用，二氧化碳形成的吸附层也更加稳定。

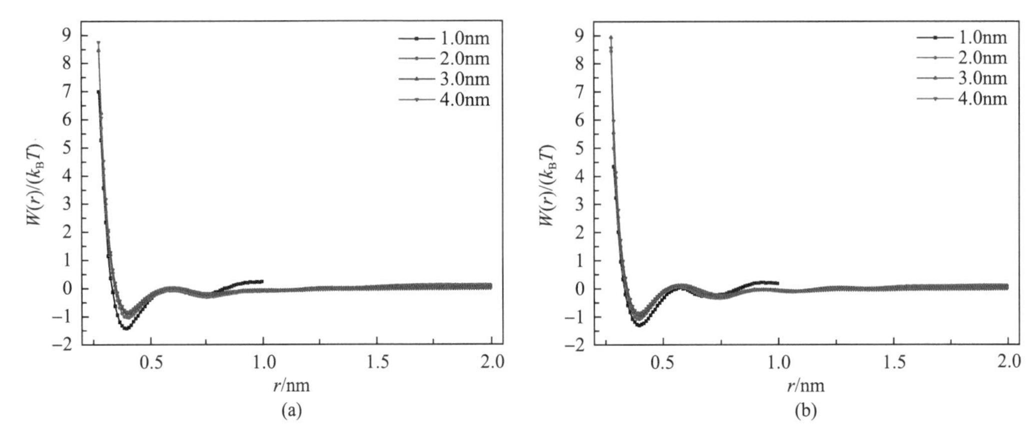

图 2.30　不同蒙脱石狭缝宽度下二氧化碳分子中碳原子的平均作用势

(a)叶蜡石；(b)钠基蒙脱石

图 2.31 为二氧化碳在两种不同黏土结构中、不同宽度狭缝中温度为 298K、压力为 0～20MPa 条件下的范德瓦耳斯作用势与静电作用势曲线图。由图可以看出，两种模型与二氧化碳的相互作用的范德瓦耳斯作用势与静电作用势并不相同，区别较大。在无钠离子交换的结构(叶蜡石)中，不同狭缝宽度的范德瓦耳斯作用势均随着压力的变大而变大，最后达到恒定值，在压力为 18MPa，温度为 298K，缝宽为 1.0nm、2.0nm、3.0nm 和 4.0nm 的范德瓦耳斯作用势约为–2636kJ/mol、–3389kJ/mol、–4100kJ/mol 和–4811kJ/mol。同时可以发现，在低压条件下，缝宽较小的孔隙，势能变化较快，且较早到达恒定值。静电作用势随着压力的变化与范德瓦耳斯作用势相似，其值在压力为 18MPa、温度为 298K 时分别为–711kJ/mol、–1456kJ/mol、–1925kJ/mol 和–2301kJ/mol。与同样结构的甲烷的作用相比，虽然静电作用势作用明显增大，但范德瓦耳斯作用势仍起主要作用。

图 2.31(b)为钠基蒙脱石结构模型中与二氧化碳相互作用的范德瓦耳斯作用势和静电作用势，可以看出两种作用势的变化趋势在不同宽度的孔隙模型中基本一致，即随着压力的变大，作用势均变大，最后达到恒定值。在压力为 18MPa，温度为 298K，缝宽为 1.0nm、2.0nm、3.0nm 和 4.0nm 时，范德瓦耳斯作用势分别为–1836kJ/mol、–3820kJ/mol、–5125kJ/mol 和–6279kJ/mol，静电作用势分别为–7071kJ/mol、–9456kJ/mol、–10962kJ/mol 和–11945kJ/mol。可以发现，钠基蒙脱石中静电作用势大于范德瓦耳斯作用势，即钠离子的存在会产生较大的静电作用势。

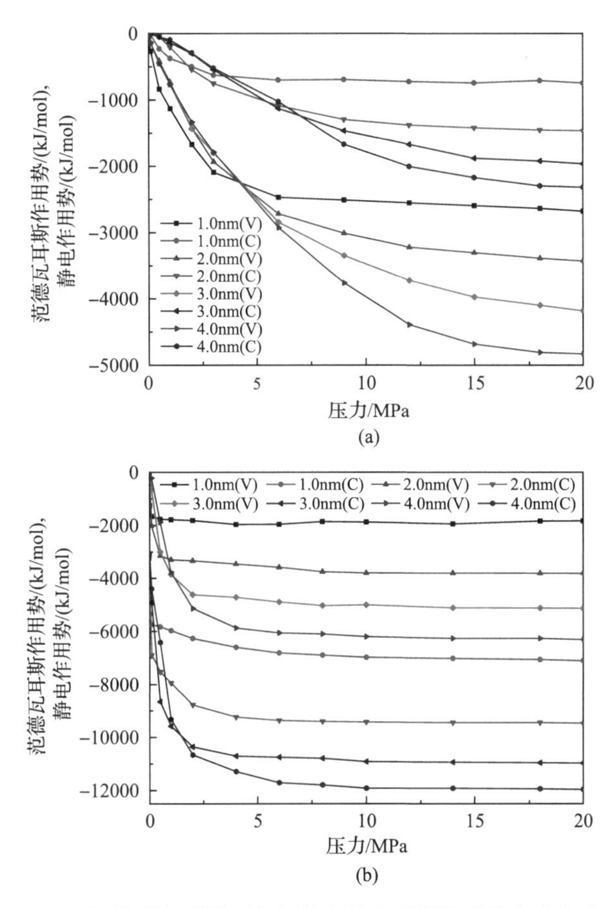

图 2.31　二氧化碳与蒙脱石之间的范德瓦耳斯作用势和静电作用势

(a) 叶蜡石；(b) 钠基蒙脱石

图 2.32 为二氧化碳在两种黏土模型中吸附的吸附热曲线，可以看出二氧化碳在两种模型中的吸附热数值以及曲线形状差别均较大。在无阳离子交换结构中，吸附热随着压

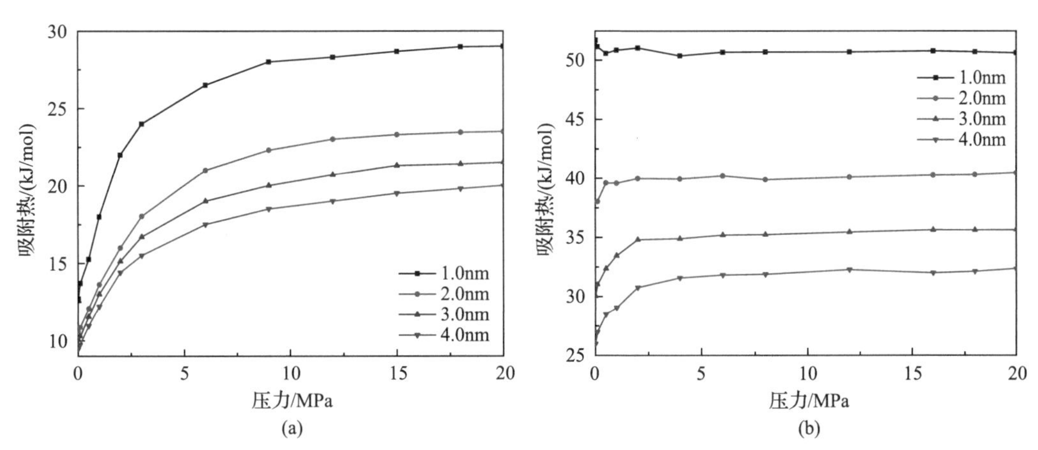

图 2.32　二氧化碳在狭缝宽度为 1.0nm、2.0nm、3.0nm 和 4.0nm 黏土矿物中的吸附热

(a) 叶蜡石；(b) 钠基蒙脱石

力(吸附量)的增大而增大，最后达到恒定值。吸附热在 1.0nm、2.0nm、3.0nm 和 4.0nm 狭缝孔隙中变化范围分别为 12.72～29.00kJ/mol、10.54～23.50kJ/mol、10.02～21.51kJ/mol 和 9.47～20.01kJ/mol。在钠基蒙脱石中，吸附热的变化范围分别为 50.37～51.7kJ/mol、38.02～40.46kJ/mol、29.95～56.64kJ/mol 和 26.12～32.36kJ/mol。可见钠离子的存在会大幅增加二氧化碳吸附系统的吸附热，表明钠离子与二氧化碳之间有着较强的相互作用。同时可以发现，在相同的压力条件下，较小的狭缝对应较大的吸附热，即二氧化碳在较小的狭缝中所处的吸附状态更稳定。

2.1.4 小结

本章节以石墨模拟页岩气藏中的有机质，蒙脱石模拟页岩气藏中的黏土矿物，研究甲烷、二氧化碳在有机质纳米孔和黏土矿物中的吸附机理及规律，通过研究取得以下认识：

(1) 甲烷、二氧化碳在不同石墨狭缝宽度下的等温线表明，两种气体在狭缝宽度较小的条件下具有较大的吸附量(吸附量单位：mmol/cm^3)，主要原因是较小狭缝壁面作用的相互叠加，对吸附质具有较强的吸附作用。超额吸附等温线表明，较小的狭缝宽度具有较大的超额吸附量，却对应较小的压力。

(2) 甲烷、二氧化碳单组分气体在黏土矿物(蒙脱石)中的吸附符合 Langmuir 吸附规律，可以用 Langmuir 公式拟合。

(3) 温度对甲烷、二氧化碳有较大影响，温度越高，甲烷、二氧化碳分子能量越大，越不利于吸附。黏土中的电荷对甲烷吸附影响较小，但对二氧化碳吸附影响较大。

(4) 甲烷、二氧化碳的密度分布曲线表明，在小于 2.0nm 的石墨狭缝孔隙中，甲烷、二氧化碳均以吸附态存在；而在大于 3.0nm 的孔隙中，甲烷、二氧化碳吸附态、游离态均有存在。在相同的压力和温度条件下，随着孔隙的变小，吸附态所占的比例逐渐增大。密度分布曲线可以看出，甲烷在黏土矿物中基本为单层吸附，而二氧化碳为两层甚至三层吸附，表面黏土矿物对二氧化碳的吸附能力远大于对甲烷的吸附能力。甲烷、二氧化碳的吸附热同样可以得到同样的结论。

(5) 甲烷在石墨狭缝中的吸附为物理吸附。在相同的条件下，甲烷的吸附热小于二氧化碳，表明二氧化碳更容易在石墨狭缝中被吸附，吸附更稳定。甲烷吸附过程中，范德瓦耳斯力起主要作用；二氧化碳吸附过程中，范德瓦耳斯力和静电力共同发挥作用。

(6) 甲烷与二氧化碳的二元混合气的吸附表明，二氧化碳更容易在石墨狭缝中被吸附。二氧化碳相对于甲烷吸附选择性的总体趋势为：随着压力变大，吸附选择性先迅速变大，达到最大值后缓慢减小，最后达到稳定值。在相同的压力下，吸附选择性的总体趋势为：随着孔隙宽度变大，吸附选择性将会减小。

2.2 甲烷和二氧化碳在干酪根中的吸附规律

干酪根是沉积岩中主要的有机质，其不溶于水以及普通有机溶剂[28]。干酪根不是单一的有机化合物，是由结构复杂的多种有机分子化合物组成的固态混合物，根据其组成成分以及历史的埋藏的形成过程，不同的干酪根类型具有完全不同的性质。根据 van Krevelen[29]的分类，可以根据其来源分为四种类型[28,30]：Ⅰ型、Ⅱ型、Ⅲ型和Ⅳ型。Ⅳ型 H/C 原子比较低，O/C 原子比则较高，富含芳香结构和含氧基团，烷烃结构含量较少，通常将这类干酪根称为“死碳”。本节采用巨正则蒙特卡罗(GCMC)方法和分子动力学(MD)方法模拟 CH_4、CO_2 在有机质Ⅱ型干酪根孔隙中的吸附行为，研究干酪根对 CH_4 和 CO_2 的吸附性能，阐明 CH_4 和 CO_2 在有机质干酪根中的吸附机理，计算 CH_4 和 CO_2 在页岩储层有机质中不同埋深(压力)的吸附量及 CH_4 和 CO_2 的竞争吸附行为，确定利用 CO_2 置换技术[31]开采页岩气藏的最佳埋深范围，并为页岩气的勘探开发提供指导和基础数据，同时评价吸附对干酪根体积变化的影响。

2.2.1　模型与方法

根据 van Krevenlen[29]对干酪根类型的划分，参考 Ungerer 等[32]的干酪根分子模型，构建四种干酪根模型，分别Ⅱ-A 型、Ⅱ-B 型、Ⅱ-C 型和Ⅱ-D 型，来研究页岩气在所构建的模型中的吸附行为规律。

四种干酪根分子模型的分子式分别为 $C_{252}H_{294}O_{24}N_6S_3$、$C_{234}H_{263}O_{14}N_5S_2$、$C_{242}H_{219}O_{13}N_5S_2$ 和 $C_{175}H_{102}O_9N_4S_2$，如图 2.33 所示。其中，灰色为碳原子，白的代表氢原子，红色代表氧原子，蓝色代表氮原子，黄色代表硫原子，具体参数见表 2.4。

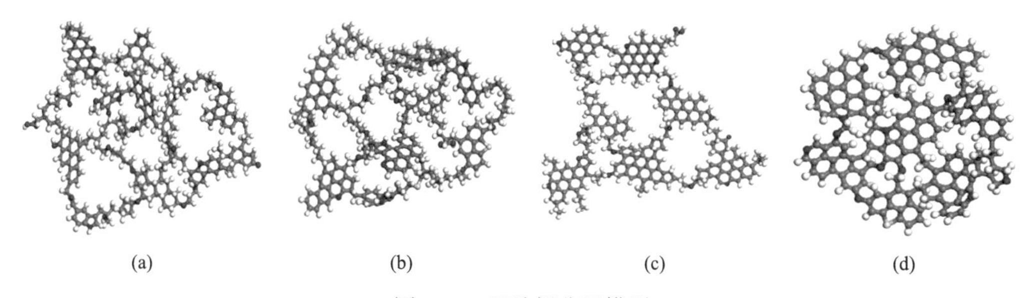

(a)　(b)　(c)　(d)

图 2.33　干酪根分子模型

(a) Ⅱ-A 型；(b) Ⅱ-B 型；(c) Ⅱ-C 型；(d) Ⅱ-D 型

表 2.4　Ⅱ型干酪根分子的结构参数

参数	Ⅱ-A 型	Ⅱ-B 型	Ⅱ-C 型	Ⅱ-D 型
H/C 原子比	1.17	1.12	0.905	0.58
O/C 原子比	0.095	0.060	0.054	0.051
N/C 原子比	0.024	0.022	0.021	0.023
S/C 原子比	0.012	0.009	0.008	0.011
芳香碳/%	41	45	58.7	79
每个碳簇中碳平均个数	11.4	17.5	20.3	19.9
芳香碳数(sp^3 C, N, S, O)	0.46	0.32	0.28	0.28
质子芳香碳数(每 100 个 C 原子)	14	15	14	25

续表

参数	Ⅱ-A 型	Ⅱ-B 型	Ⅱ-C 型	Ⅱ-D 型
C—O 中氧原子数(每 100 个 C 原子)	5.2	5.2	3.7	5.1
—COOH 中氧原子数(每 100 个 C 原子)	1.6	0.9	0.83	0
$>$C=O 中氧原子数(每 100 个 C 原子)	2.8	0.0	0.83	0
吡咯(N 原子占干酪根的摩尔分数)/%	66	80	60	75
吡啶(N 原子占干酪根的摩尔分数)/%	17	20	40	25
四价(N 原子占干酪根的摩尔分数)/%	17	0	0	0
芳香硫(有机硫含量)/%	67	50	50	100
脂肪硫(有机硫含量)/%	33	50	50	0

为模拟干酪根对页岩气的吸附特性，对于Ⅱ型干酪根，分别选取 6 个、6 个、6 个和 10 个分子构建超晶包模型，密度为 1g/cm^3 的周期性结构。对构建好的模型利用模拟退火法进行结构优化，借助于 MS 软件 Forcite 模块，选用 NVT 系综，温度由 300K 到 600K，进行 5 个循环，优化好的结构如图 2.34 所示。

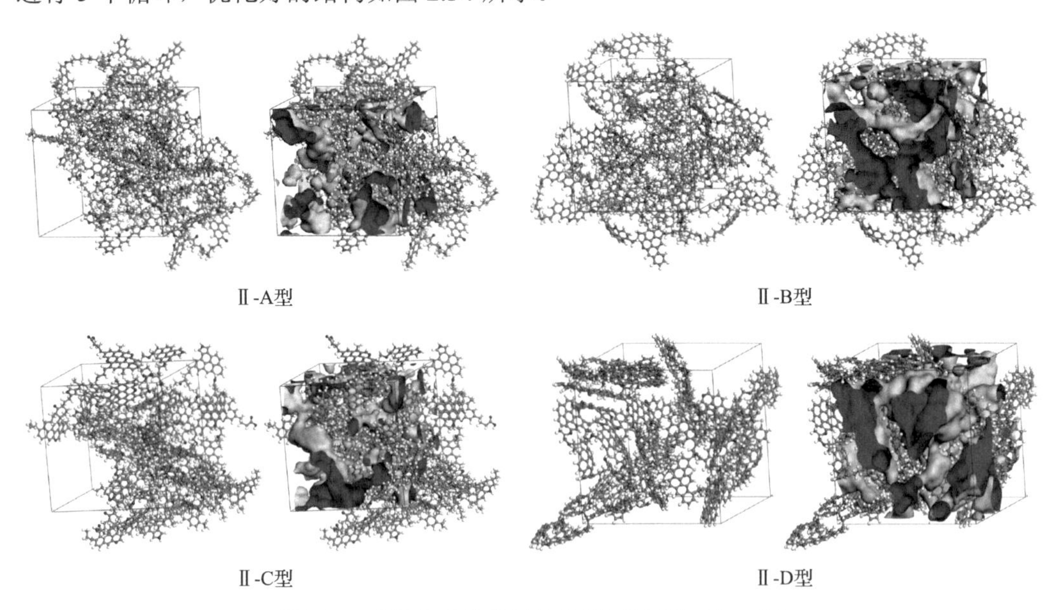

图 2.34　干酪根晶胞模型及其表面积和体积示意图

灰色区域为骨架，蓝色区域包围着的则表示有效孔隙体积(以 CO_2 为例)

孔隙结构与拓扑形态对气体的吸附存储起着重要的作用[33]。借助于 MS 软件测量模型的有效孔隙体积、表面积并计算孔隙度。对于微观孔隙结构，其孔隙体积及表面积的计算不同于宏观孔隙[34,35]，需考虑吸附质分子直径大小，即不同的吸附质分子直径大小对应着不同的有效(可接触)孔隙体积及表面积大小，如图 2.34 所示，其中 CH_4 和 CO_2 的分子直径分别为 0.38nm 和 0.33nm。不同干酪根基质的物理参数见表 2.5。

表 2.5 Ⅱ型干酪根模型的物理参数

参数	Ⅱ-A 型	Ⅱ-B 型	Ⅱ-C 型	Ⅱ-D 型
分子(原子)数量	6 (3474)	6 (3108)	6 (2886)	10 (2920)
模型大小/Å^3	33.83^3	32.46^3	32.58^3	34.48^3
ϕ_p^a /(Å^3/uc)	7004	6759	7682	13642
ϕ_p^a /(Å^3/g)	0.181	0.198	0.222	0.333
ϕ_p^b /(Å^3/uc)	8083	7878	8837	14588
ϕ_p^b /(Å^3/g)	0.209	0.230	0.256	0.356
表面积 ^{a}/(Å^2/uc)	6149	6119	6660	7626
表面积 ^{b}/(Å^2/uc)	7144	7006	7543	8337

注：探测分子 a, b 分别表示 CH_4, CO_2，单位为 Å^3/uc 的 ϕ_p 表示有效孔隙体积，单位为 Å^3/g 的 ϕ_p 表示计算孔隙度；uc 为 unit cell，即每单位晶胞。

2.2.2 甲烷在干酪根中的吸附规律

甲烷在干酪根孔隙中的吸附通过蒙特卡罗方法计算模拟，是借助于 MS 软件的 Sorption 模块下进行，采用 Fix Pressure 模式计算模拟，模拟过程中的范德瓦耳斯相互作用和静电相互作用分别采用 Atom 和 Ewald 求和方法，模型体系采用周期性边界条件。每个循环都包括四种可能尝试：①插入一个分子到模拟盒子中；②从模拟盒子中随机删除一个分子；③完全重生长一个分子；④移动一个分子，每种尝试的概率分别为 0.4、0.2、0.2、0.2。每个数据点的前 500 万步为吸附平衡阶段，后 1000 万步作为平衡后吸附量数据统计样本，选用 COMPASS[15]力场，非键截断半径设置为 0.95nm。模拟中用逸度代替压力模拟 CH_4 和 CO_2 的吸附，逸度通过逸度系数计算，逸度系数由 Peng-Robinson 方程[36]计算得到。分子动力学方法模拟计算采用 Focite 模块，力场与分子间作用力设置与蒙特卡罗方法一样。采用正则系综(NVT)，用 Andersen 热浴控温，进行 1ns 的分子动力学运算，步长为 1fs，其中前 50 万步使体系达到平衡，后 50 万步统计要计算的热力学性质。

1. 吸附等温线

图 2.35 为温度 298K、压力由 0.01MPa 到 30MPa 条件下，甲烷气体在Ⅱ型干酪根孔隙中的吸附等温线。由图 2.35(a)可以看出，甲烷在Ⅱ型干酪根中吸附的吸附等温线呈现相同的趋势和形状，根据国际纯粹与应用化学联合会的吸附类型[37]，均符合 I 型等温线，可以用 Langmuir 吸附式[式(2-6)]进行拟合，拟合结果如图 2.36 和表 2.6 所示。比较四种模型可以看出，在相同的温度和平衡压力下，各种干酪根模型的吸附量为Ⅱ-A 型＜Ⅱ-B 型＜Ⅱ-C 型＜Ⅱ-D 型，且Ⅱ-D 型的吸附量远大于其他三种干酪根，主要是因为Ⅱ-D 型含有大量的孔隙，见表 2.5。同时可以看出，相同密度的干酪根，成熟度越高，其内部孔隙越大。图 2.35(b)为与之对应的超额吸附等温线，可以看出四种干酪根模型的

最大超额吸附量约在 6MPa 处，值分别为 2.259mmol/g、2.666mmol/g、2.902mmol/g 和 4.522mmol/g。

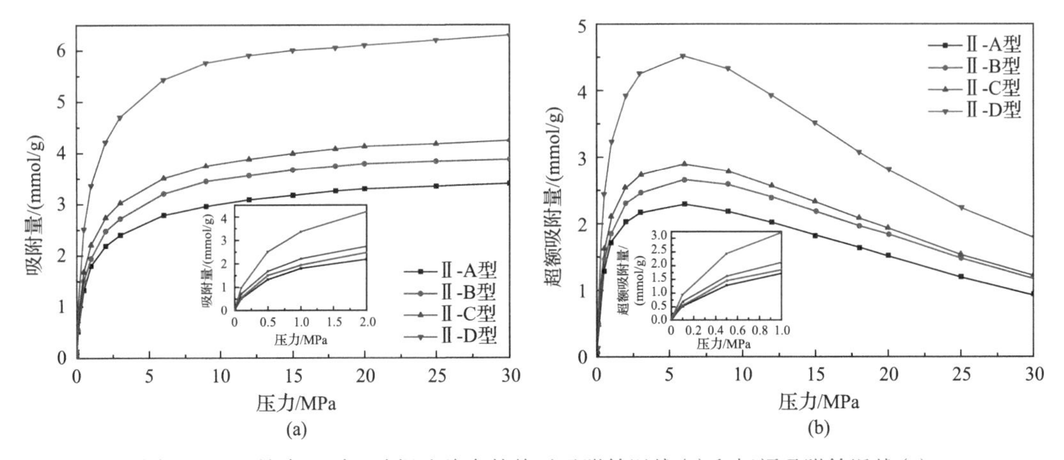

图 2.35 甲烷在Ⅱ型干酪根孔隙中的绝对吸附等温线(a)和超额吸附等温线(b)

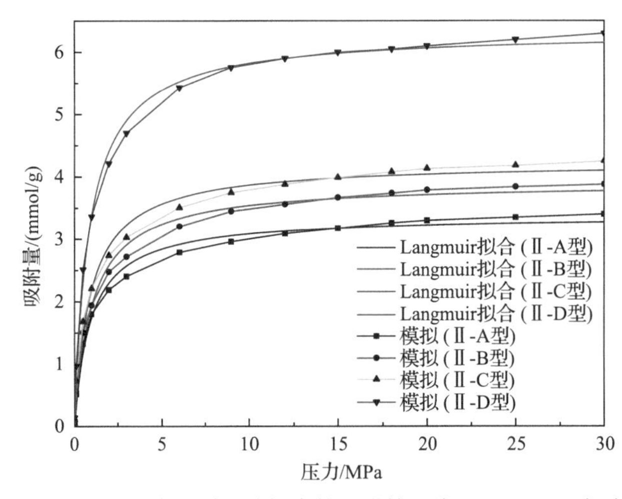

图 2.36 甲烷在Ⅱ型干酪根中的吸附等温线及 Langmuir 拟合

表 2.6 甲烷在Ⅱ型干酪根中吸附的 Langmuir 拟合结果

参数	Ⅱ-A 型	Ⅱ-B 型	Ⅱ-C 型	Ⅱ-D 型
$A_L/10^{-23}$mol	3.38	3.91	4.23	6.33
p_L/MPa	0.94	1.02	0.93	0.88
拟合相关系数(R^2)	0.9913	0.9927	0.9907	0.9961

2. 温度的影响

不同的页岩气藏储层具有不同的地层深度，不同的地层深度对应着不同的地层温度，为研究温度对页岩气在干酪根孔隙中的吸附的影响，对四种模型分别计算了三种不同温度下(298K、340K、380K)甲烷在其孔隙中的吸附规律。由图 2.37 可以看出，四种模型中，温度对甲烷的吸附都有较大的影响，随着温度的升高，吸附量均减小，表明高温不利于甲烷在干酪根中的吸附。原因可以解释为：温度升高会加速系统内部甲烷分子的热运动，增加其动能，不利于干酪根对甲烷分子的“捕获”。处于吸附态的甲烷分子也会得到足够能量，可以从被“束缚”状态逃离出来，导致吸附量减小。由此可见，热采是开采页岩气一种有效的方法。

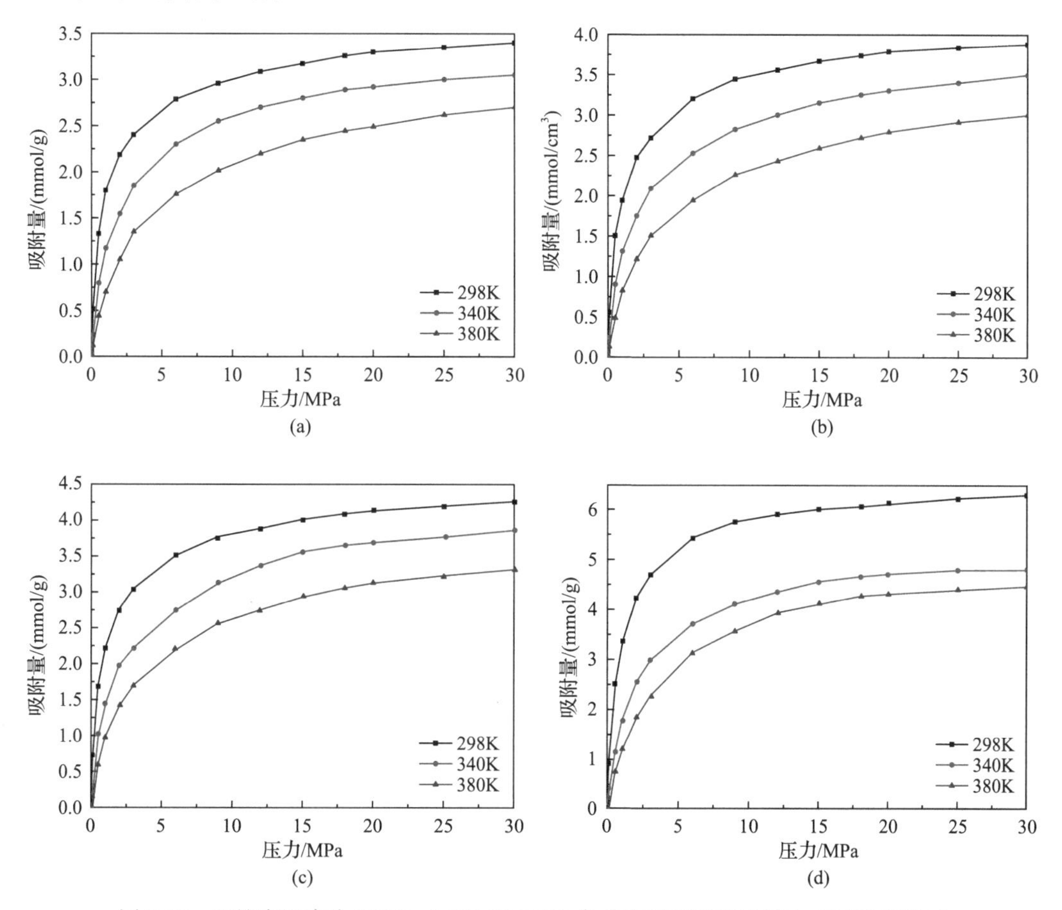

图 2.37 甲烷在温度为 298K、340K 和 380K 条件下的干酪根孔隙中的吸附等温线

(a) Ⅱ-A 型；(b) Ⅱ-B 型；(c) Ⅱ-C 型；(d) Ⅱ-D 型

为定量研究温度对吸附的影响，对同一干酪根模型选定相同的平衡压力，计算不同温度下吸附量的变化，见式(2-7)：

$$E = \frac{A_T - A_{298}}{A_{298}} \times 100\% \tag{2-7}$$

式中，A_T 为温度为 T(T=340K、380K)时的吸附量；A_{298} 表示温度为 298K 时的吸附量。

表 2.7 为Ⅱ型干酪根四种模型在不同的平衡压力下，温度对吸附量的影响，其中负号表示吸附量变小。由表 2.7 可以看出，在压力较小的情况下，温度对吸附的影响较大，随着压力的变大，温度的作用逐渐减小。

表 2.7 温度对甲烷在Ⅱ型干酪根中吸附的影响

压力/MPa	Ⅱ-A 型		Ⅱ-B 型		Ⅱ-C 型		Ⅱ-D 型	
	340K	380K	340K	380K	340K	380K	340K	380K
0.01	−64.71	−83.54	−66.67	−82.67	−63.63	−86.36	−75.00	−86.11
0.1	−55.00	−78.62	−56.14	−78.07	−61.15	−78.00	−66.25	−83.33
0.5	−40.32	−66.90	−40.21	−67.74	−40.54	−64.86	−54.84	−70.97
1	−35.00	−61.14	−32.5	−57.5	−34.78	−56.52	−46.98	−65.06
2	−29.41	−51.99	−29.41	−50.98	−28.07	−48.15	−39.42	−56.73
3	−22.97	−43.79	−23.21	−44.64	−26.98	−43.84	−37.07	−51.72
6	−17.49	−36.92	−21.21	−39.39	−21.91	−37.28	−31.85	−42.53
9	−13.83	−31.88	−18.19	−34.44	−16.67	−32.05	−28.74	−38.03
12	−12.56	−28.75	−15.73	−31.74	−13.30	−29.40	−26.27	−33.38
15	−11.77	−25.95	−14.17	−29.43	−11.02	−26.53	−24.17	−31.67
18	−11.33	−25.00	−13.10	−27.29	−10.78	−25.24	−23.14	−29.75
20	−11.51	−24.54	−12.88	−26.38	−10.95	−24.50	−22.95	−29.50
25	−10.44	−21.79	−11.49	−24.13	−10.30	−22.98	−22.90	−29.03
30	−10.29	−20.58	−9.89	−22.68	−9.41	−22.35	−23.80	−29.36

3. 吸附热

吸附热(isosteric heat)可以较为准确地反映甲烷、二氧化碳等气体在干酪根孔隙中吸附的物理化学本质，描述干酪根的活性、吸附能力等。等量吸附热的定义为，在吸附量一定时，再有无限小的气体分子被吸附后所释放出来的热量。实验中直接测量吸附热较为困难，本节通过分子模拟方法，借助于克劳修斯-克拉珀龙(Clausius-Clapeyron)方程计算吸附热：

$$\Delta H_{\mathrm{S}} = -RT^2\left(\frac{\mathrm{d}\ln p}{\mathrm{d}T}\right)_n \tag{2-8}$$

式中，ΔH_{S}为等量吸附热，kJ/mol；负号表示系统的吸附过程为放热过程；R 为普适气体常数；T为温度，K。

图 2.38 为Ⅱ型干酪根四种模型的吸附热与吸附量之间的关系曲线，由图可以看出，在所研究的压力范围内，四种干酪根模型的吸附量所对应的吸附热的范围分别如下：Ⅱ-A型为20.50～21.08kJ/mol型，Ⅱ-B型为20.51～21.41kJ/mol，Ⅱ-C型为21.25～21.40kJ/mol，Ⅱ-D型为20.29～20.92kJ/mol。每种干酪根模型吸附热的最大值均小于42kJ/mol(化学吸附的吸附热最小值)，可以判定甲烷气体在干酪根孔隙中吸附均为物理吸附。由图 2.38 还可以看出，吸附曲线的变化趋势为：随着吸附量的变大，吸附热先减小后增大。这主要是因为等量吸附热随吸附量的变化主要与两方面因素有关：一是固体表面的不均匀性，这种情况会造成吸附热随吸附量的增加而降低。干酪根孔隙表面的能量分布是不均匀的，开始吸附时，甲烷分子首先占据干酪根孔隙表面能量较高的吸附位，此时吸附所需的活

化能最小，产生的吸附热最大。随着吸附的进行，高能活性中心被逐渐占据，吸附转到那些较不活泼的吸附位上进行，此时活化能增大，吸附热变小。二是被吸附分子之间的作用力，且随着吸附量的增大，吸附相内被吸附分子之间的作用力逐渐增强，这种情况导致吸附热的增大。两种因素对等量吸附热的贡献正好相反，因此等量吸附热的变化是一个非常复杂的过程。

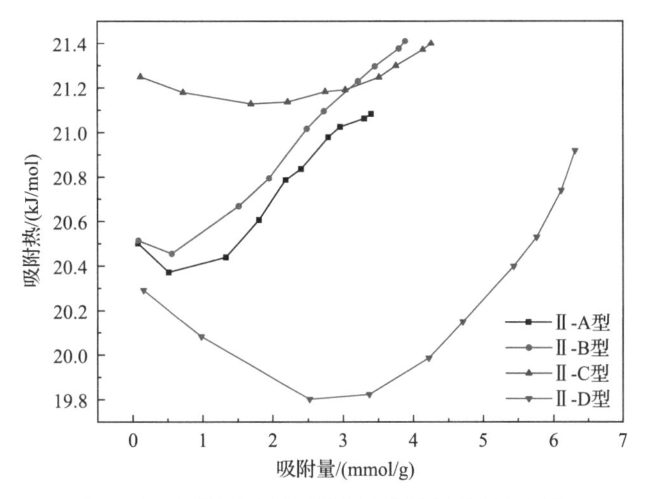

图 2.38　甲烷在Ⅱ型干酪根中吸附的等量吸附热

4. 径向分布函数

径向分布函数(RDF)可以表示粒子之间彼此空间占有的概率。其物理意义可由图 2.39 显示，图中黑球为系统中流体的一个分子，称为参考分子，与其中心距离由 r 到 r+dr 之间的分子数为 dN，则径向分布函数 $g(r)$ 定义为

$$\rho g(r)4\pi r^2 = \mathrm{d}N \tag{2-9}$$

式中，ρ 为系统密度。

若系统的分子数目为 N，则由上述关系可得

$$\int_0^{\infty} \rho g(r)4\pi r^2 \mathrm{d}r = \int_0^N \mathrm{d}N = N \tag{2-10}$$

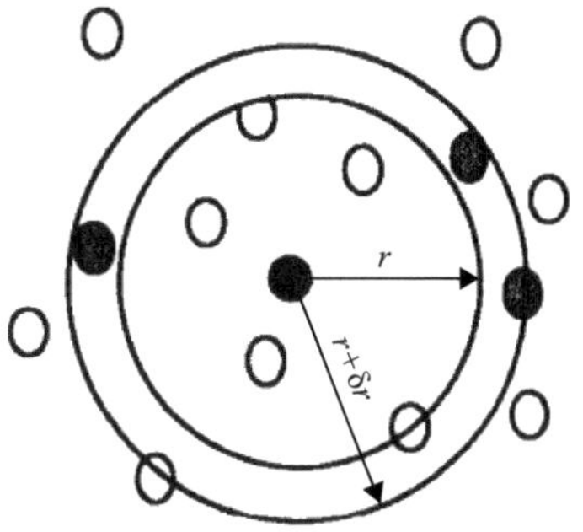

图 2.39　径向分布函数示意图

则径向分布函数与 dN 之间的关系为

$$g(r) = \frac{\mathrm{d}N}{\rho 4\pi r^2 \mathrm{d}r} \tag{2-11}$$

径向分布函数可以解释为系统区域密度与平均密度的比值。参考分子附近(r 值较小)区域密度不同于系统的平均密度，但与参考分子较远的区域密度与平均密度相同，即当 r 值较大时，径向分布函数接近 1。分子动力学计算径向分布函数的方法为

$$g(r)=\frac{1}{\rho 4\pi r^2\delta r}\frac{\sum_{t=1}^{T}\sum_{j=1}^{N}\Delta N(r\to r+\delta r)}{NT} \tag{2-12}$$

式中，N 为分子数目；T 为计算总时间(步数)；δr 为设定的距离差；ΔN 为介于 r 到 $r+\mathrm{d}r$ 之间的分子数。

径向分布函数可以表示粒子之间彼此空间占有的概率。图 2.40 为温度为 298K、平衡压力为 6MPa 条件下，甲烷分子与干酪根中各种元素(C，H，O，N 和 S)之间的径向分布函数。由图 2.40(c)可以看出，甲烷与 N 原子之间的径向分布函数峰值明显大于与其他原子之间的径向分布函数，表明在Ⅱ-C 型干酪根中，相对于其他原子，甲烷与 N 原子之间有较强的相互作用，甲烷更易吸附在含有 N 原子结构及官能团附近。由图 2.40(d)可以看出和图 2.40(c)相似的结果，Ⅱ-D 型干酪根中的 S 原子与甲烷具有较强的相互作用，即甲烷更易吸附在含有 S 原子的官能团附近。对于Ⅱ-A 型、Ⅱ-B 型干酪根，由图 2.40(a)和(b)可以看出，N、S 两种原子与甲烷的作用相当，即为甲烷提供相同的吸附能力。

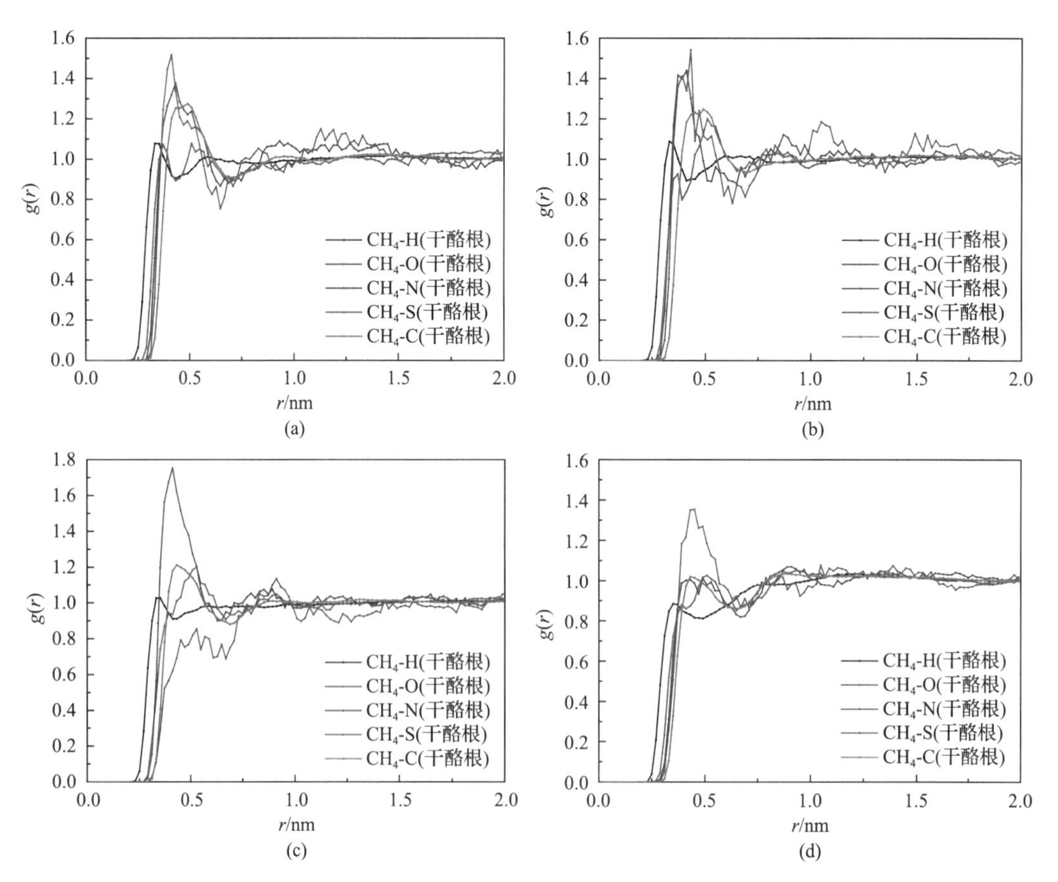

图 2.40　甲烷分子与干酪根各种元素(C，H，O，N，S)之间的径向分布函数

5. 范德瓦耳斯作用势与静电作用势

图 2.41 为温度在 298K、甲烷在四种Ⅱ型干酪根孔隙中吸附时与其相互作用的范德瓦耳斯作用势和静电作用势曲线图。由图可以看出，甲烷与干酪根之间静电作用很小，基本可以忽略。范德瓦耳斯作用势会随着压力的增大而增大，当压力大于 6MPa 时曲线变得平缓，最后接近恒定值。

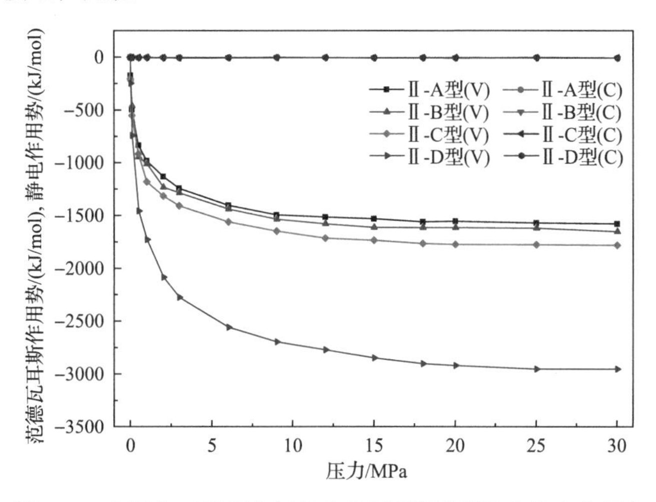

图 2.41 甲烷与干酪根之间的范德瓦耳斯作用势和静电作用势

图 2.42 为范德瓦耳斯作用势与甲烷吸附量之间的关系曲线，可见两者之间呈线性关系。正如前面所述，干酪根对甲烷气体的吸附为物理吸附，主要作用力是范德瓦耳斯力，从分子电极性分析可知，甲烷是非极性分子，其质量中心与正负电荷中心相互重合，都在 C 原子中心，且 C 原子原子量和电荷量都是 H 原子的 6 倍，在吸附过程中 C 原子无论从电量还是质量上分析都在整个甲烷分子中起主导作用。从原子结构可知，原子质量主要集中在原子核上，而原子核带正电荷，所以在吸附过程中，由于电荷之间的同种电

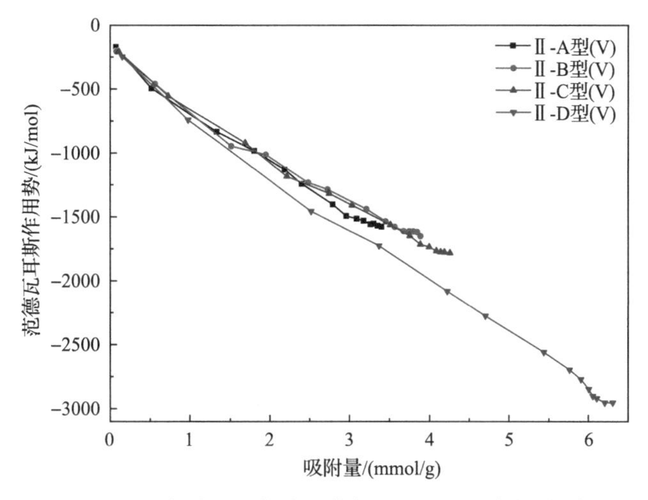

图 2.42 范德瓦耳斯作用势与甲烷吸附量之间关系

荷相互排斥，异种电荷相互吸引，干酪根分子中负电性最大的原子对甲烷中的C原子和H原子的原子核具有最大的静电引力作用，而核外电子云则受到静电斥力作用，在静电力的作用下，甲烷分子会产生诱导电偶极矩，最终在诱导力和色散力组成的分子间范德瓦耳斯力作用下达到吸附平衡态。所以，从力场分析可以看出，当干酪根大分子结构中的某个原子呈负电性时，会对甲烷气体产生吸附力，当某个原子的负电性最强时，会与甲烷分子之间的范德瓦耳斯力作用最强，吸附力最大。

2.2.3 二氧化碳在干酪根中的吸附规律

1. 吸附等温线

图2.43为温度298K、压力由0.01MPa到30MPa条件下，二氧化碳气体在Ⅱ型干酪根孔隙中的吸附等温线。由图2.43(a)可以看出，二氧化碳在Ⅱ型干酪根中吸附的吸附等温线呈现相同的趋势和形状，与甲烷气体相似，呈现Ⅰ型等温线趋势，可以借用Langmuir吸附公式[式(2-6)]进行拟合，结果图2.44和表2.8。比较四种干酪根模型对二氧化碳的等

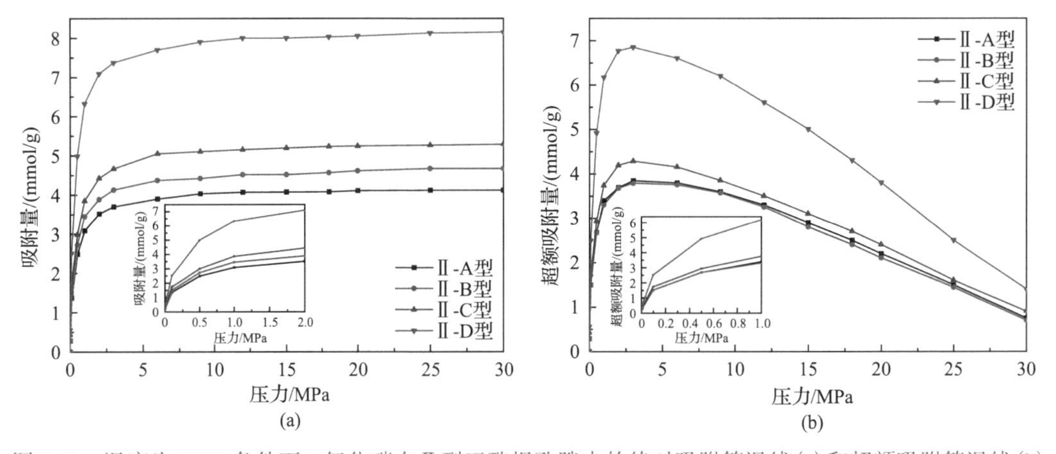

图2.43 温度为298K条件下二氧化碳在Ⅱ型干酪根孔隙中的绝对吸附等温线(a)和超额吸附等温线(b)

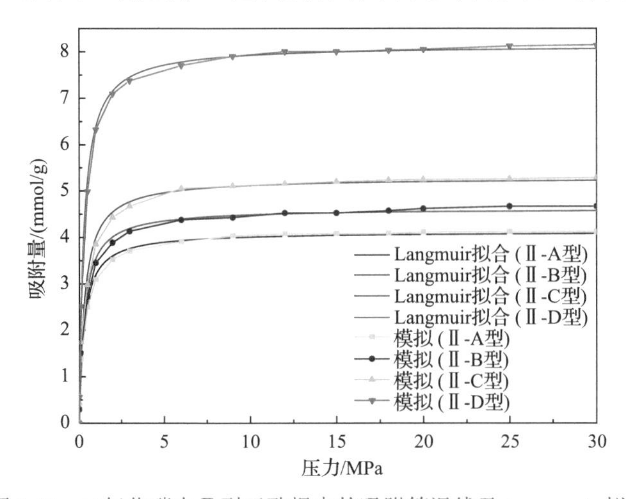

图2.44 二氧化碳在Ⅱ型干酪根中的吸附等温线及Langmuir拟合

表 2.8　二氧化碳在Ⅱ型干酪根中吸附的 Langmuir 拟合结果

参数	Ⅱ-A 型	Ⅱ-B 型	Ⅱ-C 型	Ⅱ-D 型
$A_L/10^{-23}$mol	4.12	4.61	5.27	8.23
p_L/MPa	0.29	0.30	0.32	0.28
拟合相关系数(R^2)	0.9937	0.9932	0.9906	0.9971

温吸附线可以看出，在相同的温度和平衡压力下，各种干酪根模型的吸附量为Ⅱ-A 型<Ⅱ-B 型<Ⅱ-C 型<Ⅱ-D 型，且Ⅱ-D 的吸附量远大于其他三种干酪根，主要是因为Ⅱ-D 型含有大量的孔隙，见表 2.5。图 2.43(b)为与之对应的超额吸附等温线，可以看出四种干酪根模型的最大超额吸附量约在 3MPa 处，值分别为 3.850mmol/g、3.786mmol/g、4.283mmol/g 和 6.848mmol/g。显然，在相同的温度和压力条件下，同一种干酪根对二氧化碳的吸附量大于甲烷的吸附量。

2. 温度的影响

通过上面研究表明，高温不利于甲烷的吸附，同样在所研究的范围内，高温对二氧化碳也有影响。图 2.45 为二氧化碳在 298K、340K 和 380K 三种不同温度下在Ⅱ型干酪

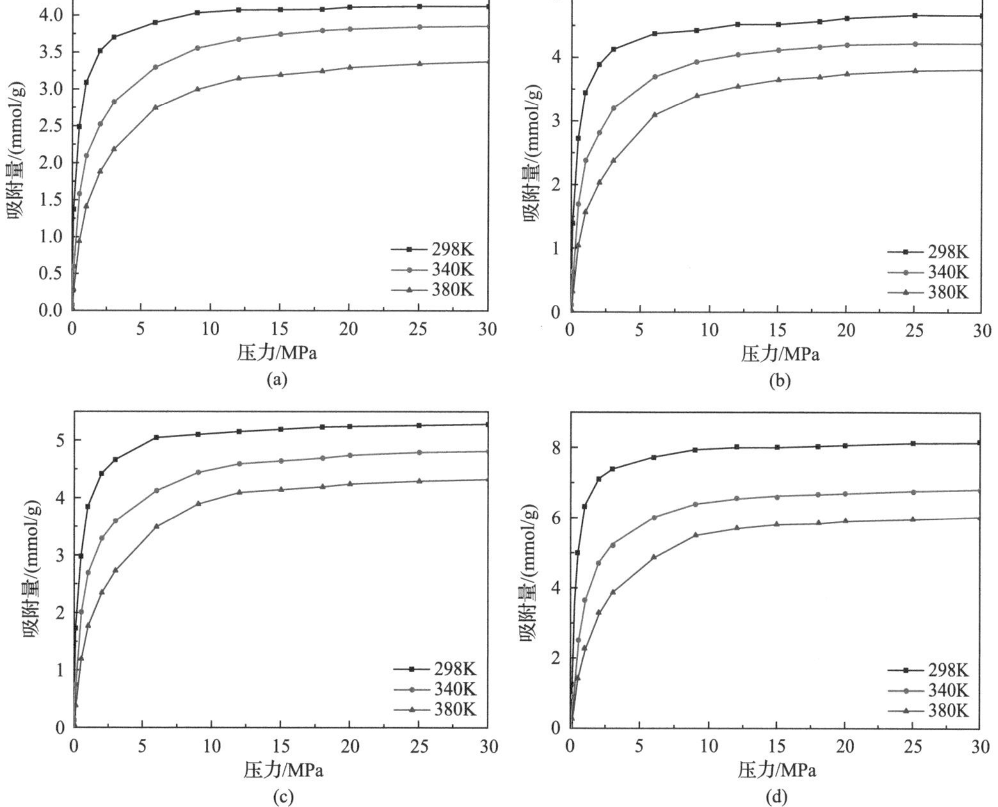

图 2.45　二氧化碳在温度为 298K、340K 和 380K 条件下的干酪根孔隙中的等温吸附线

(a)Ⅱ-A 型；(b)Ⅱ-B 型；(c)Ⅱ-C 型；(d)Ⅱ-D 型

根中的等温吸附曲线，可以看出二氧化碳的吸附量均随着温度的升高而减小。对于同一模型，同一温度不同压力下吸附量受到温度的影响程度，由公式(2-7)计算，见表 2.9。由表 2.9 可以看出，同一模型在不同平衡压力下受到的温度影响程度较大，总体趋势为：压力较小，温度影响较大，随着压力的逐渐变大，温度的影响效果渐渐变小。

表 2.9 温度对二氧化碳在Ⅱ型干酪根中吸附的影响

压力/MPa	Ⅱ-A 型		Ⅱ-B 型		Ⅱ-C 型		Ⅱ-D 型	
	340K	380K	340K	380K	340K	380K	340K	380K
0.01	−71.21	−89.04	−58.81	−86.96	−67.94	−88.51	−73.55	−90.71
0.1	−56.25	−79.06	−58.06	−78.07	−56.64	−77.78	−64.52	−82.26
0.5	−36.21	−62.07	−37.50	−61.38	−32.25	−59.67	−49.59	−71.54
1	−31.94	−54.17	−30.99	−54.16	−29.76	−53.75	−42.31	−64.25
2	−28.05	−46.34	−27.50	−47.50	−25.35	−46.73	−33.71	−53.71
3	−23.49	−40.88	−22.35	−42.35	−22.68	−41.23	−29.12	−47.80
6	−15.31	−29.48	−15.32	−29.05	−18.09	−30.63	−22.11	−36.85
9	−11.69	−25.58	−10.98	−23.04	−12.74	−23.52	−18.98	−30.37
12	−9.58	−22.60	−10.30	−21.38	−10.67	−20.38	−18.12	−28.75
15	−7.97	−21.47	−8.75	−19.16	−10.40	−20.03	−17.50	−27.50
18	−6.86	−20.34	−8.63	−18.93	−10.13	−19.69	−17.18	−27.14
20	−7.05	−19.70	−8.94	−18.70	−9.35	−18.89	−16.77	−26.70
25	−6.55	−18.68	−9.375	−18.47	−8.74	−18.25	−16.87	−26.72
30	−6.30	−17.96	−9.375	−18.04	−8.71	−17.99	−16.50	−26.32

3. 吸附热

通过分子模拟方法，借助于 Clausius-Clapeyron 方程，可以计算出二氧化碳在干酪根中的吸附能。图 2.46 为四种Ⅱ型干酪根吸附热与吸附量之间的关系曲线，可以看出在所研究的条件下，四种干酪根模型的吸附量所对应的吸附热的范围如下：Ⅱ-A 型为 27.23～29.93kJ/mol，Ⅱ-B 型为 29.45～29.54kJ/mol，Ⅱ-C 型为 28.46～30.30kJ/mol，Ⅱ-D 型为 28.51～31.68kJ/mol。每种干酪根对二氧化碳的吸附热最大值均小于化学吸附的吸附热最小值，可以判定二氧化碳气体在干酪根孔隙中吸附行为是物理吸附。对比甲烷气体在同样干酪根中的吸附热，干酪根对二氧化碳的吸附会产生较大的吸附热，表明相对甲烷，二氧化碳在干酪根中的吸附更加稳定。四种Ⅱ型干酪根的吸附热曲线随着吸附量的增大呈现相同的变化趋势，即先减小后再缓慢变大，见图 2.46。二氧化碳的吸附热变化主要与两个方面的因素有关：一是干酪根的非均质性，致使其吸附面的能量分布不均匀，这种情况会造成吸附热随吸附量的增加而降低。吸附初始阶段，二氧化碳会首先被吸附到微纳孔隙、极性官能团等能量较高的位置，此时吸附所需的活化能最小，产生的吸附热最大，随着吸附的继续进行，能量较高的位置逐渐被占据，二氧化碳则被吸附到能量较低的位置上，此时活化能增大，吸附热变小。二是被吸附的二氧化碳分子间的作用力，随着吸附量的增大，分子之间的作用力也随之变大，致使吸附热也变大。两种因素对等量吸附热的贡献正好相反，初始阶段，干酪根与二氧化碳之间的作用起主导作用，随着吸附的进行，吸附量逐渐增大，分子之间的作用力发挥着明显的作用。

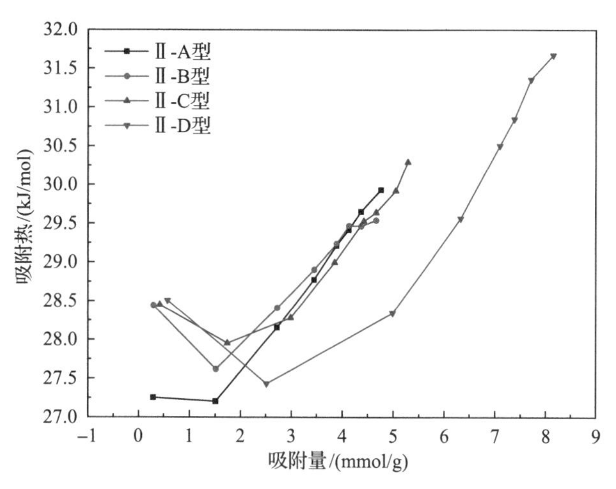

图 2.46 二氧化碳在Ⅱ型干酪根中吸附的等量吸附热

4. 径向分布函数

为研究干酪根及其不同原子对 CO_2 吸附的影响，计算压力为 3MPa，温度为 298K 条件下二氧化碳与干酪根及其各种元素(C、H、O、N 和 S)的径向分布函数，如图 2.47 所示。由图可以看出，干酪根模型中不同元素对二氧化碳有着不同的作用，相同的元素在不同的模型中也有着不同的作用。由图 2.47(a)可以看出，干酪根中的 N、S 元素与二氧化碳的径向分布函数曲线均约在 0.38nm 出现峰值，即有较强的相互作用，且程度相似，两者都有第二个峰值，分别出现在 0.75nm(N)和 1.30nm(S)处。Ⅱ-B[图 2.47(b)]中 S 元素与二氧化碳形成的径向分布函数曲线峰值最大，位于 0.38nm 处，表明在该干酪根模型中，S 元素与二氧化碳相互作用力最大；N 元素形成的曲线峰值次之，但是却有两个较为明显的峰值，分别位于 0.38nm 和 0.90nm 处。Ⅱ-C[图 2.47(c)]中的 N 元素与二氧化碳之间具有较强的相互作用，其镜像函数曲线峰值明显大于其他元素。由图 2.47(d)可以

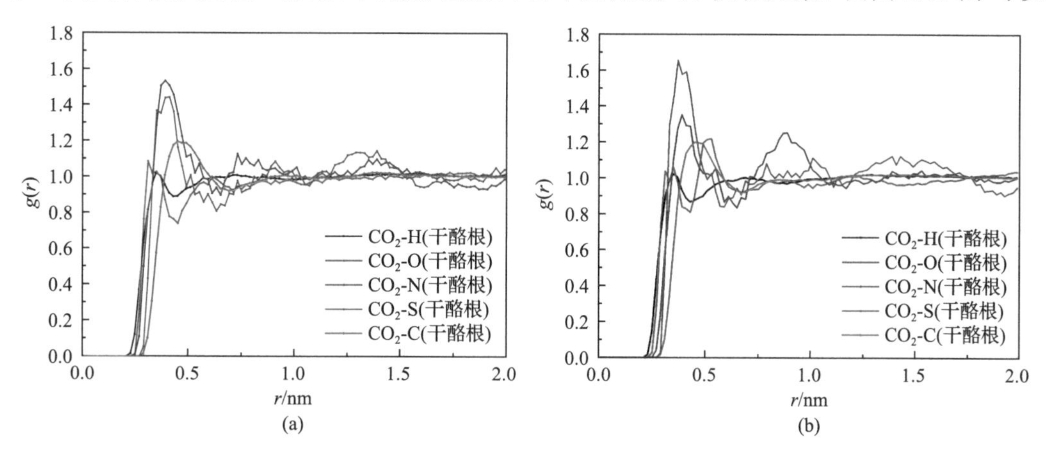

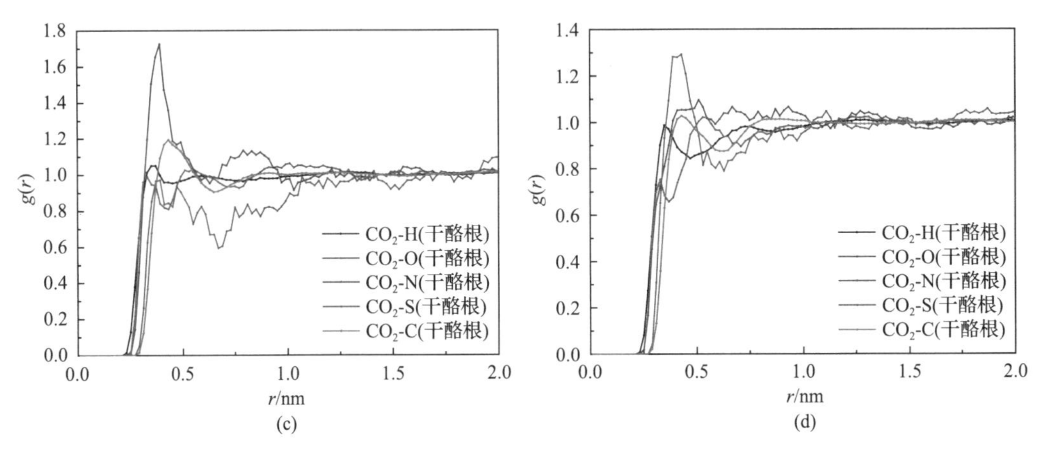

图 2.47 在温度为 298K、压力为 3MPa 条件下二氧化碳与干酪根中各种元素(C，H，O，N，S)之间的径向分布函数

(a) Ⅱ-A 型；(b) Ⅱ-B 型；(c) Ⅱ-C 型；(d) Ⅱ-D 型

看出，该干酪根模型内，S 元素与二氧化碳的径向分布函数曲线峰值最大，但与另外三种模型相比，数值却偏小，其他元素作用也是如此。

5. 范德瓦耳斯作用势与静电作用势

二氧化碳在干酪根孔隙中的吸附同甲烷一样仍然为物理吸附，但两者之间的作用力为范德瓦耳斯力和静电力的共同结果，见图 2.48。图 2.48 为二氧化碳气体在四种Ⅱ型干酪根孔隙中吸附时与其相互作用的范德瓦耳斯作用势和静电作用势曲线图，可以看出二氧化碳与干酪根之间的范德瓦耳斯力大于甲烷与干酪根之间的范德瓦耳斯力，主要是因为二氧化碳的四极矩作用[38,39]大于甲烷的八极距作用。所谓的四极矩作用就是表面相邻的原子团发生偏移，形成如图 2.49 所示的四极子，这时点位等高线是马鞍形，形成四极矩。具有四极矩的吸附质分子与表面的四极子发生吸附相互作用。除了范德瓦耳斯力作用，二氧化碳与干酪根之间还存在静电力的作用。图 2.50 为范德瓦耳斯作用势、静电作

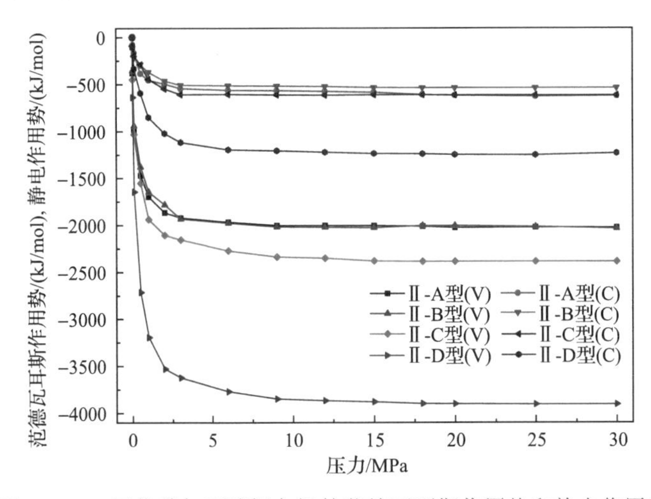

图 2.48 二氧化碳与干酪根之间的范德瓦耳斯作用势和静电作用势

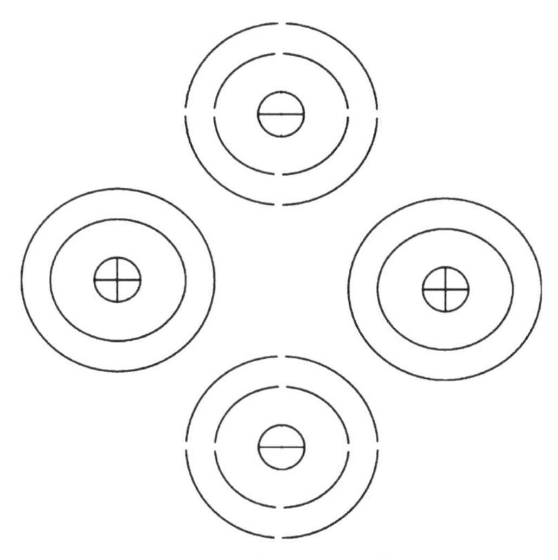

图 2.49　表面四极矩模型

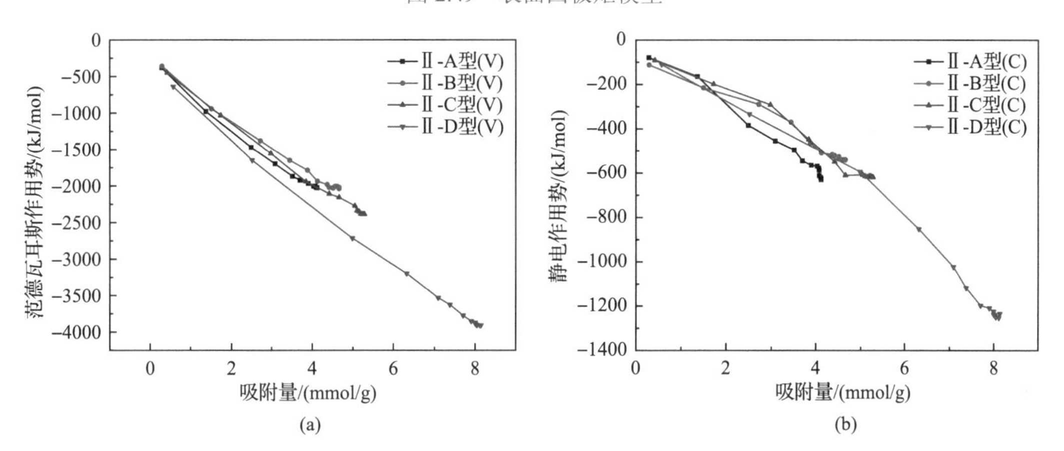

图 2.50　二氧化碳与干酪根之间的范德瓦耳斯作用势(a)、静电作用势(b)与吸附量之间关系

用势与二氧化碳吸附量之间的关系曲线，可见两者之间呈线性关系。正如前面所述，干酪根对二氧化碳气体的吸附为物理吸附，主要作用力是范德瓦耳斯力和静电力，其中范德瓦耳斯力发挥着主要作用。

2.2.4　甲烷、二氧化碳二元气体在干酪根中的吸附

图 2.51 为不同压力下 CH_4 和 CO_2 的混合气体在不同比例摩尔分数下在四种Ⅱ型干酪根中的最大吸附量曲线图。由图可以看出，四种模型的 CH_4 和 CO_2 的最大吸附量曲线图呈现相似的趋势。对于四种模型，当混合气体中 CO_2 的摩尔分数分别大于 0.25、0.31、0.35 和 0.21 后，CO_2 的吸附量总是大于 CH_4 的吸附量，与 Zhang 等[40]研究的 CH_4 和 CO_2 的混合气体在煤中的吸附结果相符合。

图 2.52 为 CH_4 和 CO_2 的混合气体在四种Ⅱ型干酪根中有机质孔隙中吸附的吸附选择性。对于四种模型，在研究范围内，可以得到选择性的数值为 1.1～7.9，表明有机质在研究条件下均优先对 CO_2 吸附，这与 CO_2 和 CH_4 的分子性质有关，CO_2 的四极距作用强

于 CH_4 的分子的八极距作用[41]。由图可以看出，随着压力以及摩尔分数的变大，CO_2/CH_4 选择吸附性$\left(S_{CO_2/CH_4}\right)$变小，尤其在低压端，减小较快。结果表明，不同的地层深度(地层深度相同，地层压力相同)用 CO_2 驱替 CH_4，驱替同样的 CH_4 数量，较浅的地层对应

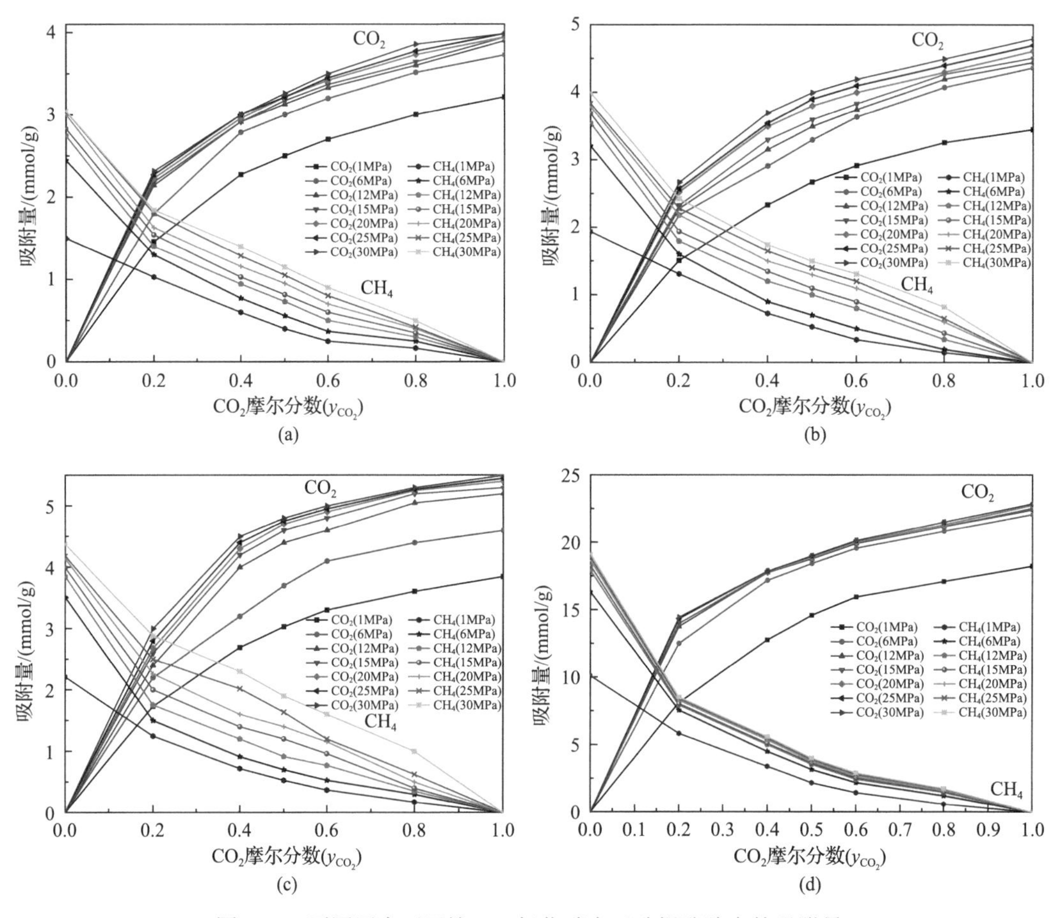

图 2.51 不同压力下甲烷、二氧化碳在干酪根孔隙中的吸附量

(a) Ⅱ-A 型；(b) Ⅱ-B 型；(c) Ⅱ-C 型；(d) Ⅱ-D 型

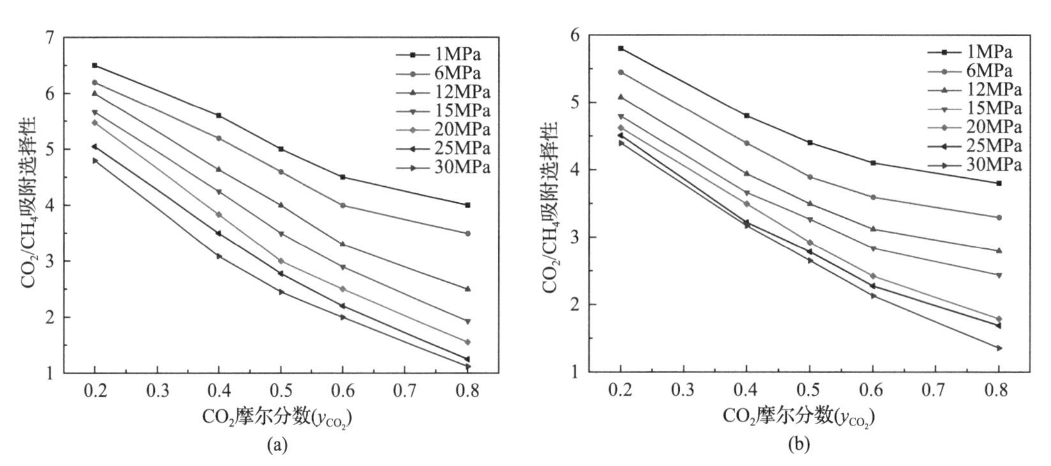

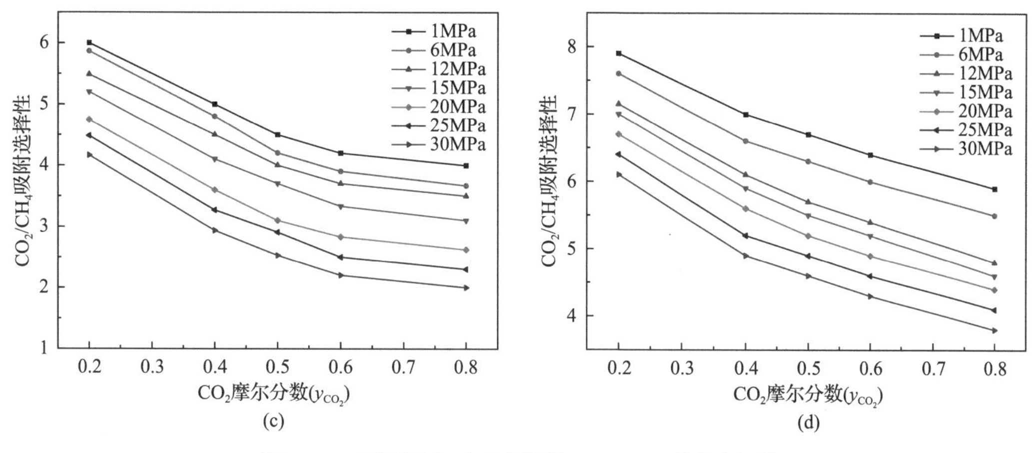

图 2.52 不同压力下干酪根的 CO_2/CH_4 吸附选择性

(a) Ⅱ-A 型；(b) Ⅱ-B 型；(c) Ⅱ-C 型；(d) Ⅱ-D 型

较少的 CO_2。同样，在相同的地层深度，驱替同样数量的甲烷，需要较多的 CO_2，即可以封存较多的 CO_2。

四种Ⅱ型模型呈现相似的吸附特性，以Ⅱ-D 型干酪根为例，研究吸附选择性与压力和能量之间的关系。图 2.53 为不同组分 CO_2/CH_4 在Ⅱ-D 型干酪根中的吸附选择性与压力之间关系。由图可以看出，在所研究的压力范围内、温度为 298K 条件下，二氧化碳的摩尔分数分别为 0.2、0.4、0.5、0.6 和 0.8 以及纯甲烷和二氧化碳吸附的吸附选择性的变化范围为 1.2～7.3。当二氧化碳的摩尔分数为 0.2，压力约为 3MPa 时，吸附选择性出现最大值为 7.3。在相同的温度和压力条件下，吸附选择性会随着二氧化碳摩尔分数的增大而减小，即较小的二氧化碳摩尔分数对应较大的吸附选择性。

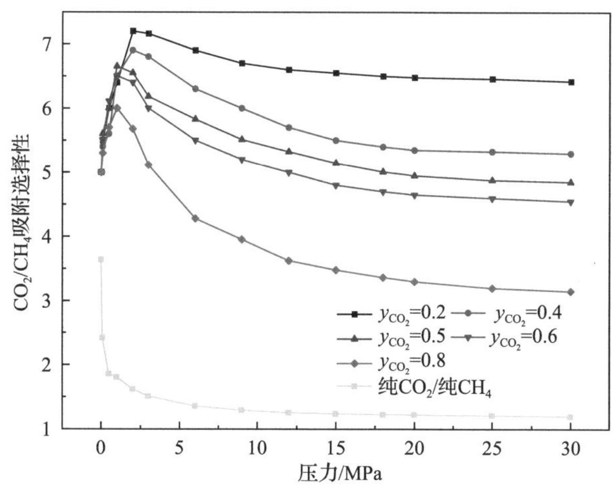

图 2.53 不同组分 CO_2/CH_4 在Ⅱ-D 型干酪根中的吸附选择性与压力之间的关系

由图 2.53 可以看出，甲烷与二氧化碳混合气体的吸附选择性大于纯甲烷和二氧化碳气体。五种不同摩尔组分的混合气体的吸附选择性随着压力的变化有着相似的特点：吸附初始阶段，吸附选择性随着压力的增大而迅速增大，达到最大值，随着压力的继续增大，吸附选择性会缓慢减小，最后保持恒定值。

吸附选择性这种先迅速变大后又缓慢减小的特点与干酪根与甲烷、二氧化碳以及甲烷与二氧化碳之间的作用能有较大的关系。图 2.54 为干酪根与甲烷、二氧化碳之间的相互作用能曲线。为了清晰简洁，选二氧化碳摩尔分数为 0.5 时的能量曲线，可以看出干酪根与二氧化碳之间的作用能最大，干酪根与甲烷之间的能量次之，表明与甲烷相比，干酪根对二氧化碳具有更强的吸附性。吸附选择性随压力的变化，可由混合气体的吸附过程所受到的作用力来解释：吸附初始阶段，二氧化碳受到较强的吸附作用力，会迅速被吸附到干酪根高能位的表面，随着压力增大为 3MPa 左右，干酪根的高能吸附位被二氧化碳所占据，表现出最大的吸附选择性。压力继续增大，甲烷气体也逐渐进入干酪根孔隙，多为孔隙中间位置，如图 2.55 所示。

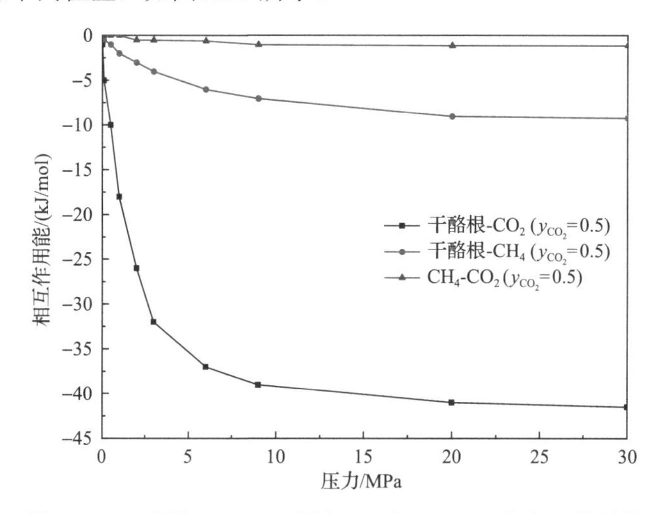

图 2.54 干酪根-CO_2、干酪根-CH_4 和 CH_4-CO_2 间相互作用能

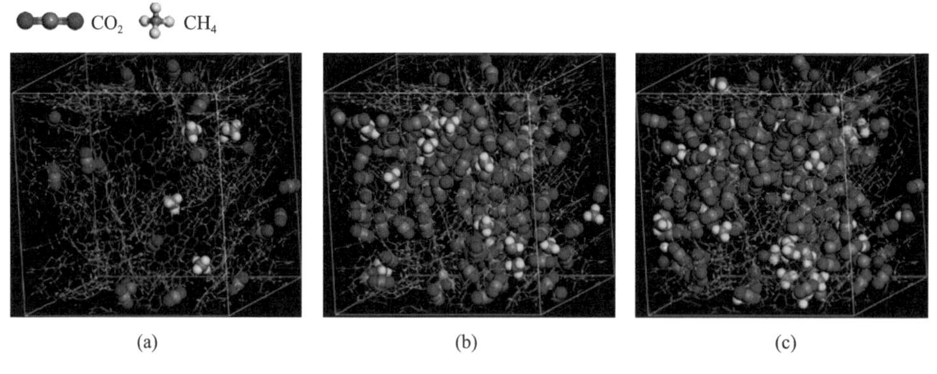

图 2.55 甲烷、二氧化碳混合气体吸附示意图

(a) 0.01MPa；(b) 1MPa；(c) 6MPa

2.2.5 小结

根据干酪根的组成成分特点，本节构建了四种干酪根模型，研究其对甲烷、二氧化

碳的吸附规律和吸附机理，得到以下结果：

(1) 干酪根中的不同元素或者含有不同元素的官能团对甲烷和二氧化碳具有不同的吸附能力。甲烷、二氧化碳在干酪根中的径向分布函数表明，干酪根中含 N、S 的官能团对所研究吸附质具有较强的吸附能力。

(2) 干酪根的吸附热先变小后变大的变化趋势表明干酪根具有非均质性：吸附初始阶段，吸附质-吸附剂之间的作用对吸附热起主要作用；吸附后期，吸附质分子间的作用力发挥明显作用。通过吸附热的大小可以看出，甲烷、二氧化碳在干酪根中的吸附均为物理吸附。

(3) 范德瓦耳斯力在甲烷的吸附过程中发挥主要作用，而二氧化碳的吸附则是范德瓦耳斯力和静电力共同作用的结果。

(4) 二氧化碳相对于甲烷的吸附选择性表明，干酪根更易吸附二氧化碳。吸附选择性的变化趋势表明，两种混合气体共同吸附时，二氧化碳会优先吸附到干酪根中能量较大的吸附位及较小孔隙中。

2.3　页岩油在石英及干酪根狭缝中的流动规律

纳米孔中的大规模页岩油资源是传统化石能源的重要补充。了解页岩纳米孔的流动机制对页岩油储层的开发至关重要。本章通过分子动力学模拟，研究了单组分正辛烷和多组分页岩油在石英和干酪根纳米孔中的流动。随着压力梯度（∇p）增加到临界值（∇p_c），流态发生了改变。当 $\nabla p < \nabla p_c$ 时，速度剖面是抛物线形的；当 $\nabla p \geqslant \nabla p_c$ 时，速度剖面逐渐变成类似活塞的形状。这是因为增加 ∇p 会导致流体重分布，吸附层分子脱附、聚集在孔隙中心并形成难以剪切的团簇。流体的重分布是由来自孔壁的垂直力逐渐增强所引起的。随着 ∇p 的增加，来自孔壁的垂直力逐渐增强，导致更多的流体聚集在孔隙中心。干酪根纳米孔中的 ∇p_c 始终大于石英纳米孔中的 ∇p_c。粗糙的干酪根表面限制了分子在壁面附近的运动，并形成了黏性层，这削弱了流体与壁的碰撞。多组分流体在石英纳米孔中具有比单组分流体更大的 ∇p_c，而在干酪根纳米孔中则具有与单组分流体相同的 ∇p_c。对于石英纳米孔中的多组分页岩油，虽然重质组分和环烷烃组分随着 ∇p 的增加会向孔中心迁移，但其他成分会向孔边界迁移，在一定程度上限制了团簇在孔隙中心的形成，导致更大的 ∇p_c。由于干酪根纳米孔表面粗糙，这种限制效应并不明显。

2.3.1　模型与方法

1. 模型的构建

参考之前的方法[42-45]，在 x-y 平面上构建了一个尺寸为 6.48nm×5.90nm 的原始石英表面，使用 α 石英的(100)面作为孔壁，在地球化学研究中得到广泛应用[46]。通过向未成键的氧原子上添加氢原子，得到了石英表面模型。石英表面上的羟基密度为 7.533nm^{-2}，与晶体化学计算结果(5.9～18.8nm^{-2})[47]和原子间势(6.6～7.6nm^{-2})[48,49]的一致。每个石英板的厚度为 1.28nm；两个相同的石英板在 z 方向形成了纳米孔，孔隙宽度为 W，如图 2.56 所示。孔隙宽度是通过测量石英表面最内层氢原子中心平面之间在 z 方向的距离来获得的[42]。可视化采用分子动力学模拟(visual molecular dynamics，VMD)软件包进行[50]。

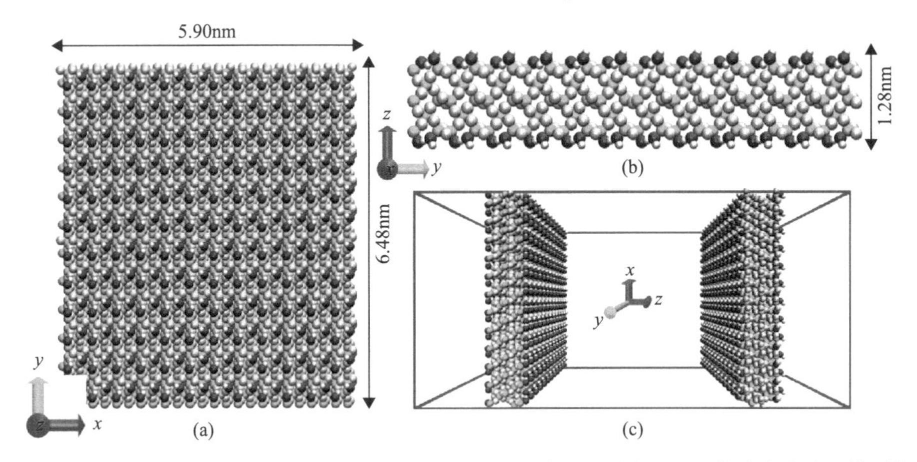

图 2.56 石英纳米孔模型快照：羟基石英表面的俯视图(a)和侧视图(b)以及石英纳米孔分子模型快照(c)
白色、红色、绿色和黄色球体分别代表羟基 H、羟基 O、Si 和桥 O

在众多类型的干酪根中[32,51-53]，选择了有机页岩中富含的高成熟度Ⅱ-C 型干酪根分子结构[32]；其分子式为 $C_{242}H_{219}O_{13}N_5S_2$，如图 2.57(a)所示。这种干酪根也被广泛用于研究页岩气吸附行为以及页岩油的赋存和流动状态[52, 54-57]。将六个干酪根分子随机放置在一

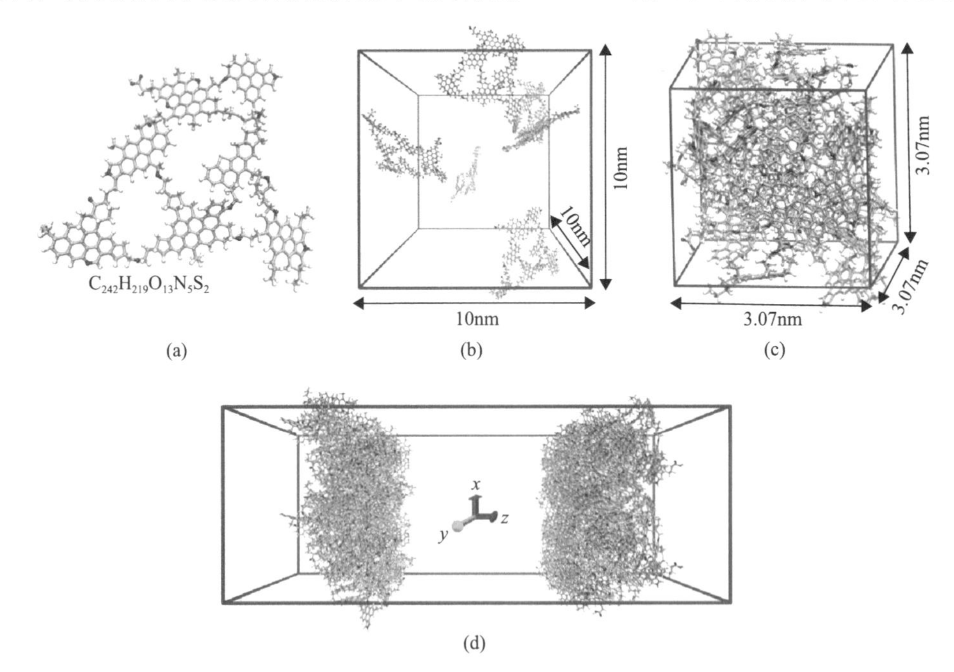

图 2.57 干酪根构建过程模型快照
(a) Ⅱ-C 型干酪根分子模型；(b) 模拟退火初始结构(六个干酪根分子随机分布)；(c) 模拟退火平衡后的结构；(d) 干酪根纳米孔分子模型快照(青色、白色、红色、蓝色和黄色球体分别代表干酪根中的 C、H、O、N 和 S)

个尺寸为 10nm×10nm×10nm 的盒子中作为初始构型，如图 2.57(b)所示，参考先前的方法[52,53,58]对系统进行模拟退火。最终温度和压力分别为 353K 和 30MPa，形成了一个与储层压力和温度条件一致的干酪根单元晶胞结构。单元晶胞尺寸为 3.07nm×3.07nm×3.07nm，如图 2.57(c)所示。密度为 1.197g/cm^3，在实验室中测得为 1.18～1.35g/cm^3[59]。通过将四个干酪根晶胞组合成一个壁面，两个相同的壁面在 z 方向形成纳米孔，如图 2.57(d)所示。

单组分流体以正辛烷为代表[43,60-63]。多组分页岩油很复杂，包括非极性和极性组分[64]。非极性组分主要是正构烷烃、异构烷烃、环烷烃和芳香烃；极性组分主要是含有氧、氮和硫官能团的化合物。根据文献[64]，我们选择了正构烷烃、异构烷烃、环烷烃、芳香烃，以及含氧、含氮和含硫组分作为代表，构建了三个极性小分子和四个非极性小分子来描述页岩油，如图 2.58 所示。极性和非极性组分各占 50%；各组分摩尔分数及其基本物理参数见表 2.10 和表 2.11。

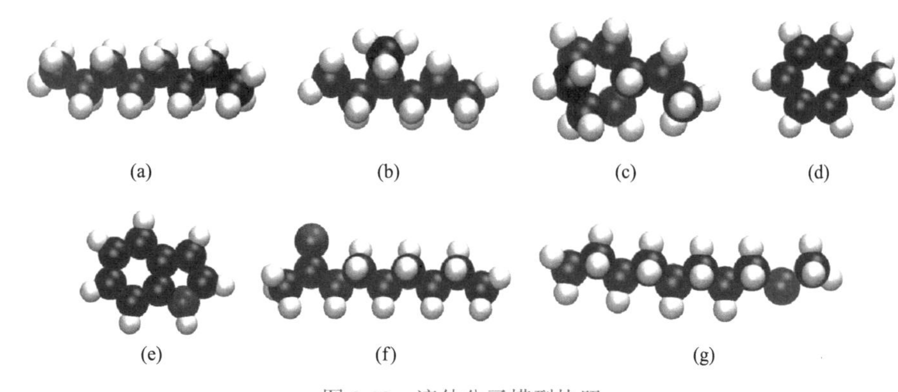

图 2.58　流体分子模型快照

(a)正辛烷；(b)3-甲基己烷；(c)乙基环己烷；(d)甲苯；(e)吲哚；(f)壬酮；(g)甲基辛基硫。其中黑色、白色、红色、蓝色和紫色球体分别代表 C、H、O、N 和 S

表 2.10　多组分页岩油的组成

极性小分子			非极性小分子		
种类	摩尔分数/%	个数	种类	摩尔分数/%	个数
壬酮	16.67	144	正辛烷	12.5	108
吲哚	16.67	144	3-甲基己烷	12.5	108
甲基辛基硫	16.67	144	乙基环己烷	12.5	108
			甲苯	12.5	108
总量	50	432	总量	50	432

表 2.11　多组分页岩油的基本物理参数表(298K, 0.1MPa)

参数	数值
密度	0.824g/mol
平均摩尔质量	122.083g/mol

续表

参数	数值
C 含量	79.45%
H 含量	12.08%
O 含量	2.18%
N 含量	1.91%
S 含量	4.38%

2. 力场参数

CLAYFF 力场[65-67]被用来描述石英表面，它是为描述水合和多成分矿物及其与流体的界面而开发的。研究人员在模拟中使用这个力场来描述石英，取得了良好的效果[42,43,61,62]。CVFF 力场[68-70]被广泛用于描述干酪根与石油、天然气的相互作用[52,56]。OPLS-AA 力场[71,72]被用来描述流体分子，所有的氢原子都被明确处理。力场中不同原子之间的势能参数是通过拟合实验室实验结果得到的，因此它们具有很高的可靠性。周期性边界条件被应用在所有方向上。我们使用洛伦兹-伯特洛(Lorentz-Berthelot)组合规则[73]计算不同类型原子之间的 LJ 势能参数，截止距离为 1.2nm。粒子-粒子-粒子-网格(PPPM)算法被用来计算长程静电力。

3. 模拟细节

所有的 MD 模拟都是使用大规模原子/分子并行模拟软件(LAMMPS)进行的[74]。仿真模型构建完成后，使用共轭梯度(CG)算法将能量最小化，以避免原子的高度重叠。在 T=353K 条件下以 1fs 为时间步长，进行了 1ns 的 NVT 系综 MD 模拟。壁面被设定为刚性的，下壁面固定，上壁面被用作活塞，可在 z 方向上下移动。对上壁面施加恒定向下的压力，使 $p_z = 30\text{MPa}$，得到储层温度和压力下的模型[43]。用以下公式计算施加在壁面每个原子上的向下的力 f_t:

$$f_t = \frac{p_z L_x L_y}{N} \times 1.438815 \times 10^{-2} \tag{2-13}$$

式中，f_t 为施加在上壁面上的力，kcal/(mol·A)；p_z 为孔隙流体的目标压力，MPa；L_x 和 L_y 分别为模拟盒在 x 和 y 方向的尺寸，nm；N 为上壁面的原子总数。

之后，两个壁面被固定，使用时间步长为 1fs 的 NVT 系综对系统进行 6ns 的平衡，最后 3ns 的数据用于统计分析。

在平衡分子动力学(EMD)模拟达到平衡后，在 x 方向对流体的每个原子施加平行于固体表面的力，以模拟定压力梯度下页岩油在纳米孔内的流动。对流体每个原子所施加的力 f_l 用以下公式计算：

$$f_l = \frac{\Delta p L_y W}{N_l} \times 1.438815 \times 10^{-2} \tag{2-14}$$

式中，f_1 为施加在流体分子上的力，kcal/(mol·A)；Δp 为孔隙两侧的压力，MPa；W 为孔隙宽度，nm；N_1 为孔隙中流体的原子总数。

在 MD 模拟中，流体的温度是根据动能计算的，动能与颗粒的速度有关。然而，在流动模拟中，粒子在驱动力方向上的速度是热力学速度和质心移动速度的总和。因此，在非平衡分子动力学(NEMD)模拟中，对系统控温时，粒子质心的移动速度必须去除，只有垂直于驱动力方向的速度被用于温度调节。本模拟中温度调节只与 y 方向的速度分量相耦合[42]。在 NEMD 模拟中，NVT 系综被用来控制温度，时间步长为 1fs，系统经常在几纳秒后达到稳定状态。为了获得平滑的曲线，模拟进行了 15ns，最后 5ns 的数据用于统计分析。

2.3.2　压力梯度对流态的影响

压力梯度对流体流动有很大影响。我们研究了单组分正辛烷和多组分页岩油在具有低到高压力梯度的石英和干酪根纳米孔中的流动机制。在石英纳米孔中，低压力梯度(3MPa/nm、5MPa/nm)下，正辛烷的流度分布曲线呈抛物线状，如图 2.59(a)所示；10MPa/nm 的压力梯度是过渡状态，称为临界压力梯度。高压力梯度(15MPa/nm、18MPa/nm)下，流速分布曲线形状明显偏离抛物线，呈活塞状，如图 2.59(b)所示。在所有的压力梯度下，正辛烷在石英孔隙边界总是有正滑移，没有出现负滑移。在干酪根纳米孔中，低压力梯度下(3MPa/nm、5MPa/nm、10MPa/nm、15MPa/nm)，正辛烷流速分布曲线呈抛物线状，如图 2.59(c)所示。临界压力梯度为 20MPa/nm；高压力梯度下(25MPa/nm、35MPa/nm、45MPa/nm、55MPa/nm)，流速分布曲线形状明显偏离抛物线，呈现出活塞状，如图 2.59(d)所示。在低压梯度下，正辛烷在干酪根孔隙边界出现了负滑移，且一直未出现正滑移。

由于页岩油组分复杂，必须考虑其多种组分的特性。我们研究了多组分的页岩油，以确定流态是否存在转变。在石英纳米孔中，低压力梯度下(3MPa/nm、5MPa/nm、10MPa/nm)，多组分页岩油流速分布曲线呈抛物线状，如图 2.60(a)所示，观察到明显的负滑移，这与上述单组分正辛烷的情况不同，上述只观察到正滑移，临界压力梯度为 15MPa/nm；高压力梯度下(20MPa/nm、25MPa/nm、30MPa/nm)，流速分布曲线形状明

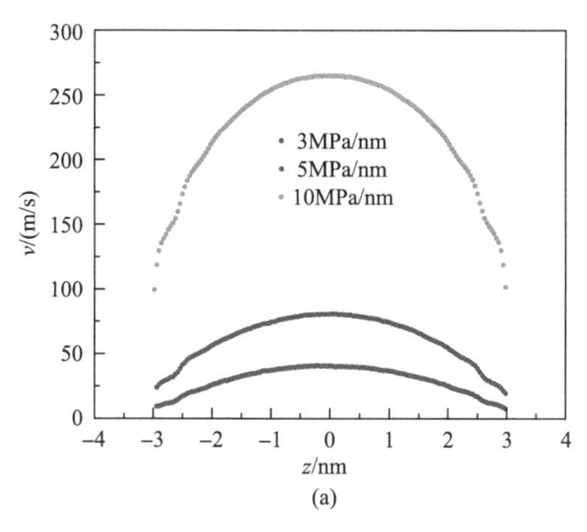

(a)

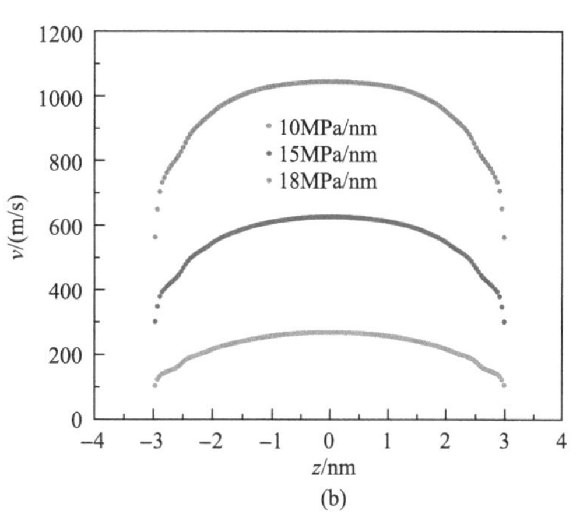

(b)

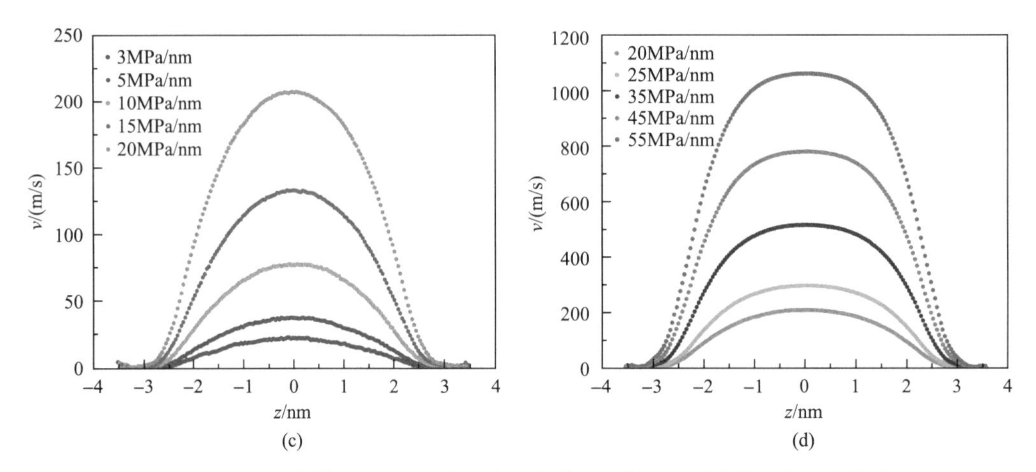

图 2.59 低压力梯度[(a)、(c)]和高压力梯度下[(b)、(d)]单组分正辛烷在石英纳米孔[(a)、(b)]和干酪根纳米孔[(c)、(d)]中的流速分布曲线

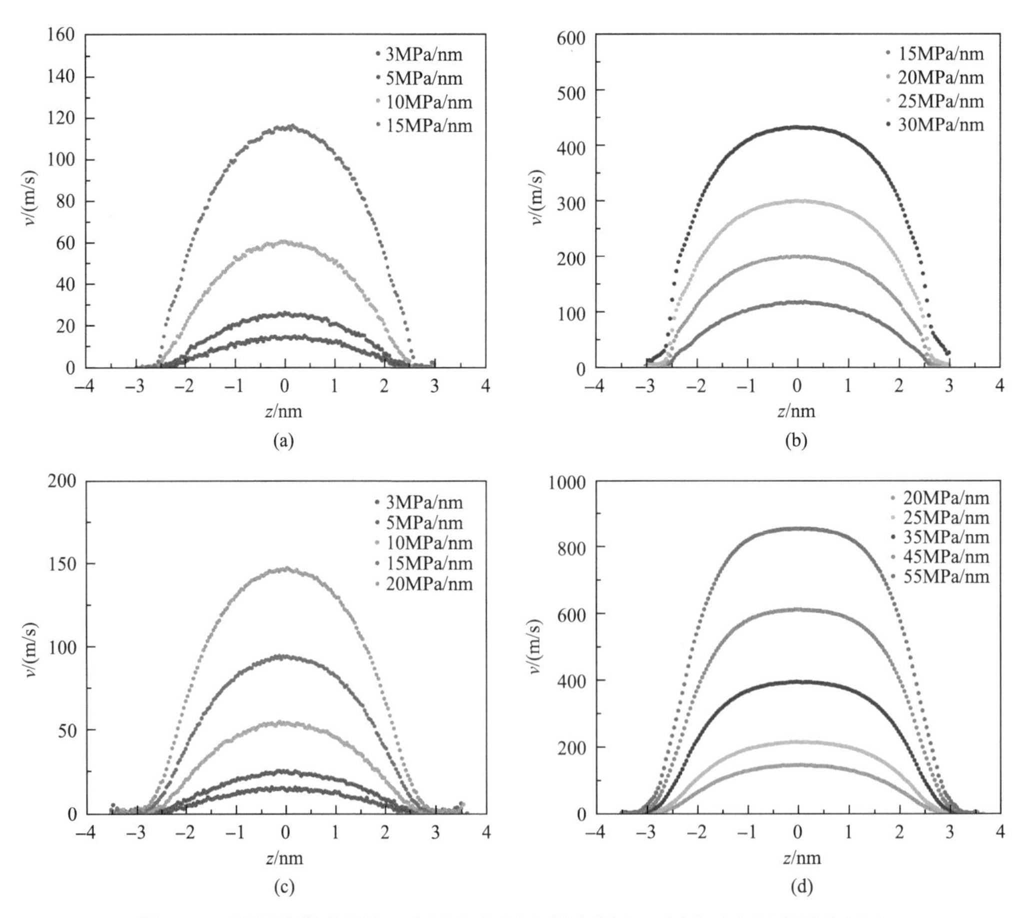

图 2.60 低压力梯度[(a)、(c)]和高压力梯度[(b)、(d)]下多组分页岩油在石英纳米孔[(a)、(b)]和干酪根纳米孔[(c)、(d)]中的流速分布曲线

显偏离抛物线，呈现活塞状，如图 2.60(b)所示，石英表面逐渐显示出正滑移(30MPa/nm)。在干酪根纳米孔中，低压力梯度(3MPa/nm、5MPa/nm、10MPa/nm、15MPa/nm)下，多组分页岩油流速分布曲线呈抛物线状，如图 2.60(c)所示，此时临界压力梯度为 20MPa/nm；高压力梯度下(25MPa/nm、35MPa/nm、45MPa/nm、55MPa/nm)，流速分布曲线形状明显偏离抛物线，呈现活塞状，如图 2.60(d)所示。低压力梯度下，页岩油在干酪根的孔隙边界出现了负滑移，一直未出现正滑移，与正辛烷情况类似。

2.3.3　不同状态下的流体分布

为了确定流态转变的原因，我们分析了纳米孔中不同状态的流体分布，发现流体在孔隙中央的聚集导致了这种转变。我们计算了密度分布、相互作用能和局部剪切速率来验证我们的发现。

1. 静止状态

我们研究了单组分正辛烷和多组分页岩油在石英和干酪根纳米孔中的静态状态作为参考。

图 2.61 展示了纳米孔中的流体密度分布。如图 2.61(a)所示，在石英纳米孔中，单组分正辛烷和多组分页岩油有四个明显的吸附层。单组分正辛烷的第一个吸附层的密度为 1.44g/cm^3，孔隙中央密度为 0.655g/cm^3，孔隙宽度为 6.09nm；多组分页岩油的第一吸附层的密度为 1.71g/cm^3，孔隙中央密度为 0.745g/cm^3，孔隙宽度为 6.07nm。多组分页岩油的吸附层和体相密度均高于单组分正辛烷，因为我们构建的实际页岩油的体相密度大于正辛烷，且多组分页岩油中一些组分比正辛烷更易于吸附在纳米孔表面，如后面所述。如图 2.61(b)所示，单组分正辛烷和多组分页岩油在干酪根纳米孔中有三个明显的吸附层。单组分正辛烷的第一个吸附层的密度为 0.715g/cm^3，孔隙中央密度为 0.654g/cm^3，孔隙宽度为 5.80nm；多组分页岩油的第一吸附层的密度为 0.864g/cm^3，孔隙中央密度为 0.756g/cm^3，孔隙宽度为 5.80nm。与石英纳米孔一样，多组分页岩油的吸附层和孔隙中央密度都高于

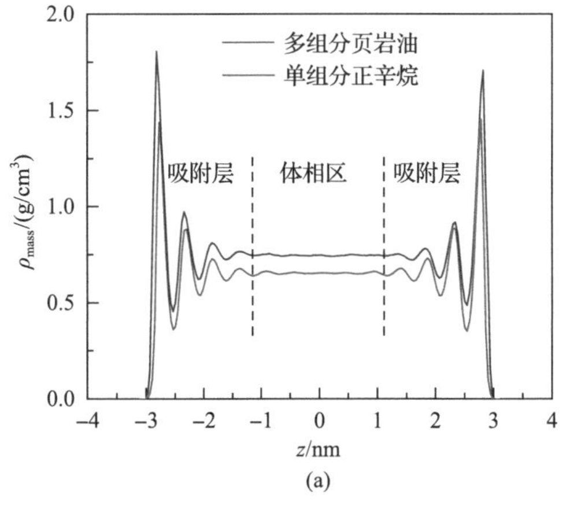

(a)

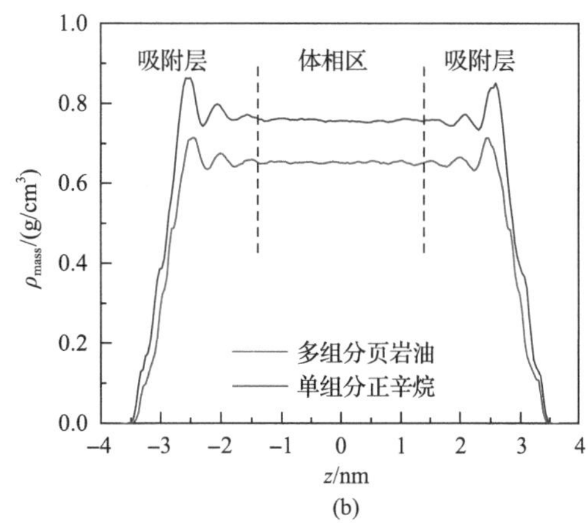

(b)

图 2.61　石英纳米孔(a)和干酪根纳米孔(b)中的流体密度分布曲线

单组分正辛烷。有机质与碳氢化合物的相互作用比无机质强，但干酪根的表面相对粗糙，靠近孔壁延伸出来的干酪根占据了一定的空间，因此吸附层的密度比无机纳米孔低且数量也相对较少。

图 2.62 和图 2.63 分别展示了各组分在石英和干酪根纳米孔中的静态分布模型快照。我们可以观察到，甲苯、吲哚和壬酮比其他成分更容易吸附在石英表面，而甲苯、吲哚、壬酮和甲基辛基硫比其他成分更容易吸附在干酪根表面。图 2.64(a)和(b)展示了多组分页岩油在石英纳米孔中的密度分布曲线。甲苯、吲哚和壬酮(芳香烃、含氧和含氮组分)在第一吸附层中含量较多，看作是石英纳米孔中的优先吸附组分(PAC)，而正辛烷、3-甲基己烷、乙基环己烷和甲基辛基硫(正构烷烃、异构烷烃、环烷烃和含硫组分)主要分布在孔隙中央，看作是石英纳米孔中的非优先吸附组分(NPAC)。图 2.64(c)和(d)显示了多组分页岩油在干酪根纳米孔中的密度分布曲线。甲苯、吲哚、壬酮和甲基辛基硫(芳香烃、含氧、含氮和含硫组分)在第一吸附层中含量较多，看作是干酪根纳米孔中的 PAC，而正辛烷、3-甲基己烷和乙基环己烷(正构烷烃、异构烷烃和环烷烃组分)大多分布在孔隙中央，看作是干酪根纳米孔中的 NPAC。甲基辛基硫在石英和干酪根表面的吸附特性不同，因为干酪根含有硫，而石英不含硫，因此含硫组分容易吸附在干酪根表面，而不易吸附在石英表面。

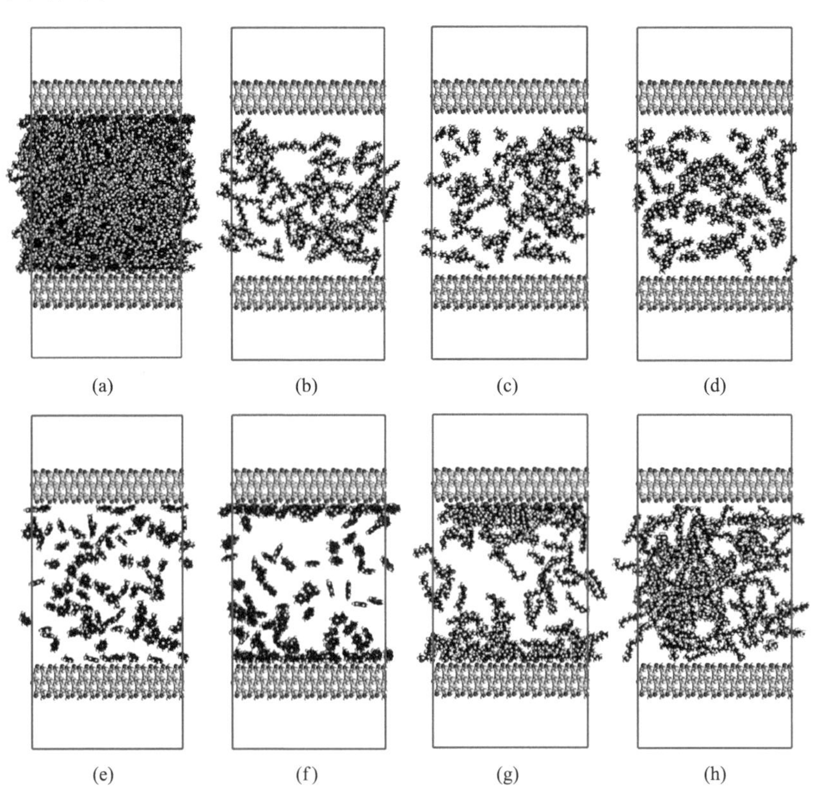

图 2.62 石英纳米孔中各组分的静态分布模型快照

(a)所有组分；(b)正辛烷；(c)3-甲基己烷；(d)乙基环己烷；(e)甲苯；(f)吲哚；(g)壬酮；(h)甲基辛基硫

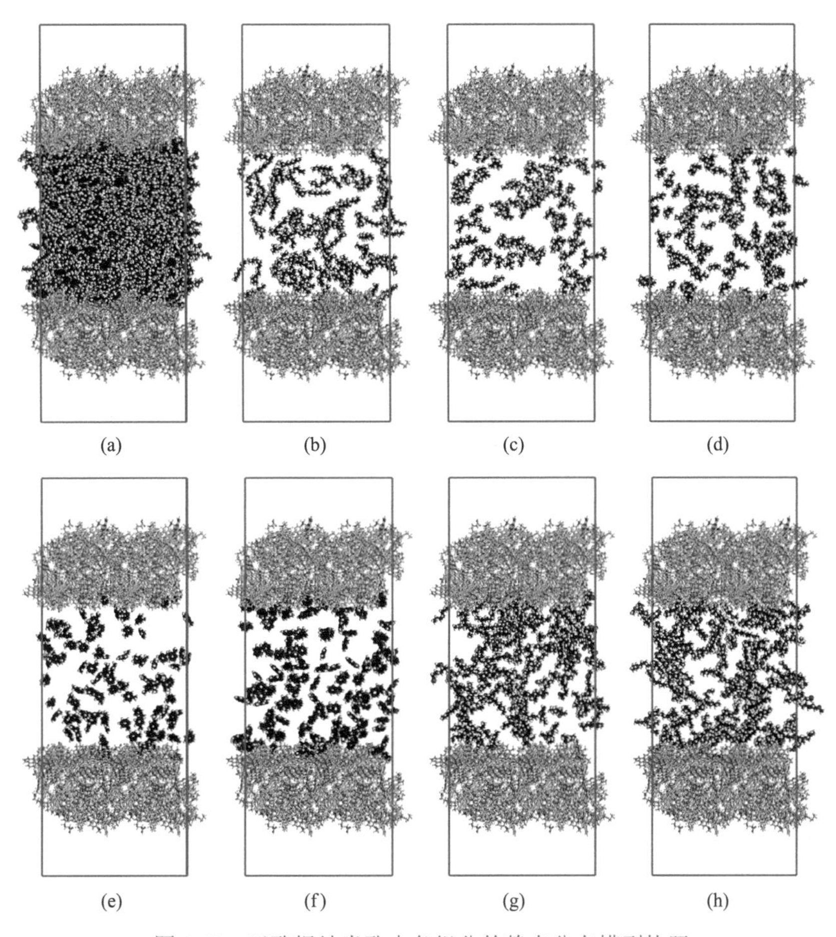

图 2.63　干酪根纳米孔中各组分的静态分布模型快照

(a) 所有组分；(b) 正辛烷；(c) 3-甲基己烷；(d) 乙基环己烷；(e) 甲苯；(f) 吲哚；(g) 壬酮；(h) 甲基辛基硫

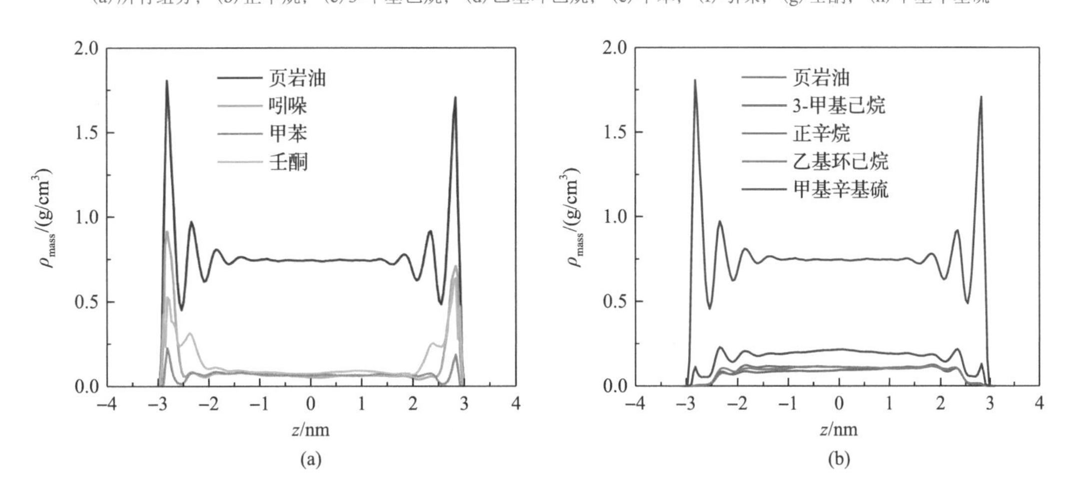

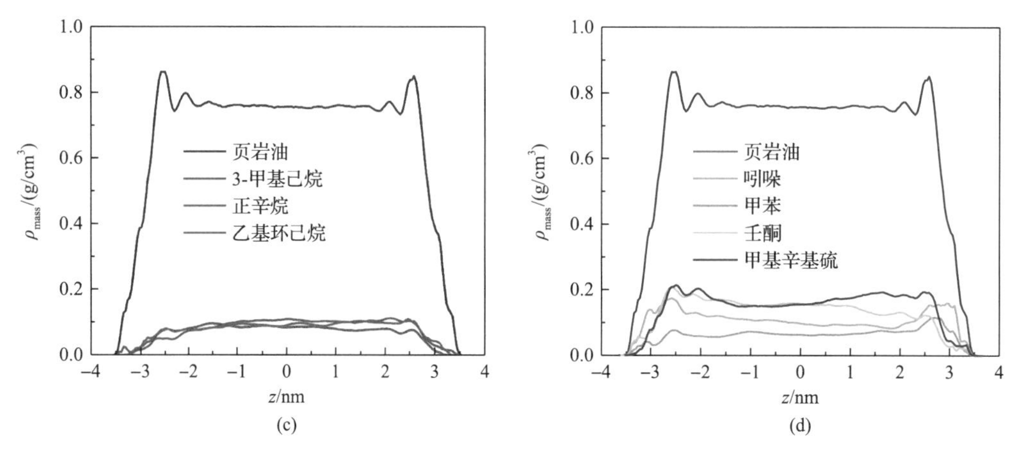

图 2.64 NPAC[(a)、(c)]和 PAC[(b)、(d)]在石英纳米孔[(a)、(b)]和干酪根纳米孔[(c)、(d)]中的密度分布曲线

2. 流动状态

模拟单组分正辛烷和多组分页岩油在石英和干酪根纳米孔中的流动状态，并与静态状态进行比较。在石英和干酪根纳米孔中，低压力梯度下，密度分布曲线几乎与无驱动力时的曲线重合，如图 2.65(a)和(c)所示；高压力梯度下，吸附层密度下降，孔隙中央密度上升，如图 2.65(b)和(d)所示。压力梯度的增加也导致了多组分页岩油的整体重新分布。在石英和干酪根纳米孔中，低压力梯度下，密度分布曲线几乎与无驱动力时的曲线重合，如图 2.66(a)和(c)所示；高压力梯度下，吸附层密度下降，孔隙中央密度增加，如图 2.66(b)和(d)所示。与流速分布曲线的变化相比较，我们发现密度分布曲线形状变化与流速分布曲线形状变化的临界压力梯度相同。压力梯度的增加使流体重新分布，从吸附层解吸的流体分子向孔隙中心聚集，导致了流态的转变。

接下来，我们计算了流体的相互作用能和局部剪切速率来验证上述结论。图 2.67 展示了不同位置的总相互作用能 E 的变化情况。压力梯度的增加导致孔隙中央的相互作用能(负号代表引力)逐渐增加，表明孔隙中央的分子之间的距离在减小。压力梯度的增加使流体重新分布向孔隙中央移动。

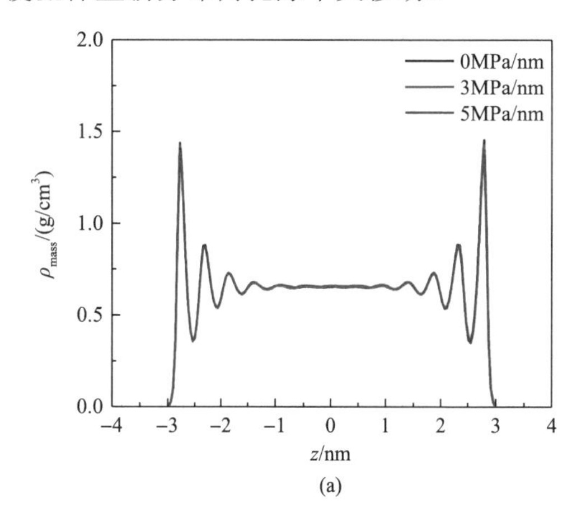

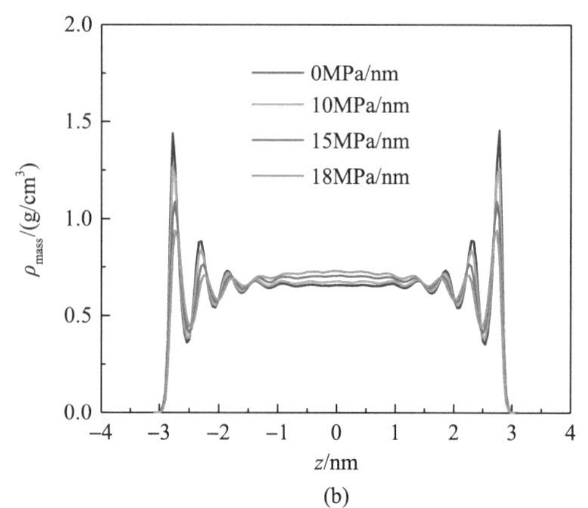

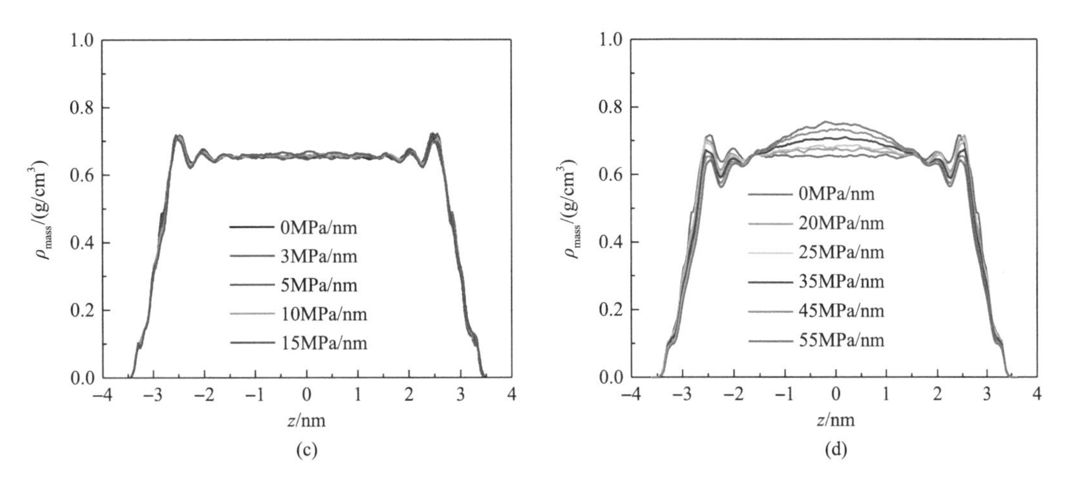

图 2.65　低压力梯度[(a)、(c)]和高压力梯度[(b)、(d)]下单组分正辛烷在石英纳米孔[(a)、(b)]和干酪根纳米孔[(c)、(d)]中的密度分布曲线

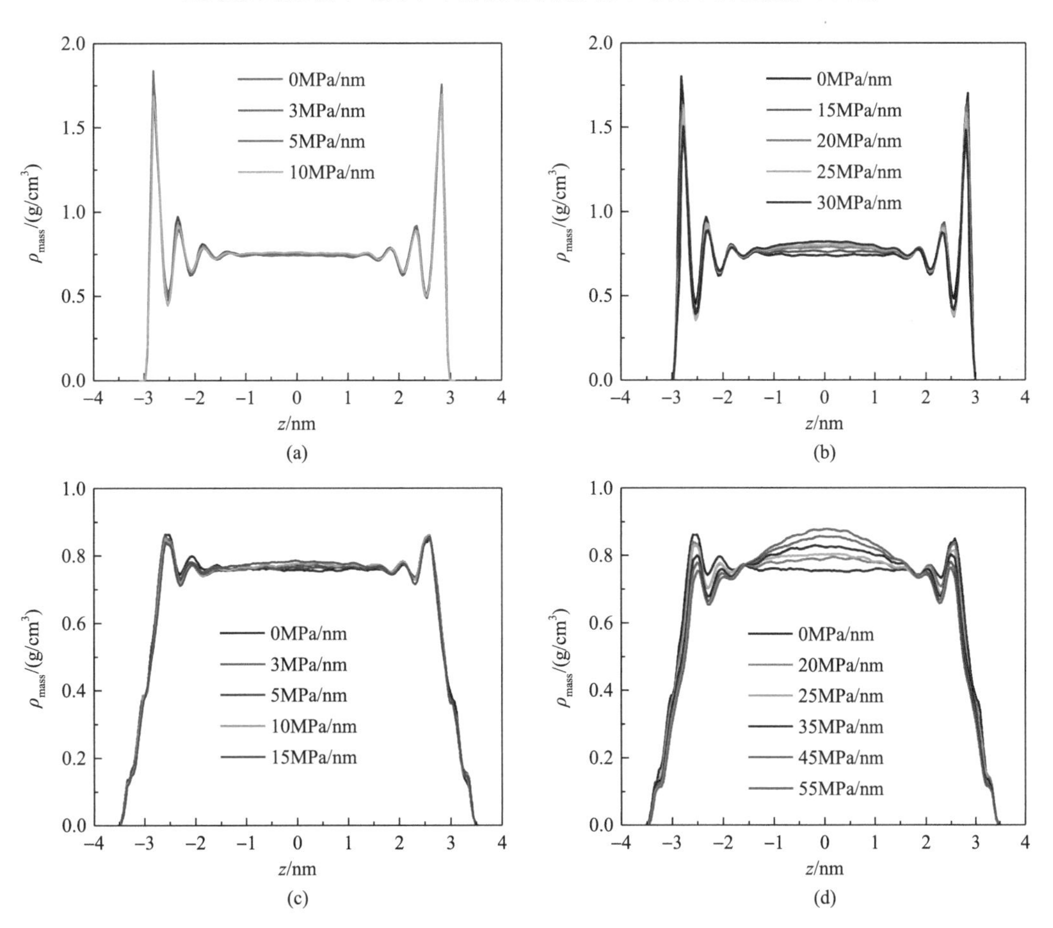

图 2.66　低压力梯度[(a)、(c)]和高压力梯度[(b)、(d)]下多组分页岩油在石英纳米孔[(a)、(b)]和干酪根纳米孔[(c)、(d)]中的密度分布曲线

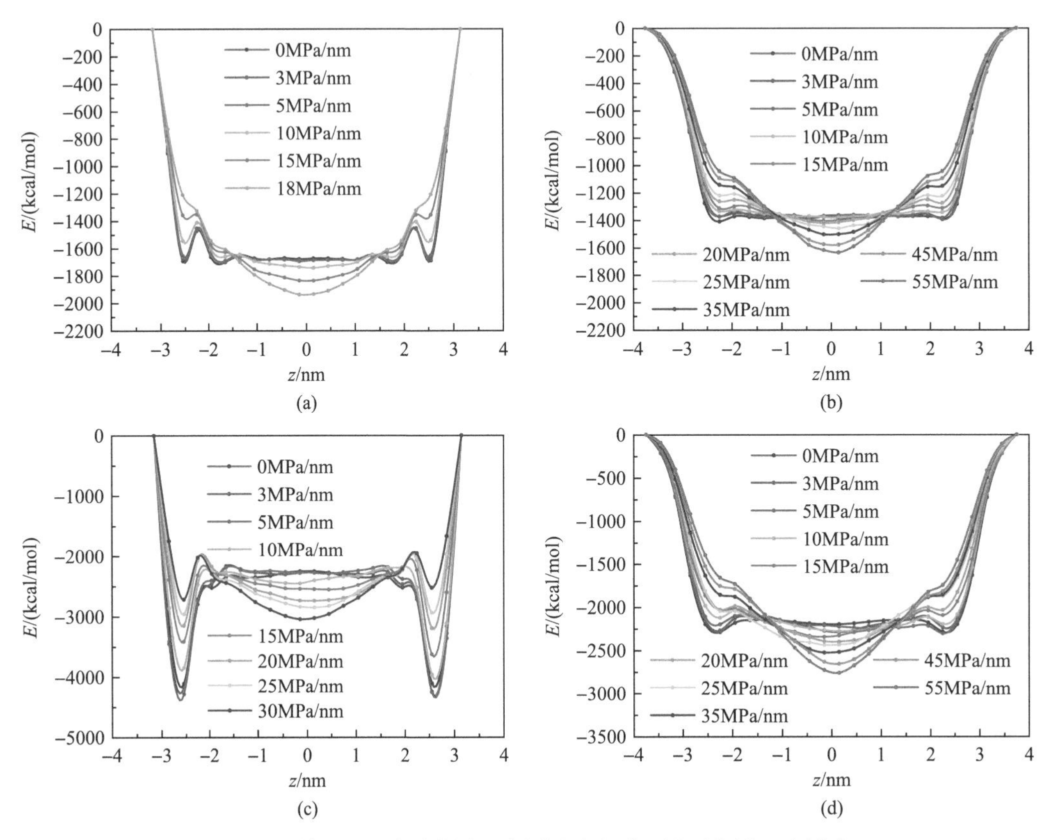

图 2.67 单组分正辛烷[(a)、(b)]和多组分页岩油[(c)、(d)]在石英纳米孔[(a)、(b)]和干酪根纳米孔[(c)、(d)]中总相互作用能

如图 2.68(a)和(c)所示，低压力梯度下，体相区的剪切速率曲线的斜率是一个定值，但在高压力梯度下不再是定值，而是越靠近孔隙中央，其绝对值越小，如图 2.68(b)和(d)所示。高压力梯度使正辛烷重新分布，使其在孔隙中央聚集形成不易被剪切的团簇。同样，压力梯度的增加也会导致多组分页岩油在孔隙中央聚集并形成团簇。如图 2.69(a)和(c)所示，低压力梯度下，体相区的剪切率曲线的斜率是一个定值，但在高压力梯度下

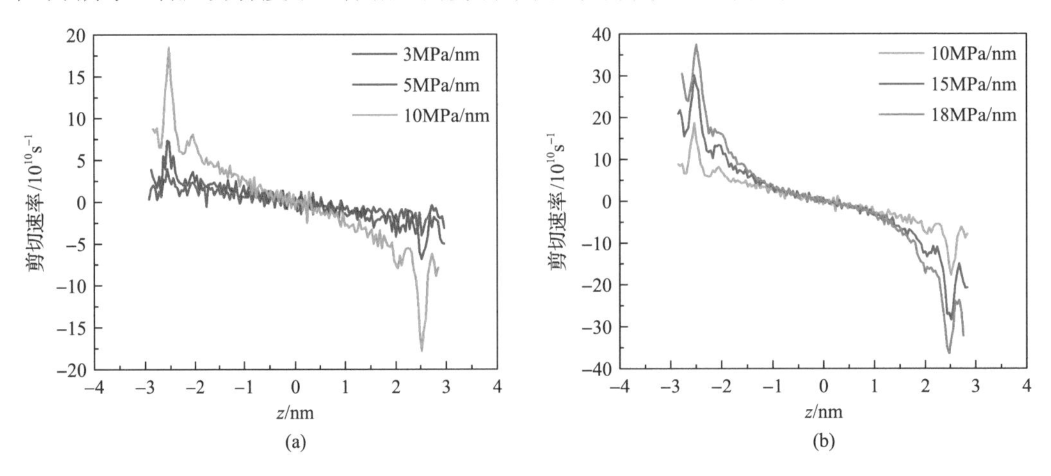

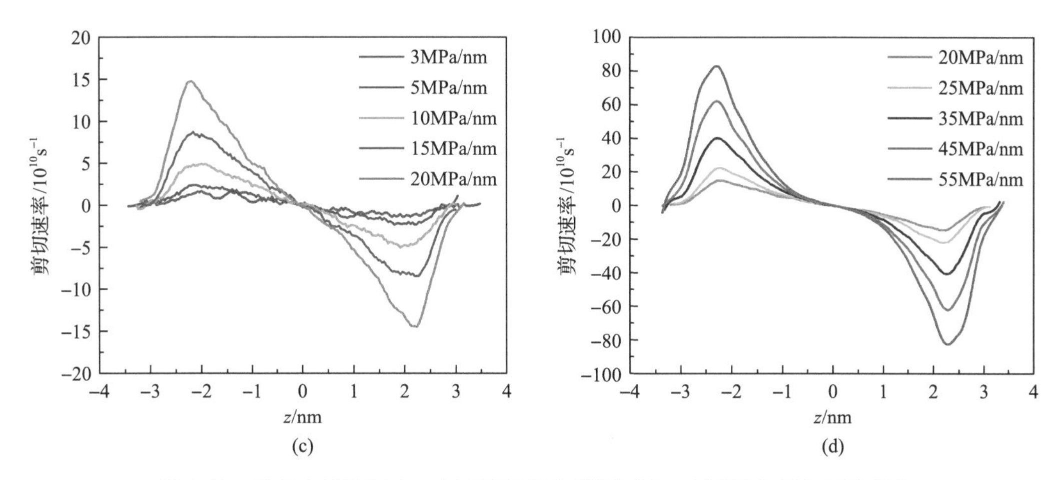

图 2.68　低压力梯度[(a)、(c)]和高压力梯度[(b)、(d)]下单组分正辛烷在石英纳米孔[(a)、(b)]和干酪根纳米孔[(c)、(d)]中的剪切速率

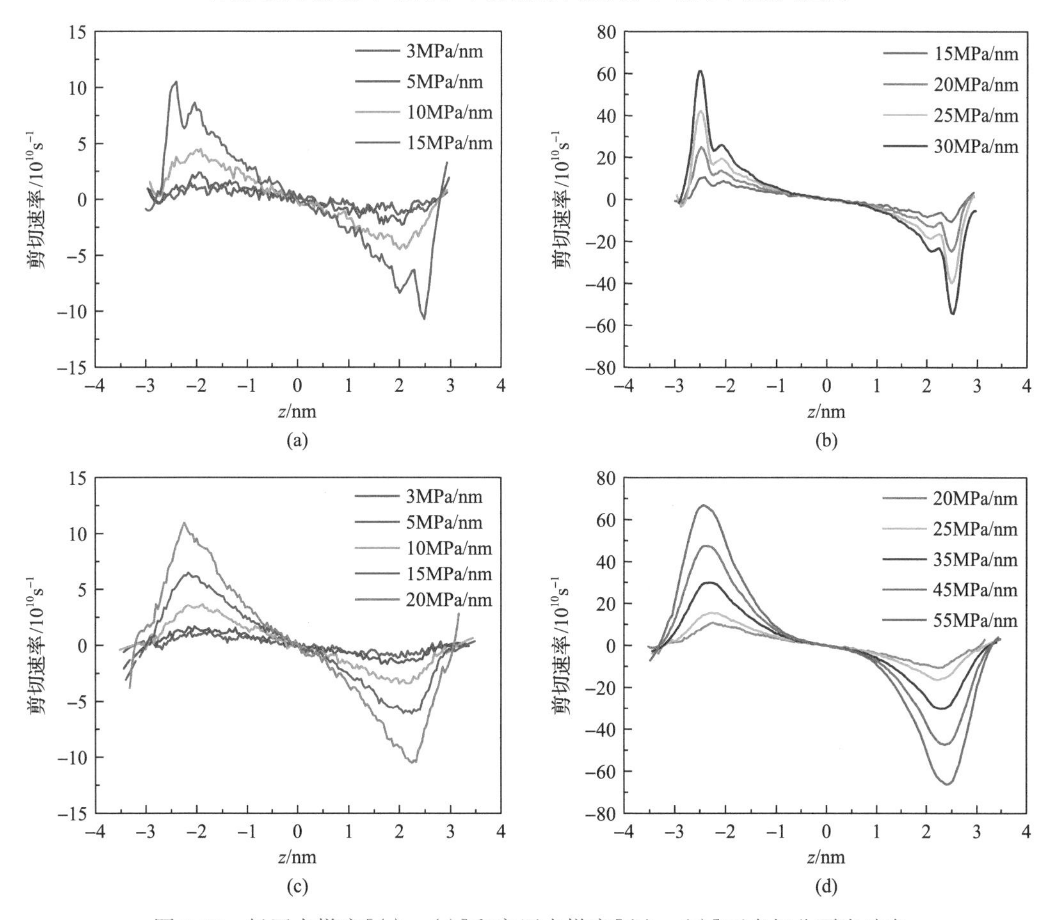

图 2.69　低压力梯度[(a)、(c)]和高压力梯度[(b)、(d)]下多组分页岩油在石英纳米孔[(a)、(b)]和干酪根纳米孔[(c)、(d)]中的剪切速率

不再是定值，而是越靠近孔隙中央，其绝对值越小，如图 2.69(b)和(d)所示，这时多组分页岩油在孔隙中心聚集，形成团簇。

2.3.4 流体与壁面的碰撞对流体分布和临界压力梯度的影响

对壁面和流体之间的碰撞进行分析，以解释为什么随着压力梯度的增加，流体会向孔隙中央聚集。

图 2.70 展示了单位面积壁面对纳米孔中所有流体力仅在 z 方向上的作用力，用 p_{wfz} 表示，它在数值上与孔隙 z 方向上的压力相同。压力梯度越高，p_{wfz} 越大，导致流体重新分布向孔隙中央运移和流态的转变。这一发现表明，固定孔隙宽度的流体流动会导致孔隙压力的增加。我们还发现，如果壁面或流体发生变化，它们之间的相互作用力也会发生变化，这将影响流态转变的临界压力梯度。

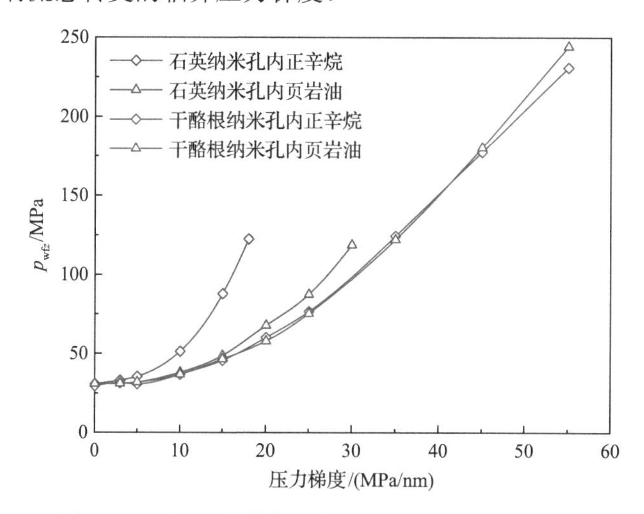

图 2.70 不同压力梯度下流体受到来自壁面的垂直力

在石英纳米孔中，随着压力梯度的增加，作用于正辛烷的 p_{wfz}，其增加的速度大于页岩油，导致页岩油流态转变的临界压力梯度高于正辛烷。不同的临界压力梯度也可以通过 2.3.5 节中对每种组分密度分布的分析来解释。在干酪根纳米孔中，随着压力梯度的增加，作用于正辛烷和页岩油的 p_{wfz} 几乎以同样的速度增加。因此，正辛烷和页岩油在干酪根纳米孔中流态转变的临界压力梯度是相同的。随着压力梯度的增加，施加在石英纳米孔中流体的 p_{wfz} 增加速度比干酪根纳米孔中的快。在较高的压力梯度下，施加在石英纳米孔中流体的 p_{wfz} 比干酪根纳米孔中的大，因为干酪根的壁面相对粗糙，限制了壁面附近分子的运动，并形成了黏性层[56]。这削弱了流体和壁面之间的碰撞。因此，干酪根纳米孔中流态转变的临界压力梯度比石英纳米孔中高。

2.3.5 流体组分对临界压力梯度的影响

在石英纳米孔中，单组分正辛烷和多组分页岩油流态转变的临界压力梯度是不同的，尽管它们在干酪根纳米孔中是相同的。我们认为页岩油各组分有一定的影响，因此计算了各组分的密度分布，以探讨各组分对临界压力梯度的影响。图 2.71 展示了在无驱动力、临界压力梯度和最大压力梯度的情况下石英纳米孔中 PAC 分布的模型快照。我们可以清楚地观察到，吲哚和壬酮逐渐从表面解吸向孔隙中央运移，而甲苯没有明显变化。

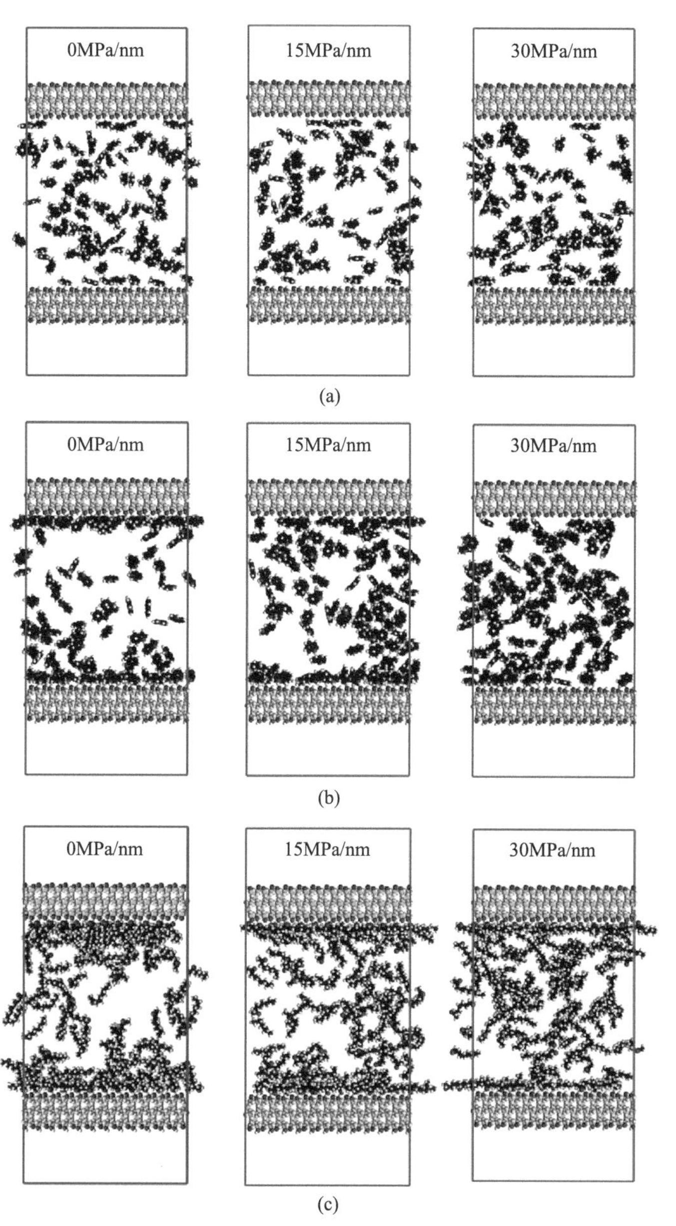

图 2.71 无驱动力、临界压力梯度和最大压力梯度时各组分分子在石英纳米孔中 PAC 分布的模型快照

(a) 甲苯；(b) 吲哚；(c) 壬酮

为了更准确地分析各组分的分布特征，我们绘制了各组分的密度分布曲线，如图 2.72 所示。在石英纳米孔中，随着压力梯度的增加，在 PAC 中，吸附层中甲苯的密度在压力梯度为 3MPa/nm 时迅速下降，然后逐渐增加；其孔隙中央的密度迅速增加，然后逐渐下降。吸附层中吲哚和壬酮的密度明显下降，孔隙中央的密度逐渐增加。在 NPAC 中，正辛烷和 3-甲基己烷在吸附层中的密度逐渐增加。因为 PAC 解吸向孔隙中央运移占据了一

定空间，所以正辛烷和 3-甲基己烷在孔隙中央的密度明显下降。乙基环己烷和甲基辛基硫只在第一吸附层中明显增加；由于它们第二和第三吸附层的解吸，孔隙中心的密度最终没有明显变化。

图 2.73 展示了无驱动力、临界压力梯度和最大压力梯度时，干酪根纳米孔中 PAC 分布的模型快照。各组分在干酪根纳米孔中分布的变化并不像在石英纳米孔中那样明显。

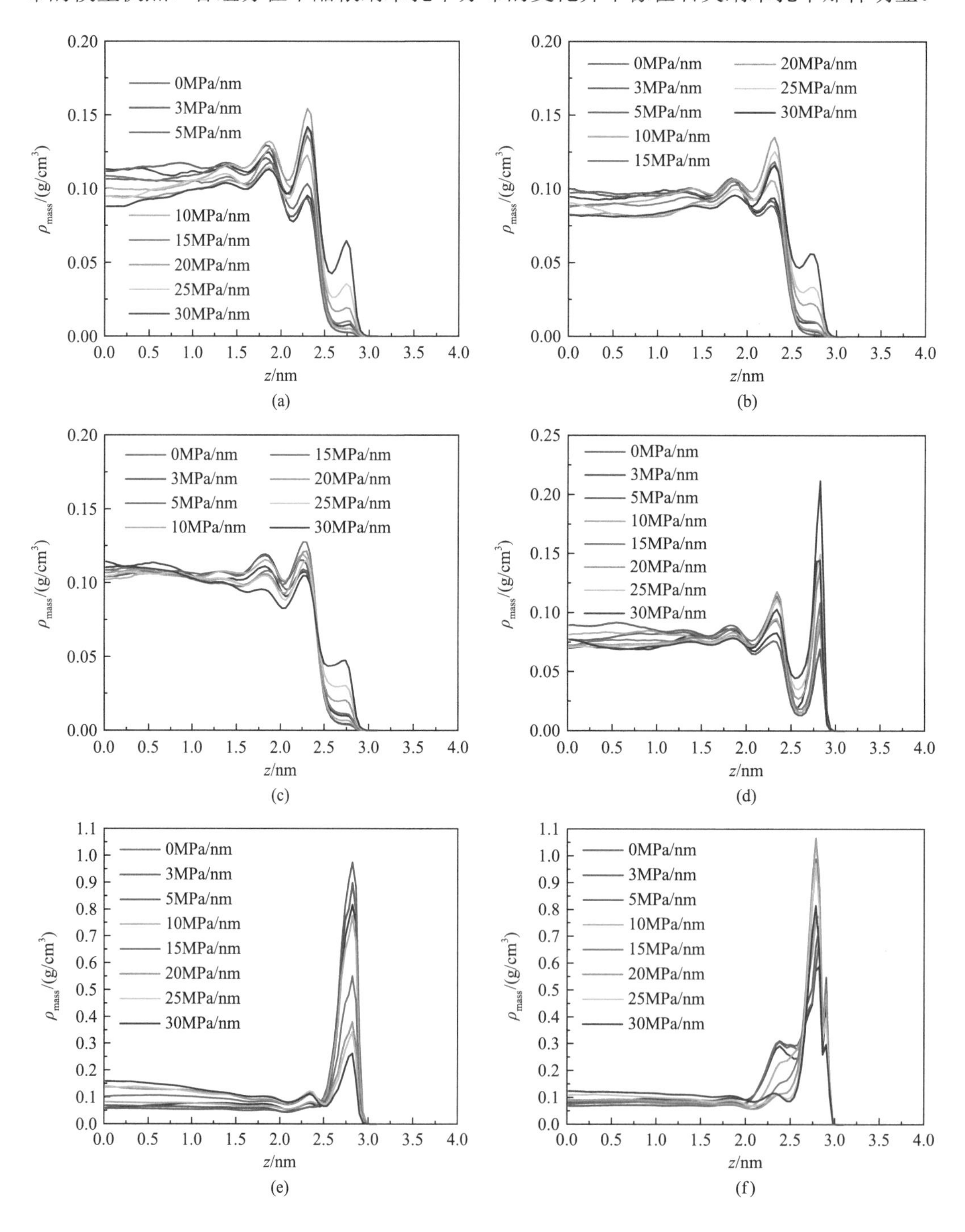

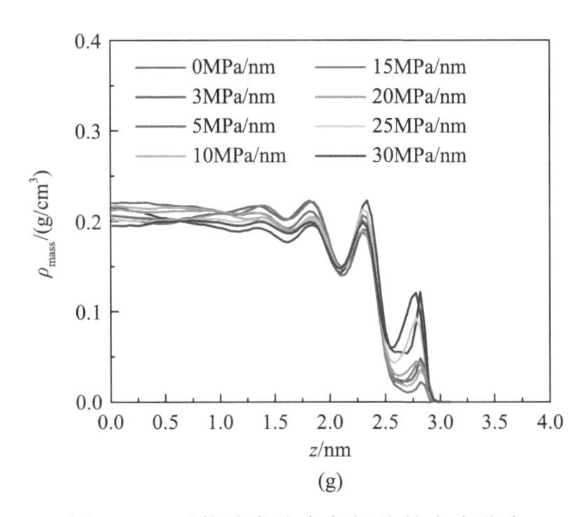

(g)

图 2.72　石英纳米孔中各组分的密度分布

(a) 正辛烷；(b) 3-甲基己烷；(c) 乙基环己烷；(d) 甲苯；(e) 吲哚；(f) 壬酮；(g) 甲基辛基硫

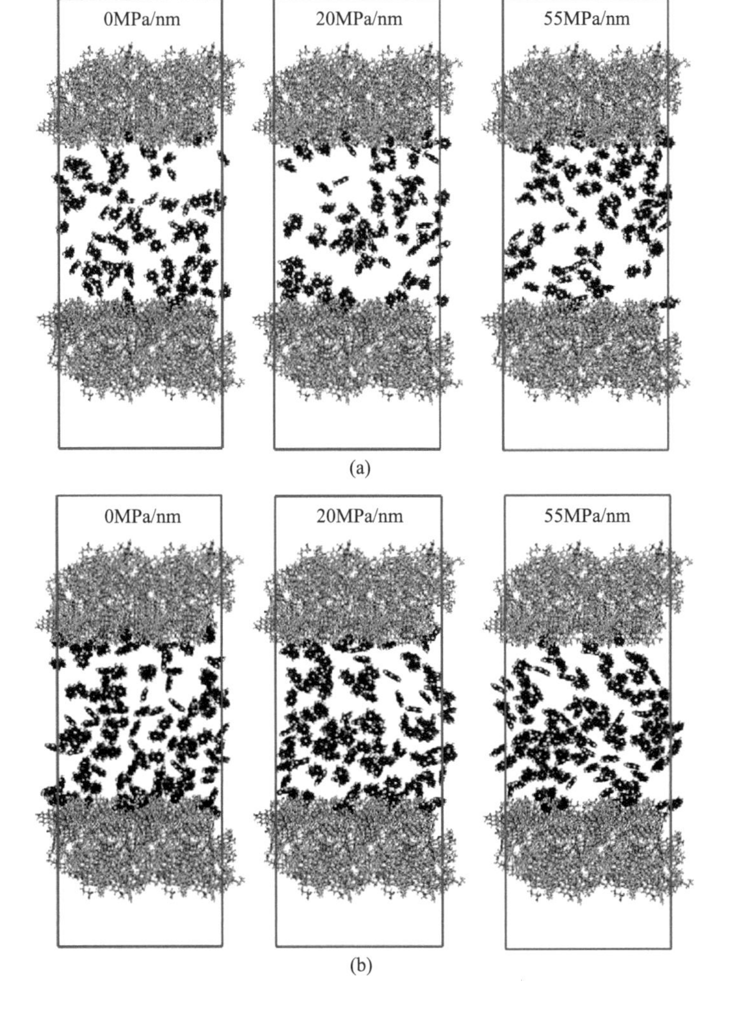

(a)

(b)

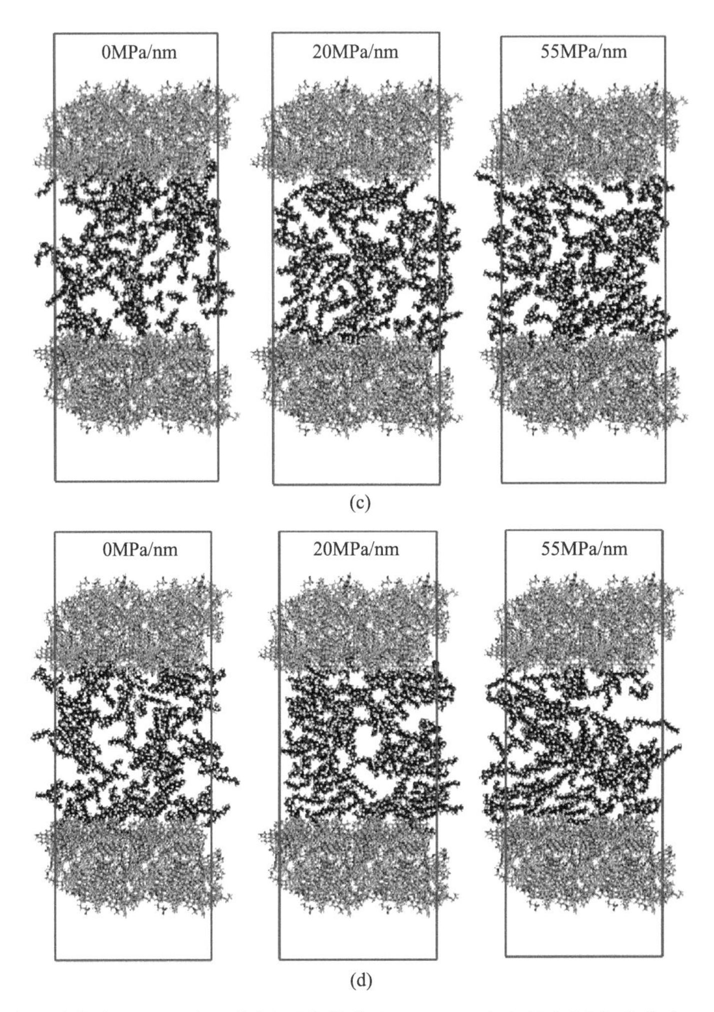

图 2.73 无驱动力(0MPa/nm)、临界压力梯度(20MPa/nm)和最大压力梯度(55MPa/nm)时各组分分子在干酪根纳米孔中 PAC 分布的模型快照

(a)甲苯；(b)吲哚；(c)壬酮；(d)甲基辛基硫

仔细观察可以发现，吲哚、壬酮和甲基辛基硫逐渐从表面解吸向孔隙中央运移，而甲苯没有明显变化。

由图 2.74 可知，干酪根纳米孔中，随着压力梯度的增加，在 PAC 中，甲苯的密度变化规律与石英纳米孔中相同，吸附层中吲哚、壬酮和甲基辛基硫的密度明显逐渐下降，孔隙中央的密度逐渐增加；在 NPAC 中，正辛烷和 3-甲基己烷的密度变化与石英纳米孔中的相同，乙基环己烷的密度在第一吸附层先增大后减小，在第二吸附层逐渐减小，孔隙中心的密度先减小后增大。

石英和干酪根纳米孔中 PAC 和 NPAC 的密度分布变化表明，PAC 比 NPAC 更倾向于解吸并在孔隙中央聚集。重质组分比轻质组分更容易在孔隙中央聚集，环烷烃比正烷烃和异烷烃更容易在孔隙中央聚集。

石英纳米孔中，单组分正辛烷流态转变的临界压力梯度为 10MPa/nm，而多组分页岩油为 15MPa/nm。造成这种差异的原因是：对于单组分正辛烷，压力梯度的增加只导致正辛烷向孔隙中心聚集，但对于多组分页岩油，重质组分和环烷烃向孔隙中央聚集，而其他组分向孔隙边界运移，在一定程度上限制了流体在孔隙中央聚集成团簇，因此必须施加更大的压力梯度来改变多组分页岩油的流态。正辛烷和页岩油流态转变的临界压力梯度在干酪根纳米孔中都是 20MPa/nm，因为干酪根表面相对粗糙，导致吸附层高度

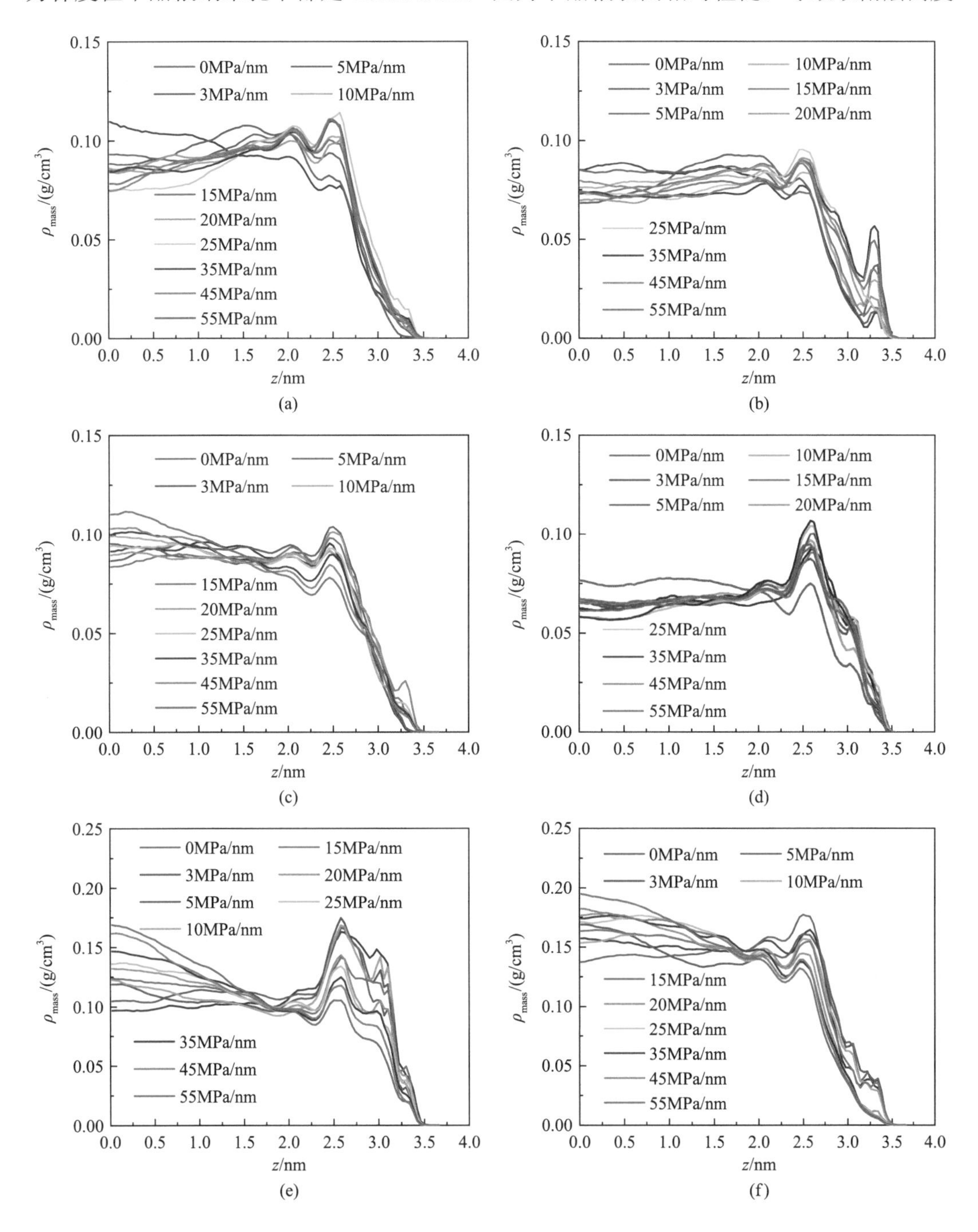

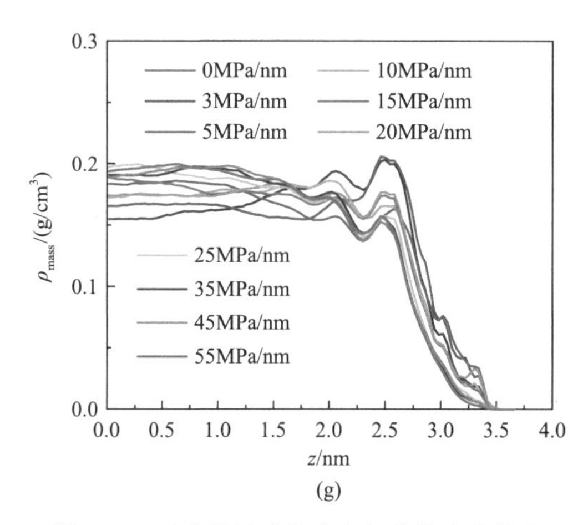

图 2.74 干酪根纳米孔中各组分的密度分布

(a) 正辛烷；(b) 3-甲基己烷；(c) 乙基环己烷；(d) 甲苯；(e) 吲哚；(f) 壬酮；(g) 甲基辛基硫

比石英表面低很多。因此，随着压力梯度的增加，较少的组分运移到孔隙边界的吸附层，这对流态转变的临界压力梯度的影响不如在石英纳米孔中那么明显。

2.3.6 小结

本章采用分子动力学模拟方法，研究了单组分正辛烷和多组分页岩油在石英和干酪根纳米孔道中的流动机制。流体重分布导致了流态的转变，其受到压力梯度（∇p）的控制。

(1) 流态的转变存在临界压力梯度（∇p_c）。对于单组分正辛烷，在石英纳米孔中 ∇p_c 为 10MPa/nm，在干酪根纳米孔中为 20MPa/nm。对于多组分页岩油，在石英纳米孔中 ∇p_c 为 15MPa/nm，在干酪根纳米孔中为 20MPa/nm。当 $\nabla p < \nabla p_c$ 时，速度剖面为抛物线状；当 $\nabla p \geqslant \nabla p_c$ 时，速度剖面为活塞状。

(2) 在静态状态下（流体不流动），芳香烃和含氧、含氮组分更容易吸附在石英表面，而芳香烃和含氧、氮、硫组分更容易吸附在干酪根表面。不同分子在纳米孔壁上的吸附能力取决于纳米孔表面上所含元素。

(3) 当流体开始流动时，在低 ∇p 条件下，密度分布曲线几乎与静态状态下的曲线重合。在高 ∇p 条件下，吸附层密度减小，孔隙中央密度增加，表明流体发生了重分布。流体重分布与流态的转变具有相同的 ∇p_c。孔隙中央流体之间的相互作用能增加，流体自由区剪切率的斜率不再是一个常数，在孔隙中央其绝对值较小。这表明当 $\nabla p > \nabla p_c$ 并继续增加时，流体聚集在孔隙中央并形成难以剪切的团簇，因此流态发生了改变。

(4) 随着 ∇p 的增加，孔壁对流体的垂直作用力增加导致流体重新分布。这解释了为什么干酪根纳米孔中的 ∇p_c 总是大于石英纳米孔的 ∇p_c。粗糙的干酪根表面限制了壁面附近的分子运动，并形成黏性层，这削弱了流体和壁之间的碰撞。因此，需要更大的 ∇p_c 来重新分布流体并改变流态。

(5) 流体组分影响 ∇p_c。多组分页岩油在石英纳米孔中具有比单组分正辛烷更大的 ∇p_c。对于多组分页岩油，重质组分和环烷烃组分随着 ∇p 的增加向孔中心移动，而其他组分移动到孔边界，限制了团簇在孔隙中央的形成，从而导致更大的∇p_c。由于干酪根纳米孔的粗糙表面，这种限制效应并不明显。

参 考 文 献

[1] Mosher K, He J, Liu Y, et al. Molecular simulation of methane adsorption in micro-and mesoporous carbons with applications to coal and gas shale systems[J]. International Journal of Coal Geology, 2013, 109: 36-44.

[2] Ambrose R J, Hartman R C, Diaz Campos M, et al. New pore-scale considerations for shale gas in place calculations [C]//Proceedings of the SPE Unconventional Gas Conference, Pittsburgh, 2010.

[3] Qiu N X, Xue Y, Guo Y, et al. Adsorption of methane on carbon models of coal surface studied by the density functional theory including dispersion correction (DFT-D3) [J]. Computational and Theoretical Chemistry, 2012, 992: 37-47.

[4] Yeganegi S, Gholampour F. Simulation of methane adsorption and diffusion in a carbon nanotube channel[J]. Chemical Engineering Science, 2016, 140: 62-70.

[5] Wu H, Chen J, Liu H. Molecular dynamics simulations about adsorption and displacement of methane in carbon nanochannels [J]. Journal of Physical Chemistry C, 2015, 119 (24): 13652-13657.

[6] Schettler J P, Parmely C. Contributions to total storage capacity in Devonian shales[C]//Proceedings of the SPE Eastern Regional Meeting, Lexington, 1991.

[7] Lu X C, Li F C, Watson A T. Adsorption studies of natural gas storage in Devonian shales[J]. SPE Formation Evaluation, 1995, 10 (2): 109-113.

[8] 吉利明, 马向贤, 夏燕青, 等. 黏土矿物甲烷吸附性能与微孔隙体积关系[J]. 天然气地球科学, 2014, 25 (2): 141-152.

[9] Volzone C, Thompson J G, Melnitchenko A, et al. Selective gas adsorption by amorphous clay-mineral derivatives[J]. Clays and Clay Minerals, 1999, 47 (5): 647-657.

[10] 吉利明, 邱军利, 夏燕青, 等. 常见黏土矿物电镜扫描微孔隙特征与甲烷吸附性[J]. 石油学报, 2012, 33 (2): 249-256.

[11] Skipper N T, Chang F R C, Sposito G. Monte Carlo simulation of interlayer molecular structure in swelling clay minerals. 1. Methodology[J]. Clays and Clay Minerals, 1995, 43 (3): 285-293.

[12] Skipper N, Sposito G, Chang F R C. Monte Carlo simulation of interlayer molecular structure in swelling clay minerals. 2. Monolayer hydrates[J]. Clays and Clay Minerals, 1995, 43 (3): 294-303.

[13] Skipper N. Computer simulation of aqueous pore fluids in 2∶1 clay minerals[J]. Mineralogical Magazine, 1998, 62 (5): 657-667.

[14] Skipper N, Refson K, McConnell J. Computer simulation of interlayer water in 2∶1 clays[J]. The Journal of Chemical Physics, 1991, 94 (11): 7434-7445.

[15] Sun H. COMPASS: An ab initio force-field optimized for condensed-phase applications overview with details on alkane and benzene compounds[J]. The Journal of Physical Chemistry B, 1998, 102 (38): 7338-7364.

[16] Cygan R T, Liang J J, Kalinichev A G. Molecular models of hydroxide, oxyhydroxide, and clay phases and the development of a general force field[J]. The Journal of Physical Chemistry B, 2004, 108 (4): 1255-1266.

[17] Diaz Campos M, Akkutlu I Y, Sigal R F. A molecular dynamics study on natural gas solubility enhancement in water confined to small pores[C]//Proceedings of the SPE Annual Technical Conference and Exhibition, New Orleans, 2009.

[18] Ambrose R J, Hartman R C, Akkutlu I Y. Multi-component sorbed phase considerations for shale gas-in-place calculations [C]//Proceedings of the SPE Production and Operations Symposium, Oklahoma City, 2011.

[19] Jin D, Lu X, Zhang M, et al. The adsorption behaviour of CH_4 on microporous carbons: Effects of surface heterogeneity[J]. Physical Chemistry Chemical Physics, 2014, 16 (22): 11037-11046.

[20] Song Q S, Guo X L, Yuan S L, et al. Molecular dynamics simulation of sodium dodecyl benzene sulfonate aggregation on silica surface[J]. Acta Physico-Chimica Sinica, 2009, 25 (6): 1053-1058.

[21] Fujita T, Watanabe H, Tanaka S. Effects of salt addition on strength and dynamics of hydrophobic interactions[J]. Chemical

Physics Letters, 2007, 434(1-3): 42-48.

[22] Brunauer S, Deming L S, Deming W E, et al. On a theory of the van der Waals adsorption of gases[J]. Journal of the American Chemical Society, 1940, 62(7): 1723-1732.

[23] Langmuir I. The adsorption of gases on plane surfaces of glass, mica and platinum[J]. Journal of the American Chemical society, 1918, 40(9): 1361-1403.

[24] Rallapalli P, Prasanth K, Patil D, et al. Sorption studies of CO_2, CH_4, N_2, CO, O_2 and Ar on nanoporous aluminum terephthalate [MIL-53(Al)] [J]. Journal of Porous Materials, 2011, 18(2): 205-210.

[25] Furmaniak S, Terzyk A P, Gauden P A, et al. Can carbon surface oxidation shift the pore size distribution curve calculated from Ar, N_2 and CO_2 adsorption isotherms? Simulation results for a realistic carbon model[J]. Journal of Physics: Condensed Matter, 2009, 21(31): 315005.

[26] 李文华, 房晓红, 李彬, 等. 蒙脱石吸附 CH_4 和 CO_2 的分子模拟[J]. 东北石油大学学报, 2014, 38(3): 25-30.

[27] Melnitchenko A, Thompson J G, Volzone C, et al. Selective gas adsorption by metal exchanged amorphous kaolinite derivatives[J]. Applied Clay Science, 2000, 17(1-2): 35-53.

[28] Durand B. Kerogen: Insoluble Organic Matter from Sedimentary Rocks[M]. London: Graham and Trotman, Ltd., 1980.

[29] van Krevelen D W. Coal: Typology, Physics, Chemistry, Constitution[M]. Amsterdam: Elsevier, 1993.

[30] Tissot B P, Welte D H. Petroleum Formation and Occurrence[M]. Berlin: Springer Science & Business Media, 2013.

[31] 王海柱, 沈忠厚, 李根生. 超临界 CO_2 开发页岩气技术[J]. 石油钻探技术, 2011, 39(3): 30-35.

[32] Ungerer P, Collell J, Yiannourakou M. Molecular modeling of the volumetric and thermodynamic properties of kerogen: Influence of organic type and maturity[J]. Energy & Fuels, 2015, 29(1): 91-105.

[33] Konstas K, Osl T, Yang Y, et al. Methane storage in metal organic frameworks[J]. Journal of Materials Chemistry, 2012, 22(33): 16698-16708.

[34] Düren T, Millange F, Férey G, et al. Calculating geometric surface areas as a characterization tool for metal-organic frameworks[J]. The Journal of Physical Chemistry C, 2007, 111(42): 15350-15356.

[35] Sarkisov L, Harrison A. Computational structure characterisation tools in application to ordered and disordered porous materials[J]. Molecular Simulation, 2011, 37(15): 1248-1257.

[36] Reid R C, Prausnitz J M, Poling B E. The Properties of Gases and Liquids[M]. New York: McGraw-Hill, 1987.

[37] Sing K S. Reporting physisorption data for gas/solid systems with special reference to the determination of surface area and porosity(Recommendations 1984) [J]. Pure and Applied Chemistry, 1985, 57(4): 603-619.

[38] Liu Y, Wilcox J. Molecular simulation studies of CO_2 adsorption by carbon model compounds for carbon capture and sequestration applications[J]. Environmental Science & Technology, 2013, 47(1): 95-101.

[39] Lu X, Jin D, Wei S, et al. Competitive adsorption of a binary CO_2-CH_4 mixture in nanoporous carbons: Effects of edge-functionalization[J]. Nanoscale, 2015, 7(3): 1002-1012.

[40] Zhang J, Liu K, Clennell M B, et al. Molecular simulation of CO_2-CH_4 competitive adsorption and induced coal swelling[J]. Fuel, 2015, 160: 309-317.

[41] Javadpour F. Nanopores and apparent permeability of gas flow in mudrocks(shales and siltstone) [J]. Journal of Canadian Petroleum Technology, 2009, 48(8): 16-21.

[42] Wang S, Javadpour F, Feng Q. Molecular dynamics simulations of oil transport through inorganic nanopores in shale[J]. Fuel, 2016, 171: 74-86.

[43] Zhan S Y, Su Y L, Jin Z H, et al. Effect of water film on oil flow in quartz nanopores from molecular perspectives[J]. Fuel, 2020, (262): 116560.

[44] Zhong J, Wang P, Zhang Y, et al. Adsorption mechanism of oil components on water-wet mineral surface: A molecular dynamics simulation study[J]. Energy, 2013, 59: 295-300.

[45] Wu Y J, He Y R, Tang T Q, et al. Molecular dynamic simulations of methane hydrate formation between solid surfaces: Implications for methane storage[J]. Energy, 2023, (262): 125511.

[46] Wright L B, Walsh T R. Facet selectivity of binding on quartz surfaces: Free energy calculations of amino-acid analogue adsorption[J]. Journal of Physical Chemistry C, 2012, 116(4): 2933-2945.

[47] Koretsky C, Sverjensky D, Sahai N, et al. A model of surface site types on oxide and silicate minerals based on crystal chemistry[J]. American Journal of Science, 1998, (298): 349-438.

[48] Siboulet B, Coasne B, Dufreche J F, et al. Hydrophobic transition in porous amorphous silica[J]. Journal of Physical Chemistry B, 2011, 115(24): 7881-7886.

[49] Leung K, Rempe S B, Lorenz C D. Salt permeation and exclusion in hydroxylated and functionalized silica pores[J]. Physical Review Letters, 2006, 96(9): 095504.

[50] Humphrey W, Dalke A, Schulten K. VMD: Visual molecular dynamics[J]. Journal of Molecular Graphics, 1996, 14(1): 33-38.

[51] Huang L, Ning Z F, Wang Q, et al. Effect of organic type and moisture on CO_2/CH_4 competitive adsorption in kerogen with implications for CO_2 sequestration and enhanced CH_4 recovery[J]. Applied Energy, 2018, 210: 28-43.

[52] Li Z, Yao J, Firoozabadi A. Kerogen swelling in light hydrocarbon gases and liquids and validity of schroeder's paradox[J]. Journal of Physical Chemistry C, 2021, 125(15): 8137-8147.

[53] Wang S, Yao X, Feng Q, et al. Molecular insights into carbon dioxide enhanced multi-component shale gas recovery and its sequestration in realistic kerogen[J]. Chemical Engineering Journal, 2021, 425: 130292.

[54] Yang Y, Liu J, Yao J, et al. Adsorption behaviors of shale oil in kerogen slit by molecular simulation[J]. Chemical Engineering Journal, 2020, 387: 124054.

[55] Liu J, Yang Y, Sun S, et al. Flow behaviors of shale oil in kerogen slit by molecular dynamics simulation[J]. Chemical Engineering Journal, 2022, 434: 134682.

[56] Wang S, Liang Y, Feng Q, et al. Sticky layers affect oil transport through the nanopores of realistic shale kerogen[J]. Fuel, 2022, 310: 122480.

[57] Liu J, Zhao Y, Yang Y, et al. Multicomponent shale oil flow in real kerogen structures via molecular dynamic simulation[J]. Energies, 2020, 13(15): 3815.

[58] Zhou J, Jin Z H, Luo K H. Effects of moisture contents on shale gas recovery and CO_2 sequestration[J]. Langmuir, 2019, 35(26): 8716-8725.

[59] Okiongbo K S, Aplin A C, Larter S R. Changes in type Ⅱ kerogen density as a function of maturity: Evidence from the kimmeridge clay formation[J]. Energy & Fuels, 2005, 19(6): 2495-2499.

[60] Wang S, Javadpour F, Feng Q. Fast mass transport of oil and supercritical carbon dioxide through organic nanopores in shale [J]. Fuel, 2016, 181: 741-758.

[61] Zhan S, Su Y, Jin Z, et al. Molecular insight into the boundary conditions of water flow in clay nanopores[J]. Journal of Molecular Liquids, 2020, 311: 113292.

[62] Zhan S, Su Y, Jin Z, et al. Study of liquid-liquid two-phase flow in hydrophilic nanochannels by molecular simulations and theoretical modeling[J]. Chemical Engineering Journal, 2020, 395: 125053.

[63] Zhang W, Feng Q, Wang S, et al. Oil diffusion in shale nanopores: Insight of molecular dynamics simulation[J]. Journal of Molecular Liquids, 2019, 290: 111183.

[64] Sedghi M, Piri M, Goual L. Atomistic molecular dynamics simulations of crude oil/brine displacement in calcite mesopores[J]. Langmuir, 2016, 32(14): 3375-3384.

[65] Chang X, Xue Q, Li X, et al. Inherent wettability of different rock surfaces at nanoscale: A theoretical study[J]. Applied Surface Science, 2018, 434: 73-81.

[66] Skelton A A, Fenter P, Kubicki J D, et al. Simulations of the quartz$(10\bar{1}\bar{1})$/water interface: A comparison of classical force fields, ab initio molecular dynamics, and X-ray reflectivity experiments[J]. Journal of Physical Chemistry C, 2011, 115(5): 2076-2088.

[67] Skelton A A, Wesolowski D J, Cummings P T. Investigating the quartz$(10\bar{1}0)$/water interface using classical and ab initio molecular dynamics[J]. Langmuir, 2011, 27(14): 8700-8709.

[68] Dauber-Osguthorpe P, Roberts V A, Osguthorpe D J, et al. Structure and energetics of ligand binding to proteins: Escherichia coli dihydrofolate reductase-trimethoprim, a drug-receptor system[J]. Proteins, 1988, 4(1): 31-47.

[69] Michalec L, Lisal M. Molecular simulation of shale gas adsorption onto overmature type Ⅱ model kerogen with control microporosity[J]. Molecular Physics, 2017, 115(9-12): 1086-1103.

[70] Hagler A T, Lifson S, Dauber P. Consistent force field studies of intermolecular forces in hydrogen-bonded crystals. 2. A benchmark for the objective comparison of alternative force fields[J]. Journal of the American Chemical Society, 1979, 101(18): 5122-5130.

[71] Contreras-Camacho R O, Ungerer P, Boutin A, et al. Optimized intermolecular potential for aromatic hydrocarbons based on anisotropic united atoms. 1. Benzene[J]. Journal of Physical Chemistry B, 2004, 108(37): 14109-14114.

[72] Jorgensen W L, Maxwell D S, Tirado-Rives J. Development and testing of the OPLS all-atom force field on conformational energetics and properties of organic liquids[J]. Journal of the American Chemical Society, 1996, 118(45): 11225-11236

[73] Lorentz H A. Ueber die Anwendung des Satzes vom Virial in der kinetischen Theorie der Gase[J]. Annalen der Physik, 1881, 248(1): 127-136.

[74] Plimpton S. Fast parallel algorithms for short-range molecular dynamics[J]. Journal of Computational Physics, 1995, 117(1): 1-19.

第 3 章　微纳尺度多孔介质中气体运移机制及解析模型

气体在页岩孔隙中，除游离气储集方式外，还有许多气体以吸附气的形式吸附在有机质纳米孔隙表面。传统的达西定律已不能准确描述气体在微纳尺度多孔介质中的运移规律，因此本章首先研究气体在多孔介质中运移机制，分析微纳尺度多孔介质中可能产生的运移机制；然后根据气体在多孔介质的储集方式(是否存在吸附气)将多孔介质分为两类，分别建立了可采用克努森数、等效流动半径及多孔介质结构参数(固有渗透率、孔隙度和迂曲度)表征的气体在微纳尺度多孔介质中的耦合运移模型，可考虑微纳尺度下多孔介质存在的所有运移机制，准确描述气体在微纳尺度多孔介质中的运移规律；由于在微纳孔隙中，气体在固体壁面处会由于克努森效应而具有滑移速度，所以本章最后考虑滑移条件和吸附条件同时存在条件下多孔介质中的气体运移机制。

3.1　多孔介质中气体运移机制及模型

本节研究多孔介质中存在的气体运移机制，研究每种运移机制产生的原因和相应的数学模型，分析微纳尺度下多孔介质中可能存在的运移机制。

3.1.1　多孔介质中气体运移机制

等温条件下，气体在多孔介质中的质量传输有以下几种机制：黏性流、克努森扩散、分子扩散、表面扩散[1,2]。不同组分气体分子与分子之间碰撞产生分子扩散，同种气体分子与分子之间碰撞产生黏性流，分子与壁面碰撞产生克努森扩散，吸附在孔隙壁面的气体分子沿孔隙表面蠕动产生表面扩散(图 3.1)。多孔介质中运移机制取决于气体分子运动自由程和多孔介质孔隙尺寸的比值，如果气体分子运动自由程远小于多孔介质的孔隙尺寸，此时分子与分子碰撞的概率比分子与壁面碰撞的概率大得多，因此此时气体的质量传输主要以分子与分子碰撞所产生的黏性流为主。当多孔介质的孔隙尺寸越来越小，小到与气体分子运动的自由程在一个级别时，分子与壁面碰撞的概率远高于分子与分子碰

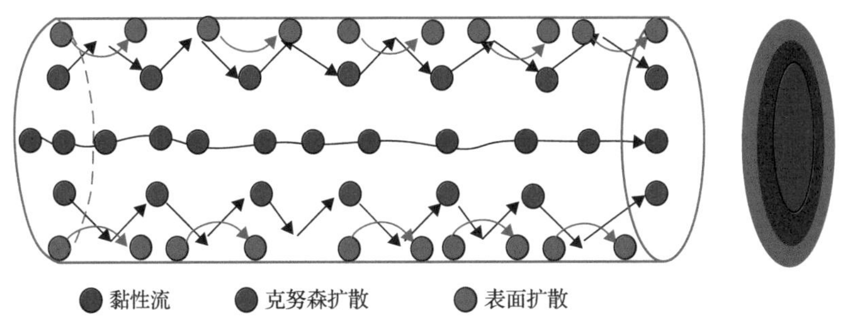

图 3.1　单组分气体单管中运移机制

撞的概率，此时气体与壁面碰撞产生的克努森扩散占主导。

气体在所有的多孔介质中都存在黏性流和克努森扩散，由于多孔介质孔隙尺寸不同，黏性流和克努森扩散在不同多孔介质中所起的作用不同，多孔介质的孔隙尺寸越小，克努森扩散的影响越大；反之，多孔介质的孔隙越大，克努森扩散的影响越小；当多孔介质的孔隙达到一定数值时，克努森扩散的影响可以忽略。

表面扩散只发生在存在吸附气的多孔介质中，只有气体是多组分时才发生不同气体碰撞产生的分子扩散。

3.1.2 多孔介质中气体运移模型

1. 黏性流

当气体平均运动自由程远小于孔隙直径，这时气体分子的运动主要受分子间碰撞支配，分子与壁面的碰撞较少。此时在单组分气体之间存在压力梯度所引起的黏性流，黏性流的质量传输可以用达西定律表示[3]：

$$N_{\mathrm{v}} = -\frac{\rho_{\mathrm{g}} k_{\infty}}{\mu_{\mathrm{g}}}(\nabla p_{\mathrm{g}}) \tag{3-1}$$

式中，N_{v}为黏性流引起的质量流量，kg/(m^2·s)；k_{∞}为多孔介质的固有渗透率，m^2；p_{g}为多孔介质中气体压力，Pa；ρ_{g}为多孔介质中气体的密度，kg/m^3；μ_{g}为气体黏度，Pa·s。

2. 克努森扩散

当孔隙直径很小时，气体的平均自由程与孔隙直径相近，这时气体分子与壁面之间的碰撞占支配作用，此时气体之间的质量流量可以用克努森扩散表示[4]：

$$N_{\mathrm{k}} = -M_{\mathrm{g}} D_{\mathrm{k}}^{*}(\nabla C_{\mathrm{g}}) \tag{3-2}$$

式中，N_{k}为克努森扩散引起的质量流量，kg/(m^2·s)；M_{g}为气体的摩尔质量，kg/mol；C_{g}为气体的浓度，mol/L；D_{k}^{*}为气体在多孔介质中有效克努森扩散系数，m^2/s；D_{k}^{*}可以用式(3-3)表示[3,4]：

$$D_{\mathrm{k}}^{*} = \frac{\phi}{\tau} D_{\mathrm{k}} \tag{3-3}$$

$$D_{\mathrm{k}} = \frac{2R_{\mathrm{h}}}{3}\sqrt{\frac{8RT}{\pi M_{\mathrm{g}}}} \tag{3-4}$$

式中，R_{h}为多孔介质的孔隙半径，m；ϕ为多孔介质的孔隙度；τ为多孔介质的迂曲度；R为普适气体常数；T为多孔介质的温度，K。

由$C_{\mathrm{g}} = \dfrac{\rho_{\mathrm{g}}}{M_{\mathrm{g}}} = \dfrac{p_{\mathrm{g}}}{ZRT}$及$\rho_{\mathrm{g}} = \dfrac{p_{\mathrm{g}} M_{\mathrm{g}}}{ZRT}$，式(3-2)也可表示为

$$N_{\mathrm{k}}=-\frac{\rho_{\mathrm{g}}D_{\mathrm{k}}^{*}(\nabla p_{\mathrm{g}})}{p_{\mathrm{g}}} \tag{3-5}$$

3. 分子扩散

若多孔介质中气体为多组分气体，由于不同组分气体分子质量的不同，导致不同组分气体存在不同分子速度，此时多孔介质中存在气体不同组分浓度梯度引起的质量传输，用分子扩散表示此种情况下的质量传输，菲克定律可表示气体分子扩散质量。式(3-6)表示两组分混合物由分子扩散引起的质量流量[5]：

$$N_{\mathrm{A}}=-D_{\mathrm{AB}}^{*}\rho_{\mathrm{g}}(\nabla\omega_{\mathrm{A}}) \tag{3-6}$$

式中，N_{A}为组分A因分子扩散引起的质量流量，kg/(m^2·s)；ω_{A}为组分A的质量分数；D_{AB}^{*}为组分A和组分B在多孔介质中有效分子扩散系数，m^2/s；D_{AB}^{*}可用式(3-7)表示[5]：

$$D_{\mathrm{AB}}^{*}=\delta\frac{\phi}{\tau}D_{\mathrm{AB}},\quad D_{\mathrm{AB}}=1.882922475\times10^{-2}T^{3/2}\sqrt{0.001\times\left(\frac{1}{M_{\mathrm{A}}}+\frac{1}{M_{\mathrm{B}}}\right)}\frac{1}{p\sigma_{\mathrm{AB}}^{2}\varOmega_{\mathrm{AB}}} \tag{3-7}$$

其中，M_{A}和M_{B}分别为气体A和气体B的摩尔质量，kg/mol；σ为气体分子的伦纳德-琼斯(Lennard-Jones)势能碰撞直径，Å，$\sigma_{\mathrm{AB}}=0.5(\sigma_{\mathrm{A}}+\sigma_{\mathrm{B}})$；$\varOmega_{\mathrm{AB}}$为无量纲分子常数，可由文献[6]计算求得；$\delta$为压缩度(constrictivity)，可表示为

$$\delta=1-\frac{d_{\mathrm{gas}}}{d_{\mathrm{pore}}} \tag{3-8}$$

这里，d_{gas}为气体分子直径；d_{pore}为孔隙直径。一般情况下，气体分子直径远小于孔隙直径，所以一般δ的取值为1。

4. 表面扩散

当多孔介质孔隙表面存在吸附气时，多孔介质中存在吸附态气体的表面扩散：

$$N_{\mathrm{s}}=-M_{\mathrm{g}}D_{\mathrm{s}}\left(\nabla C_{\mathrm{s}}\right) \tag{3-9}$$

式中，N_{s}为表面扩散引起的质量流量，kg/(m^2·s)；D_{s}为表面扩散系数，m^2/s；C_{s}为多孔介质中吸附气的浓度，mol/m^3。若气体在多孔介质表面满足朗缪尔等温吸附，式(3-9)可表示为

$$N_{\mathrm{s}}=-M_{\mathrm{g}}D_{\mathrm{s}}\frac{C_{\mathrm{s\,max}}p_{\mathrm{L}}}{(p_{\mathrm{g}}+p_{\mathrm{L}})^{2}}(\nabla p_{\mathrm{g}}) \tag{3-10}$$

式中，$C_{\mathrm{s\,max}}$为吸附气的最大吸附浓度，mol/m^3；p_{L}为朗缪尔压力，Pa。

3.2 仅存在游离气时微纳尺度多孔介质中运移机制

本章仅研究单组分气体在多孔介质中的运移规律，因此不考虑不同组分气体碰撞产生的分子扩散。因为存在吸附气时，多孔介质中存在吸附气的表面扩散，所以根据多孔介质中气体的储集方式，将微纳尺度多孔介质中的气体运移机制分类研究：一类是仅存在游离气时多孔介质中的运移机制，另一类是多孔介质中吸附气和游离气共存时多孔介质中的运移机制。本节首先研究仅存在游离气时微纳尺度多孔介质中的运移机制。

3.2.1 多孔介质中流动形态的分类

仅存在游离气时，单组分气体在微纳尺度多孔介质中产生黏性流和克努森扩散，一般采用气体分子运动自由程 λ 与多孔介质特征长度 L 的比值克努森数 Kn 来判定气体在多孔介质中气体运移模式[7]，λ 可表示为

$$\lambda=\frac{k_{\mathrm{B}}T}{\sqrt{2}\pi{\delta_{\mathrm{g}}}^{2}p_{\mathrm{g}}} \tag{3-11}$$

式中，k_{B} 为玻尔兹曼常数，取值为 1.3805×10^{-23}J/K；δ_{g} 为气体分子的碰撞直径，nm。

图 3.2 给出了基于克努森数气体流动形态和控制方程的分类[8,9]，根据克努森数的大小，将气体在多孔介质中的运移可划分为四类。

(1) $Kn\leqslant0.01$，此时多孔介质特征长度远大于分子运动自由程，分子与分子碰撞的概率远大于分子与壁面碰撞的概率，分子与分子碰撞产生的黏性流占主导，分子与壁面碰撞产生的克努森扩散可以忽略，此时气体在多孔介质中的运移为连续流动，符合经典的流体力学运动规律，可用达西定律描述气体运移规律。

(2) $0.01<Kn\leqslant0.1$，此时多孔介质特征长度大于分子运动自由程，分子与分子碰撞的概率大于分子与壁面碰撞的概率，但差别不是特别大，此时仍然是分子与分子碰撞产生的黏性流占主导，但是分子与壁面碰撞产生的克努森扩散也不能忽略，此时气体在多孔介质中运移为滑移流动区域，气体的连续性假设依然成立，可采用滑移边界条件下 N-S 方程进行刻画，但此时达西定律已不再适用。

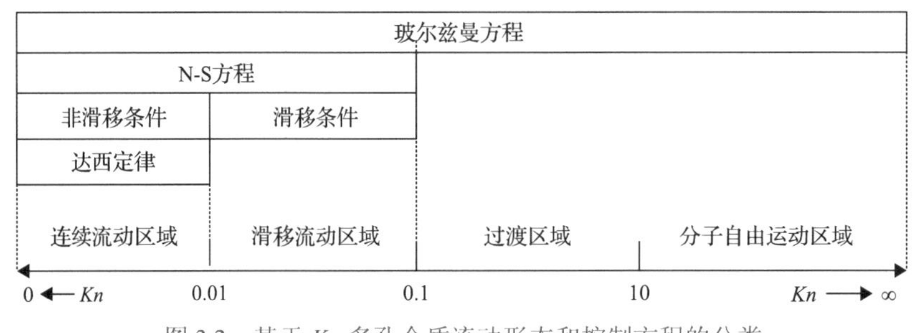

图 3.2 基于 Kn 多孔介质流动形态和控制方程的分类

(3) $0.1<Kn\leqslant 10$，此时多孔介质的特征长度与分子运动自由程在一个数量级上，分子与壁面碰撞的概率大于分子与分子碰撞的概率，但差别也不是非常大，此时气体在多孔介质中的运移以分子与壁面碰撞产生的克努森扩散为主，但气体与分子碰撞产生的黏性流也不能忽略，此时气体在多孔介质的运移为过渡区域，连续性假设不再成立，N-S 方程也不再适用。

(4) $Kn>10$，此时多孔介质的特征长度小于分子运动自由程，气体分子在多孔介质的运移为分子自由运动，此时该区域可称为分子自由运动区域。

图 3.3 表示常温状态下、孔隙直径为 1nm～1μm 时 Kn 随压力的变化。由图 3.3 可知，Kn 随压力的增加而减小，且压力越大，Kn 减小的幅度变小。当孔隙直径大于 1μm 时，$Kn<0.1$ 即气体的连续性假设成立，可用 N-S 方程对气体的运移进行描述；当孔隙直径小于 1nm 时，气体主要为自由分子运动；由于页岩气藏孔隙直径分布主要在纳米级，即 1nm～1μm，则 Kn 在黑色和紫红色曲线区域分布，此时绝大部分 $Kn>0.001$，即气体不在连续流动区域，不能用渗流力学中经典的达西定律来描述，主要处于过渡流动和滑移流动阶段。因此，气体在运移过程中必须同时考虑黏性流、克努森扩散的影响。

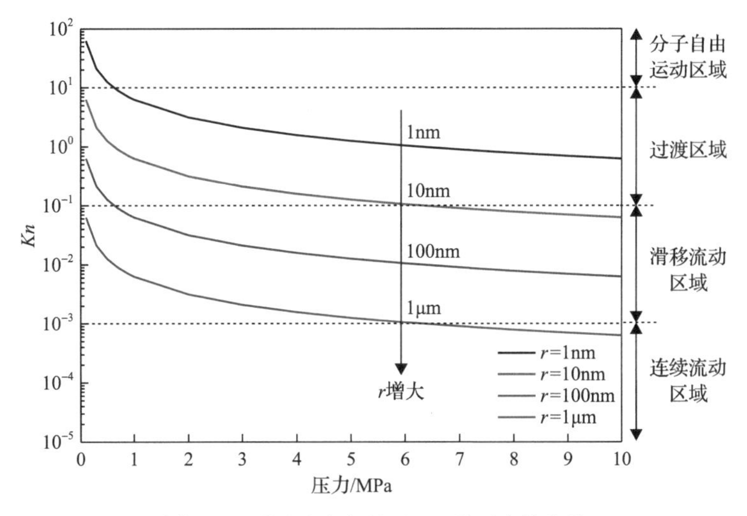

图 3.3 不同孔隙直径下 Kn 随压力的变化

3.2.2 微纳尺度多孔介质中气体运移耦合模型

微纳尺度多孔介质仅存在游离气时，气体在多孔介质中运移是黏性流和克努森扩散的共同作用。目前有三种运移模型可描述多孔介质中这两种机制的共同作用。

1. Javadpour 模型

Javadpour 等[7,10,11]建立了同时考虑黏性流和克努森扩散的多孔介质中的气体运移模型：

$$N_{\mathrm{t}}=-\frac{\rho_{\mathrm{g}}k_{\mathrm{a}}}{\mu_{\mathrm{g}}}(\nabla p_{\mathrm{g}}) \tag{3-12}$$

式中，N_{t} 为黏性流和克努森扩散共同作用的质量流量，kg/(m^2·s)；k_{a} 为黏性流和克努森扩散同时存在时多孔介质的视渗透率，m^2，可表示为

$$k_{\mathrm{a}}=\left\{\frac{2\mu_{\mathrm{g}}M}{3RT\rho_{\mathrm{g}}}\left(\frac{8RT}{\pi M}\right)^{0.5}\frac{8}{R_{\mathrm{h}}}+\left[1+\left(\frac{8\pi RT}{M}\right)^{0.5}\frac{\mu_{\mathrm{g}}}{p_{\mathrm{g}}R_{\mathrm{h}}}\left(\frac{2}{\alpha}-1\right)\right]\right\}k_{\infty} \tag{3-13}$$

式中，α 为切向动量协调系数(tangential momentum accommodation coefficient，TMAC)。该系数用来表示气体在多孔介质壁面的滑移流动。当不考虑气体在壁面滑移，仅考虑黏性流和克努森扩散时，视渗透率表示为

$$k_{\mathrm{a}}=\frac{2\mu_{\mathrm{g}}M}{3RT\rho_{\mathrm{g}}}\left(\frac{8RT}{\pi M}\right)^{0.5}\frac{8}{R_{\mathrm{h}}}+k_{\infty} \tag{3-14}$$

在多孔介质中，固有渗透率 k_{∞}可采用多孔介质的等效流动半径来描述[12,13]：

$$k_{\infty}=\frac{\phi R_{\mathrm{h}}{}^{2}}{8\tau_{\mathrm{h}}} \tag{3-15}$$

式中，τ_{h} 为迂曲度。

2. Civan 模型

Civan[14]将 Beskok-Karniadakis[15]模型应用到致密多孔介质中描述气体在多孔介质中考虑黏性流和克努森扩散时的运移规律，模型中用 Kn 来描述同时考虑黏性流和克努森扩散时的多孔介质中气体运移模型：

$$k_{\mathrm{a}}=k_{\infty}f(Kn)=k_{\infty}[1+\alpha(Kn)Kn]\left(1+\frac{4Kn}{1-bKn}\right) \tag{3-16}$$

式中，b 为滑移系数，当滑移流动时，$b=-1$；$\alpha(Kn)$ 为稀薄系数，可表示为

$$\alpha(Kn)=\frac{128}{15\pi^{2}}\tan^{-1}\left(4.0Kn^{0.4}\right) \tag{3-17}$$

3. DGM 模型

DGM(dusty gas model)可用来描述多孔介质中黏性流、克努森扩散和分子扩散耦合作用[1]，单组分气体时多孔介质中不存在分子扩散，可建立单组分气体仅考虑黏性流和克努森扩散时的运移模型[16]，可表示为克林肯贝格效应的形式：

$$k_{\mathrm{a}}=k_{\infty}\left(1+\frac{b_{\mathrm{k}}}{p_{\mathrm{g}}}\right),\quad b_{\mathrm{k}}=\frac{D_{\mathrm{k}}^{*}\mu_{\mathrm{g}}}{k_{\infty}} \tag{3-18}$$

式中，b_k 为克林肯贝格系数。

4. 三种耦合模型的对比

Javadpour 模型、Civan 模型和 DGM 模型都可以表示多孔介质中考虑黏性流和克努森扩散的气体运移规律，因此需对三个模型进行比较。

为了方便说明克努森扩散在耦合运移机制中的作用，表示黏性流和克努森扩散耦合机制的式(3-12)与仅表示黏性流机制的式(3-1)做对比，可得

$$\begin{aligned} N_t - N_v &= -\frac{\rho_g(\nabla p_g)}{\mu_g}(k_a - k_\infty) \\ &= -\frac{\rho_g k_\infty(\nabla p_g)}{\mu_g}\left(\frac{k_a}{k_\infty} - 1\right) \\ &= N_v\left(\frac{k_a}{k_\infty} - 1\right) \end{aligned} \tag{3-19}$$

由式(3-19)可知，当且仅当 $k_a/k_\infty=1$ 时，$N_t=N_v$，即此时克努森扩散可以忽略，仅表示黏性流的达西定律可准确描述多孔介质中的运移规律，k_a/k_∞越小，越接近于 1，表示克努森扩散的影响越小；反之，k_a/k_∞越大，说明克努森扩散的影响越大。

图 3.4 表示了不同等效流动半径下三种耦合模型计算视渗透率与固有渗透率的比值 k_a/k_∞随压力的变化。假设多孔介质的孔隙度 $\phi=0.05$，气体为单组分的甲烷气体，温度 T=323.14K，比较了等效流动半径为 1nm、10nm、100nm、1μm 以及 10μm 时三种耦合模型计算的 k_a/k_∞。图 3.4(a)和(b)分别表示 Javadpour 模型、Civan 模型、DGM 模型在考虑壁面滑移和不考虑壁面滑移时的比较，图 3.4(a)考虑壁面滑移且切向动量协调系数 TMAC=0.8，图 3.4(b)不考虑壁面滑移。

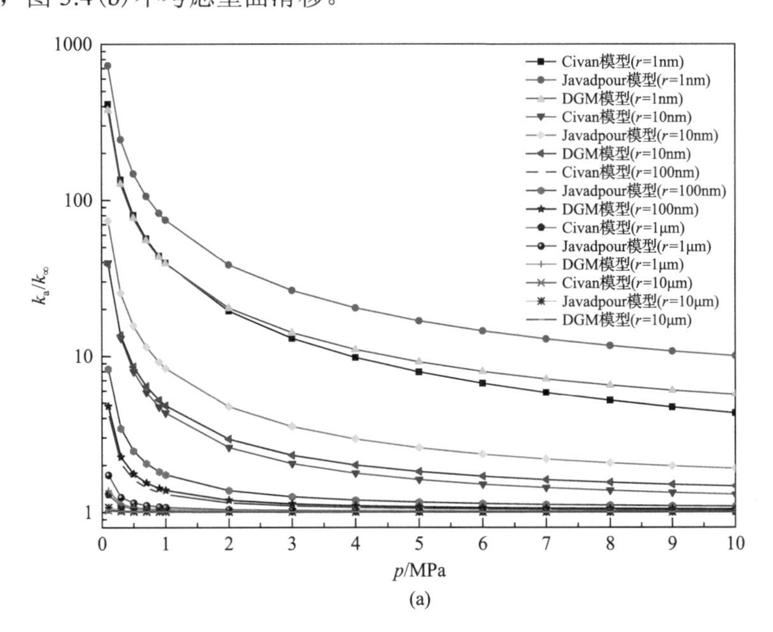

(a)

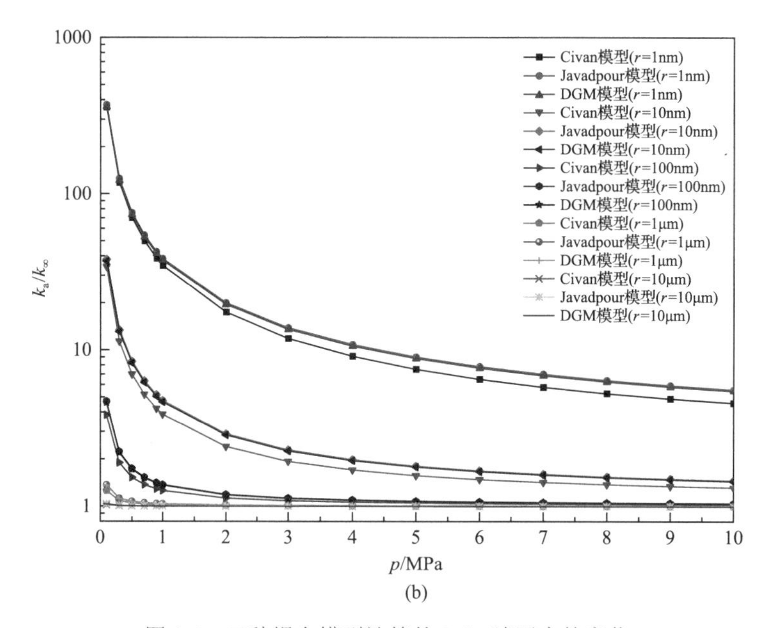

(b)

图 3.4 三种耦合模型计算的 k_a/k_∞ 随压力的变化

(a) Javadpour 模型考虑壁面滑移，TMAC=0.8；(b) Javadpour 模型不考虑壁面滑移

由图 3.4 可知，TMAC 对 Javadpour 模型计算的视渗透率与固有渗透率的比值 k_a/k_∞ 具有很大的影响。当不考虑壁面滑移时，Javadpour 模型计算的视渗透率与 Civan 模型、DGM 模型计算的视渗透率具有很好的一致性，但是当 TMAC=0.8 时，Javadpour 模型计算的视渗透率与 Civan 模型、DGM 模型计算的视渗透率相差较大。因为气体在多孔介质壁面的滑移流动是由气体分子和壁面发生碰撞的克努森扩散引起的，而由式(3-12)可知，Javadpour 模型中克努森扩散的影响在式子第一部分已经考虑，因此考虑滑移的 Javadpour 模型重复考虑了克努森扩散的影响，这是引起 Javadpour 模型和其他模型计算的视渗透率有差别的原因。

比较图 3.4(b)中三种模型计算视渗透率和固有渗透率比值 k_a/k_∞，可知 DGM 模型计算的视渗透率比 Civan 模型计算的大一些，比 Javadpour 模型计算的偏小一些，但相差都非常小，可认为三个模型计算的结果比较一致。

由图 3.4(b)的结果可以看出，压力越大，k_a/k_∞越小；多孔介质等效流动半径越大，k_a/k_∞越小，说明压力越大，多孔介质的等效流动半径越大，黏性流在多孔介质运移过程中的影响越大，克努森扩散的影响越小。如图 3.4(b)所示，当多孔介质的等效流动半径等于 1μm，k_a/k_∞接近于 1，表明当多孔介质的等效流动半径大于等于 1μm 时，克努森扩散的影响可以忽略，此时可认为单组分气体在多孔介质中运移为黏性流，此时达西定律仍然是适用的；当等效流动半径为 10nm 时，k_a/k_∞为 1.4～39；当等效流动半径为 100nm 时，k_a/k_∞为 1.1～4.7，因此可以看出等效流动半径小于 100nm，克努森扩散的影响很大，气体在多孔介质中运移不能近似为黏性流，此时达西定律是不适用的。因此在微纳尺度多孔介质中采用表征黏性流的达西定律描述气体在多孔介质中运移规律不太准确。

3.2.3 微纳尺度多孔介质中气体运移模式研究

1. 基于克努森数的微纳尺度多孔介质中气体运移模式的表示方法

由于 Javadpour 模型、Civan 模型及 DGM 模型在表征多孔介质中，在仅存在黏性流和克努森扩散耦合机制时结果一致。在此采用 Civan 模型研究微纳尺度多孔介质仅存在游离气时的气体运移模式。

基于克努森数 Kn[式(3-16)]可描述多孔介质中黏性流和克努森扩散的耦合机制，因此可用 Kn 来判定多孔介质中的运移模式。图 3.5 表示了黏性流和克努森扩散耦合机制的视渗透率和固有渗透率的比值 k_a/k_∞随 Kn 的变化，由图可见，已知 Kn，即可得到 k_a/k_∞，从而判定多孔介质中的运移以黏性流为主还是以克努森扩散为主，可得到克努森扩散可以忽略和达西定律可以适用的条件。

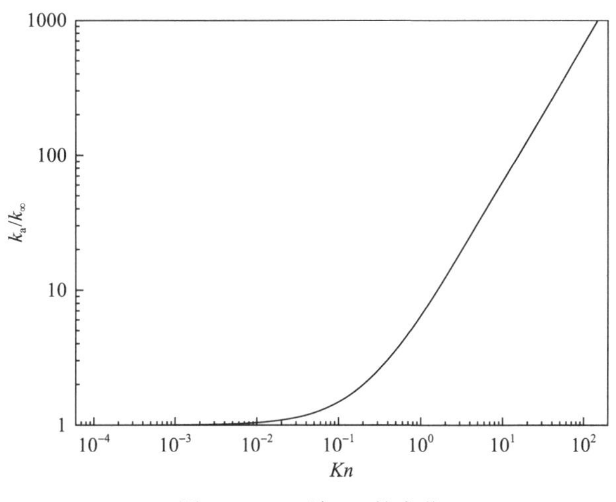

图 3.5 k_a/k_∞随 Kn 的变化

由图 3.5 可知，Kn 越大，k_a/k_∞越大，说明克努森扩散的影响越大。根据 Kn 可将气体在多孔介质的运移分为四种模式：

(1) $Kn\leqslant 0.001$，k_a/k_∞可近似等于 1，此时气体在多孔介质中运移以分子与分子碰撞产生的黏性流为主，克努森扩散可忽略，这说明当 $Kn\leqslant 0.001$ 时，可采用达西定律来描述多孔介质中的运移规律。

(2) 当 $0.001<Kn\leqslant 0.1$ 时，$k_a/k_\infty\leqslant 1.48$，说明此时气体在多孔介质中运移还是以黏性流为主，不过此时克努森扩散已不能忽略，采用达西定律来描述气体的流动有较大的误差，达西定律不再适用。

(3) 当 $0.1<Kn\leqslant 10$ 时，$1.48<k_a/k_\infty<10$，在此区间内，随 Kn 增大，k_a/k_∞增大较快，当 Kn 在此区间内时，气体在多孔介质中运移以克努森扩散为主，Kn 越大，克努森扩散所占比重越大，但此时仍不能忽略黏性流的影响。

(4) 当 $Kn>10$ 时，$k_a/k_\infty>64$，此时气体多孔介质中以克努森扩散为主，黏性流可忽略。

2. 基于等效流动半径的微纳尺度多孔介质中气体运移模式的表示方法

由式(3-16)可知，Kn 可用来判定多孔介质中的运移模式，多孔介质中 Kn 为分子运动自由程与多孔介质等效流动半径的比值，可表示为

$$Kn=\frac{\lambda}{R_{\mathrm{h}}}=\frac{k_{\mathrm{B}}T}{\sqrt{2}\pi\delta^{2}p_{\mathrm{g}}R_{\mathrm{h}}} \tag{3-20}$$

将式(3-20)代入式(3-16)和式(3-17)，可得

$$\begin{aligned}k_{\mathrm{a}}&=k_{\infty}f(Kn)=f\left(\frac{k_{\mathrm{B}}T}{\sqrt{2}\pi\delta^{2}p_{\mathrm{g}}R_{\mathrm{h}}}\right)=f(T,\delta,p_{\mathrm{g}},R_{\mathrm{h}})\\&=\left[1+\alpha\left(\frac{k_{\mathrm{B}}T}{\sqrt{2}\pi\delta^{2}p_{\mathrm{g}}R_{\mathrm{h}}}\right)\frac{k_{\mathrm{B}}T}{\sqrt{2}\pi\delta^{2}p_{\mathrm{g}}R_{\mathrm{h}}}\right]\left(1+\frac{4\dfrac{k_{\mathrm{B}}T}{\sqrt{2}\pi\delta^{2}p_{\mathrm{g}}R_{\mathrm{h}}}}{1-b\dfrac{k_{\mathrm{B}}T}{\sqrt{2}\pi\delta^{2}p_{\mathrm{g}}R_{\mathrm{h}}}}\right)\end{aligned} \tag{3-21}$$

即

$$\frac{k_{\mathrm{a}}}{k_{\infty}}=f(T,\delta,p_{\mathrm{g}},R_{\mathrm{h}}) \tag{3-22}$$

由式(3-20)～式(3-22)可知，Kn 与多孔介质的压力、温度、气体碰撞直径和多孔介质的等效流动半径相关，气体在多孔介质中的运移与多孔介质的压力、温度、气体种类和等效流动半径有关，因此当气体和压力和温度一定情况下，多孔介质的等效流动半径决定了多孔介质中的气体运移模式。下面研究压力、温度及多孔介质的等效流动半径的影响。假定多孔介质中仅存在甲烷单组分气体。图 3.6 是压力为 5MPa 时，不同温度下

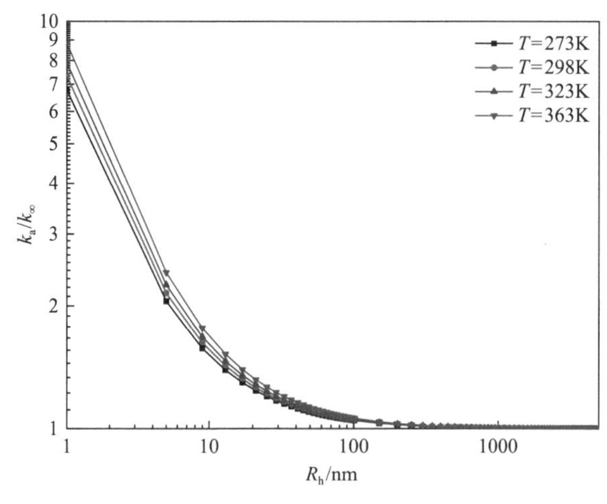

图 3.6　不同温度下 $k_{\mathrm{a}}/k_{\infty}$随多孔介质等效流动半径的变化

k_a/k_∞随多孔介质等效流动半径变化。由图 3.6 可知，温度越高，k_a/k_∞越大，说明温度越高，克努森扩散的影响越大。但是从图中不同曲线的比较来看，温度对 k_a/k_∞的影响较小。

下面讨论压力和多孔介质的等效流动半径对仅存在游离气时微纳尺度多孔介质运移模式的影响，假设多孔介质中定温度为 323K。为了更好地说明压力和等效流动半径的影响，给定两个定义：多孔介质的临界压力和固定压力 p_g 时的临界多孔介质等效流动半径。多孔介质的临界压力定义为多孔介质中 k_a/k_∞＜1.05 时的最小压力，压力大于临界压力时，气体在多孔介质中以黏性流为主，克努森扩散可以忽略，此时达西定律可以适用；固定压力 p_g 时的临界多孔介质等效流动半径定义如下：压力为 p_g，k_a/k_∞＜1.05 时的最小等效流动半径。

图 3.7 为不同等效流动半径下 k_a/k_∞随压力的变化。由图 3.7 可知，压力越大，k_a/k_∞越小，说明压力越大，克努森扩散的影响越小，黏性流的影响越大。从图 3.7 同样可知，多孔介质的等效流动半径越大，k_a/k_∞越小，说明多孔介质的孔隙越大，克努森扩散的影响越大，克努森扩散在等效流动半径越小的多孔介质中影响越大。由图 3.7 可知，在等效流动半径为 1μm 和 10μm 的多孔介质中，黏性流为主要的运移机制，当多孔介质的等效流动半径等于 10μm 时，克努森扩散可以忽略。克努森扩散为气体在等效流动半径等于 1nm 的多孔介质中的主要运移机制。等效流动半径等于 10nm、100nm 和 1000nm 的多孔介质的临界压力分别为 30MPa、5.5MPa 和 0.6MPa；多孔介质的等效流动半径越大，临界压力越小。在等效流动半径等于 10μm 的多孔介质中，在 0.1～30MPa 压力范围内，k_a/k_∞都小于 1.01，因此可见等效流动半径等于 10μm 的多孔介质中，当压力大于 1 个大气压时，气体在多孔介质中的运移机制为黏性流，克努森扩散可以忽略，此时达西定律可以适用。

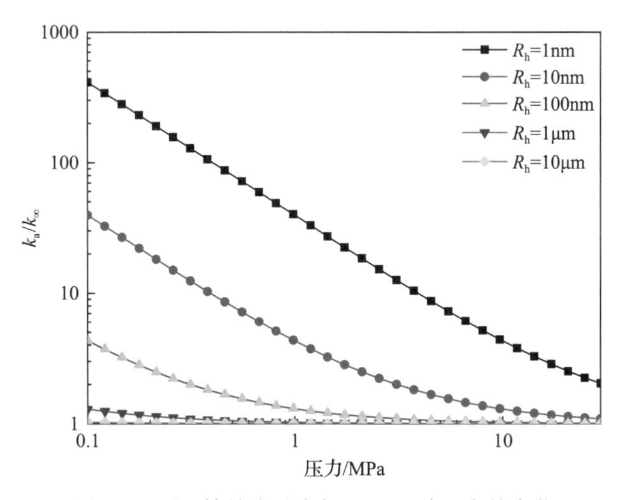

图 3.7　不同等效流动半径下 k_a/k_∞随压力的变化

图 3.8 说明了不同压力下 k_a/k_∞随多孔介质等效流动半径的变化。由图 3.8 可知，多孔介质的等效流动半径越大，k_a/k_∞越小，说明多孔介质的等效流动半径越大，多孔介质中气体分子与壁面碰撞的概率越小，因此克努森扩散的影响越小。压力等于 0.1MPa、

1MPa、5MPa、10MPa、20MPa 和 30MPa 时多孔介质的临界等效流动半径分别为 5000nm、600nm、100nm、53nm、25nm 和 17nm，在相应压力下，气体在等效流动半径大于临界等效流动半径的多孔介质中的运移机制以黏性流为主，克努森扩散可以忽略，此时达西定律可适用。在等效流动半径小于 100nm 的多孔介质中，克努森扩散对多孔介质中气体运移具有一定的影响，此时克努森扩散不能忽略。

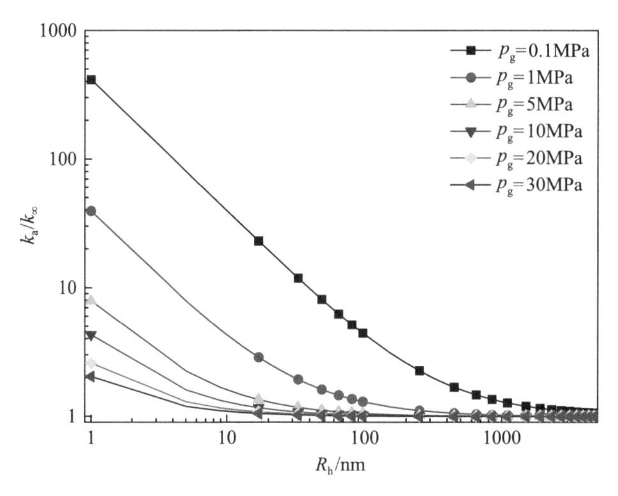

图 3.8 不同压力下 k_a/k_∞ 随多孔介质等效流动半径的变化

图 3.9 表示不同压力下视渗透率(k_a)随多孔介质等效流动半径的变化情况(迂曲度为 2.73，孔隙度为 0.05)。由图 3.9 可知，多孔介质等效流动半径越大，固有渗透率和视渗透率都越大，压力越大，视渗透率越小，即克努森扩散的影响越小。由图 3.9 可知，当多孔介质等效流动半径大于等于 5μm、压力大于 0.1MPa 时，固有渗透率等于视渗透率；当等效流动半径大于 1μm、压力大于 1MPa 时，固有渗透率等于视渗透率；当等效流动半径大于 100nm、压力大于 5MPa 时，固有渗透率等于视渗透率。固有渗透率等于视渗

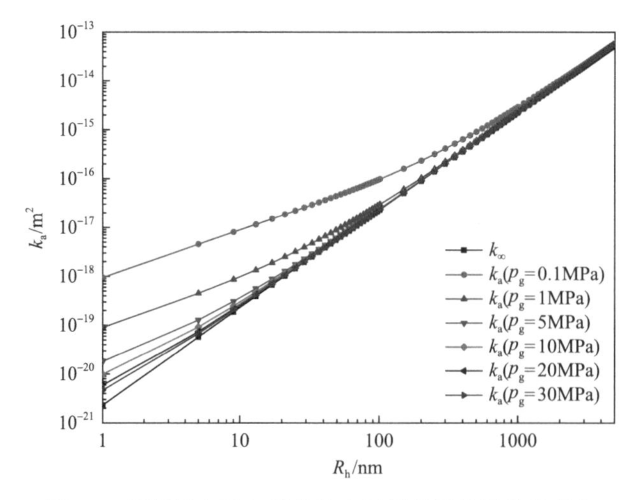

图 3.9 不同压力下 k_a 随多孔介质等效流动半径的变化

透率表明此时气体在多孔介质中运移以分子与分子碰撞产生的黏性流为主，气体与壁面碰撞所产生的克努森扩散可忽略。

3. 基于多孔介质结构参数的微纳尺度多孔介质中气体运移模式的表示方法

由前面的分析可知，可采用 Kn 或多孔介质的等效流动半径来研究多孔介质中的运移模式，但多孔介质的等效流动半径一般难以获取。而可以多孔介质的固有渗透率、孔隙度和迂曲度求取多孔介质等效流动半径[12]，见式(3-23)：

$$R_{\mathrm{h}} = 2\sqrt{2\tau}\sqrt{\frac{k_\infty}{\phi}} \tag{3-23}$$

多孔介质的固有渗透率、孔隙度和迂曲度等结构参数是比较容易获取的参数，可通过实验和对三维岩心孔隙结构图形数值计算获取[17]，因此可采用多孔介质的结构参数来表示多孔介质中的气体运移规律，判定其运移模式。

由式(3-23)和式(3-21)，可得式(3-24)

$$\begin{aligned} k_{\mathrm{a}} &= k_\infty f\left(\frac{k_{\mathrm{B}}T}{4\pi\delta^2 p_{\mathrm{g}}}\sqrt{\frac{\phi}{k_\infty\tau}}\right) = k_\infty f(T,\delta,p_{\mathrm{g}},\phi,k_\infty,\tau) \\ &= k_\infty\left[1+\alpha\left(\frac{k_{\mathrm{B}}T}{4\pi\delta^2 p_{\mathrm{g}}}\sqrt{\frac{\phi}{k_\infty\tau}}\right)\frac{k_{\mathrm{B}}T}{4\pi\delta^2 p_{\mathrm{g}}}\sqrt{\frac{\phi}{k_\infty\tau}}\right]\left(1+\frac{4\dfrac{k_{\mathrm{B}}T}{4\pi\delta^2 p_{\mathrm{g}}}\sqrt{\dfrac{\phi}{k_\infty\tau}}}{1-b\dfrac{k_{\mathrm{B}}T}{4\pi\delta^2 p_{\mathrm{g}}}\sqrt{\dfrac{\phi}{k_\infty\tau}}}\right) \end{aligned} \tag{3-24}$$

式中，τ 为迂曲度。

下面分析多孔介质结构参数固有渗透率、迂曲度和孔隙度对多孔介质中气体运移模式的影响。

图 3.10 表示多孔介质具有孔隙度为 0.05 时，固有渗透率(k_∞)和迂曲度(τ)对 k_{a}/k_∞和 k_{a}

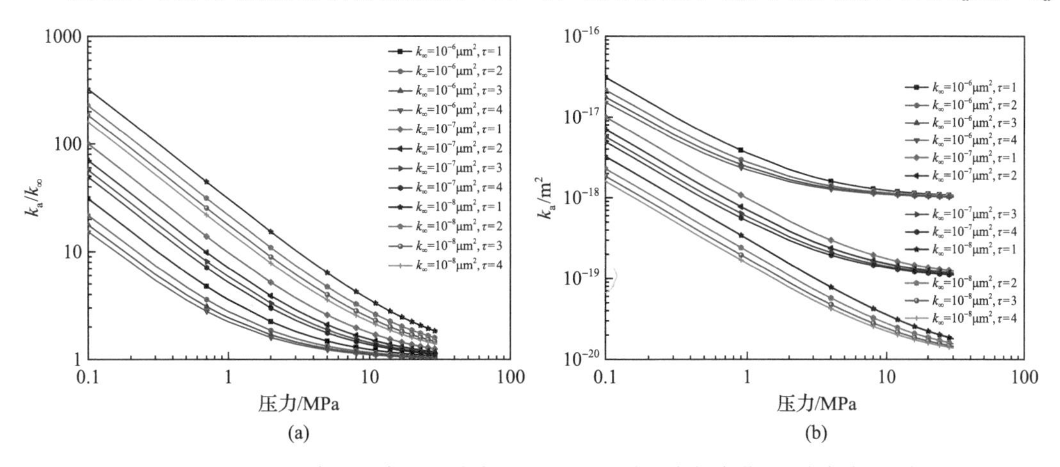

图 3.10 不同固有渗透率、迂曲度下 k_{a}/k_∞和 k_{a} 随压力的变化(孔隙度为 0.05)

的影响。由图 3.10 可知，当迂曲度等于 2，多孔介质的固有渗透率 $k_\infty=10^{-6}\mu m^2$、$10^{-7}\mu m^2$ 及 $10^{-8}\mu m^2$，压力等于 1MPa 时，k_a/k_∞分别为 2.8、7.1 和 21.8，因此可知在孔隙度和迂曲度一定的情况下，固有渗透率越大，k_a/k_∞越小，说明固有渗透率越大，克努森扩散的影响越小。由图 3.10 同时可以看出，固有渗透率和孔隙度一定的条件下，迂曲度越大，k_a/k_∞越小，k_a越小，说明迂曲度越大，克努森扩散的影响越小。

图 3.11 表示多孔介质迂曲度等于 2 时，固有渗透率和孔隙度对 k_a/k_∞和 k_a 的影响。由图 3.11 可知，固有渗透率 $k_\infty=10^{-20}m^2$，多孔介质孔隙度为 0.01、0.05 和 0.10，压力等于 1MPa 时，k_a/k_∞分别为 9.8、21.8 和 31.1，因此可知，在固有渗透率和迂曲度一定的情况下，孔隙度越大，k_a/k_∞越大，克努森扩散的影响越大。

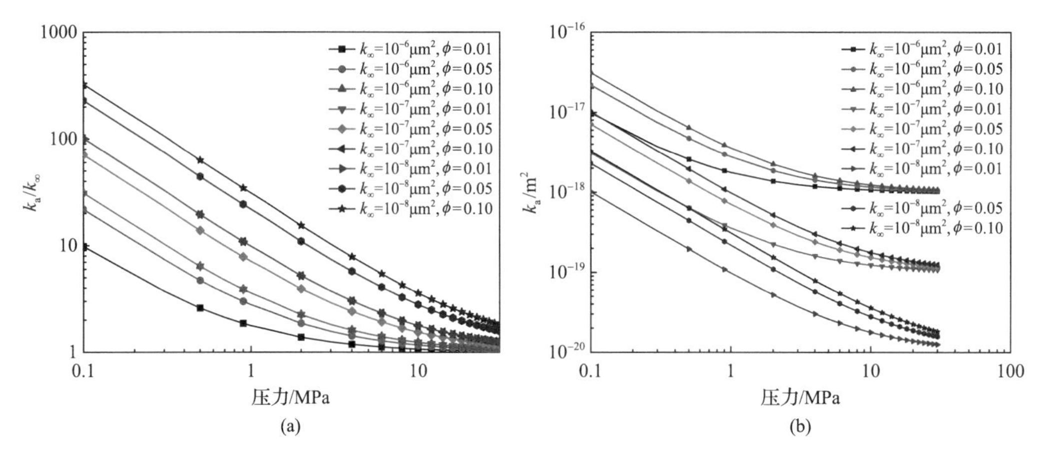

图 3.11　不同固有渗透率、孔隙度下 k_a/k_∞和 k_a 随压力的变化(迂曲度=2)

图 3.12 表示不同压力、孔隙度和迂曲度下 k_a/k_∞以及考虑黏性流和克努森扩散的视渗透率 k_a 随固有渗透率的变化。由图 3.12 可知，相比较于多孔介质的迂曲度和孔隙度，压

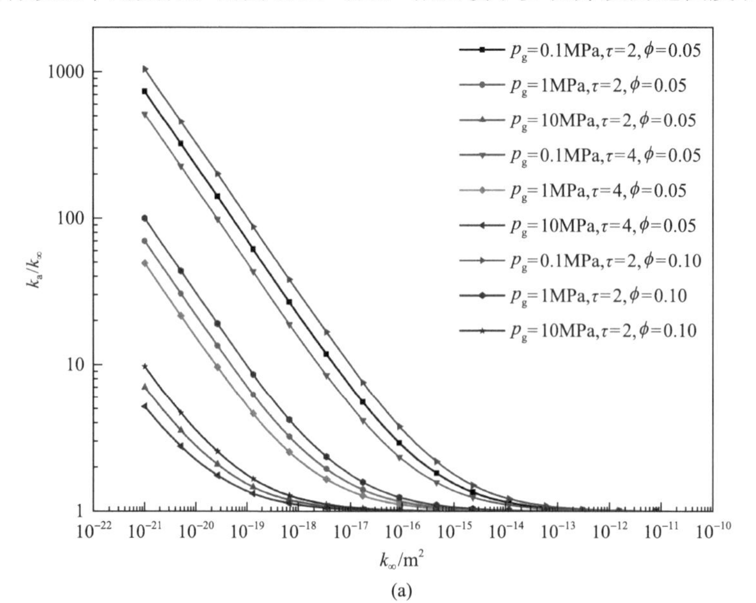

(a)

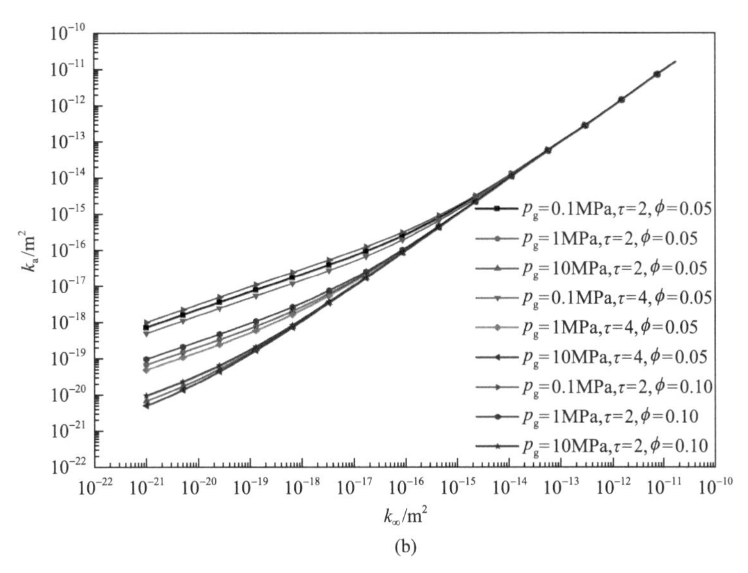

图 3.12 不同压力、孔隙度及迂曲度下 k_a/k_∞ 和 k_a 随 k_∞ 的变化

力对多孔介质运移模式的影响更大，九条曲线可以按压力分为三组，压力越小，克努森扩散的影响越大，因此较小压力下多孔介质具有更大的 k_a/k_∞ 和更大的视渗透率 k_a。在固有渗透率一定的前提下，孔隙度和迂曲度对多孔介质的运移模式具有不同的影响，迂曲度越大，k_a/k_∞ 越小，k_a 越小，克努森扩散影响越小；孔隙度越大，k_a/k_∞ 越大，k_a 越大，克努森扩散影响越大。

由图 3.12 可知，压力、迂曲度和孔隙度相同的条件下，多孔介质的固有渗透率越大，k_a/k_∞ 越小，即多孔介质固有渗透率越大，多孔介质中克努森扩散影响越小，反之，多孔介质的固有渗透率越小，多孔介质的克努森扩散影响越大。定义一定压力 p_g 下多孔介质的临界固有渗透率为在压力 p_g 下视渗透率和固有渗透率的比值 k_a/k_∞ 小于 1.05 的最小固有渗透率，在压力 p_g 下，当多孔介质的固有渗透率大于临界固有渗透率，气体在多孔介质中的运移主要为黏性流，克努森扩散可以忽略。压力 0.1MPa、1MPa 和 10MPa 下多孔介质的临界固有渗透率分别为 $4\times10^{-13}m^2$、$5\times10^{-15}m^2$ 和 $3.8\times10^{-17}m^2$。

图 3.13 描述了不同固有渗透率、孔隙度及迂曲度下 k_a/k_∞ 和考虑黏性流和克努森扩散的视渗透率 k_a 随压力的变化。由图 3.13 可以看出，根据考虑黏性流和克努森扩散的视渗透率和固有渗透率比值，可以把这六组多孔介质分为两组，每组多孔介质虽然具有不同的固有渗透率、迂曲度和孔隙度，但是具有相同的 k_a/k_∞，说明在相同的运移模式，克努森扩散在同一组多孔介质中具有相同影响，但是同一组多孔介质的视渗透率不一定相同。由表 3.1 可知，k_a/k_∞ 相同的同一组多孔介质虽然具有不同的固有渗透率、孔隙度和迂曲度，但是同一组多孔介质中有相同的等效流动半径和相同 $k_\infty\tau/\phi$。由式(3-24)可以看出，多孔介质中只要 $k_\infty\tau/\phi$，k_a/k_∞ 相同，运移模式就相同。

由前述分析可知，在多孔介质温度、压力和气体给定的情况下，多孔介质的 k_a/k_∞ 只与多孔介质的固有渗透率、迂曲度和孔隙度的表达式 $k_\infty\tau/\phi$ 相关，温度对 k_a/k_∞ 的影响不大(图 3.6)。因此在气体给定的条件下，已知多孔介质的结构参数(固有渗透率、迂曲度和孔隙度），就可以求得多孔介质中的气体运移模式和视渗透率比值 k_a/k_∞，从而计算影响的视渗透率，如图 3.14 所示。由图 3.14 可求得固定压力多孔介质的临界结构参数表达式 $k_\infty\tau/\phi$，压力等于 0.1MPa、1MPa、10MPa 和 30MPa 时多孔介质的临界 $k_\infty\tau/\phi$ 分别为

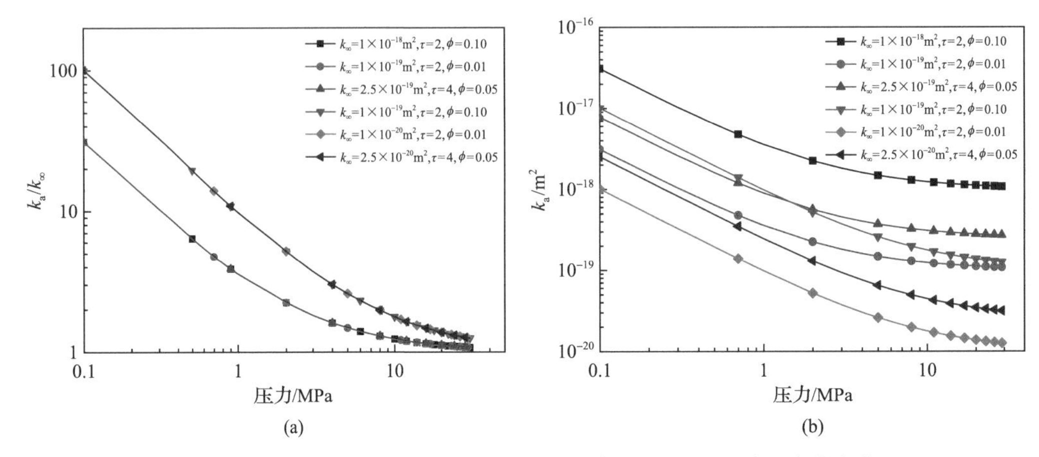

图 3.13 不同固有渗透率、孔隙度及迂曲度下 k_a/k_∞ 和 k_a 随压力的变化

表 3.1 图 3.13 所用的多孔介质结构参数

固有渗透率 k_∞/m^2	迂曲度 τ	孔隙度 ϕ	由式(3-23)计算的 R_h /nm	$(k_\infty\tau/\phi)$/m^2
1×10^{-18}	2	0.10	12.65	2×10^{-17}
1×10^{-19}	2	0.01	12.65	2×10^{-17}
2.5×10^{-19}	4	0.05	12.65	2×10^{-17}
1×10^{-19}	2	0.10	4	2×10^{-18}
1×10^{-20}	2	0.01	4	2×10^{-18}
2.5×10^{-20}	4	0.05	4	2×10^{-18}

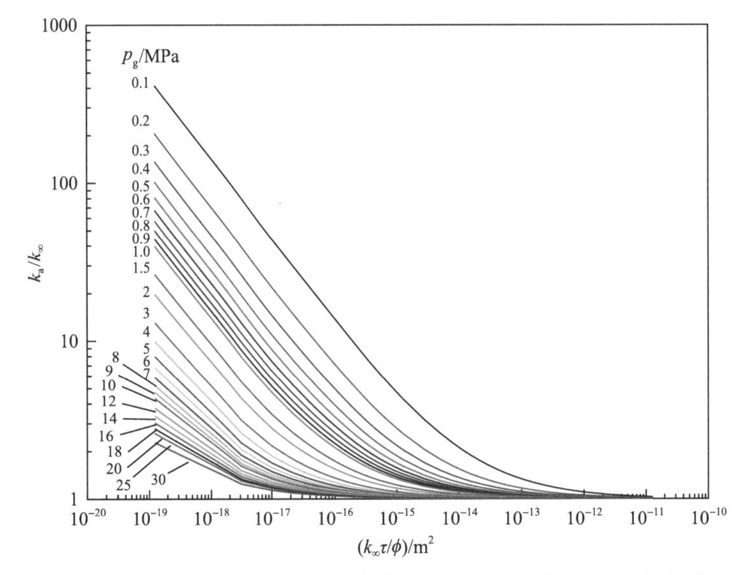

图 3.14 不同压力下 k_a/k_∞ 与多孔介质结构参数表达式 $k_\infty\tau/\phi$ 的关系（甲烷气体，T=323K）

$3.9\times10^{-12}\text{m}^2$、$3.8\times10^{-14}\text{m}^2$、$4\times10^{-16}\text{m}^2$ 及 $3.6\times10^{-17}\text{m}^2$，多孔介质的临界 $k_\infty\tau/\phi$ 为对应压力下 $k_a/k_\infty<1.05$ 的最小值，在对应压力下，如果多孔介质的 $k_\infty\tau/\phi$ 大于临界 $k_\infty\tau/\phi$，那么该压力下，在该多孔介质中克努森扩散可以忽略，达西定律可以适用。

3.3　吸附气、游离气共存时微纳尺度多孔介质中运移机制

上述研究了多孔介质中气体仅为游离气时，气体在微纳尺度多孔介质中的运移机制。当微纳尺度多孔介质中存在吸附气时，因为多孔介质的孔隙在微纳米尺寸，因此吸附层的厚度对气体在多孔介质中的流动具有一定的影响[18,19]，且吸附层气体在多孔介质表面存在表面扩散机制，因此当微纳尺度多孔介质中存在吸附气时，气体在多孔介质中运移规律与仅存在游离气时的多孔介质中运移规律是不同的，以下研究多孔介质中游离气和吸附气共存时的气体运移机制。

3.3.1　考虑吸附层厚度但不考虑表面扩散时的气体运移模型

假设气体在多孔介质表面为单分子层吸附且满足朗缪尔等温吸附方程，可得多孔介质中考虑吸附层厚度、黏性流和克努森扩散时视渗透率 k_a'[18]：

$$k_a' = k_{a\infty} f(Kn') \tag{3-25}$$

式中，$k_{a\infty}$为吸附层修正的固有渗透率，m^2，可由式(3-26)表示：

$$k_{a\infty} = \frac{\phi\phi_{\text{eff}}(p_g)}{\tau}\frac{R_{\text{eff}}^2(p_g)}{8} \tag{3-26}$$

Kn' 为吸附层修正的克努森数，可由式(3-27)表示：

$$Kn' = \frac{\lambda}{R_{\text{eff}}(p_g)} \tag{3-27}$$

式(3-26)中，$R_{\text{eff}}(p_g)$为吸附层厚度影响的有效流动半径：

$$R_{\text{eff}}(p_g) = R_h - d_m\frac{p_g/p_L}{1+p_g/p_L} \tag{3-28}$$

式中，d_m 为吸附气的分子直径，m。$\phi_{\text{eff}}(p_g)$ 为吸附层影响的有效孔隙度，可表示为

$$\phi_{\text{eff}}(p_g) = \frac{R_{\text{eff}}^2}{R_h^2} \tag{3-29}$$

由式(3-23)、式(3-26)～式(3-29)，可得

$$
\begin{aligned}
k_{\mathrm{a}\infty} &= \frac{\phi\phi_{\mathrm{eff}}(p)}{\tau}\frac{R_{\mathrm{eff}}^2(p_{\mathrm{g}})}{8} \\
&= \frac{\phi}{\tau}\frac{\left(R_{\mathrm{h}}-d_{\mathrm{m}}\dfrac{p_{\mathrm{g}}/p_{\mathrm{L}}}{1+p_{\mathrm{g}}/p_{\mathrm{L}}}\right)^2}{R_{\mathrm{h}}^2}\frac{\left(R_{\mathrm{h}}-d_{\mathrm{m}}\dfrac{p_{\mathrm{g}}/p_{\mathrm{L}}}{1+p_{\mathrm{g}}/p_{\mathrm{L}}}\right)^2}{8} \\
&= \frac{\phi}{\tau}\frac{R_{\mathrm{h}}^2}{8}\left(1-\frac{d_{\mathrm{m}}}{R_{\mathrm{h}}}\frac{p_{\mathrm{g}}/p_{\mathrm{L}}}{1+p_{\mathrm{g}}/p_{\mathrm{L}}}\right)^4 \\
&= k_{\infty}\left(1-\frac{d_{\mathrm{m}}}{R_{\mathrm{h}}}\frac{p_{\mathrm{g}}/p_{\mathrm{L}}}{1+p_{\mathrm{g}}/p_{\mathrm{L}}}\right)^4
\end{aligned}
\tag{3-30}
$$

式(3-30)也可以表示为

$$
k_{\mathrm{a}\infty} = k_{\infty}\phi_{\mathrm{eff}}(p_{\mathrm{g}})^2 \tag{3-31}
$$

由式(3-20)、式(3-27)及式(3-28)，可得

$$
\begin{aligned}
Kn' &= \frac{\lambda}{R_{\mathrm{eff}}} = \frac{\lambda}{R_{\mathrm{h}}-d_{\mathrm{m}}\dfrac{p_{\mathrm{g}}/p_{\mathrm{L}}}{1+p_{\mathrm{g}}/p_{\mathrm{L}}}} \\
&= \frac{\lambda}{R_{\mathrm{h}}}\frac{1}{1-\dfrac{d_{\mathrm{m}}}{R_{\mathrm{h}}}\dfrac{p_{\mathrm{g}}/p_{\mathrm{L}}}{1+p_{\mathrm{g}}/p_{\mathrm{L}}}} \\
&= Kn\frac{1}{1-\dfrac{d_{\mathrm{m}}}{R_{\mathrm{h}}}\dfrac{p_{\mathrm{g}}/p_{\mathrm{L}}}{1+p_{\mathrm{g}}/p_{\mathrm{L}}}}
\end{aligned}
\tag{3-32}
$$

将式(3-30)和式(3-32)代入式(3-25)，可得

$$
\begin{aligned}
k_{\mathrm{a}}' &= k_{\infty}\left(1-\frac{d_{\mathrm{m}}}{R_{\mathrm{h}}}\frac{p_{\mathrm{g}}/p_{\mathrm{L}}}{1+p_{\mathrm{g}}/p_{\mathrm{L}}}\right)^4 f\left(\frac{\lambda}{R_{\mathrm{h}}}\frac{1}{1-\dfrac{d_{\mathrm{m}}}{R_{\mathrm{h}}}\dfrac{p_{\mathrm{g}}/p_{\mathrm{L}}}{1+p_{\mathrm{g}}/p_{\mathrm{L}}}}\right) \\
&= k_{\infty}\left(1-\frac{d_{\mathrm{m}}}{R_{\mathrm{h}}}\frac{p_{\mathrm{g}}/p_{\mathrm{L}}}{1+p_{\mathrm{g}}/p_{\mathrm{L}}}\right)^4 f\left(\frac{k_{\mathrm{B}}T}{\sqrt{2}\pi\delta^2 p_{\mathrm{g}}R_{\mathrm{h}}}\frac{1}{1-\dfrac{d_{\mathrm{m}}}{R_{\mathrm{h}}}\dfrac{p_{\mathrm{g}}/p_{\mathrm{L}}}{1+p_{\mathrm{g}}/p_{\mathrm{L}}}}\right)
\end{aligned}
\tag{3-33}
$$

由式(3-33)可知，多孔介质中考虑吸附层厚度、黏性流和克努森扩散机制的渗透率

k'_a 是多孔介质的固有渗透率 k_∞、温度 T、气体碰撞直径 δ、压力 p_g、等效流动半径 R_h 及吸附气的分子直径 d_m 和朗缪尔压力 p_L 的函数，因此式(3-33)也可表示为

$$k'_a = k_\infty f_a(T,\delta,d_m,p_L,p_g,R_h) \tag{3-34}$$

式(3-34)中 f_a 定义为

$$f_a(T,\delta,d_m,p_L,p_g,R_h) = \left(1-\frac{d_m}{R_h}\frac{p_g/p_L}{1+p_g/p_L}\right)^4 f\left(\frac{k_B T}{\sqrt{2}\pi\delta^2 P_g R_h}\frac{1}{1-\dfrac{d_m}{R_h}\dfrac{p_g/p_L}{1+p_g/p_L}}\right) \tag{3-35}$$

将式(3-23)代入式(3-34)，可得

$$k'_a = k_\infty f_a(T,\delta,d_m,p_L,p_g,\phi,k_\infty,\tau) \tag{3-36}$$

由式(3-34)和式(3-36)分别可得

$$\frac{k'_a}{k_\infty} = f_a(T,\delta,d_m,p_L,p_g,R_h) \tag{3-37}$$

$$\frac{k'_a}{k_\infty} = f_a(T,\delta,d_m,p_L,p_g,\phi,k_\infty,\tau) \tag{3-38}$$

3.3.2 考虑吸附层厚度和表面扩散时的气体运移模型

在微纳米尺寸多孔介质中，不能忽略吸附层表面扩散的影响，可得多孔介质中考虑吸附层厚度和表面扩散、黏性流及克努森扩散的渗透率 k_{ad}[18]:

$$k_{ad} = k'_a + M_g D_s \mu_g \frac{C_{s\max} p_L}{(p_g+p_L)^2}[1-\phi_{eff}(p_g)] \tag{3-39}$$

式中，D_s 为表面扩散系数。

将式(3-34)和式(3-36)代入式(3-39)，可得

$$k_{ad} = k_\infty f_a(T,\delta,d_m,p_L,p_g,R_h) + f_s(M_g,\mu_g,d_m,p_L,p_g,R_h,D_s,C_{s\max}) \tag{3-40}$$

$$k_{ad} = k_\infty f_a(T,\delta,d_m,p_L,p_g,\phi,k_\infty,\tau) + f_s(M_g,\mu_g,d_m,p_L,p_g,R_h,D_s,C_{s\max}) \tag{3-41}$$

$$k_s = f_s(M_g,\mu_g,d_m,p_L,p_g,R_h,D_s,C_{s\max}) = M_g D_s \mu_g \frac{C_{s\max} p_L}{(p_g+p_L)^2}[1-\phi_{eff}(p_g)] \tag{3-42}$$

由式(3-37)、式(3-38)及式(3-40)和式(3-41)，可得

$$\frac{k_{\mathrm{ad}}}{k_{\infty}} = f_{\mathrm{a}}(T, \delta, d_{\mathrm{m}}, p_{\mathrm{L}}, p_{\mathrm{g}}, R_{\mathrm{h}}) + \frac{1}{k_{\infty}} f_{\mathrm{s}}(M_{\mathrm{g}}, \mu_{\mathrm{g}}, d_{\mathrm{m}}, p_{\mathrm{L}}, p_{\mathrm{g}}, R_{\mathrm{h}}, D_{\mathrm{s}}, C_{\mathrm{s\,max}}) \tag{3-43}$$

$$\frac{k_{\mathrm{ad}}}{k_{\infty}} = f_{\mathrm{a}}(T, \delta, d_{\mathrm{m}}, p_{\mathrm{L}}, p_{\mathrm{g}}, \phi, k_{\infty}, \tau) + \frac{1}{k_{\infty}} f_{\mathrm{s}}(M_{\mathrm{g}}, \mu_{\mathrm{g}}, d_{\mathrm{m}}, p_{\mathrm{L}}, p_{\mathrm{g}}, R_{\mathrm{h}}, D_{\mathrm{s}}, C_{\mathrm{s\,max}}) \tag{3-44}$$

3.3.3 微纳尺度下多孔介质吸附气和游离气共存时的气体运移模型

下面分析游离气和吸附气共存时微纳尺度多孔介质中的气体运移模式，假设表面扩散系数 $D_{\mathrm{s}}=2\times10^{-7}\mathrm{m}^2/\mathrm{s}$，$C_{\mathrm{s\,max}}=328.7\mathrm{mol/m}^3$，$p_{\mathrm{L}}=10.4\mathrm{MPa}$，温度 $T=323.13\mathrm{K}$。

首先研究吸附气和游离气共存时多孔介质的等效流动半径对气体运移模式的影响，图 3.15 给出了不同等效流动半径下各种渗透率比值 $k_{\mathrm{a}}/k_{\infty}$、$k'_{\mathrm{a}}/k_{\infty}$ 和 $k_{\mathrm{ad}}/k_{\infty}$ 随压力的变化。由图 3.15 可知，吸附层厚度和吸附层表面扩散对多孔介质中的气体运移具有一定的影响。不考虑吸附层厚度，考虑黏性流和克努森扩散的渗透率 k_{a} 大于考虑吸附层厚度、黏性流和克努森扩散的渗透率，考虑表面扩散、吸附层厚度、黏性流和克努森扩散的渗

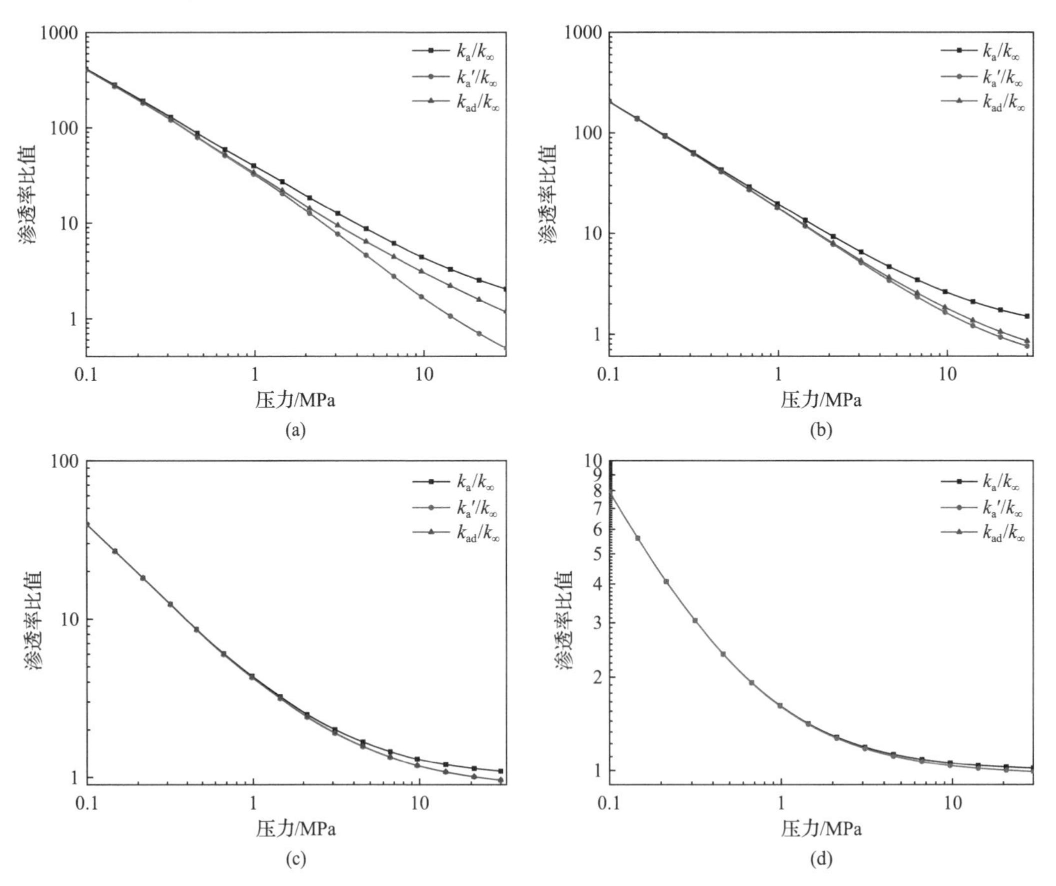

图 3.15 不同等效流动半径下 $k_{\mathrm{a}}/k_{\infty}$、$k'_{\mathrm{a}}/k_{\infty}$ 及 $k_{\mathrm{ad}}/k_{\infty}$ 随压力的变化

(a) R_{h}=1nm；(b) R_{h}=2nm；(c) R_{h}=10nm；(d) R_{h}=50nm

透率 k_{ad} 大于仅考虑吸附层厚度影响、黏性流和克努森扩散但不考虑表面扩散的渗透率 k'_a。压力越大，三个渗透率的差别越大，说明压力越大，吸附对多孔介质中气体运移的影响越大；多孔介质的等效流动半径越小，吸附层的影响也越大，等效流动半径越大，吸附层厚度和表面扩散的影响越小。由图 3.15 可知，当等效流动半径等于 10nm 时三个渗透率基本相等，此时吸附层厚度和吸附层表面扩散对多孔介质运移的影响已不大。

图 3.16 描述了多孔介质的等效流动半径为 1nm、2nm、10nm 和 50nm 时吸附层表面扩散对气体运移的影响。由图 3.16 可知，等效流动半径越小，吸附层厚度和吸附层表面扩散对多孔介质中运移的影响越大；吸附层厚度对等效流动半径为 50nm 的多孔介质中的气体运移影响较小，对等效流动半径为 1nm、2nm 和 10nm 的多孔介质中的气体运移具有较大影响；表面扩散对等效流动半径为 50nm 和 10nm 的多孔介质中的气体运移影响较小，对等效流动半径为 1nm 和 2nm 的多孔介质中的气体运移影响较大。

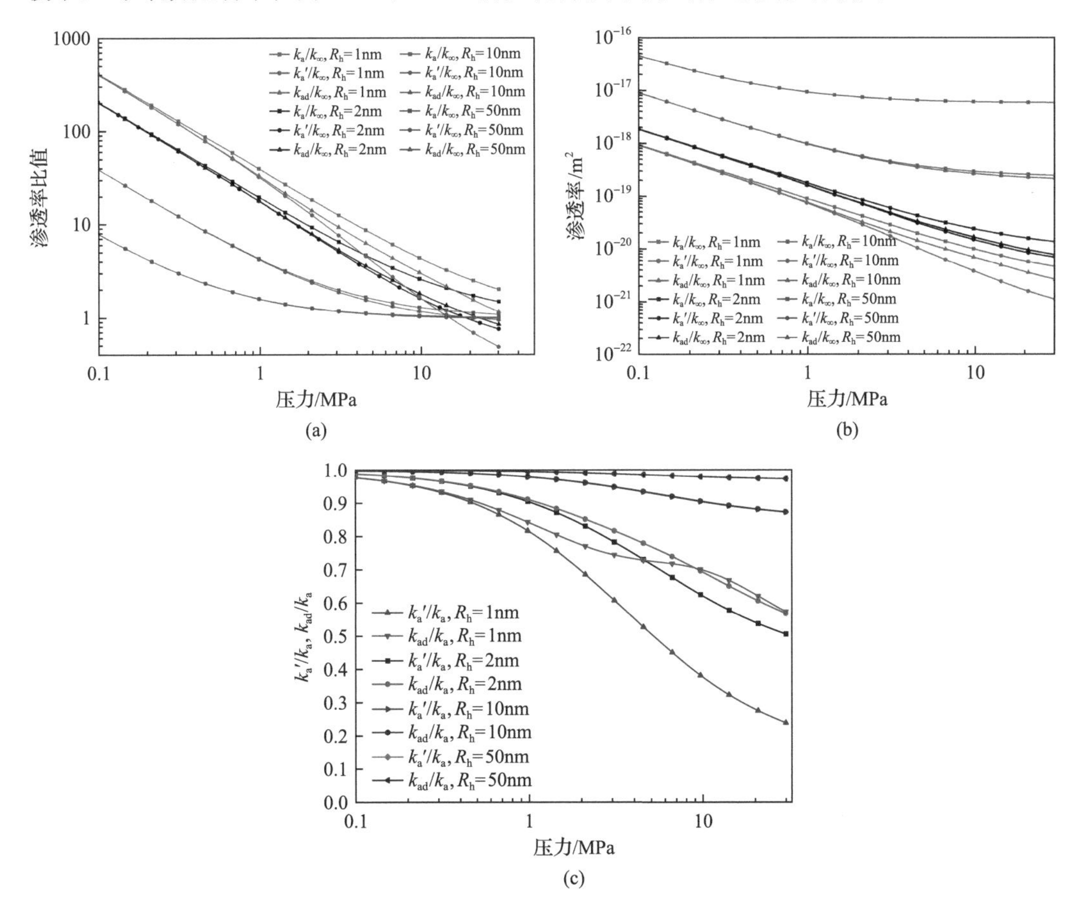

图 3.16 不同等效流动半径下 k_a/k_∞、k'_a/k_∞、k_{ad}/k_∞ 以及 k'_a/k_a 和 k_{ad}/k_a 随压力的变化

由图 3.17 可知，多孔介质的等效流动半径越大，k_s/k_a 越小(其中 k_s 为考虑吸附层表面扩散的渗透率)，k'_a/k_a 越大，这说明多孔介质的等效流动半径越大，吸附层厚度和吸附层表面扩散对多孔介质中气体运移的影响越小。由图 3.17 可知，压力越小，吸附层厚

度和吸附层表面扩散对多孔介质中气体运移的影响越小，压力越大，影响越大。压力等于 0.1MPa、1MPa、10MPa 及 30MPa 时，表面扩散可忽略的临界等效流动半径为 1nm、2nm、5nm 及 50nm。在相应压力下，当多孔介质的等效流动半径大于表面扩散可忽略的临界等效流动半径时，多孔介质中气体运移可忽略表面扩散的影响。同理可得，吸附层厚度可忽略的临界多孔介质等效流动半径，压力为 0.1MPa，吸附对多孔介质的影响非常小，所有多孔介质中都可以忽略吸附层厚度的影响；压力等于 1MPa、10MPa 及 30MPa 时吸附层厚度的影响可忽略的临界等效流动半径分别为 12nm、80nm 和 100nm。

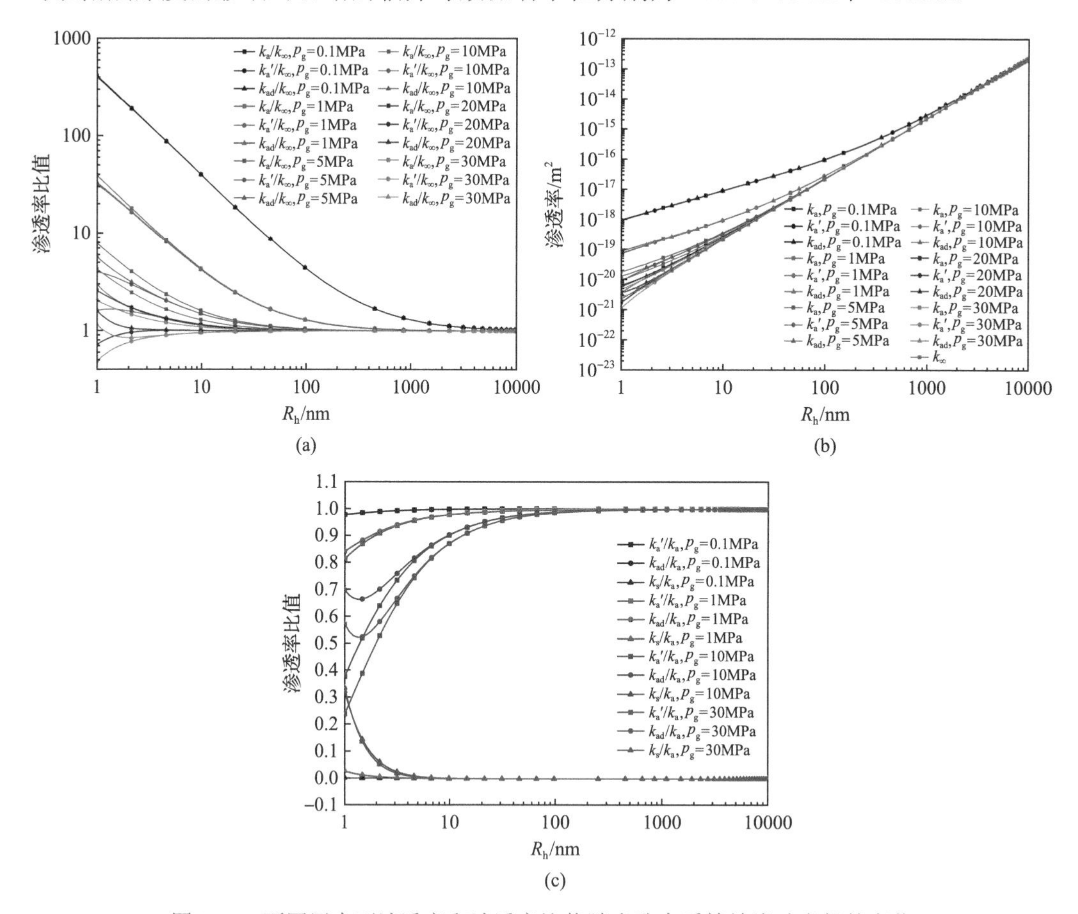

图 3.17 不同压力下渗透率和渗透率比值随多孔介质等效流动半径的变化

下面研究吸附层表面扩散系数对多孔介质中运移机制的影响。图 3.18 描述了表面扩散系数对多孔介质中气体运移模式的影响，由图 3.18 可知，表面扩散系数越大，吸附层表面扩散对气体运移的影响越大。

图 3.19 和图 3.20 分别描述了不同压力下多孔介质中存在吸附气和游离气时 k_a'/k_a 和 k_{ad}/k_a 随多孔介质结构参数 $k_\infty\tau/\phi$ 的变化。在朗缪尔压力、最大吸附浓度及表面扩散系数已知的情况下，只要已知多孔介质的固有渗透率、迂曲度和孔隙度，由图 3.19 和图 3.20 可得多孔介质的 k_a'/k_a 和 k_{ad}/k_a，从而可知气体在多孔介质中的运移模式。由图 3.20 可知，

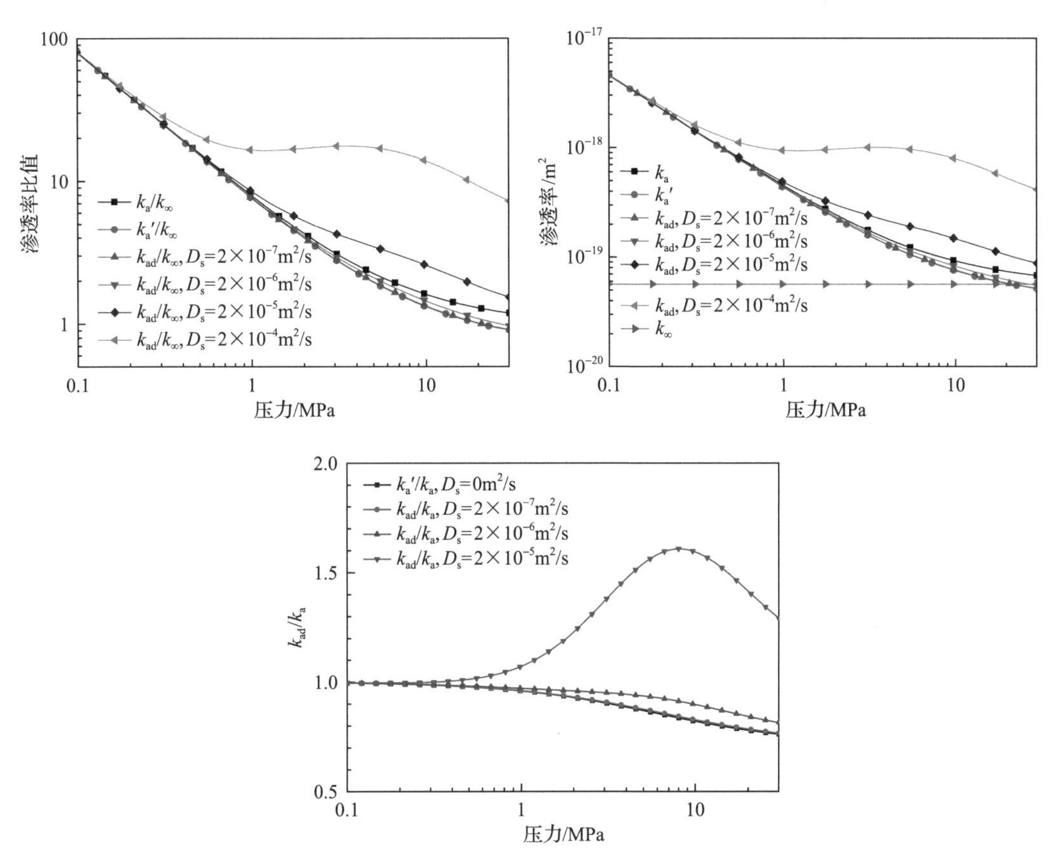

图3.18 不同表面扩散系数下渗透率和渗透率比值随压力的变化

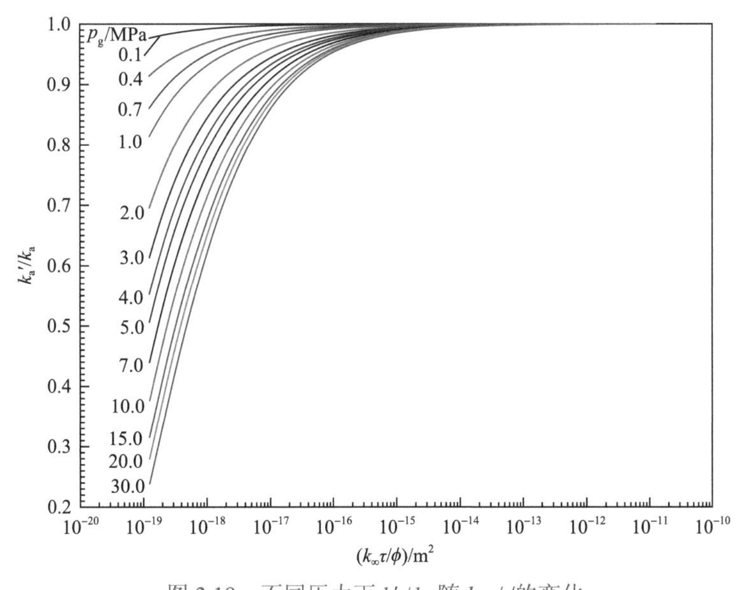

图3.19 不同压力下 k_a'/k_a 随 $k_\infty\tau/\phi$ 的变化

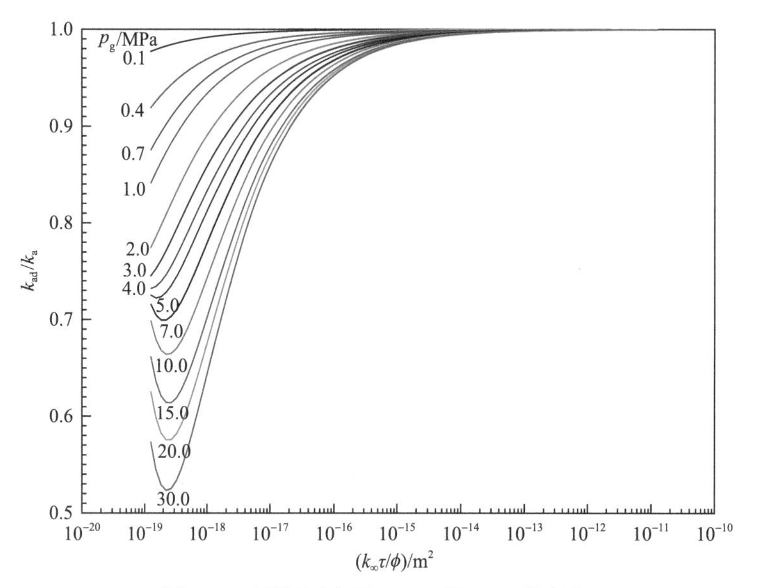

图 3.20 不同压力下 k_{ad}/k_a 随 $k_\infty\tau/\phi$的变化

1MPa、10MPa 和 30MPa 下多孔介质中吸附层厚度和表面扩散可忽略的临界结构参数 $k_\infty\tau/\phi$ 分别为 $2.2\times10^{-18}m^2$、$5.6\times10^{-17}m^2$ 和 $9.9\times10^{-17}m^2$；在相应压力下，当多孔介质的结构参数 $k_\infty\tau/\phi$ 大于临界 $k_\infty\tau/\phi$ 时，k'_a/k_a 和 k_{ad}/k_a 都大于 0.95，此时吸附层厚度和表面扩散的影响都可以忽略。

3.4 考虑二阶滑移和壁面吸附的气体滑移系数解析模型

流体在多尺度孔隙介质中的流动受到流体运移机制、流体性质和孔隙结构的影响。对于没有吸附能力的多孔介质，如致密砂岩，气体流动可通过考虑二阶滑移的纳维-斯托克斯(N-S)方程进行表征。对于具有强吸附能力的多孔介质(如煤和页岩)，吸附气以表面扩散形式流动，自由气流动可通过考虑朗缪尔边界滑移条件的 N-S 方程进行表征。

3.4.1 圆形孔隙气体流动模型

1. 不考虑壁面吸附情况下的单个毛细管气体流动模型

考虑一个半径为 R 的圆形孔隙，其轴线与 x 轴重合。气体在压力梯度 $\mathrm{d}p/\mathrm{d}x$ 的作用下流过孔隙。气体流动的控制方程可以写成：

$$\frac{\mathrm{d}p}{\mathrm{d}x}=-\frac{\mu}{r}\frac{\mathrm{d}}{\mathrm{d}r}\left(r\frac{\mathrm{d}U}{\mathrm{d}r}\right) \tag{3-45}$$

然后，在二阶滑移边界条件下，上述方程可表示为[20]

$$U\big|_{r=R} = -A_1\delta\frac{\mathrm{d}U}{\mathrm{d}r} - A_2\delta^2\frac{\mathrm{d}^2U}{\mathrm{d}r^2} \tag{3-46}$$

速度 U 和气体流量 q 可分别由式(3-47)和式(3-48)推导得出[21]

$$U = \frac{R^2}{4\mu}\frac{\mathrm{d}p}{\mathrm{d}x}\left[-\left(\frac{r}{R}\right)^2 + 1 + 2A_1Kn + 2A_2Kn^2\right] \tag{3-47}$$

$$q = \frac{\pi R^4}{8\mu}\frac{\mathrm{d}p}{\mathrm{d}x}\left(1 + 4A_1Kn + 4A_2Kn^2\right) \tag{3-48}$$

Maure 等[22]通过在滑移流和过渡流区域进行气体流速和压降实验来估算滑移系数。根据 Maure 等[22]的实验结果，将一阶滑移系数 A_1 取为 1.25，二阶滑移系数 A_2 取为 0.23。

在连续流动区域中，气体流量可以表示为

$$q_{\mathrm{c}} = \frac{\pi R^4}{8\mu}\frac{\mathrm{d}p}{\mathrm{d}x} \tag{3-49}$$

将气体流量计算结果与 Zheng 等[23]的模型进行比较。在 Zheng 等[23]的模型中，单个毛细管的气体流量是基于简化的 Beskok 和 Karniadakis[15]的方程，表示为

$$q = \frac{\pi R^4}{8\mu}\left(1 + \frac{4Kn}{1 + Kn}\right)\frac{\mathrm{d}p}{\mathrm{d}x} \tag{3-50}$$

Loyalka 和 Hamoodi[24]应用 S_N 数值算法[25]求解圆形孔隙中线性化的玻尔兹曼方程，在 Kn $(0.001 < Kn < 10)$ 的广泛范围内，基于扩散镜面反射边界条件获得了刚性球体粒子假设下气体的结果。Tison[26]测量了金属孔隙中在黏性、过渡和分子流动区域的气体流量。q/q_{c} 与 Kn 关系如图 3.21 所示。并通过将二阶滑移模型与 Loyalka 和 Hamoodi[24]的线性化玻尔兹曼解、Tison[26]的实验数据以及 Zheng 等[23]模型相比，发现二阶滑移气体流量模型更准确，并且在早期的过渡流阶段也能准确预测气体流量。

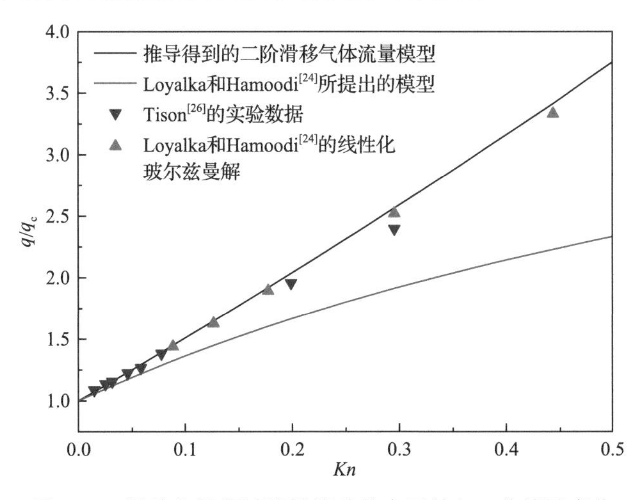

图 3.21 滑移和早期过渡性流动状态下的归一化流速变化

2. 考虑壁面吸附情况下的圆形孔隙气体流动模型

对于具有吸附能力的多孔介质，如煤和页岩，吸附气和自由气在有机孔隙中共存。壁面吸附会减少自由气流动的空间[27,28]，但吸附气也会以表面扩散的形式向浓度较低的方向扩散[29]。通常在不同的压力和温度范围内，可以使用许多模型来描述气体吸附特征[30-33]。在典型的煤和页岩储层条件下，通常采用朗缪尔单层吸附模型[34]描述气体吸附行为[35]。

定义覆盖度为吸附体积与朗缪尔体积之比，则真实气体的气体覆盖度(θ)可以表示为

$$\theta = \frac{p/Z}{p_{\mathrm{L}} + p/Z} \tag{3-51}$$

再假设吸附气分子均匀分布在壁面，有效孔隙半径可以表示为

$$R_{\mathrm{eff}} = R - d_{\mathrm{m}}\theta \tag{3-52}$$

相应的 Kn 可以给出：

$$Kn = \frac{\delta}{R_{\mathrm{eff}}} \tag{3-53}$$

吸附气单位面积摩尔流量可表示为[29]

$$J_{\mathrm{a}} = D_{\mathrm{s}} \frac{\mathrm{d}C_{\mathrm{a}}}{\mathrm{d}x} \tag{3-54}$$

吸附气浓度可通过式(3-55)计算：

$$C_{\mathrm{a}} = C_{\mathrm{a\,max}}\theta \tag{3-55}$$

根据实验室测得的总岩心样品内的最大气体浓度 $C_{\max}$，以及有机质体积与岩石骨架体积比值 $\varepsilon_{\mathrm{ks}}$，可以得到有机孔隙内的最大气体浓度 $C_{\mathrm{a\,max}}$[36]：

$$C_{\mathrm{a\,max}} = \frac{C_{\max}}{\varepsilon_{\mathrm{ks}}} \tag{3-56}$$

结合式(3-54)～式(3-56)，吸附层的摩尔流速表示如下：

$$J_{\mathrm{A}} = D_{\mathrm{s}} C_{\mathrm{a\,max}} \frac{\mathrm{d}\theta}{\mathrm{d}p} \pi\left(R^2 - R_{\mathrm{eff}}^2\right) \frac{\mathrm{d}p}{\mathrm{d}x} \tag{3-57}$$

基于 Hwang 和 Kammermeyer[37]的模型，甲烷的表面扩散系数(当气体覆盖度为 0 时)可表示为[38]

$$D_{\mathrm{s0}} = 8.29 \times 10^{-7} T^{0.5} \exp\left(-\frac{\Delta H^{0.8}}{RT}\right) \tag{3-58}$$

式中，ΔH 为等温吸附热，它是关于气体覆盖度的函数[39,40]。根据 Nodzeński[41]的工作，

等温吸附热和气体覆盖度呈线性关系，可以表示为

$$\Delta H = \gamma\theta + \Delta H(0) \tag{3-59}$$

式(3-58)中的表面扩散系数是在低压条件下通过理论和实验得到的，是气体分子量、温度和气体活化能、等温吸附热的函数，与压力无关[37]。为了描述高压条件下的气体表面扩散，需要考虑气体覆盖对表面扩散的影响。Chen 和 Yang[42]使用动力学方法来计算表面扩散系数：

$$D_s = D_{s0}\frac{(1-\theta)+\frac{\kappa}{2}\theta(2-\theta)+[H(1-\kappa)](1-\kappa)\frac{\kappa}{2}\theta^2}{\left(1-\theta+\frac{\kappa}{2}\theta\right)^2} \tag{3-60}$$

$$H(1-\kappa)=\begin{cases}0, & \kappa \geqslant 1\\ 1, & 0 \leqslant \kappa < 1\end{cases} \tag{3-61}$$

$$\kappa = \frac{\kappa_b}{\kappa_m} \tag{3-62}$$

当 $\kappa_m > \kappa_b$ 时，发生表面扩散；当 $\kappa_m < \kappa_b$ 时，气体分子被阻挡，表面扩散停止。κ_b 为堵塞速度常数，无因次；κ_m 为迁移速度常数。

从式(3-57)可以看出，吸附气流量为

$$q_{ads} = \frac{M}{\rho}D_s C_{a\max}\frac{Zp_L}{(Zp_L+p)^2}\pi\left(R^2 - R_{eff}^2\right)\frac{dp}{dx} \tag{3-63}$$

根据式(3-63)，表面扩散速度可由式(3-64)给出：

$$U_{surf} = \frac{M}{\rho}D_s C_{a\max}\frac{Zp_L}{(Zp_L+p)^2}\frac{dp}{dx} \tag{3-64}$$

许多研究表明[43-45]，气体分子与固体孔隙表面的相互作用是：由于界面相互作用(分子间力场)，导致气体分子在表面上的吸附和脱附，气体分子不会从孔隙表面弹性反弹。基于上述气体分子相互作用行为，可以使用朗缪尔单分子层吸附等温线推导出朗缪尔滑移模型[46, 47]。本节应用朗缪尔滑移模型来描述由于孔壁上存在吸附气而导致的扩散层和扩散层之间的界面条件变化。基于朗缪尔滑移模型的扩散层和扩散层之间的界面处的滑移速度可以由以下公式计算得出：

$$U_g\Big|_{r=R_{eff}} = \theta U_{surf} + (1-\theta)U_{sec}\Big|_{r=R_{eff}} \tag{3-65}$$

式中，$U_{sec}\Big|_{r=R_{eff}}$ 表示因边界上的吸附气覆盖而导致孔隙半径减小时的二阶滑移速度，可表示为

$$U_{sec}\Big|_{r=R_{eff}} = -A_1\delta\frac{dU}{dr} - A_2\delta^2\frac{d^2U}{dr^2} \tag{3-66}$$

根据式(3-66)和式(3-52)，$U_{\text{sec}}\big|_{r=R_{\text{eff}}}$ 可以改写为

$$U_{\text{sec}}\big|_{r=R_{\text{eff}}} = A_1\delta\frac{R_{\text{eff}}}{2\mu}\frac{\mathrm{d}p}{\mathrm{d}x} + A_2\delta^2\frac{1}{2\mu}\frac{\mathrm{d}p}{\mathrm{d}x} \tag{3-67}$$

在式(3-65)中，$U_{\text{g}}\big|_{r=R_{\text{eff}}}$ 同时描述了表面扩散和二阶滑移效应主导的速度。将式(3-51)、式(3-64)和式(3-67)代入式(3-65)，$U_{\text{g}}\big|_{r=R_{\text{eff}}}$ 可以改写为

$$U_{\text{g}}\big|_{r=R_{\text{eff}}} = \frac{MD_{\text{s}}C_{\text{a max}}Zpp_{\text{L}}}{\rho\left(Zp_{\text{L}}+p\right)^3}\frac{\mathrm{d}p}{\mathrm{d}x} + \frac{Zp_{\text{L}}}{Zp_{\text{L}}+p}\left(A_1\delta\frac{R_{\text{eff}}}{2\mu} + A_2\delta^2\frac{1}{2\mu}\right)\frac{\mathrm{d}p}{\mathrm{d}x} \tag{3-68}$$

二阶滑移边界速度可以表示为[21]

$$U\big|_{r=R} = A_1\delta\frac{R}{2\mu}\frac{\mathrm{d}p}{\mathrm{d}x} + A_2\delta^2\frac{1}{2\mu}\frac{\mathrm{d}p}{\mathrm{d}x} \tag{3-69}$$

根据式(3-52)和式(3-69)，自由气体速度分布的最终形式可以写成

$$U_{\text{bulk}} = -\frac{r^2}{4\mu}\frac{\mathrm{d}p}{\mathrm{d}x} + \frac{MD_{\text{s}}C_{\text{a max}}Zpp_{\text{L}}}{\rho\left(Zp_{\text{L}}+p\right)^3}\frac{\mathrm{d}p}{\mathrm{d}x} + \frac{Zp_{\text{L}}}{Zp_{\text{L}}+p}\left(A_1\delta\frac{R-d_{\text{m}}\theta}{2\mu} + A_2\delta^2\frac{1}{2\mu}\right)\frac{\mathrm{d}p}{\mathrm{d}x} + \frac{\left(R-d_{\text{m}}\theta\right)^2}{4\mu}\frac{\mathrm{d}p}{\mathrm{d}x} \tag{3-70}$$

为了考虑真实气体效应对气体性质的影响，采用修正的范德瓦耳斯状态方程，用于气体压缩因子计算，该方程在气藏生产压力变化范围内都是有效的。

$$p_{\text{pr}} = \frac{p}{p_{\text{c}}} \tag{3-71}$$

$$T_{\text{pr}} = \frac{T}{T_{\text{c}}} \tag{3-72}$$

$$Z = 0.702\mathrm{e}^{-2.5T_{\text{pr}}}p_{\text{pr}}^2 - 5.524\mathrm{e}^{-2.5T_{\text{pr}}}p_{\text{pr}} + 0.044T_{\text{pr}}^2 - 0.164T_{\text{pr}} + 1.15 \tag{3-73}$$

式(3-71)～式(3-73)中，p_{pr} 为无量纲压力；p 为压力；p_{c} 为临界压力；T_{pr} 为无量纲温度；T 为温度；T_{c} 为临界温度。

采用 Lee 等[48]提出的气体黏度计算模型计算不同温度压力下的气体黏度[49-52]：

$$\mu = 1\times10^{-4}K\exp\left(X\rho^Y\right) \tag{3-74}$$

式中

$$\rho = 1.4935\times10^{-3}\frac{pM}{ZT} \tag{3-75}$$

$$K = \frac{\left(9.379+0.01607M\right)T^{1.5}}{209.2+19.26M+T} \tag{3-76}$$

$$X = 3.448 + \frac{986.4}{T} + 0.01009M \tag{3-77}$$

$$Y = 2.447 - 0.2224X \tag{3-78}$$

将由式(3-64)和式(3-69)计算出的速度剖面与文献中的分子模拟数据进行比较。模型验证所使用的详细参数见表 3.2。图 3.22 中分子模拟数据来自 Riewchotisakul 和 Akkutlu[53]的研究。气体速度预测值在边界处略大于实际气体速度值，但速度剖面整体上与分子模拟数据相匹配，证明了模型准确性。

表 3.2　模型验证参数

参数	参数值
储层性质[53]	
温度 T/K	353
孔隙压力 p/MPa	24.063
压力梯度 $\mathrm{d}p/\mathrm{d}x$/(MPa/m)	3.5642×10^{8}
孔径 λ/m	5×10^{-9}
气体性质	
朗缪尔压力 p_L/MPa	17.5
最大气体浓度 $C_{a\max}$/(mol/m^3)	2.4963×10^{4}
零气体覆盖度时等空间吸附热 $\Delta H(0)$/(J/mol)	16000
理想气体常数 R/[J/(mol·K)]	8.314
吸附气体密度 ρ/(kg/m^3)	399.36
堵塞速率常数与正向运移速率常数的比值 κ	0.5
分子质量 M/(kg/mol)	0.016
等空间吸附热拟合系数 γ/(J/mol)	−4186

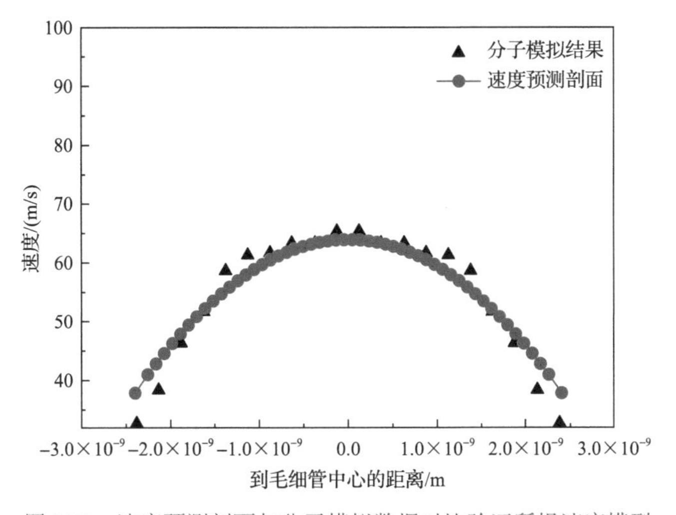

图 3.22　速度预测剖面与分子模拟数据对比验证所提速度模型

根据 $dQ=U(r)2\pi r dr$，气体在孔隙中的流量可以表示为

$$q_{\text{bulk}}=\frac{\pi(\lambda-2d_{\text{m}}\theta)^4}{128\mu}\frac{\mathrm{d}p}{\mathrm{d}x}\left\{1+\frac{32\mu MpD_{\text{s}}C_{\text{a max}}Zp_{\text{L}}}{\rho(Zp_{\text{L}}+p)^3(\lambda-2d_{\text{m}}\theta)^2}+\frac{4Zp_{\text{L}}}{Zp_{\text{L}}+p}\left[A_1\frac{2\delta}{\lambda-2d_{\text{m}}\theta}+A_2\frac{4\delta^2}{(\lambda-2d_{\text{m}}\theta)^2}\right]\right\}\tag{3-79}$$

因此，根据式(3-79)和式(3-63)，总的气体流量可以表示为

$$q=\frac{\pi(\lambda-2d_{\text{m}}\theta)^4}{128\mu}\frac{\mathrm{d}p}{\mathrm{d}x}\left\{1+\frac{32\mu MpD_{\text{s}}C_{\text{a max}}Zp_{\text{L}}}{\rho(Zp_{\text{L}}+p)^3(\lambda-2d_{\text{m}}\theta)^2}+\frac{4Zp_{\text{L}}}{Zp_{\text{L}}+p}\left[A_1\frac{2\delta}{\lambda-2d_{\text{m}}\theta}+A_2\frac{4\delta^2}{(\lambda-2d_{\text{m}}\theta)^2}\right]\right\}$$
$$+\frac{M}{4\rho}D_{\text{s}}C_{\text{a max}}\frac{Zp_{\text{L}}}{(Zp_{\text{L}}+p)^2}\pi\left[\lambda^2-(\lambda-2d_{\text{m}}\theta)^2\right]\frac{\mathrm{d}p}{\mathrm{d}x}\tag{3-80}$$

3.4.2 气体滑移系数的分形模型

1. 多孔介质的分形特征

许多文献表明，多孔介质中的孔隙空间从纳米到微米尺度表现出分形特征[54-57]。在单位截面内的孔隙的累积尺寸分布可以通过分形尺度定律进行数学描述，并可以表示为[58,59]

$$N(L\geqslant\lambda)=\left(\frac{\lambda_{\max}}{\lambda}\right)^{D_{\text{p}}}\tag{3-81}$$

孔隙空间的分形维数 D_{p}，在二维中取值为 0～2，在三维中为 0～3。通过对式(3-81)进行微分，可以计算出尺寸在从 λ 到 $\lambda+\mathrm{d}\lambda$ 的无穷小范围内的孔隙数量，其表示如下[58,60]：

$$-\mathrm{d}N=D_{\text{p}}\lambda_{\max}^{D_{\text{p}}}\lambda^{-(D_{\text{p}}+1)}\mathrm{d}\lambda\tag{3-82}$$

多孔介质通常被假设为由多个具有可变横截面积的弯曲毛细管组成。多孔介质内的气体流动通道被建模为具有不同直径的弯曲毛细管。迂回毛细管的长度 $L(\lambda)$ 和其直径 λ 之间的关系为[58,60]

$$L(\lambda)=\lambda^{1-D_{\text{t}}}L_0^{D_{\text{t}}}\tag{3-83}$$

迂曲度分形维数 D_{t}，在二维中取值为 1～2，在三维中为 1～3。$D_{\text{t}}=1$ 代表直的毛细管，而较大的 D_{t} 值对应高度迂回的毛细管[23]。

最大孔径 $\lambda_{\max}$ 可以被视为输入参数，也可以通过式(3-84)计算得出[61]

$$\lambda_{\max}=\sqrt{32\bar{\tau}k_{\infty}\frac{(4-D_{\text{p}})(1-\phi)}{(2-D_{\text{p}})\phi}}\tag{3-84}$$

平均流线弯曲度可表示为[62]

$$\bar{\tau}=1+0.63\ln\left(\frac{1}{\phi}\right) \tag{3-85}$$

总气体流量 Q 可以通过整合整个孔径范围内的气体流量 $q(\lambda)$ 积分进行计算：

$$Q=-\int_{\lambda_{\min}}^{\lambda_{\max}} q(\lambda)\mathrm{d}N \tag{3-86}$$

2. 无壁面吸附情况下多孔介质气体滑移系数

基于式(3-48)，气体流量 q 可以基于孔径 λ 来重写：

$$q=\frac{\pi\lambda^4}{128\mu}\frac{\Delta p}{L(\lambda)}\left[1+8A_1\frac{\delta}{\lambda}+16A_2\left(\frac{\delta}{\lambda}\right)^2\right] \tag{3-87}$$

将式(3-82)、式(3-83)和式(3-87)代入式(3-86)，有

$$\begin{aligned}Q&=\int_{\lambda_{\min}}^{\lambda_{\max}}\frac{\pi\lambda^4}{128\mu}\frac{\Delta p}{\lambda^{1-D_t}L_0^{D_t}}\left[1+8A_1\frac{\delta}{\lambda}+16A_2\left(\frac{\delta}{\lambda}\right)^2\right]D_p\lambda_{\max}^{D_p}\lambda^{-(D_p+1)}\mathrm{d}\lambda\\&=\frac{\pi\Delta pD_p\lambda_{\max}^{3+D_t}}{128\mu L_0^{D_t}\left(3+D_t-D_p\right)}\left[1-\left(\frac{\lambda_{\min}}{\lambda_{\max}}\right)^{3+D_t-D_p}\right]+\frac{8A_1\delta\pi\Delta pD_p\lambda_{\max}^{2+D_t}}{128\mu L_0^{D_t}\left(2+D_t-D_p\right)}\left[1-\left(\frac{\lambda_{\min}}{\lambda_{\max}}\right)^{2+D_t-D_p}\right]\\&\quad+\frac{16A_2\delta^2\pi\Delta pD_p\lambda_{\max}^{1+D_t}}{128\mu L_0^{D_t}\left(1+D_t-D_p\right)}\left[1-\left(\frac{\lambda_{\min}}{\lambda_{\max}}\right)^{1+D_t-D_p}\right]\end{aligned} \tag{3-88}$$

因为在分形多孔介质中 $\lambda_{\min}/\lambda_{\max}<10^{-2}$，并且三维下 $0<D_p<2$，$1<D_t<3$，因此 $\left(\lambda_{\min}/\lambda_{\max}\right)^{3+D_t-D_p}\ll 1$ 和 $\left(\lambda_{\min}/\lambda_{\max}\right)^{2+D_t-D_p}\ll 1$，式(3-88)可以简化为

$$Q=\frac{\pi\Delta pD_p\lambda_{\max}^{3+D_t}}{128\mu L_0^{D_t}\left(3+D_t-D_p\right)}+\frac{8A_1\delta\pi\Delta pD_p\lambda_{\max}^{2+D_t}}{128\mu L_0^{D_t}\left(2+D_t-D_p\right)}+\frac{16A_2\delta^2\pi\Delta pD_p\lambda_{\max}^{1+D_t}}{128\mu L_0^{D_t}\left(1+D_t-D_p\right)}\left[1-\left(\frac{\lambda_{\min}}{\lambda_{\max}}\right)^{1+D_t-D_p}\right] \tag{3-89}$$

式(3-89)等号右侧的第一项正是式(3-90)中的气体流量表达式，由直接积分 Hagen-Poiseuille 方程得到[63]。等式右侧的第二项和第三项被认为是气体滑移对总气体流速的影响。

$$\begin{aligned}Q_c&=\int_{\lambda_{\min}}^{\lambda_{\max}}\frac{\pi\lambda^4}{128\mu}\frac{\Delta p}{L(\lambda)}D_p\lambda_{\max}^{D_p}\lambda^{-(D_p+1)}\mathrm{d}\lambda\\&=\frac{\pi\Delta pD_p\lambda_{\max}^{3+D_t}}{128\mu L_0^{D_t}\left(3+D_t-D_p\right)}\end{aligned} \tag{3-90}$$

总气流流量通过滑移/Klinkenberg 效应的第二项和第三项显著增加。固有渗透率可以写成：

$$k_{\infty}=\frac{\pi D_{\mathrm{p}}\lambda_{\max}^{3+D_{\mathrm{t}}}}{128L_0^{D_{\mathrm{t}}-1}A\left(3+D_{\mathrm{t}}-D_{\mathrm{p}}\right)} \tag{3-91}$$

将式(3-89)与广义的达西定律相比，可以得出视渗透率：

$$k=\frac{\mu L_0 Q}{\Delta pA}=\frac{\pi D_{\mathrm{p}}\lambda_{\max}^{3+D_{\mathrm{t}}}}{128L_0^{D_{\mathrm{t}}-1}A\left(3+D_{\mathrm{t}}-D_{\mathrm{p}}\right)}\left\{1+\frac{8A_1\delta\left(3+D_{\mathrm{t}}-D_{\mathrm{p}}\right)}{\lambda_{\max}\left(2+D_{\mathrm{t}}-D_{\mathrm{p}}\right)}+\frac{16A_2\delta^2\left(3+D_{\mathrm{t}}-D_{\mathrm{p}}\right)}{\lambda_{\max}^2\left(2+D_{\mathrm{t}}-D_{\mathrm{p}}\right)}\left[1-\left(\frac{\lambda_{\max}}{\lambda_{\min}}\right)^{1+D_{\mathrm{t}}-D_{\mathrm{p}}}\right]\right\} \tag{3-92}$$

Klinkenberg[64]引入了视渗透率的概念，它被定义为

$$k=k_{\infty}\left(1+\frac{b}{p}\right) \tag{3-93}$$

式中，b 为气体滑移系数，它反映了气体通过多孔介质时的滑移效应的大小程度。

根据式(3-91)～式(3-93)，气体滑移系数 b 可以写成

$$b=\frac{8A_1\delta p\left(3+D_{\mathrm{t}}-D_{\mathrm{p}}\right)}{\lambda_{\max}\left(2+D_{\mathrm{t}}-D_{\mathrm{p}}\right)}+\frac{16A_2 p\delta^2\left(3+D_{\mathrm{t}}-D_{\mathrm{p}}\right)}{\lambda_{\max}^2\left(2+D_{\mathrm{t}}-D_{\mathrm{p}}\right)}\left[1-\left(\frac{\lambda_{\max}}{\lambda_{\min}}\right)^{1+D_{\mathrm{t}}-D_{\mathrm{p}}}\right] \tag{3-94}$$

将式(3-84)和真实气体的平均分子自由程[21]代入式(3-94)，b 可以重写为

$$b=\sqrt{\frac{\phi}{k_{\infty}}}\sqrt{\frac{\pi ZRT\left(2-D_{\mathrm{p}}\right)}{64\bar{\tau}M_{\mathrm{w}}\left(4-D_{\mathrm{p}}\right)\left(1-\phi\right)}}\frac{8A_1\mu\left(3+D_{\mathrm{t}}-D_{\mathrm{p}}\right)}{2+D_{\mathrm{t}}-D_{\mathrm{p}}}+\frac{\phi}{k_{\infty}}\frac{A_2\left(2-D_{\mathrm{p}}\right)\pi ZRT\mu^2\left(3+D_{\mathrm{t}}-D_{\mathrm{p}}\right)}{4\bar{\tau}\left(4-D_{\mathrm{p}}\right)\left(1-\phi\right)p\left(1+D_{\mathrm{t}}-D_{\mathrm{p}}\right)M_{\mathrm{w}}}\left[1-\left(\frac{\lambda_{\min}}{\lambda_{\max}}\right)^{1+D_{\mathrm{t}}-D_{\mathrm{p}}}\right] \tag{3-95}$$

式中，M_{w} 为气体摩尔质量。

综上可以看出，气体滑移系数 b 由三类因素控制：①孔隙结构参数(孔隙分形维数、迂曲度分形维数、平均迂曲度和孔隙度)；②气体性质(黏度、气体压缩系数和气体分子量)；③储层性质(孔隙压力、地层温度)。

3. 存在壁面吸附情况下的多孔介质气体滑移系数

在具有吸附性的多孔介质中，当甲烷被用作实验室岩心渗透率测量的测试气体时，所测得的气体滑移系数同时反映了自由气滑移和吸附气表面扩散。将式(3-80)、式(3-82)和式(3-83)代入式(3-86)，可以得到总气体流量 Q 的表达式：

$$Q=\int_{\lambda_{\min}}^{\lambda_{\max}}\left(\frac{\pi\left(\lambda-2d_{\mathrm{m}}\theta\right)^4}{128\mu}\frac{\Delta p}{L(\lambda)}\left\{1+\frac{32\mu MpD_{\mathrm{s}}C_{\mathrm{a\,max}}Zp_{\mathrm{L}}}{\rho(Zp_{\mathrm{L}}+p)^3\left(\lambda-2d_{\mathrm{m}}\theta\right)^2}+\frac{4Zp_{\mathrm{L}}}{Zp_{\mathrm{L}}+p}\left[A_1\frac{2\delta}{\lambda-2d_{\mathrm{m}}\theta}+A_2\frac{4\delta^2}{\left(\lambda-2d_{\mathrm{m}}\theta\right)^2}\right]\right\}\right.$$
$$\left.+\frac{M}{4\rho}D_{\mathrm{s}}C_{\mathrm{a\,max}}\frac{Zp_{\mathrm{L}}}{\left(Zp_{\mathrm{L}}+p\right)^2}\pi\left[\lambda^2-\left(\lambda-2d_{\mathrm{m}}\theta\right)^2\right]\frac{\Delta p}{L(\lambda)}\right)D_{\mathrm{p}}\lambda_{\max}^{D_{\mathrm{p}}}\lambda^{-\left(D_{\mathrm{p}}+1\right)}\mathrm{d}\lambda \tag{3-96}$$

总的气体流量 Q 可以重新表述为

$$Q=\sum_{i=1}^{5}Q_i \tag{3-97}$$

Q 的每一部分由以下公式给出：

$$Q_1=\int_{\lambda_{\min}}^{\lambda_{\max}}\frac{\pi\left(\lambda-2d_{\mathrm{m}}\theta\right)^4}{128\mu}\frac{\Delta p}{L(\lambda)}D_{\mathrm{p}}\lambda_{\max}^{D_{\mathrm{p}}}\lambda^{-\left(D_{\mathrm{p}}+1\right)}\mathrm{d}\lambda$$
$$=\frac{\pi\Delta pD_{\mathrm{p}}\lambda_{\max}^{D_{\mathrm{p}}}}{128\mu L_0^{D_{\mathrm{t}}}}\left\{\frac{\lambda_{\max}^{3+D_{\mathrm{t}}-D_{\mathrm{p}}}}{3+D_{\mathrm{t}}-D_{\mathrm{p}}}\left[1-\left(\frac{\lambda_{\min}}{\lambda_{\max}}\right)^{3+D_{\mathrm{t}}-D_{\mathrm{p}}}\right]-\frac{8d_{\mathrm{m}}\theta\lambda_{\max}^{2+D_{\mathrm{t}}-D_{\mathrm{p}}}}{2+D_{\mathrm{t}}-D_{\mathrm{p}}}\left[1-\left(\frac{\lambda_{\min}}{\lambda_{\max}}\right)^{2+D_{\mathrm{t}}-D_{\mathrm{p}}}\right]\right.$$
$$+\frac{24d_{\mathrm{m}}^2\theta^2\lambda_{\max}^{1+D_{\mathrm{t}}-D_{\mathrm{p}}}}{1+D_{\mathrm{t}}-D_{\mathrm{p}}}\left[1-\left(\frac{\lambda_{\min}}{\lambda_{\max}}\right)^{1+D_{\mathrm{t}}-D_{\mathrm{p}}}\right]-\frac{32d_{\mathrm{m}}^3\theta^3\lambda_{\max}^{D_{\mathrm{t}}-D_{\mathrm{p}}}}{D_{\mathrm{t}}-D_{\mathrm{p}}}\left[1-\left(\frac{\lambda_{\min}}{\lambda_{\max}}\right)^{D_{\mathrm{t}}-D_{\mathrm{p}}}\right]$$
$$\left.+\frac{16d_{\mathrm{m}}^4\theta^4}{D_{\mathrm{t}}-D_{\mathrm{p}}-1}\left[1-\left(\frac{\lambda_{\min}}{\lambda_{\max}}\right)^{D_{\mathrm{t}}-D_{\mathrm{p}}-1}\right]\right\} \tag{3-98}$$

$$Q_2=\int_{\lambda_{\min}}^{\lambda_{\max}}\frac{\pi\left(\lambda-2d_{\mathrm{m}}\theta\right)^4}{128\mu}\frac{\Delta p}{L(\lambda)}\frac{32\mu MpD_{\mathrm{s}}C_{\mathrm{a\,max}}Zp_{\mathrm{L}}}{\rho(Zp_{\mathrm{L}}+p)^3\left(\lambda-2d_{\mathrm{m}}\theta\right)^2}D_{\mathrm{p}}\lambda_{\max}^{D_{\mathrm{p}}}\lambda^{-\left(D_{\mathrm{p}}+1\right)}\mathrm{d}\lambda$$
$$=\frac{\pi\Delta pD_{\mathrm{p}}\lambda_{\max}^{D_{\mathrm{p}}}}{128\mu L_0^{D_{\mathrm{t}}}}\frac{32\mu MpD_{\mathrm{s}}C_{\mathrm{a\,max}}Zp_{\mathrm{L}}}{\rho(Zp_{\mathrm{L}}+p)^3}\left\{\frac{\lambda_{\max}^{1+D_{\mathrm{t}}-D_{\mathrm{p}}}}{1+D_{\mathrm{t}}-D_{\mathrm{p}}}\left[1-\left(\frac{\lambda_{\min}}{\lambda_{\max}}\right)^{1+D_{\mathrm{t}}-D_{\mathrm{p}}}\right]\right. \tag{3-99}$$
$$\left.+\frac{4d_{\mathrm{m}}^2\theta^2\lambda_{\max}^{D_{\mathrm{t}}-D_{\mathrm{p}}-1}}{D_{\mathrm{t}}-D_{\mathrm{p}}-1}\left[1-\left(\frac{\lambda_{\min}}{\lambda_{\max}}\right)^{D_{\mathrm{t}}-D_{\mathrm{p}}-1}\right]-\frac{4d_{\mathrm{m}}\theta\lambda_{\max}^{D_{\mathrm{t}}-D_{\mathrm{p}}}}{D_{\mathrm{t}}-D_{\mathrm{p}}}\left[1-\left(\frac{\lambda_{\min}}{\lambda_{\max}}\right)^{D_{\mathrm{t}}-D_{\mathrm{p}}}\right]\right\}$$

$$Q_3=\int_{\lambda_{\min}}^{\lambda_{\max}}\frac{\pi\left(\lambda-2d_{\mathrm{m}}\theta\right)^4}{128\mu}\frac{\Delta p}{L(\lambda)}\frac{4Zp_{\mathrm{L}}}{Zp_{\mathrm{L}}+p}\frac{2A_1\delta}{\left(\lambda-2d_{\mathrm{m}}\theta\right)}D_{\mathrm{p}}\lambda_{\max}^{D_{\mathrm{p}}}\lambda^{-\left(D_{\mathrm{p}}+1\right)}\mathrm{d}\lambda$$
$$=\frac{\pi\Delta pD_{\mathrm{p}}\lambda_{\max}^{D_{\mathrm{p}}}}{128\mu L_0^{D_{\mathrm{t}}}}\frac{8A_1Zp_{\mathrm{L}}\delta}{Zp_{\mathrm{L}}+p}\left\{\frac{\lambda_{\max}^{2+D_{\mathrm{t}}-D_{\mathrm{p}}}}{2+D_{\mathrm{t}}-D_{\mathrm{p}}}-\frac{6d_{\mathrm{m}}\theta\lambda_{\max}^{1+D_{\mathrm{t}}-D_{\mathrm{p}}}}{1+D_{\mathrm{t}}-D_{\mathrm{p}}}\left[1-\left(\frac{\lambda_{\min}}{\lambda_{\max}}\right)^{1+D_{\mathrm{t}}-D_{\mathrm{p}}}\right]\right. \tag{3-100}$$
$$\left.+\frac{12d_{\mathrm{m}}^2\theta^2\lambda_{\max}^{D_{\mathrm{t}}-D_{\mathrm{p}}}}{D_{\mathrm{t}}-D_{\mathrm{p}}}\left[1-\left(\frac{\lambda_{\min}}{\lambda_{\max}}\right)^{D_{\mathrm{t}}-D_{\mathrm{p}}}\right]-\frac{8d_{\mathrm{m}}^3\theta^3\lambda_{\max}^{D_{\mathrm{t}}-D_{\mathrm{p}}-1}}{D_{\mathrm{t}}-D_{\mathrm{p}}-1}\left[1-\left(\frac{\lambda_{\min}}{\lambda_{\max}}\right)^{D_{\mathrm{t}}-D_{\mathrm{p}}-1}\right]\right\}$$

$$Q_4=\int_{\lambda_{\min}}^{\lambda_{\max}}\frac{\pi\left(\lambda-2d_{\mathrm{m}}\theta\right)^4}{128\mu}\frac{\Delta p}{L(\lambda)}\frac{4Zp_{\mathrm{L}}}{Zp_{\mathrm{L}}+p}\frac{4A_2\delta^2}{\left(\lambda-2d_{\mathrm{m}}\theta\right)^2}D_{\mathrm{p}}\lambda_{\max}^{D_{\mathrm{p}}}\lambda^{-\left(D_{\mathrm{p}}+1\right)}\mathrm{d}\lambda$$

$$=\frac{\pi\Delta pD_{\mathrm{p}}\lambda_{\max}^{D_{\mathrm{p}}}}{128\mu L_0^{D_{\mathrm{t}}}}\frac{16A_2Zp_{\mathrm{L}}\delta^2}{Zp_{\mathrm{L}}+p}\left\{\frac{\lambda_{\max}^{1+D_{\mathrm{t}}-D_{\mathrm{p}}}}{1+D_{\mathrm{t}}-D_{\mathrm{p}}}\left[1-\left(\frac{\lambda_{\min}}{\lambda_{\max}}\right)^{1+D_{\mathrm{t}}-D_{\mathrm{p}}}\right]\right.\tag{3-101}$$

$$\left.+\frac{4d_{\mathrm{m}}^2\theta^2\lambda_{\max}^{D_{\mathrm{t}}-D_{\mathrm{p}}-1}}{D_{\mathrm{t}}-D_{\mathrm{p}}-1}\left[1-\left(\frac{\lambda_{\min}}{\lambda_{\max}}\right)^{D_{\mathrm{t}}-D_{\mathrm{p}}-1}\right]-\frac{4d_{\mathrm{m}}\theta\lambda_{\max}^{D_{\mathrm{t}}-D_{\mathrm{p}}}}{D_{\mathrm{t}}-D_{\mathrm{p}}}\left[1-\left(\frac{\lambda_{\min}}{\lambda_{\max}}\right)^{D_{\mathrm{t}}-D_{\mathrm{p}}}\right]\right\}$$

$$Q_5=\int_{\lambda_{\min}}^{\lambda_{\max}}\frac{M\pi D_{\mathrm{s}}C_{\mathrm{a\,max}}Zp_{\mathrm{L}}}{4\rho\left(Zp_{\mathrm{L}}+p\right)^2}\left[\lambda^2-\left(\lambda-2d_{\mathrm{m}}\theta\right)^2\right]\frac{\Delta p}{L(\lambda)}D_{\mathrm{p}}\lambda_{\max}^{D_{\mathrm{p}}}\lambda^{-\left(D_{\mathrm{p}}+1\right)}\mathrm{d}\lambda$$

$$=\frac{\pi MD_{\mathrm{s}}C_{\mathrm{a\,max}}Zp_{\mathrm{L}}\Delta pD_{\mathrm{p}}\lambda_{\max}^{D_{\mathrm{p}}}d_{\mathrm{m}}\theta}{\rho\left(Zp_{\mathrm{L}}+p\right)^2L_0^{D_{\mathrm{t}}}}\left\{\frac{\lambda_{\max}^{D_{\mathrm{t}}-D_{\mathrm{p}}}}{D_{\mathrm{t}}-D_{\mathrm{p}}}\left[1-\left(\frac{\lambda_{\min}}{\lambda_{\max}}\right)^{D_{\mathrm{t}}-D_{\mathrm{p}}}\right]-d_{\mathrm{m}}\theta\frac{\lambda_{\max}^{D_{\mathrm{t}}-D_{\mathrm{p}}-1}}{D_{\mathrm{t}}-D_{\mathrm{p}}-1}\left[1-\left(\frac{\lambda_{\min}}{\lambda_{\max}}\right)^{D_{\mathrm{t}}-D_{\mathrm{p}}-1}\right]\right\}\tag{3-102}$$

在分形多孔介质中有 $\lambda_{\min}/\lambda_{\max}<10^{-2}$，并且三维情况下，有 $0<D_{\mathrm{p}}<2$，$1<D_{\mathrm{t}}<3$，因此，有 $\left(\lambda_{\min}/\lambda_{\max}\right)^{3+D_{\mathrm{t}}-D_{\mathrm{p}}}\ll1$ 和 $\left(\lambda_{\min}/\lambda_{\max}\right)^{2+D_{\mathrm{t}}-D_{\mathrm{p}}}\ll1$，式(3-98)可以简化为

$$Q_1=\int_{\lambda_{\min}}^{\lambda_{\max}}\frac{\pi\left(\lambda-2d_{\mathrm{m}}\theta\right)^4}{128\mu}\frac{\Delta p}{L(\lambda)}D_{\mathrm{p}}\lambda_{\max}^{D_{\mathrm{p}}}\lambda^{-\left(D_{\mathrm{p}}+1\right)}\mathrm{d}\lambda$$

$$=\frac{\pi\Delta pD_{\mathrm{p}}\lambda_{\max}^{D_{\mathrm{p}}}}{128\mu L_0^{D_{\mathrm{t}}}}\left\{\frac{\lambda_{\max}^{3+D_{\mathrm{t}}-D_{\mathrm{p}}}}{3+D_{\mathrm{t}}-D_{\mathrm{p}}}-\frac{8d_{\mathrm{m}}\theta\lambda_{\max}^{2+D_{\mathrm{t}}-D_{\mathrm{p}}}}{2+D_{\mathrm{t}}-D_{\mathrm{p}}}+\frac{24d_{\mathrm{m}}^2\theta^2\lambda_{\max}^{1+D_{\mathrm{t}}-D_{\mathrm{p}}}}{1+D_{\mathrm{t}}-D_{\mathrm{p}}}\left[1-\left(\frac{\lambda_{\min}}{\lambda_{\max}}\right)^{1+D_{\mathrm{t}}-D_{\mathrm{p}}}\right]\right.$$

$$\left.-\frac{32d_{\mathrm{m}}^3\theta^3\lambda_{\max}^{D_{\mathrm{t}}-D_{\mathrm{p}}}}{D_{\mathrm{t}}-D_{\mathrm{p}}}\left[1-\left(\frac{\lambda_{\min}}{\lambda_{\max}}\right)^{D_{\mathrm{t}}-D_{\mathrm{p}}}\right]+\frac{16d_{\mathrm{m}}^4\theta^4}{D_{\mathrm{t}}-D_{\mathrm{p}}-1}\left[1-\left(\frac{\lambda_{\min}}{\lambda_{\max}}\right)^{D_{\mathrm{t}}-D_{\mathrm{p}}-1}\right]\right\}\tag{3-103}$$

通过比较式(3-98)与式(3-103)的比较，可以发现 Q_1 是考虑壁面吸附情况下的固有渗透率造成的气体流量。因此，用气体流量比表示的 k/k_∞ 可以写成：

$$\frac{k}{k_\infty}=\frac{\sum_{i=1}^{5}Q_i}{Q_1}=1+\frac{\sum_{i=2}^{5}Q_i}{Q_1}\tag{3-104}$$

根据式(3-93)和式(3-104)，可得到考虑吸附效应的气体滑移系数的解析模型：

$$b=\frac{p\sum_{i=2}^{5}Q_i}{Q_1}\tag{3-105}$$

对于给定的输入参数，首先根据式(3-98)～式(3-102)计算 Q_i (i=1,2,⋯,5)，然后通过

式(3-105)计算考虑壁面吸附效应的气体滑移系数。将式(3-105)中的考虑壁面吸附效应的气体滑移系数与 3.4.1 节第 2 部分中的气体滑移系数模型进行比较，发现考虑壁面吸附效应的气体滑移系数不仅受 3.4.1 节第 2 部分中提到的三个因素影响，还受到多孔介质的化学特性(朗缪尔压力、最大吸附气体浓度)的影响。

3.4.3 微纳多孔介质内气体滑移系数分析

通过式(3-42)计算气体滑移系数并与现有实验数据进行了比较。实验数据收集自文献[65]和[66]中的工业数据集[67]。使用的岩心渗透率和行业数据库 Lower Cotton Valley 基于氮气的岩心渗透率测量得到的[68]。Travis Peak Formation No.1[67]、Travis Peak Formation No.2[67]和 Frontier Formation[67]中的气体类型无法获得。因此基于所提出的模型，应用各种气体(氮气、空气、二氧化碳、氦气、氢气)来预测气体滑移系数。表 3.3 中列出的分形维数、孔隙度、压力等模型参数值是从 Zheng 等[23]的气体滑移模型验证参数值收集。图 3.23 表明气体滑移系数随着 k_∞/ϕ 的增加而降低，大部分实验数据位于预测值的区域。进一步将所提出的模型与文献中现有的模型对比(表 3.2)。图 3.24 表明，经验模型[65, 66]不能捕捉到不同测试气体的气体滑移系数的变化。此外，随着 k_∞/ϕ 的增加，所提出的模型和 Zheng 等[23]的模型气体滑移系数预测值的差异减小。当 k_∞/ϕ 低于 $10^{-17}m^2$ 时，模型预测的气体滑移系数增加更快，并且随着 k_∞/ϕ 的减少，斜率变得更陡。这是因为克努森数增加，二阶气体滑移效应随着孔径的减小而变得越来越明显，与实验数据较为一致[69, 70]。

基于式(3-95)和式(3-105)，计算了两种不同类型多孔介质(具有壁面吸附和没有壁面吸附)中的气体滑移系数。详细参数列在表 3.4 中。Yin 等[71]提出了一种针对干酪根纳米孔中页岩气传输的解析模型，并假定吸附气体密度是自由气体密度的 2.16 倍。通过分子动力学模拟[72]和巨正则蒙特卡罗模拟[73]表明，吸附气体密度与自由气密度比值取决于壁面和气体分子的化学成分以及压力和温度，但在高压下接近于 1。本书认为吸附气密度与自由气密度相同。图 3.25 为两种多孔介质中气体滑移系数随压力变化。低于 1MPa 压力下吸附气表面覆盖度 θ 非常小，因此两种多孔介质中气体滑移系数值相同。式(3-74)中气体黏度随着孔隙压力的增加而增加，气体平均自由程也随之增加。因此，不考虑壁面吸附的气体滑移系数[式(3-64)]随孔隙压力增加而增加。由于气体密度 ρ[式(3-75)]随着孔隙压力增大显著增加。考虑壁面吸附的气体滑移系数在式(3-105)中首先随着孔隙压力的增加而减小。随着孔隙压力的继续增加，气体密度 ρ 的影响逐渐稳定，并且表面

表 3.3 用于与现有实验数据和文献中的模型比较的参数

参数	参数值
温度 T/K	298
孔隙压力 p/MPa	0.1
孔隙度 ϕ	0.14
$\lambda_{min}/\lambda_{max}$	0.01
孔隙分形维数 D_p	1.7
迂曲度分形维数 D_t	2.2

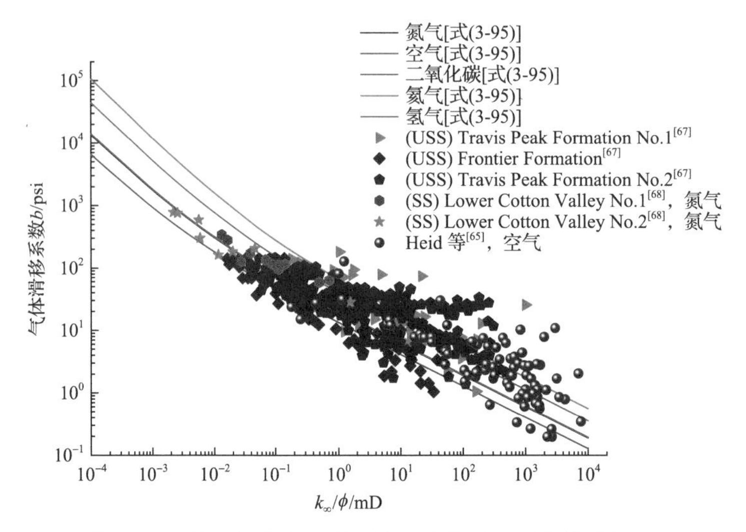

图 3.23 提出的模型和现有的实验数据之间的模型比较

表 3.4 气体滑移系数 b 和固有渗透率 k_∞ 的关系式

文献	关系式
Heid 等[65]	$b=11.419k_\infty^{-0.39}$
Jones 和 Owens[74]	$b=12.639k_\infty^{-0.33}$
Sampath 和 Keighin[66]	$b=13.851\left(\dfrac{k_\infty}{\phi}\right)^{-0.53}$
Florence 等[67]	$b=\beta\left(\dfrac{k_\infty}{\phi}\right)^{-0.5}$
Zheng 等[23]	$b=\dfrac{8\mu(3+D_t-D_p)}{\sqrt{32\bar{\tau}\dfrac{4-D_p}{2-D_p}(1-\phi)(2+D_t-D_p)}}\sqrt{\dfrac{\pi RT}{2M}}\left(\dfrac{k_\infty}{\phi}\right)^{-0.5}$

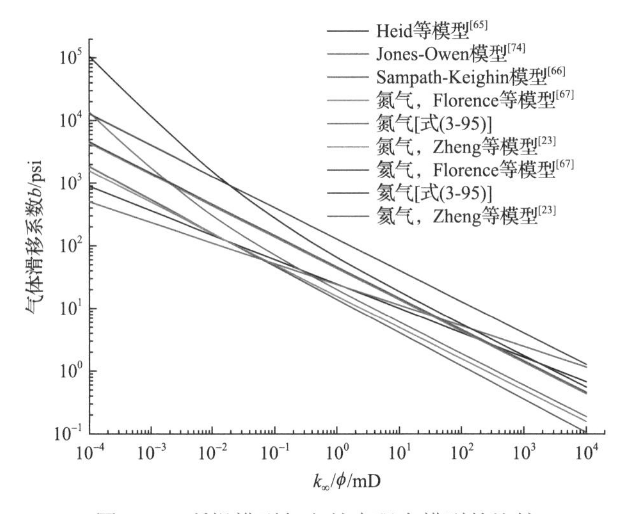

图 3.24 所提模型与文献中现有模型的比较

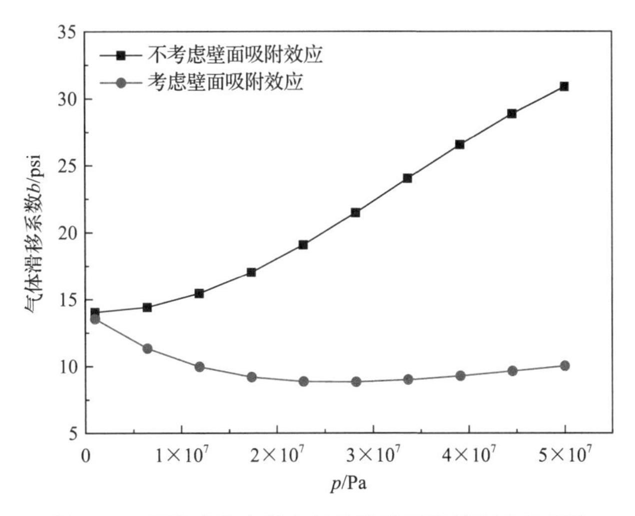

图 3.25　两种多孔介质中气体滑移系数随压力的变化

扩散系数 D_s 和气体黏度 μ 的增加开始控制气体滑移系数的变化趋势，当孔隙压力大于25MPa时，气体滑移系数略微随着孔隙压力的增加而增加。

图3.26和图3.27展示了不同孔隙分形维数 D_p 和迂曲度分形维数 D_t 下的气体滑移系数。D_p 值越大表明孔隙度越大[59]，气体滑移面积相应增加导致气体滑移系数随着 D_p 的增加而增加。D_t 值越大表明流动路径中流动阻力越大，气体滑移系数随着 D_t 的增加而减小。页岩储层最大气体浓度 C_{max} 范围从 50mol/m^3 到 600mol/m^3[35]，图3.28为不同最大气体浓度下的朗缪尔吸附等温线。随着 C_{max} 的增加，有机孔隙内最大气体浓度[式(3-56)]、表面扩散速度[式(3-64)]和边界滑移速度[式(3-68)]随之增加。因此图 3.29 中考虑壁面吸附的气体滑移系数随着 C_{max} 的增加而增大。随着等温吸附热的降低和温度的升高，式(3-58)、式(3-60)中的表面扩散系数和式(3-68)中的边界滑移速度均变大。因此考虑壁面吸附的气体滑移系数随着等温吸附热的增加而降低(图 3.30)，并随着温度的升高而增加(图 3.31)。

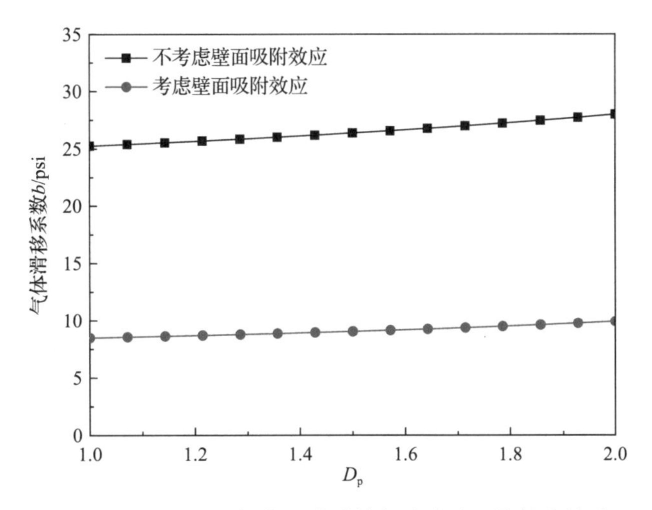

图 3.26　D_t=2.2 时气体滑移系数与孔隙分形维数的关系

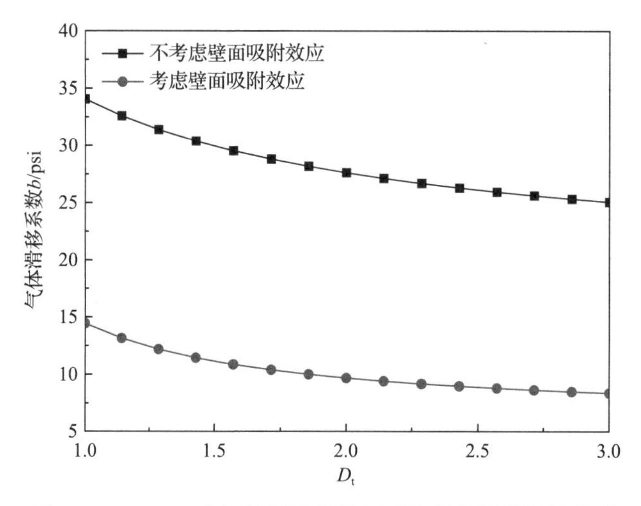

图 3.27 D_p=1.7 时气体滑移系数与迂曲度分维维数的关系

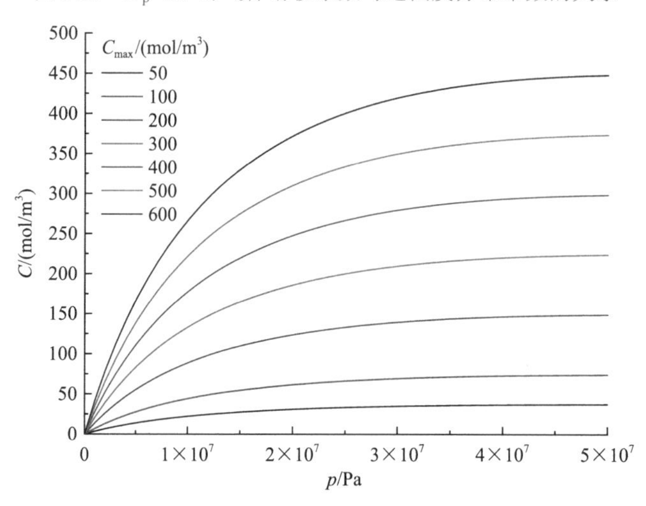

图 3.28 不同最大气体浓度下的朗缪尔吸附等温线

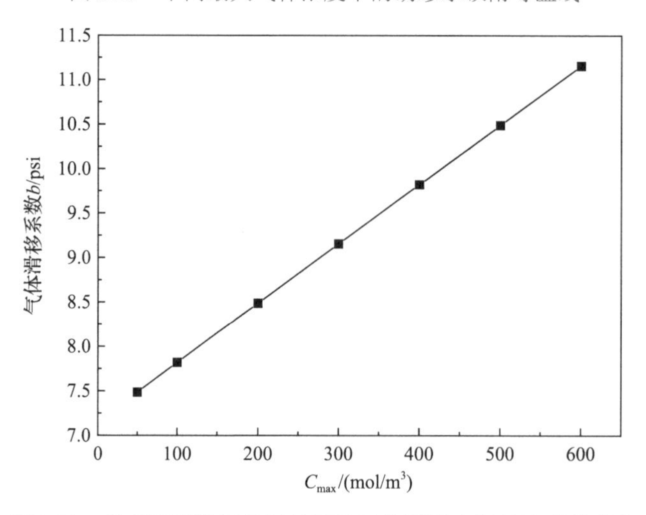

图 3.29 考虑壁面吸附的气体滑移系数随最大气体浓度的变化

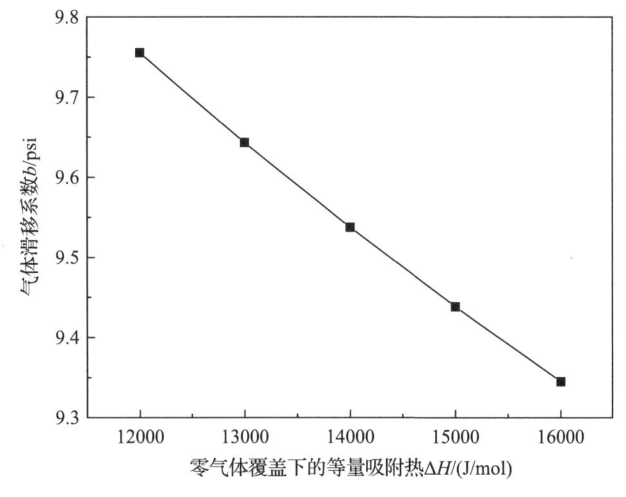

图 3.30 考虑壁面吸附的气体滑移系数随等量吸附热的变化

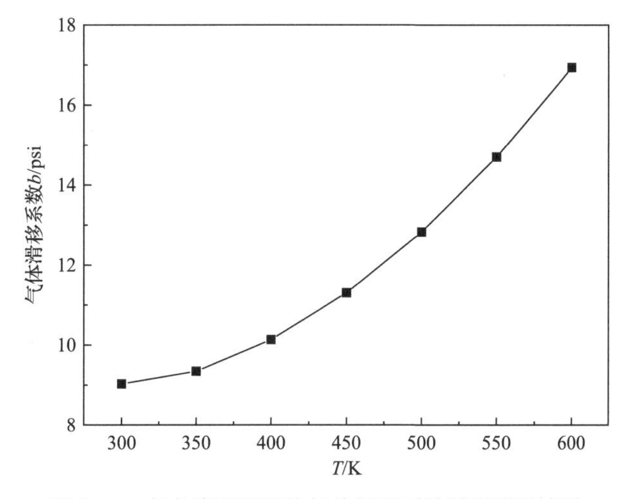

图 3.31 考虑壁面吸附的气体滑移系数随温度的变化

参 考 文 献

[1] Ho C K, Webb S W. Gas Transport in Porous Media[M]. Netherlands: Springer, 2006.

[2] Bird R B, Stewart W E, Lightfoot E N. Transport Phenomena[M]. 2nd ed. International Journal of Heat and Mass Transfer, 2000, 43(5): 807-823.

[4] Florence F A, Rushing J, Newsham K E, et al. Improved permeability prediction relations for low permeability sands[R]. Rocky Mountain Oil & Gas Technology Symposium, Denver, Society of Petroleum Engineers, 2007.

[5] Cussler E L. Diffusion: Mass Transfer in Fluid Systems[M]. 3rd ed. New York: Cambridge University Press, 2009.

[6] Wu L, Ho M T, Germanou L, et al. On the apparent permeability of porous media in rarefied gas flows[J]. Journal of Fluid Mechanics, 2017, 822: 398-417.

[7] Javadpour F, Fisher D, Unsworth M. Nanoscale gas flow in shale gas sediments[J]. Journal of Canadian Petroleum Technology, 2007, 46(10): 55-61.

[8] Zhang W M, Meng G, Wei X. A review on slip models for gas microflows[J]. Microfluidics and Nanofluidics, 2012, 13(6): 845-882.

[9] Barber R W, Emerson D R. Challenges in modeling gas-phase flow in microchannels: From slip to transition[J]. Heat Transfer Engineering, 2006, 27(4): 3-12.

[10] Javadpour F. Nanopores and apparent permeability of gas flow in mudrocks(shales and siltstone)[J]. Journal of Canadian Petroleum Technology, 2009, 48(8): 16-21.

[11] Darabi H, Ettehad A, Javadpour F, et al. Gas flow in ultra-tight shale strata[J]. Journal of Fluid Mechanics, 2012, 710: 641-658.

[12] Civan F, Rai C S, Sonderdeld C H. Intrinsic shale permeability determined by pressure-pulse measurements using a multiple-mechanism apparent-gas-permeability non-Darcy model[C]//SPE Annual Technical Conference and Exhibition, Florence, 2010.

[13] Choi J G, Do D D, Do H D. Surface diffusion of adsorbed molecules in porous media: Monolayer, multilayer, and capillary condensation regimes[J]. Industrial & Engineering Chemistry Research, 2001, 40(19): 4005-4031.

[14] Civan F. Effective correlation of apparent gas permeability in tight porous media[J]. Transport in Porous Media, 2010, 82(2): 375-384.

[15] Beskok A, Karniadakis G E. Report: A model for flows in channels, pipes, and ducts at micro and nano scales[J]. Microscale Thermophysical Engineering, 1999, 3(1): 43-77.

[16] 姚军, 孙海, 樊冬艳, 等. 页岩气藏运移机制及数值模拟[J]. 中国石油大学学报(自然科学版), 2013, 37195(1): 91-98.

[17] Zhang S, Klimentidis R, Barthelemy P. Porosity and permeability analysis on nanoscale FIB-SEM 3D imaging of shale rock[C]//Proceedings of the Society of Core Analysis Meeting, Austin, 2011.

[18] Xiong X, Devegowda D, Villazon G G M, et al. A fully-coupled free and adsorptive phase transport model for shale gas reservoirs including non-Darcy flow effects[C]//SPE Annual Technical Conference and Exhibition, San Antonio, 2012.

[19] Sakhaee-Pour A, Bryant S. Gas permeability of shale[J]. SPE Reservoir Evaluation & Engineering, 2012, 15(4): 401-409.

[20] Maxwell J C. On stresses in rarified gases arising from inequalities of temperature[J]. Philosophical Transactions of the Royal Society of London Series I, 1879, (170): 231-256.

[21] Song W, Yao J, Li Y, et al. Fractal models for gas slippage factor in porous media considering second-order slip and surface adsorption[J]. International Journal of Heat and Mass Transfer, 2018, 118: 948-960.

[22] Maurer J, Tabeling P, Joseph P, et al. Second-order slip laws in microchannels for helium and nitrogen[J]. Physics of Fluids, 2003, 15(9): 2613-2621.

[23] Zheng Q, Yu B, Duan Y, et al. A fractal model for gas slippage factor in porous media in the slip flow regime[J]. Chemical Engineering Science, 2013, 87: 209-215.

[24] Loyalka S, Hamoodi S. Poiseuille flow of a rarefied gas in a cylindrical tube: Solution of linearized Boltzmann equation[J]. Physics of Fluids A: Fluid Dynamics, 1990, 2(11): 2061-2065.

[25] Bell G I, Glasstone S. Nuclear reactor theory[R]. Washington, DC: US Atomic Energy Commission, 1970.

[26] Tison S. Experimental data and theoretical modeling of gas flows through metal capillary leaks[J]. Vacuum, 1993, 44(11-12): 1171-1175.

[27] Zhao X, Ma J, Couples G. Pore-scale modelling of shale gas permeability considering shale gas adsorption[C]//Proceedings of the ECMOR XIV-14th European Conference on the Mathematics of Oil Recovery, Catania, 2014.

[28] Sun H, Yao J, Fan D Y, et al. Gas transport mode criteria in ultra-tight porous media[J]. International Journal of Heat and Mass Transfer, 2015, 83: 192-199.

[29] Cunningham R E, Williams R. Diffusion in Gases and Porous Media[M]. Berlin: Springer, 1980.

[30] Wang Y, Zhu Y, Liu S, et al. Methane adsorption measurements and modeling for organic-rich marine shale samples[J]. Fuel, 2016, 172: 301-309.

[31] Charoensuppanimit P, Mohammad S A, Gasem K A. Measurements and modeling of gas adsorption on shales[J]. Energy & Fuels, 2016, 30(3): 2309-2319.

[32] Yu W, Sepehrnoori K, Patzek T W. Modeling gas adsorption in Marcellus shale with Langmuir and bet isotherms[J]. SPE Journal, 2016, 21(2): 589-600.

[33] Tang X, Ripepi N, Stadie N P, et al. A dual-site Langmuir equation for accurate estimation of high pressure deep shale gas resources[J]. Fuel, 2016, 185: 10-17.

[34] LANGMUIR I. The adsorption of gases on plane surfaces of glass, mica and platinum[J]. Journal of the American Chemical society, 1918, 40(9): 1361-1403.

[35] Heller R, Zoback M. Adsorption of methane and carbon dioxide on gas shale and pure mineral samples[J]. Journal of Unconventional Oil and Gas Resources, 2014, 8: 14-24.

[36] Wasaki A, Akkutlu I Y. Permeability of organic-rich shale[J]. SPE Journal, 2015, 20(6): 1384-1396.

[37] Hwang S T, Kammermeyer K. Surface diffusion in microporous media[J]. The Canadian Journal of Chemical Engineering, 1966, 44(2): 82-89.

[38] Guo L, Peng X, Wu Z. Dynamical characteristics of methane adsorption on monolith nanometer activated carbon[J]. Journal of Chemical Industry and Engineering (China), 2008, 59(11): 2726-2732.

[39] Wang Y, Ercan C, Khawajah A, et al. Experimental and theoretical study of methane adsorption on granular activated carbons[J]. AIChE Journal, 2012, 58(3): 782-788.

[40] Pan H, Ritter J A, Balbuena P B. Isosteric heats of adsorption on carbon predicted by density functional theory[J]. Industrial & Engineering Chemistry Research, 1998, 37(3): 1159-1166.

[41] Nodzeński A. Sorption and desorption of gases (CH_4, CO_2) on hard coal and active carbon at elevated pressures[J]. Fuel, 1998, 77(11): 1243-1246.

[42] Chen Y, Yang R. Concentration dependence of surface diffusion and zeolitic diffusion[J]. AIChE Journal, 1991, 37(10): 1579-1582.

[43] Langmuir I. Surface chemistry[J]. Transactions of the Institute of Electrical Engineers of Japan A, 1935, 55(2): 147-191.

[44] Dushman S, Lafferty J M, Pasternak R A. Scientific foundations of vacuum technique[J]. Physics Today, 1962, 15(8): 53, 54.

[45] Adamson A W, Gast A P. Physical Chemistry of Surfaces[M]. New York: Interscience Publishers, 1967.

[46] Myong R. Gaseous slip models based on the Langmuir adsorption isotherm[J]. Physics of Fluids, 2004, 16(1): 104-117.

[47] Myong R, Reese J, Barber R W, et al. Velocity slip in microscale cylindrical Couette flow: The Langmuir model[J]. Physics of Fluids, 2005, 17(8): 087105.

[48] Lee A L, Gonzalez M H, Eakin B E. The viscosity of natural gases[J]. Journal of Petroleum Technology, 1966, 18(8): 997-1000.

[49] Landry C J, Prodanović M, Eichhubl P. Direct simulation of supercritical gas flow in complex nanoporous media and prediction of apparent permeability[J]. International Journal of Coal Geology, 2016, 159: 120-134.

[50] Bui B T, Liu H-H, Chen J, et al. Effect of capillary condensation on gas transport in shale: A pore-scale model study[J]. SPE Journal, 2016, 21(2): 601-612.

[51] Wang J, Luo H, Liu H, et al. An integrative model to simulate gas transport and production coupled with gas adsorption, non-Darcy flow, surface diffusion, and stress dependence in organic-shale reservoirs[J]. SPE Journal, 2017, 22(1): 244-264.

[52] Kim C, Jang H, Lee Y, et al. Diffusion characteristics of nanoscale gas flow in shale matrix from Haenam Basin, Korea[J]. Environmental Earth Sciences, 2016, 75: 1-8.

[53] Riewchotisakul S, Akkutlu I Y. Adsorption-enhanced transport of hydrocarbons in organic nanopores[J]. SPE Journal, 2016, 21(6): 1960-1969.

[54] Katz A J, Thompson A. Fractal sandstone pores: Implications for conductivity and pore formation[J]. Physical Review Letters, 1985, 54(12): 1325.

[55] Ozhovan M, Dmitriev I, Batyukhnova O. Fractal structure of pores in clay soil[J]. Atomic Energy (New York), 1993, 74(3): 241-243.

[56] Hansen J, Skjeltorp A. Fractal pore space and rock permeability implications[J]. Physical Review B, 1988, 38(4): 2635.

[57] Wang Y, Zhu Y, Liu S, et al. Pore characterization and its impact on methane adsorption capacity for organic-rich marine shales[J]. Fuel, 2016, 181: 227-237.

[58] Yu B, Cheng P. A fractal permeability model for bi-dispersed porous media[J]. International Journal of Heat and Mass Transfer, 2002, 45(14): 2983-2993.

[59] Yu B, Li J. Some fractal characters of porous media[J]. Fractals, 2001, 9(3): 365-372.

[60] Yu B, Lee L J, Cao H. A fractal in-plane permeability model for fabrics[J]. Polymer Composites, 2002, 23(2): 201-221.

[61] Cai J, Yu B. Prediction of maximum pore size of porous media based on fractal geometry[J]. Fractals, 2010, 18(4): 417-423.

[62] Al Hinai A, Rezaee R, Esteban L, et al. Comparisons of pore size distribution: A case from the Western Australian gas shale formations[J]. Journal of Unconventional Oil and Gas Resources, 2014, 8: 1-13.

[63] Denn M M. Process Fluid Mechanics[M]. Upper Saddle River: Prentice Hall, 1980.

[64] Klinkenberg L J. The permeability of porous media to liquids gases[J]. Drilling and Production- Practice, 1941: 200-213.

[65] Heid J G, McMahon J J, Nielsen R F, et al. Study of the permeability of rocks to homogeneous fluids[J]. Drilling and Production Practice, 1950: 230-246.

[66] Sampath K, Keighin C W. Factors affecting gas slippage in tight sandstones of cretaceous age in the Uinta basin[J]. Journal of Petroleum Technology, 1982, 34(11): 2715-2720.

[67] Florence F A, Rushing J, Newsham K E, et al. Improved permeability prediction relations for low-permeability sands [C]//Proceedings of the Rocky Mountain Oil & Gas Technology Symposium, OnePetro, 2007.

[68] Florence F A. Validation/enhancement of the "Jones-Owens" technique for the prediction of permeability in low permeability gas sands[D]. Card City: Texas A&M University, 2007.

[69] Tanikawa W, Shimamoto T. Klinkenberg effect for gas permeability and its comparison to water permeability for porous sedimentary rocks[J]. Hydrology and Earth System Sciences Discussions, 2006, 3(4): 1315-1338.

[70] Persoff P, Hulen J B. Hydrologic characterization of reservoir metagraywacke from shallow and deep levels of the geysers vapor-dominated geothermal system, California, USA[J]. Geothermics, 2001, 30(2-3): 169-192.

[71] Yin Y, Qu Z, Zhang J. An analytical model for shale gas transport in kerogen nanopores coupled with real gas effect and surface diffusion[J]. Fuel, 2017, 210: 569-577.

[72] Li Z Z, Min T, Kang Q, et al. Investigation of methane adsorption and its effect on gas transport in shale matrix through microscale and mesoscale simulations[J]. International Journal of Heat and Mass Transfer, 2016, 98: 675-686.

[73] Perez F, Devegowda D. Estimation of adsorbed-phase density of methane in realistic overmature kerogen models using molecular simulations for accurate gas in place calculations[J]. Journal of Natural Gas Science and Engineering, 2017, 46: 865-872.

[74] Jones F, Owens W W. A laboratory study of low-permeability gas sands[J]. Journal of Petroleum Technology, 1980, 32(9): 1631-1640.

第 4 章 基于数字岩心和格子玻尔兹曼方法的页岩气微观流动模拟

由于非常规油气储层岩石非常致密，常规物理实验难以开展，以数字岩心为基础的孔隙尺度流动模拟方法成为研究非常规油气流动机理的有效手段。克努森数(*Kn*)在微纳尺度流体力学中是一个重要参数，它的定义为分子平均自由程与流动特征长度的比值。由于页岩储层岩石孔隙尺寸较小，页岩气流动对应的 *Kn* 很大。模拟高 *Kn* 气体流动最准确的方法为分子动力学(MD)方法[1]，MD 方法从分子本质上模拟流体的流动，在 MD 模拟中所有分子所有时刻的位置、状态、惯性等信息都要准确计算，两个分子之间的作用力由两个体系的势能和分子位置决定，分子的运动由牛顿运动定律计算得到。鉴于其准确性，MD 方法已被用来模拟微纳尺度气体流动[2-4]，但由于其计算效率太低，能够模拟的区域和时间都太小，因而无法用来模拟纳米多孔介质中的气体流动现象。直接模拟蒙特卡罗(DSMC)方法[5]是研究稀薄气体流动的一种有效方法，它通过模拟假想分子(由多个真实分子构成)的运动和碰撞来描述真实流体的流动[6]，该方法已被证明能够收敛于玻尔兹曼方程[7]。DSMC 方法在高速高 *Kn* 流动(如航天航空领域)方面已经得到了很好的应用[8]，但对于微纳尺度气体流动，流速很小，为了获取真实流速必须统计大量的模拟信息，从而消除统计噪声的影响，因而计算效率很低，这严重限制了 DSMC 方法在微纳尺度气体流动中的应用。除上述两种方法之外，采用滑移边界条件的 N-S 方程和 Burnett 方程[9-13]也可用来描述微纳尺度气体流动，这些连续模型模拟方法比分子模拟快很多，但有很大的局限性。采用滑移边界条件的 N-S 方程只适用于滑移区气体流动的模拟，对于过渡区气体流动，连续介质假设不再成立，N-S 方程也不再成立；而 Burnett 方程则相反，仅适用于过渡区气体流动的模拟，在滑移区流动模拟时，Burnett 方程的准确性和稳定性开始变差。

格子玻尔兹曼方法是一种介观模拟方法，其最初起源于格子气自动机(lattice gas automaton)，后来被证明可以由玻尔兹曼方程离散而来[14]，它通过模拟粒子在离散网格上连续地迁移和碰撞来描述流体的运动[15]。与传统 CFD 方法相比，LBM 直接离散最基本的玻尔兹曼方程，没有连续性假设的限制，这使得 LBM 在模拟微纳尺度气体流动方面具有很好的理论基础。此外，LBM 在计算效率上要明显优于 MD 方法和 DSMC 方法，因而近年来已被广泛用来进行微纳尺度气体流动模拟[16-24]。

本章将介绍数字岩心技术及格子玻尔兹曼方法在页岩气微观流动模拟方面的理论与进展。

4.1 页岩多尺度数字岩心构建方法

页岩储层中油气的流动特性取决于多孔介质的微观结构。准确地获取页岩储层的内部微观结构建立页岩数字岩心，是开展页岩储层流动规律研究的关键[25]。常规的物理实验，如高压压汞实验、低压 N_2/CO_2 吸附实验、核磁共振(NMR)实验等，虽然能够测量页岩孔隙结构特征，但多是定性或者半定量技术。借助于先进的光学仪器，如微米 CT、纳米 CT、聚焦离子扫描电子双束显微镜(FIB-SEM)、扫描电子成像(SEM)等技术，能够直接准确获取页岩的二维或三维微观结构[26]，但实际上若获取高质量的页岩微观结构需要同时满足较高的分辨率和足够大的视野的要求，因为受限于仪器本身的约束，这两个要求是相互矛盾的，不能同时满足[27]。鉴于上述物理实验方法的局限，针对页岩储层的岩石孔隙结构类型复杂(包含有无机质孔隙、有机质孔隙、微裂缝等)、呈现多尺度特点，孔隙尺寸从纳米到微米不等，亟须发展一种准确、稳定的页岩数字岩心数值重建算法，将更多有效的不同尺度、不同来源的微观信息加入到重建页岩数字岩心中，使其更加真实地展现页岩储层的微观结构特征。数值重建方法是借助少量的信息，采用某种数学方法来重建数字岩心，目前主要有三类：①第一类方法是过程法，该方法模拟真实岩心沉降、压实和成岩过程，但实现的孔隙结构较为理想，不适用于复杂的储层岩样[28]；②第二类方法是以二维图像中获取的连通性函数等统计信息为约束条件来重构三维数字岩心，如高斯模拟场法[29]、模拟退火法[30]、马尔科夫链-蒙特卡罗法[31]。由于只是利用了图像中的低阶统计信息，因此很难以再现孔隙空间的长连通性；③第三类方法是利用图像中高阶特征信息，并使用多点统计法(MPS)实现空间的不确定性插值来重构岩样的孔隙结构[32]。对于利用光学仪器获取页岩微观结构图像，经过图像处理和分割技术获得页岩数字岩心的方法，本部分不再赘述。本部分主要描述以 MPS 方法为基础，在少量的页岩微观结构图像上构建能够准确描述页岩多尺度微观结构的多尺度页岩数字岩心方法。

4.1.1 多点统计学

多点统计学是相对于以像素为单位、以变差函数为约束的两点地质统计学而提出的。由于变差函数仅能反映空间上两点之间的相关性，不足以体现储层的非均质性，无法准确描述页岩复杂孔隙空间的长程相关性。但多点统计法以训练图像为基础，采用多点相关性作为重建过程的约束条件，在地质建模中得到了广泛应用。2002 年，Strebelle[33]提出搜索树的概念，使得多点统计法的计算效率得到大幅提高，该方法已经从宏观的地质建模逐渐扩展至微观的三维数字岩心建模中。利用多点统计学构建数字岩心主要包含两部分：获取训练图像信息和待模拟空间的恢复。利用数据模板扫描训练图像并存储于搜索树中即获取训练图像高阶统计信息；待模拟空间的恢复本质上即依据少量统计信息的空间插值，依照插值形式的不同又细化分为象元法和模式法两类。

1. 基本概念

多点统计学的核心基本概念包括训练图像、数据模板和数据事件。在本部分中，MPS 中的训练图像是指包含了模拟区域中待重建的各种特征模式的图像，它只是一种概念上的结构特征模式的集合，不需要有很高的精确度或者符合某种特定的分布，但需要保持平稳。只有准确建立了训练图像，依赖于训练图像的多点统计学随机建模方法才可能产生合理的实现。训练图像可以是离散型或者连续性，维数可以是二维或三维。

如果训练图像中的某些性质能够被它上面可以移动的模板所捕获，则该模板定义为数据模板。数据模板是由 n 个向量组成的几何形态，设 $\boldsymbol{\tau}_n=\{\boldsymbol{h}_\alpha;\alpha=1, 2,\cdots, n\}$。设模板中心位置为 $\boldsymbol{u}$，模板其他位置 $\boldsymbol{u}_\alpha=\boldsymbol{u}+ \boldsymbol{h}_\alpha(\alpha=1, 2,\cdots, n)$。例如，图 4.1(a)就是一个 9×9 节点组成的二维数据模板，$\boldsymbol{u}_\alpha$ 由中心 $\boldsymbol{u}$ 和 80 个向量 $\boldsymbol{h}_\alpha$ 所确定。而在三维空间中数据模板的定义也是适用的。图 4.1(b)是由 3×3×3 节点组成的三维数据模板，模板中心点 $\boldsymbol{u}$ 用不同颜色表示。数据模板的几何形态、大小均可变化。在重建数字岩心过程中，选取合适数据模板决定了重建结果的准确性。若选取的数据模板较小，不能精确反映训练图像中大尺度，如大孔隙及裂缝的分布情况；反之，若选取的数据模板较大，会导致小尺度孔隙，如纳米孔隙信息的丢失，且极大地增加了模拟时间。因此，多重数据模板(图 4.2)的方法被采用[34]，即将原始数据模板按一定比例进行适当放大得到具有相同有效节点的数据模板。放大后数据模板扫描训练图像的范围变大，节点数保持不变，得到微观结构特征既能包含大尺度孔缝特征又包括微孔隙信息，既提高模拟结果的准确性，又节省了计算机运行时间。

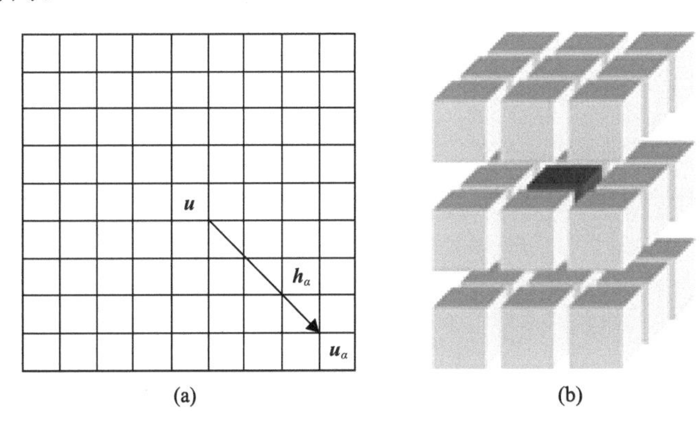

图 4.1　数据模板

(a)一个 9×9 节点的数据模板；(b)一个 3×3×3 节点的数据模板

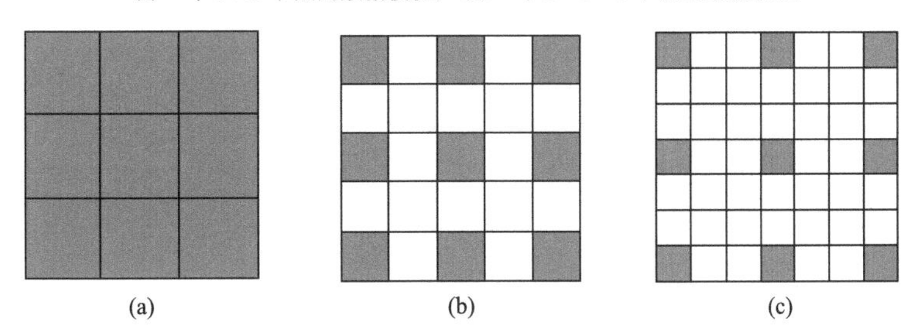

图 4.2　多重数据模板

(a)3×3 节点数据模板；(b)放大后 5×5 节点数据模板；(c)放大后 7×7 节点数据模板

数据模板在训练图像上获取的微观结构特征，即数据事件。假定一种属性 S 可取 m 个状态值$\{S_k; k = 1, 2,\cdots, m\}$。由数据模板中的 n 个向量 $\boldsymbol{u}_\alpha$ 位置的 n 个状态值所组成的“数据事件” $d(\boldsymbol{u})$可以定义为

$$d(\boldsymbol{u})=\left\{S\left(\boldsymbol{u}_{\alpha}\right)=S_{k_{\alpha}};\alpha=1,2,\cdots,n\right\} \tag{4-1}$$

式中，$S\left(\boldsymbol{u}_{\alpha}\right)$表示在$\boldsymbol{u}_{\alpha}$位置的状态值。$d(\boldsymbol{u})$表示$n$个向量的$S\left(\boldsymbol{u}_{1}\right),\cdots,S\left(\boldsymbol{u}_{n}\right)$分别为状态值$S_{k_1},\cdots,S_{k_n}$。图 4.3(a)、(b)所示为图 4.1(a)的二维数据模板所捕获的两个数据事件，数据模板中用颜色标记的节点表示已知数据。具有相同颜色的节点表示具有相同的状态值。同理，图 4.3(c)、(d)所示为图 4.1(b)的三维数据模板所捕获的两个数据事件。其中，待模拟点$\boldsymbol{u}$仍然位于3×3×3节点数据模板的中心；未标记的节点表示未知数据的位置。

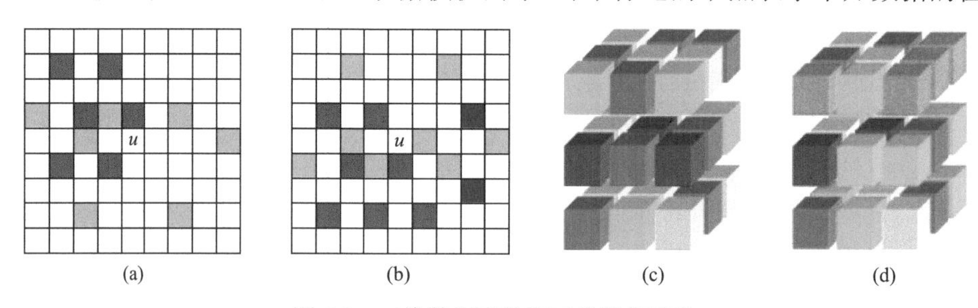

图 4.3　二维数据事件和三维数据事件

(a)二维数据事件#1；(b)二维数据事件#2；(c)三维数据事件#1；(d)三维数据事件#2

2. 构建数字岩心的基本原理

采用数据模板扫描训练图像来捕获数据事件，这些数据事件又被称为模式特征，可以视为训练数据的微观结构特征[35]。如果按照每次移动一个节点，从左到右，从上到下进行扫描，那么就可以获得训练图像全部的模式库。图 4.4(a)表示利用 3×3 的数据模板扫描训练图像来捕获其中的模式，图 4.4(b)是捕获的模式库。对于三维训练图像同理可以建立类似的模式库。

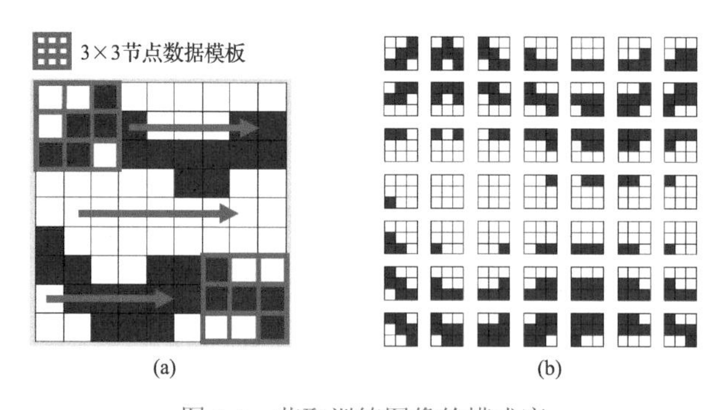

图 4.4　获取训练图像的模式库

(a)扫描整个训练图像；(b)捕获的模式库

在应用任一给定的数据模板对训练图像扫描的过程中，当数据模板捕获一个模式(由待模拟点$\boldsymbol{u}$和其所在数据模板内的条件数据所组成)，称为一个重复。如果训练图像模式库中某种模式重复出现N次，则称为N个重复。对于任一待模拟点$\boldsymbol{u}$，需要确定在给定n个条件数据值$S\left(\boldsymbol{u}_{\alpha}\right)$的情况下，属性$S(\boldsymbol{u})$取$k$个状态值中任一个状态值的条件概率分布函数(conditional probability distribution function, CPDF)。根据贝叶斯条件概率公式，该

CPDF 可表达为

$$\mathrm{Prob}\left\{S(\boldsymbol{u})=S_k \mid d_n\right\}=\frac{\mathrm{Prob}\left\{S(\boldsymbol{u})=S_k \cap S\left(\boldsymbol{u}_\alpha\right)=S_{k_\alpha};\alpha=1,\cdots,n\right\}}{\mathrm{Prob}\left\{S\left(\boldsymbol{u}_\alpha\right)=S_{k_\alpha};\alpha=1,\cdots,n\right\}} \tag{4-2}$$

式中，分母为某个模式出现的概率；分子为模式和待模拟点 $\boldsymbol{u}$ 取某个状态值的情况同时出现的概率。因此，公式(4-2)也可以表示为

$$\mathrm{Prob}\left\{S(\boldsymbol{u})=S_k \mid S\left(\boldsymbol{u}_\alpha\right)=S_{k_\alpha};\alpha=1,\cdots,n\right\}=\frac{c_k\left(d_n\right)}{c\left(d_n\right)} \tag{4-3}$$

这里，$c\left(d_n\right)$ 为某个模式重复的总数量；$c_k\left(d_n\right)$ 为重复模式中待模拟点 $S(\boldsymbol{u})$ 等于 S_k 的数量。

通过采用“搜索树”的数据结构来存储 CPDF 以减少扫描训练图像次数节省内存空间。多重数据模板的使用不仅可以获取训练图像大尺度特征，如微裂缝信息，还包含孔隙特征。

目前 MPS 方法主要应用在宏观地质建模领域，对于数字岩心构建，MPS 方法应用较多的是均质的、两相(孔隙相和骨架相)砂岩岩心，且主要以象元法为基础；对于页岩的微观结构重建，尤其是对多尺度多相的页岩构建研究较少，这是因为页岩的微观结构非均质性显著，且裂隙与孔隙的长连通特性表现不一致[36]。在利用 MPS 方法进行多尺度多相数字岩心构建过程中，需要在待模拟区域进行空间插值来恢复其岩心孔隙结构，本部分采用的是模式法来恢复岩心孔隙结构，如图 4.5 所示。依据训练图像信息，从模式库中依据条件概率，生成一种模式并将其随机地放置在待模拟区域中，通过更新条件概率函数，根据指定的路径随机生成下一个模式特征，通过重叠区域的指定来保证不同类型孔隙、裂缝和骨架的连通性，当待模拟区域都被遍历一次之后，整个待模拟区域的空间结构将被重建出来。由于采用了概率估计方法，故模拟结果具有随机性。此外，整个过程是依据训练图像中的信息，可以很好地揭示空间中各状态值的各种可能分布。

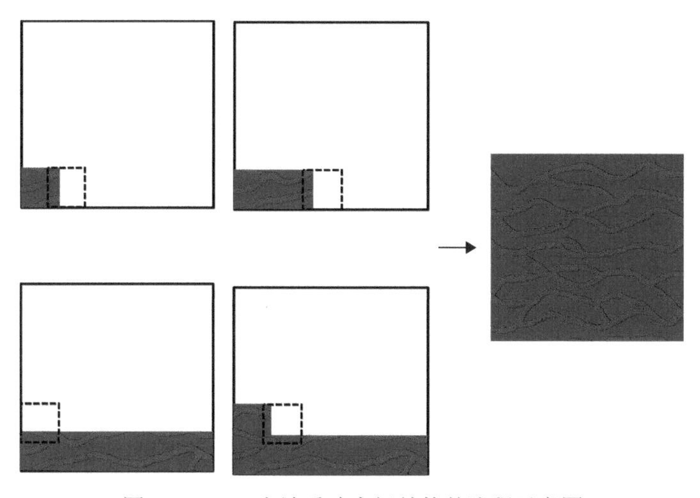

图 4.5　MPS 方法重建空间结构的流程示意图

3. MPS 构建数字岩心的基本流程

本节提出了使用 MPS 方法重构页岩数字岩心，其流程图如图 4.6 所示。

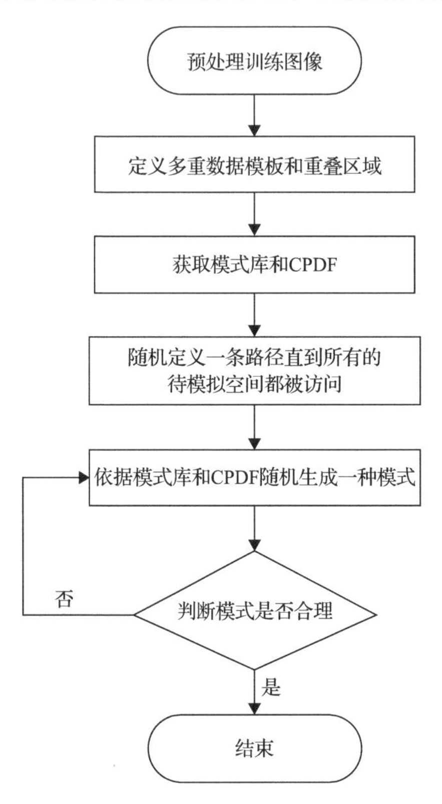

图 4.6 MPS 方法重构页岩数字岩心的流程图

步骤 1：在页岩灰度图像的基础上识别不同孔隙类型，例如小尺度特点(如纳米级孔隙相或微米级孔隙相)和大尺度特点(如裂缝相或矿物相)以及骨架相的多尺度页岩图像。

步骤 2：将选取的页岩图像作为训练图像，结合多重数据模板进行扫描，将获得的相组合(如孔隙-孔隙或者孔隙-裂缝)的模式库和 CPDF 存储在搜索树中。

步骤 3：指定一条随机路径访问待模拟区域的路径，定义重叠区域的大小，从模式库中依据条件概率生成一种模式，该模式含有相组合(如孔隙-孔隙或孔隙-裂缝)的特点，并将其随机放置到路径中，作为模拟的起点。

步骤 4：更新条件概率函数，生成下一个模拟区域的模式类型，依据重叠区域的大小和特点，判断该模式是否合理。

步骤 5：重复步骤 4 继续模拟随机路径上的其他模拟区域，直到待模拟区域中所有点构建完毕。

4.1.2 模拟实例

基于上述理论提出的基于模式法的多点统计学方法，能够很好地实现二维或三维的页岩多尺度数字岩心的构建。为了评估本算法的效果，本部分选取不同类型的模型并进行重建，对重建后的微观结构与真实微观结构进行比较。比较的内容主要有：自相关函数、孔喉形态结构特征以及渗流特征。

自相关函数能够反映变量在空间结构变化的相关性和变异性，它被用作构建效果的评价依据。如果两幅图像中的某个属性值的自相关函数具有相似的趋势，那么可以说明这两幅图像中的该属性值具有相似的结构特点；反之，这两幅图像中的该属性值的结构差异较大[37]。对于页岩多尺度数字岩心的评价，自相关函数定义为岩心图像中任选两个相距为 $\boldsymbol{h}$ 的节点属于同一相态的概率，表示为

$$S^j \equiv \overline{f^j(\boldsymbol{u}) * f^j(\boldsymbol{u}+\boldsymbol{h})} \tag{4-4}$$

式中，S^j 为第 j 相的自相关函数；$f^j(\boldsymbol{u})$ 和 $f^j(\boldsymbol{u}+\boldsymbol{h})$ 分别为位置向量 $\boldsymbol{u}$ 和 $\boldsymbol{u}+\boldsymbol{h}$ 的第 j 相的相函数；$\boldsymbol{h}$ 为位置偏移。

为了获取页岩图像中的孔隙结构，对整个孔隙空间进行膨胀、侵蚀和开运算之后，对孔隙中的每一点计算得到最大内切球，随后去除掉冗余球，孔隙空间中就充满了彼此重叠的球，这些互连互通的球反映了页岩图像的孔隙结构，可以得到孔隙空间的最大球与孔隙半径大小的分布[38]。同样地，对整个骨架空间进行类似的操作，可以获得骨架颗粒的大小和分布。

孔隙度是衡量储层的一个重要参数，是比较构建图像和训练图像的一个重要指标。基于 N-S 方程和达西定律，以构建的图像和训练图像为基础，进行单相渗流模拟，计算渗透率。基于构建的图像和训练图像提取的孔隙网络模型，计算其相对渗透率曲线[39]。

1. 二维到二维的重构

本算例为基于二维图像构建二维图像，选取的训练图像如图 4.7(a)所示，为人造岩心图像，其尺寸大小为 800×800 像素，物理尺寸大小为 2.4mm×2.4mm，图像中的黑色部分代表孔隙，白色部分为骨架。利用提出的算法结合训练图像进行空间重构，重构结果见图 4.7(b)和(c)，并将其分别命名为重构模型#1 和重构模型#2，其中重构模型的大小均为 800×800。

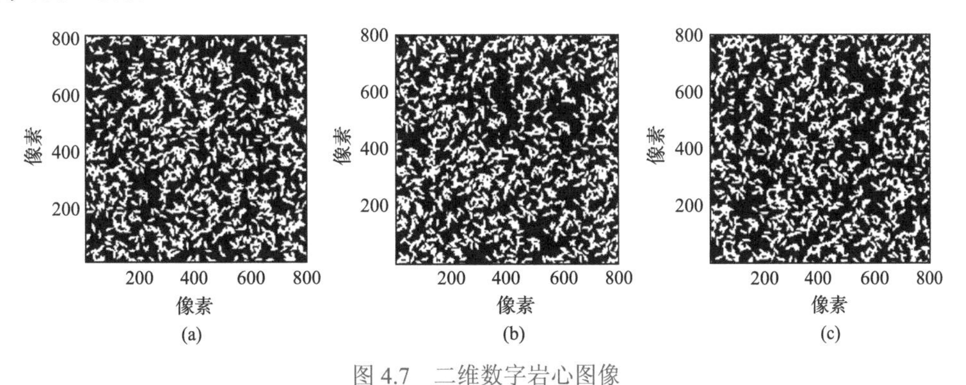

图 4.7　二维数字岩心图像

(a) 训练图像；(b) 重构模型#1；(c) 重构模型#2

将重构模型的图像与训练图像进行对比不难发现，构建得到的图像在孔隙结构分布

和颗粒形态上与真实训练图像具有相似性，颗粒均呈现出椭圆形。绘制训练图像与重构图像的自相关函数曲线，见图 4.8，其中横坐标为相关距离，纵坐标为孔隙特征的自相关函数，曲线趋势一致，趋于平滑稳定时所对应的相关距离为最小相关距离。从图 4.8 中得到，重构模型的最小相关距离与训练图像的最小相关距离差别不大。最小相关距离所对应的孔隙特征自相关函数值为孔隙度，三者数值接近，说明重构模型与训练图像的孔隙结构非常接近。

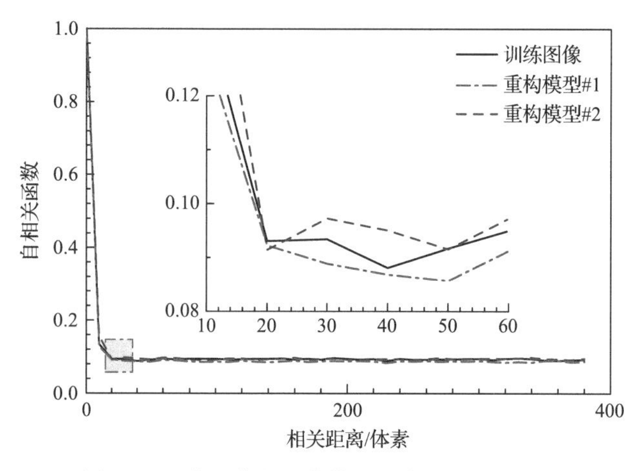

图 4.8 训练图像与重构模型的自相关函数曲线

为了进一步定量化比较分析，绘制孔隙和骨架颗粒的半径分布(图 4.9)。从图 4.9 可以看出，在孔隙半径分布方面，重构模型与训练图像均呈现出多峰分布的特征，波峰出现所对应的孔隙半径数值差别不大，其所占比例数值吻合，且孔隙半径均包含 2～50μm，表明孔隙的长连通特征得到了很好的再现。与训练图像相比，骨架颗粒的半径分布曲线均呈现为典型的高斯分布，骨架颗粒的峰值对应的颗粒半径一致，占比类似。这表明经过该算法构建得到的模型能够很好地重建训练图像中的孔隙结构特征。

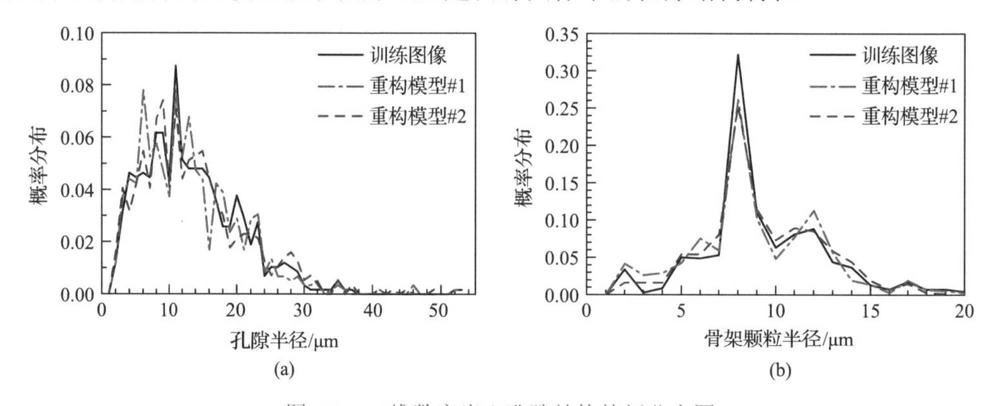

图 4.9 二维数字岩心孔隙结构特征分布图

(a) 孔隙半径分布；(b) 骨架颗粒半径分布

孔隙的微观结构决定了其流动规律，为了进一步评估重构图像和训练图像的宏观性质的差异，利用有限体积方法并结合 N-S 方程和达西定律，以重构图像和训练图像为平台，进行单相渗流和两相渗流数值模拟实验。渗流过程为稳态流动，流体为不可压缩的牛顿流体，固体表面为无滑移壁面。单相渗流模拟时，出入口边界为固定压力。两相渗流模拟时，入口边界为固定速度，出口边界为固定压力。

基于单相渗流模拟结果可以计算得到，训练图像的有效孔隙度为67.19%，绝对渗透率为13.19D；重构模型#1的有效孔隙度为66.84%，绝对渗透率为14.05D；重构模型#2的有效孔隙度为67.03%，绝对渗透率为14.15D。重构模型与训练图像的有效孔隙度和绝对渗透率数值比较接近，进一步证明了重构模型在单相渗流特性上的可靠性。当模拟稳定时，绘制重构模型和训练图像的压力场和速度场分布进行可视化，如图4.10所示，对于压力场，白色部分代表骨架，红色表示压力数值大，蓝色表示压力数值小，图像显示其压力场的分布类似，前端压力较大，中端压力集中，末端的压力较小。对于速度场，白色部分为骨架，颜色越偏向于红色速度值越大，颜色越偏向于蓝色速度值越小，速度场的三幅图均显示速度较大的位置均为狭小孔隙空间处，且数值差别不大，表明渗流速度比较接近。

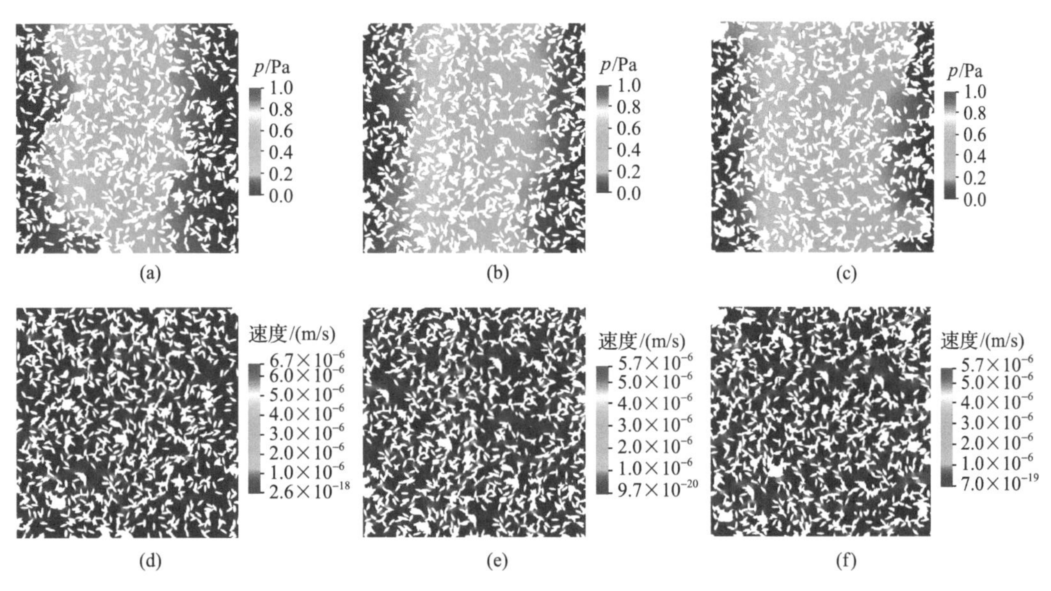

图4.10 孔隙空间的压力场和速度场分布

(a)训练图像压力场；(b)重构模型#1压力场；(c)重构模型#2压力场；(d)训练图像速度场；(e)重构模型#1速度场；(f)重构模型#2速度场

在重构模型和训练模型上分别开展油水两相流模拟，水的密度为$1g/cm^3$，水的黏度为1cP(1cP=1mPa·s)；油的密度为$0.8g/cm^3$，油的黏度为5cP；油水界面张力为40mN/m。注入速度为0.01m/s，出口端压力为大气压。对于初始状态为束缚水状态，即将油恒速注入到饱和水的岩样中，直至不再有水产出。绘制不同时刻重构模型和训练图像中油水的分布进行可视化(图4.11)，对于初始时刻，重构模型中存在着束缚水和油，蓝色部分代表水，红色部分为油。通过计算得到，训练图像中的束缚水饱和度为15.32%，重构模型#1中的束缚水饱和度为15.77%，重构模型#2中的束缚水饱和度为14.89%。从图中不难发现，束缚水以离散和连片的形式存在，这两种类型的束缚水均能存在于重构模型和训练图像中；0.1s 时刻，水将达到出口，从图中可以得到，重构模型和训练图像中的驱替模式均为活塞式驱替形式；1s 时刻，出口端不再有油产出，达到残余油状态，由计算可得，训练图像的残余油饱和度为 4.57%，重构模型#1 的残余油饱和度为 4.31%，重构模型#2 的残余油饱和度为 5.03%。

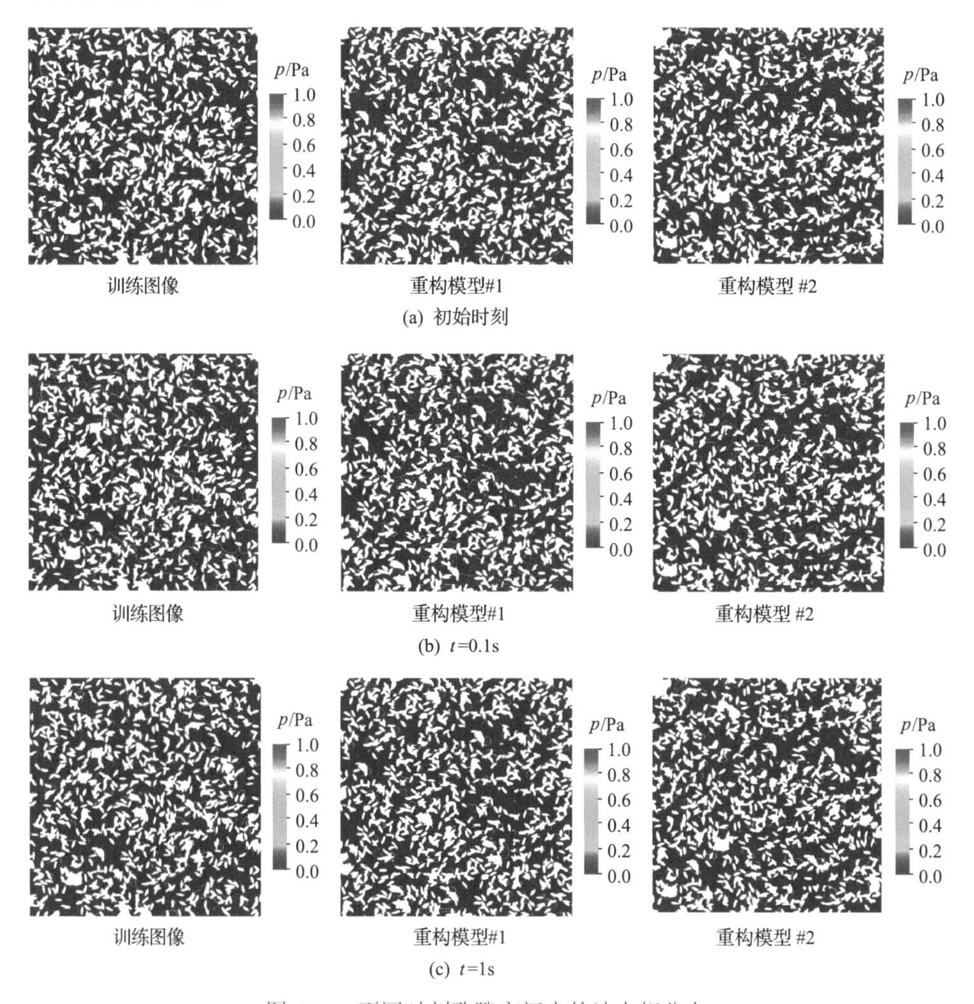

图 4.11 不同时刻孔隙空间中的油水相分布

2. 二维到二维的多相重构

本算法不仅适用于两相模型(孔隙相、骨架相)的重建,同样适用于多相模型的重建。本算例为基于二维多相图像构建二维多相图像，选取的训练图像为 Barnett 岩样的 SEM 图像，如图 4.12 所示，其尺寸大小为 1000×1000 像素，物理尺寸大小为 1.6μm×1.6μm，图像为灰度图像，其中白色部分为高亮矿物，灰色部分为骨架，黑色表示为有机质。利用提出的算法结合训练图像进行空间重构，重构模型见图 4.12(b)和(c)，并将其分别命名为重构模型#1 和重构模型#2，重构后的模型大小为 1000×1000。

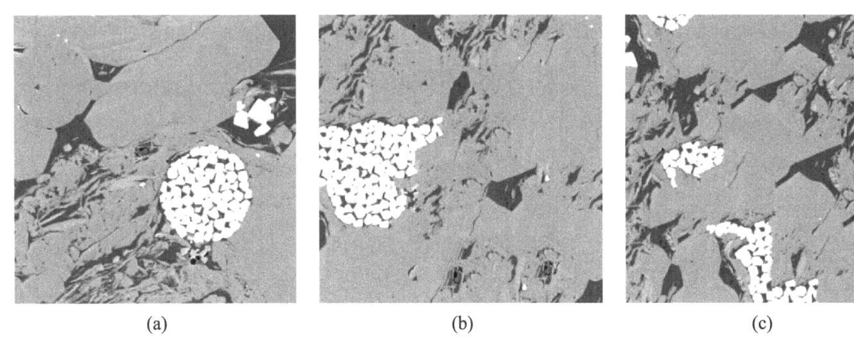

图 4.12　二维数字岩心灰度图像

(a) 训练图像；(b) 重构模型#1；(c) 重构模型#2

分别统计重构模型和训练图像的灰度值，并绘制灰度值分布曲线，如图 4.13 所示，从图中不难发现，无论是重构模型还是训练图像，灰度值的分布曲线均为多峰分布，这表明岩样本身是复杂的，包含多种类型的性质。对于三次不同波峰的位置，重构模型与训练图像对应的灰度值接近，且出现的数目大小差别不大，这表明重构模型可以很好地再现训练图像中复杂的多尺度特性。利用 OSTU 算法对训练图像和重构模型进行图像三相分割，如图 4.14 所示，其中绿色为分割后的矿物相，红色为分割后的骨架相，蓝色代表分割后的有机质。

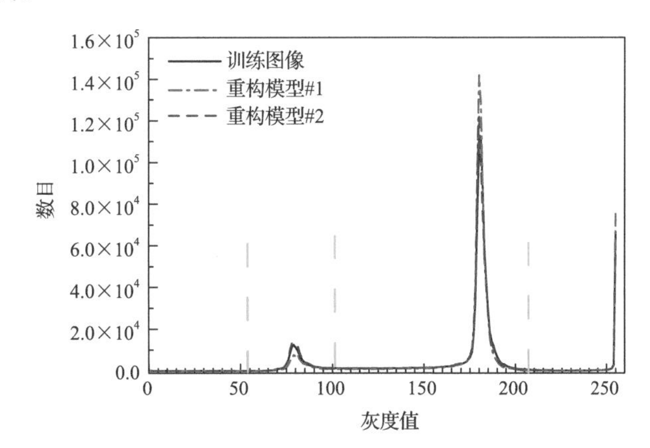

图 4.13　Barnett 岩样灰度值分布曲线

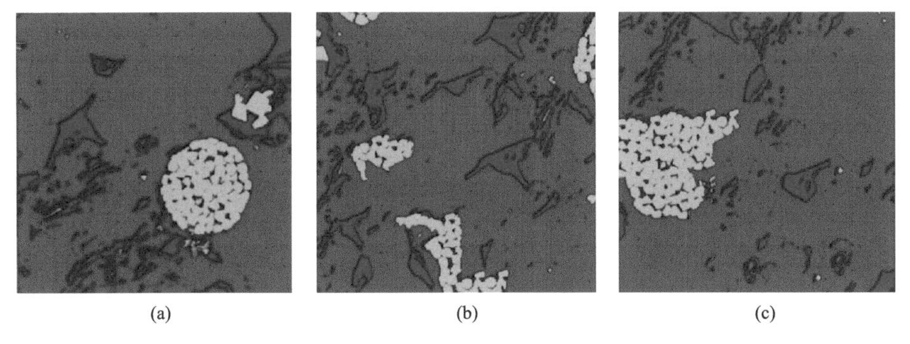

图 4.14　二维多相数字岩心图像

(a) 训练图像；(b) 重构模型#1；(c) 重构模型#2

通过对比重构模型和训练图像不难发现，对于矿物相，训练图像中的占比为 8.16%，重构模型#1 中的占比为 7.44%，重构模型#2 中的占比为 6.7%；在训练图像中以离散的颗粒聚集，聚集的形状为圆形；重构模型#1 中离散颗粒的矿物形状与训练图像类似，并且在图像上半部分出现类似半圆形；重构模型#2 中矿物形状与聚集方式与训练图像差别不大。对于有机质相，重构图像与训练图像的差别不大，都是以离散的复杂形状存在，多为楔形，且偏斜的方向一致。这表明利用本算法得到的重构模型能够很好地再现孔隙空间的复杂性。

3. 二维到三维重构

本节提出的算法在二维到二维两相和多相重建过程中表现出较好的效果，很好地再现了孔隙空间的复杂性和长程相关性，而在实际中，我们往往更加关心如何基于二维图像结构重建得到三维图像。若仅使用单张二维图像，由于算法仅考虑了单一方向的孔隙特征，往往导致重建模型与真实岩心差别较大，难以实现各向异性。在此基础上提出基于三张正交图像的改进算法，即在三个方向上利用训练图像对重建模型进行约束，能更加真实地重建孔隙空间，也能很好地再现孔隙空间的各向异性。

本算例为基于二维图像构建三维图像，选取三个垂直平面的训练图像，如图 4.15(a) 所示，其尺寸大小为 512×512，物理尺寸大小为 2.46mm×2.46mm，图像中的黑色部分代表孔隙，白色部分为骨架颗粒。利用提出的算法结合训练图像进行空间重构，重构模型见图 4.15(b) 和 (c)，并将其命名为重构模型#1 和重构模型#2，其中重构模型的大小为 512×512×512。

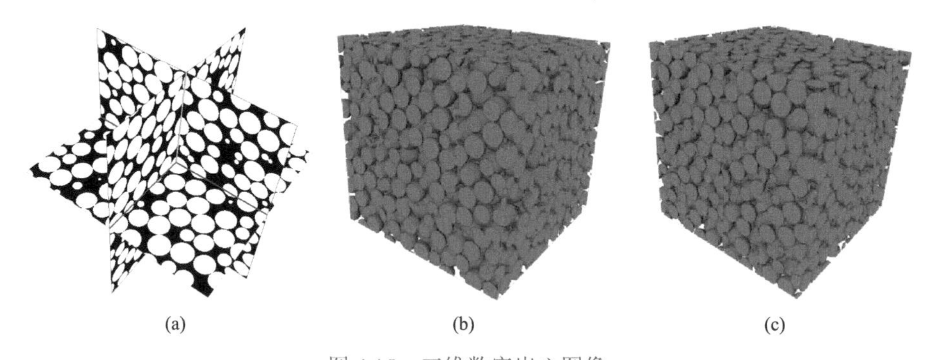

图 4.15　三维数字岩心图像

(a) 训练图像；(b) 重构模型#1；(c) 重构模型#2

将重构模型的图像与训练图像进行，从图像直观上不难发现，构建得到的图像在孔隙结构分布和颗粒形态上与真实训练图像具有相似性，颗粒均呈现出球形。绘制训练图像与重构模型的自相关函数曲线，见图 4.16，其中横坐标为相关距离，纵坐标为孔隙特征的自相关函数，曲线趋势一致，趋于平滑稳定时所对应的相关距离为最小相关距离。从图中得到，重构模型的最小相关距离与训练图像的最小相关距离差别不大。最小相关距离所对应的孔隙特征自相关函数值为孔隙度，三者数值接近，说明重构模型与训练图像的孔隙结构非常接近。

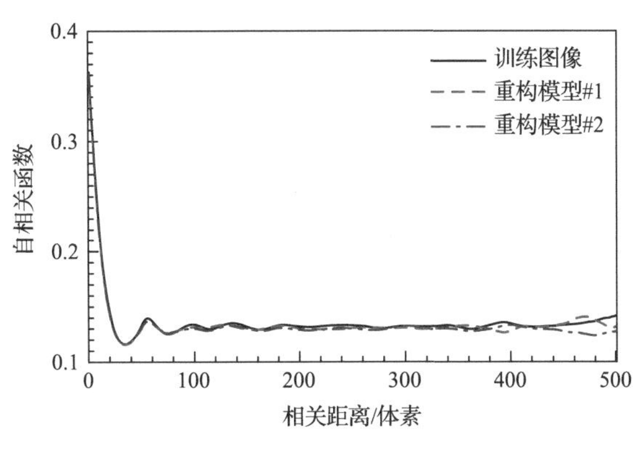

图 4.16 训练图像与重构模型的自相关函数曲线

为了进一步定量化比较分析，绘制孔隙空间的孔隙半径和喉道半径的分布，见图 4.17，图中横坐标分别表示孔隙半径和喉道半径，纵坐标为概率分布。从图中可以看出，在孔隙半径分布方面，重构模型与训练图像均呈现出多峰分布的特征，波峰出现所对应的孔隙半径数值差别不大，其所占比例数值接近，且孔隙半径均包含 0～50μm，表明孔隙的长连通特征得到了很好的再现。与训练图像相比，喉道半径分布曲线均呈现典型的高斯分布，喉道分布曲线的峰值对应的喉道半径一致，占比类似。这表明经过本算法构建得到的三维模型能够很好地重建出训练图像中的孔隙结构特征。

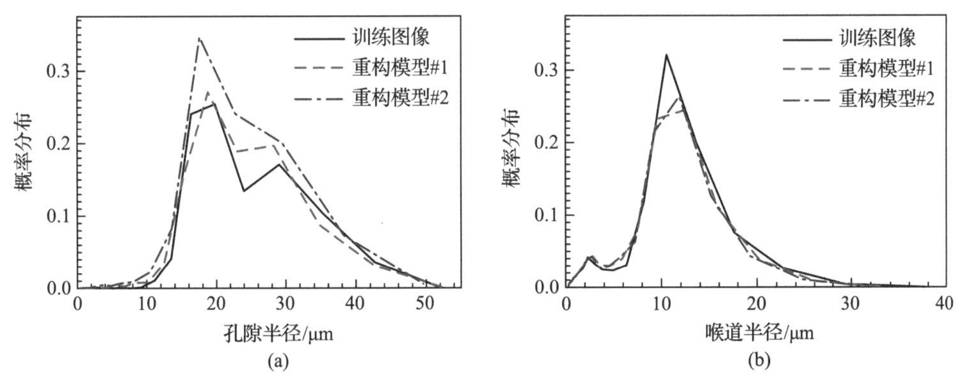

图 4.17 三维数字岩心孔隙结构特征分布图

基于单相渗流模拟结果可以计算得到，训练图像的有效孔隙度为 36.27%，绝对渗透率为 15.90D；重构模型#1 的有效孔隙度为 36.29%，绝对渗透率为 14.14D；重构模型#2 的有效孔隙度为 36.39%，绝对渗透率为 13.89D。重构模型与训练图像的有效孔隙度和绝对渗透率数值比较接近，进一步证明了重构模型在单相渗流特性上的可靠性。对于油水两相渗流模拟结果可以看出，重构模型和训练图像的相对渗透率曲线趋势非常接近，如图 4.18 所示，且束缚水饱和度、残余油饱和度及等渗点数值一致，说明重构模型与训练图像具有相同的两相渗流流动特性及宏观规律。

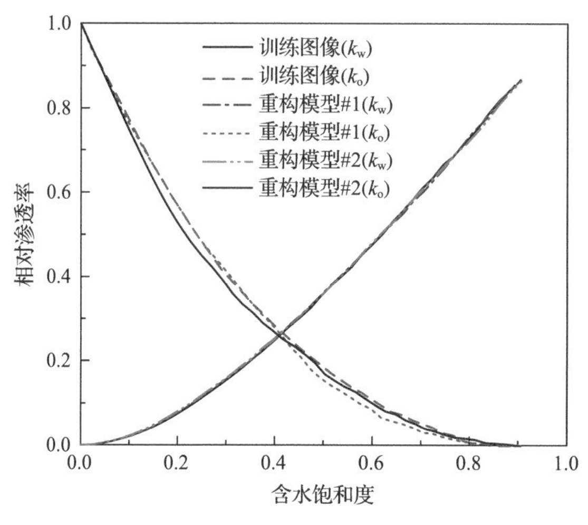

图 4.18 不同模型相对渗透率曲线

k_w 和 k_o 分别为油相渗透率和水相渗透率

4. 二维到三维多相重构

本算法不仅适用于两相模型(孔隙相、骨架相)的重建，同样适用于多相及连续相模型的重建。本算例为基于二维多相图像构建三维多相图像，选取的训练图像为龙马溪岩样的 FIB-SEM 图像，如图 4.19(a)所示，其尺寸大小为 300×300×300 像素，物理尺寸大小为 1.5μm×1.5μm×1.5μm，图像为灰度图像，其中白色部分为高亮矿物，灰色部分为骨架，黑色表示为有机质。利用提出的算法结合训练图像进行空间重构，重构模型见图 4.19(b)和(c)，并将其分别命名为重构模型#1 和重构模型#2，重构后的模型大小为 300×300×300 像素。

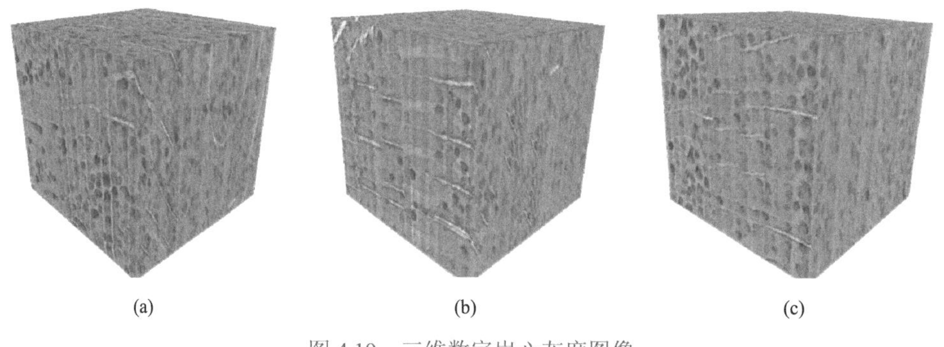

图 4.19 三维数字岩心灰度图像

(a) 训练图像；(b) 重构模型#1；(c) 重构模型#2

分别统计重构模型和训练图像的灰度值，并绘制灰度值概率分布曲线，如图 4.20 所示，从图中不难发现，无论是重构模型还是训练图像，灰度值的分布曲线均表现为高斯分布，数值集中在 5～120，这表明重构模型很好地再现训练图像中复杂的孔隙空间特性。利用 OSTU 算法对训练图像和重构模型进行图像三相分割，如图 4.21 所示，其中深蓝色为分割后的矿物相，蓝色为分割后的骨架相，其他代表分割后的有机质。

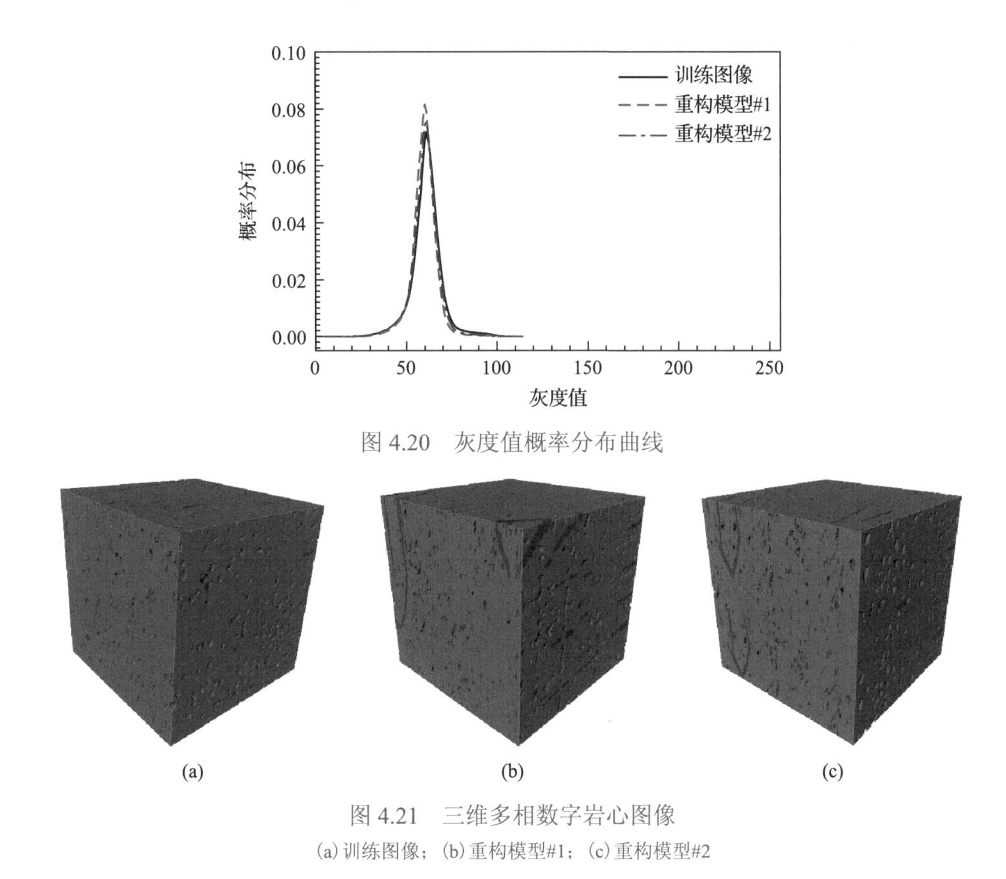

图 4.20 灰度值概率分布曲线

图 4.21 三维多相数字岩心图像

(a) 训练图像；(b) 重构模型#1；(c) 重构模型#2

通过对比重构模型和训练图像不难发现，对于矿物相，训练图像中的占比为 3.18%，重构模型#1 中的占比为 4.34%，重构模型#2 中的占比为 3.76%；在训练图像中以斜长狭缝的形式存在，重构模型#1 和重构模型#2 中也以这种形式存在。对于有机质相，重构图像与训练图像的差别不大，都是以离散的孔形状存在。这表明利用本算法得到的重构模型能够很好地再现孔隙空间的复杂性。

4.1.3 小结

本节提出一种适用于页岩的多相多尺度数字岩心重构方法。该方法以多点统计学为基础，结合训练图像，利用模式法对待模拟空间进行重构。从孔隙空间结构及流动特性等方面对算法可靠性进行评价。主要得到以下结论：

(1) 与传统数值重建算法相比，该算法对实现两相、多相页岩多尺度数字岩心的构建有较好的效果，不仅能够再现其多尺度及长连通性的特点，还具有模拟时间快、计算量小的优势。

(2) 利用数值模拟算法构建不同相占比相差比较大的页岩多尺度数字岩心，为实现不同来源不同信息的融合提供了基础。

(3) 算法的可靠性和实用性能够为下一步构建大尺寸三维模型提供保障。

4.2 基于格子玻尔兹曼方法的页岩气微观流动模拟

4.2.1 格子玻尔兹曼基本模型

格子玻尔兹曼(LB)模型由迁移步和碰撞步组成，其中迁移步表征粒子的迁移过程，而碰撞步表示粒子分布函数向平衡态分布的一个弛豫过程。根据碰撞项的处理方式可分为单松弛时间 LB 模型和多松弛时间 LB 模型，对于单松弛时间 LB 模型，碰撞过程在速度空间执行，编程简单，计算效率高，应用更广泛；而对于多松弛时间 LB 模型，碰撞过程在矩空间执行，不同矩可以使用不同的松弛时间，数值稳定性更高。对于单松弛时间 LB 模型，其基本演化方程如下：

$$f_\alpha\left(\boldsymbol{r}+\boldsymbol{e}_\alpha\delta t, t+\delta t\right)-f_\alpha(\boldsymbol{r},t)=-\frac{1}{\tau}\left(f_\alpha-f_\alpha^{\mathrm{eq}}\right)+\delta t F_\alpha \tag{4-5}$$

式中，公式左侧代表迁移步，右侧代表碰撞步；α 为离散速度方向；$\boldsymbol{r}$ 为粒子的空间位置；$\boldsymbol{e}_\alpha$ 为 α 方向的速度；t 为时间；δt 为时间步长；τ 为松弛时间；f_α 为离散速度空间 α 方向上的分布函数；f_α^{eq} 为离散速度空间的局部平衡态分布函数，其表达式为

$$f_\alpha^{\mathrm{eq}}=w_\alpha\rho\left[1+\frac{\boldsymbol{e}_\alpha\cdot\boldsymbol{u}}{c_{\mathrm{s}}^2}+\frac{\left(\boldsymbol{e}_\alpha\cdot\boldsymbol{u}\right)^2}{2c_{\mathrm{s}}^4}-\frac{\boldsymbol{u}^2}{2c_{\mathrm{s}}^2}\right] \tag{4-6}$$

其中，ρ 和 $\boldsymbol{u}$ 为宏观的粒子密度和速度；c_{s} 为格子声速；w_α 为权重系数。

$\boldsymbol{F}_\alpha$ 为 α 方向上所受的外力：

$$\boldsymbol{F}_\alpha=w_\alpha\rho\left[\frac{\boldsymbol{e}_\alpha\cdot\boldsymbol{a}}{c_{\mathrm{s}}^2}+\frac{\boldsymbol{a}\boldsymbol{u}:\left(\boldsymbol{e}_\alpha\boldsymbol{e}_\alpha-c_{\mathrm{s}}^2\boldsymbol{I}\right)}{c_{\mathrm{s}}^4}\right] \tag{4-7}$$

式中，$\boldsymbol{a}$ 为外力加速度。

在本章模拟中，二维情况下均采用 D2Q9 离散速度模型，三维情况下均采用 D3Q19 离散速度模型。对于 D2Q9 离散速度模型，离散速度和权重系数分别为[40]

$$\boldsymbol{e}_\alpha=\begin{cases}c(0,0), & \alpha=0\\ c(\pm1,0),c(0,\pm1), & \alpha=1,2,3,4\\ c(\pm1,\pm1), & \alpha=5,6,7,8\end{cases} \tag{4-8}$$

$$w_\alpha=\begin{cases}\dfrac{4}{9}, & \alpha=0\\[2ex] \dfrac{1}{9}, & \alpha=1,2,3,4\\[2ex] \dfrac{1}{36}, & \alpha=5,6,7,8\end{cases} \tag{4-9}$$

对于 D3Q19 离散速度模型，离散速度和权重系数分别为[40]

$$\boldsymbol{e}_\alpha=\begin{cases}c(0,0,0), & \alpha=0\\ c(\pm1,0,0),c(0,\pm1,0),c(0,0,\pm1), & \alpha=1,2,\cdots,6\\ c(\pm1,\pm1,0),c(\pm1,0,\pm1),c(0,\pm1,\pm1), & \alpha=7,8,\cdots,18\end{cases} \tag{4-10}$$

$$w_\alpha=\begin{cases}\dfrac{1}{3}, & \alpha=0\\ \dfrac{1}{18}, & \alpha=1,2,\cdots,6\\ \dfrac{1}{36}, & \alpha=7,8,\cdots,18\end{cases} \tag{4-11}$$

式中，$c=\delta x/\delta t$；格子声速 c_s 均为 1/3。

4.2.2 考虑微尺度效应和气体高压影响的格子玻尔兹曼模型

1. 松弛时间的确定

采用 LBM 进行微纳尺度气体流动模拟需要解决两个基本问题：一是松弛时间的计算需要由 Kn 确定；二是需要采用滑移边界条件。微尺度格子玻尔兹曼(LB)模型最初被用来模拟微机电系统(MEMS)中的气体流动[19]，在早期阶段，人们主要致力于提出更合理的松弛时间表达式及滑移边界条件[17,18,20,22,24,41-43]。对于连续流区域的流体流动，流动特征参数为雷诺数(Re)，LB 模型中松弛时间由 Re 确定；而对于微纳尺度气体流动，流动区域处于滑移区或过渡区，流动特征参数为 Kn，松弛时间的计算应由 Kn 确定。

Nie 等[19]最初建立了如下形式的松弛时间计算公式：$\tau=H\cdot Kn/a+0.5$，该公式中 a 为一经验参数，需要通过拟合实验结果得到；后来 Lim 等[18]、Lee 和 Lin[17]、Niu 等[20]和 Tang 等[22]又分别构建了其他形式的松弛时间计算公式，但以上公式的应用很少。近年来，Guo 等[42]根据动理学理论以及 LB 模型中松弛时间与黏性系数的关系提出了如下形式的松弛时间计算公式：$\tau=\sqrt{6/\pi}\,Kn\cdot N+0.5$，由于该公式的理论基础及较强的准确性，在后来的微纳尺度气体流动模拟中得到了广泛的应用。下面对该松弛时间表达式进行简要介绍。根据动理学理论，气体运动的平均分子自由程 λ 与宏观黏度 μ、压力 p 和温度 T 存在如下关系[44]：

$$\lambda=\frac{\mu}{p}\sqrt{\frac{\pi RT}{2}} \tag{4-12}$$

当气体为理想气体时，在 LBM 中压力 p 与气体密度 ρ 以及松弛时间 τ 与流体黏度 μ 之间存在如下关系：

$$
\begin{aligned}
p &= \rho c_{\mathrm{s}}^{2} \\
\mu &= \rho c_{\mathrm{s}}^{2}\left(\tau-\frac{1}{2}\right)\delta_{t}
\end{aligned} \tag{4-13}
$$

因而有

$$
\tau=\frac{1}{2}+\frac{\lambda}{\delta_{t}}\sqrt{\frac{2}{\pi RT}} \tag{4-14}
$$

对于 D2Q9 模型和 D3Q19 模型，有 $c=\delta x/\delta t=\sqrt{3RT}$，该式中 c 为格子速度，δx 和 δt 分别为离散格子长度和格子时间。

因而有[44]

$$
\tau=\frac{1}{2}+\sqrt{\frac{6}{\pi}}Kn\cdot N \tag{4-15}
$$

式中，$N=H/\delta x$ 为特征长度所占的网格数，其中 H 为特征长度。

对于微通道中的气体流动，在壁面附近会产生厚度为平均自由程量级的边界层，称为克努森层，如图 4.22 所示，在克努森层内气体分子间碰撞不充分，气体分子运动的自由程会被壁面所截断，不再满足拟热力学平衡假设，连续模型不再适用。当流动处于连续流或滑移流区（$Kn<0.1$）时，克努森层在整个流动通道中所占比例很小，其影响可以忽略，采用无滑移或有滑移的 N-S 方程可以描述流体流动；当流动进入过渡流区以后，克努森层的影响不可忽略，连续介质假设不再成立，N-S 方程不再适用。克努森层的影响可以通过两种方式引入到 LBM 中：一是增加离散精度，构建高阶 LB 模型[45,46]；二是对分子运动的平均自由程进行修正，采用有效松弛时间来考虑克努森层的影响。对于第一类方法，由于采用何种精度的离散速度模型无法事先确定，并且其计算量更大，编程更复杂，因而应用较少；对于第二类方法，由于其没有破坏 LBM 的简便性，且能够保证模拟准确性，因而得到了广泛应用。有效松弛时间模型通过采用有效平均分子自由程考虑克努森层的影响，即 $\lambda_{\mathrm{e}}=\lambda\eta$，其中 η 为考虑克努森层影响的修正函数。该模型又可分为两类：第一类模型为局部有效松弛时间模型，考虑流体节点与固体壁面间的距离，随着距固体壁面距离的增加，克努森层的影响减小，η 更接近于 1，即 $\lambda_{\mathrm{e}}(\boldsymbol{r})=\lambda\eta(Kn,\boldsymbol{r})$，如 Zhang 等[47]和 Guo 等[48]提出的模型；第二类模型将克努森层的影响平均到整个流体区域，η 仅为与 Kn 有关的函数，整个流体通道中采用均一修正函数，即 $\lambda_{\mathrm{e}}=\lambda\cdot\eta(Kn)$，如 Guo 等[42]和 Li 等[49]提出的模型。在此采用第二类有效松弛时间模型在微尺度格子玻尔兹曼模型中考虑克努森层的影响，模拟结果表明其具有较好的准确性。考虑克努森层影响后有

$$
\tau_{\mathrm{e}}=\frac{1}{2}+\sqrt{\frac{6}{\pi}}Kn_{\mathrm{e}}\cdot N \tag{4-16}
$$

式中，τ_{e} 为考虑克努森层影响的有效松弛时间；$Kn_{\mathrm{e}}=Kn/(1+2Kn)$ 为考虑克努森层影响后的有效克努森数[49]，修正函数为 $\eta(Kn)=1/(1+2Kn)$。

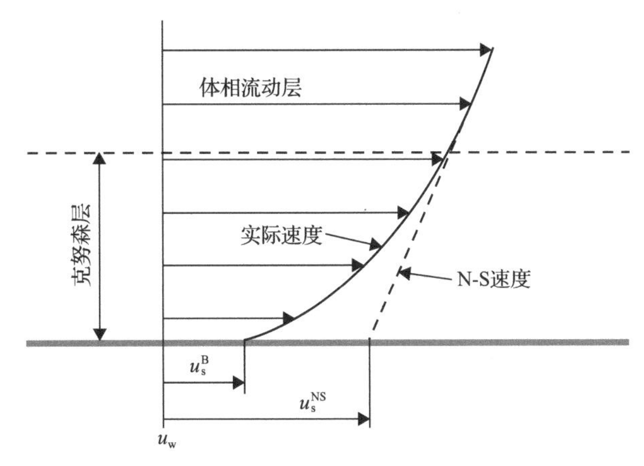

图 4.22　克努森层示意图(据 Guo 等[48]，有改动)

u_s^B 为壁面直实速度；u_s^{NS} 为由体相区 NS 速度外推的滑移速度

2. 滑移边界条件

对于微尺度气体流动，在壁面上存在滑移流速，需要采用滑移边界条件，为描述微纳尺度气体流动在壁面上的滑移流速，不同学者也提出了不同的滑移边界条件，Nie 等[19]最初通过反弹格式来描述壁面滑移流速，但后来被证明反弹格式所引起的滑移流速是由数值离散误差引起的[44]。Ansumali 和 Karlin[41]根据动理学理论的完全漫反射模型构建了离散漫反射边界条件，该边界条件假定气体分子与壁面碰撞后，反射进入流场的分子速度满足壁面上的平衡态分布而与入射分子的速度无关。由于反弹格式是一类无滑移边界条件，而镜面反射格式是一类无穷滑移边界条件，Succi[43]将该两类边界条件结合提出了反弹与镜面反射组合形式的滑移边界条件，通过选取合理的组合系数[44]，该模型能够较准确地模拟壁面滑移流速，因而该边界条件在后来的微纳尺度气体流动模拟中得到了广泛应用。Tang 等[22]还基于该思想提出了将反弹和完全漫反射组合的滑移边界条件，也具有较强的准确性。此外，Chen 和 Tian[50]还提出采用朗缪尔滑移边界条件来模拟微纳尺度气体流动壁面滑移现象。在此将介绍两类滑移边界条件：反弹与镜面反射组合格式的滑移边界条件以及离散漫反射边界条件。

1) 反弹与镜面反射组合格式的滑移边界条件

反弹边界条件为无滑移边界条件，而镜面反射边界条件在固体壁面上能够产生无穷滑移长度，因而将两种边界条件组合能够处理壁面滑移流速，如图 4.23 所示。该类边界条件非常适用于平直边界的处理，当分布函数入射到固体壁面后，一部分以反弹格式返回流体，另一部分以镜面反射格式返回流体，公式如下：

$$f_\alpha = rf_{\bar{\alpha}} + (1-r)f_{\alpha'} \tag{4-17}$$

式中，$f_{\bar{\alpha}}$ 为反弹部分，即 $\boldsymbol{e}_{\bar{\alpha}} = -\boldsymbol{e}_{\bar{\alpha}}$；$f_{\alpha'}$ 为镜面反射部分；r 为组合系数，$r\in[0,1]$，表示反弹部分所占比例。

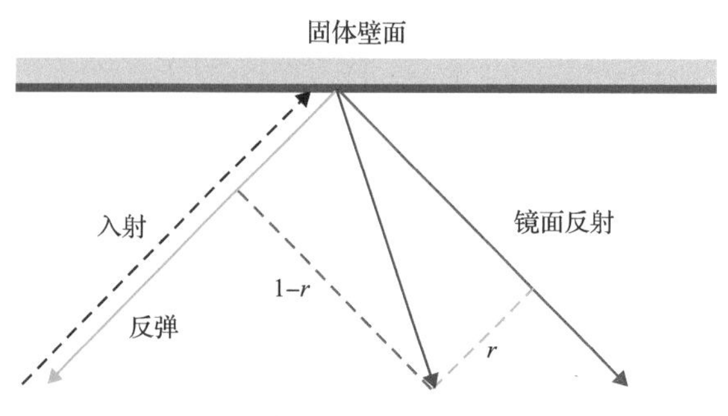

图 4.23 镜面反射与反弹组合格式

对于微尺度气体流动，结合二阶滑移边界条件可得组合系数为[44]

$$r=\left\{1+\sqrt{\frac{\pi}{6}}\left[\frac{\varDelta^2}{4Kn}+B_1\sigma_{\mathrm{v}}+\left(2B_2-\frac{8}{\pi}\right)Kn\right]\right\}^{-1} \tag{4-18}$$

式中，$\varDelta=1/N$; $B_1=1-0.1817\sigma$；$B_2=0.8$；$\sigma_{\mathrm{v}}=2-\sigma$，其中$\sigma$为切向动量协调系数(TMAC)，在本章模拟中取$\sigma=1$。考虑克努森层的影响，则需用有效克努森数 $Kn_{\mathrm{e}}=Kn/(1+2Kn)$代替公式(4-18)中的$Kn$。

2)离散漫反射边界条件

离散漫反射边界条件源于动理学理论的完全漫反射边界模型，该边界条件假定气体分子与壁面碰撞后反射进入流场的速度满足壁面的平衡态分布，而与入射速度无关，该类边界条件非常适用于粗糙壁面滑移边界的处理。对于页岩或致密砂岩，固体壁面非常粗糙，并且孔隙结构复杂，离散漫反射边界条件非常适用于此类边界的处理，在 LBM 中该边界条件的离散格式为[22,41,51]

$$f_\alpha=Kf_\alpha^{\mathrm{eq}}\left(\rho_{\mathrm{w}},\boldsymbol{u}_{\mathrm{w}}\right),\qquad\left(\boldsymbol{e}_\alpha-\boldsymbol{u}_{\mathrm{w}}\right)\cdot\boldsymbol{n}>0 \tag{4-19}$$

式中

$$K=\frac{\sum\limits_{\xi_\alpha'\cdot\boldsymbol{n}<0}\left|\boldsymbol{\xi}_\alpha'\cdot\boldsymbol{n}\right|f_\alpha'}{\sum\limits_{\xi_\alpha'\cdot\boldsymbol{n}>0}\left|\boldsymbol{\xi}_\alpha'\cdot\boldsymbol{n}\right|f_\alpha^{\mathrm{eq}}\left(\rho_{\mathrm{w}},\boldsymbol{u}_{\mathrm{w}}\right)},\qquad\boldsymbol{\xi}_\alpha'=\boldsymbol{e}_\alpha-\boldsymbol{u}_{\mathrm{w}} \tag{4-20}$$

$\boldsymbol{n}$ 为壁面节点指向孔隙内的单位法向向量；$\boldsymbol{e}_\alpha$ 为格子单位速度的单位向量；$\boldsymbol{u}_{\mathrm{w}}$ 为壁面速度，下标 w 表示固体壁面；K 为修正系数；f_α' 为迁移后的分布函数；f_α^{eq} 为平衡态分布函数。

在进行多孔介质中气体流动模拟前，首先要搜寻所有固体边界节点，并确定每个边界节点 i 指向孔隙内的法向方向 $\boldsymbol{n}_i$，然后进行流动模拟，在满足$(\boldsymbol{e}_\alpha-\boldsymbol{u}_{\mathrm{w}})\cdot\boldsymbol{n}_i>0$ 的方向上执行漫反射边界条件，否则，执行反弹边界条件。如图 4.24 所示，对于边界节点 g，离散漫反射边界条件按以下公式实现：

$$f_\alpha=Kf_\alpha^{\mathrm{eq}}\left(\boldsymbol{u}_{\mathrm{w}}\right),\qquad\alpha=1,4,7,8 \tag{4-21}$$

式中

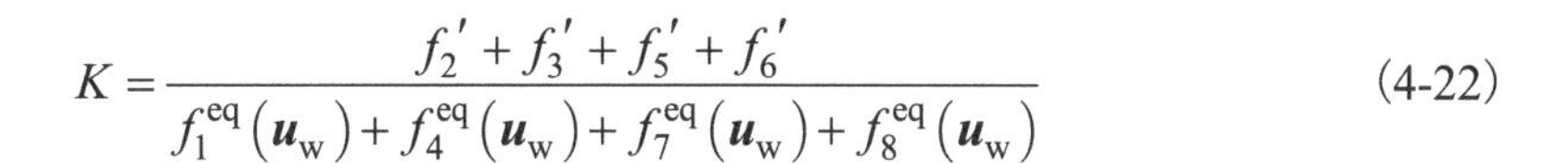

$$K = \frac{f_2' + f_3' + f_5' + f_6'}{f_1^{\mathrm{eq}}\left(\boldsymbol{u}_{\mathrm{w}}\right) + f_4^{\mathrm{eq}}\left(\boldsymbol{u}_{\mathrm{w}}\right) + f_7^{\mathrm{eq}}\left(\boldsymbol{u}_{\mathrm{w}}\right) + f_8^{\mathrm{eq}}\left(\boldsymbol{u}_{\mathrm{w}}\right)} \tag{4-22}$$

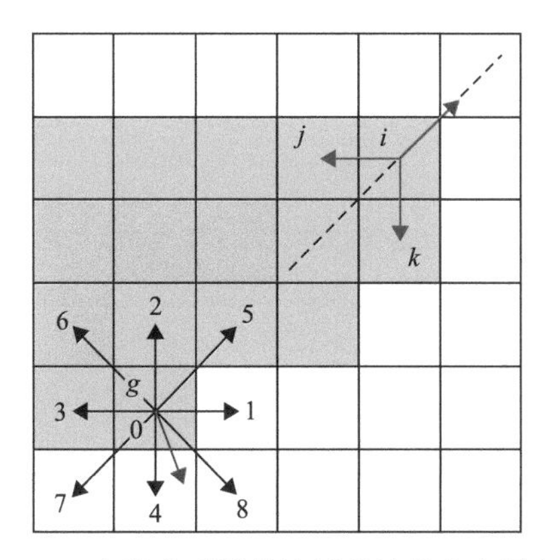

图 4.24　多孔介质固体边界外法线方向示意图

绿色表示固体边界节点，白色表示孔隙节点，灰色表示内部固体节点，红色为边界外法线方向

3. 正则化过程

由于 D2Q9 离散速度模型的限制，分布函数的非平衡态部分包含高阶(高于二阶)项信息，在 D2Q9 模型下具有较强的各向异性，当克努森数较大且孔隙结构不对称(非直通道)时，该部分会产生较大误差，而正则化过程可以过滤掉高阶项信息，使模型在 D2Q9 离散速度模型下保持较好的各向同性[52-55]。因而要进行高克努森数下多孔介质中的气体流动模拟，需要在模型中引入正则化过程[52]，引入正则化过程后演化方程变为

$$f_\alpha\left(\boldsymbol{r} + \boldsymbol{e}_\alpha \delta t, t + \delta t\right) = f_\alpha^{\mathrm{eq}}(\boldsymbol{r}, t) + \left(1 - \frac{1}{\tau}\right)\tilde{f}_\alpha^{\mathrm{noneq}} + \delta t F_\alpha \tag{4-23}$$

式中

$$\tilde{f}_\alpha^{\mathrm{noneq}} = \omega_\alpha \left[\frac{1}{2c_{\mathrm{s}}^2} He^{(2)}\left(\frac{\boldsymbol{e}_\alpha}{c_{\mathrm{s}}}\right) \sum_{\alpha=0}^{Q-1} f_\alpha^{\mathrm{noneq}} e_{\alpha i} e_{\alpha j}\right] \tag{4-24}$$

$f_\alpha^{\mathrm{noneq}} = f_\alpha - f_\alpha^{\mathrm{eq}}$，为分布函数的非平衡态部分；$F_\alpha$ 为外力项；$He^{(2)}$ 为二阶埃尔米特多项式，$He_{ij}^{(2)} = \xi_i \xi_j - \delta_{ij}$。

如图 4.25 所示，引入正则化过程使得模拟得到的流速分布更连续，在物理上更合理。此外，正则化过程可提高 LB 模型的数值稳定性[56]，并且经作者验证也表明，引入正则化过程的单松弛时间 LB 模型与引入正则化过程的多松弛时间 LB 模型结果几乎一致，因而在本章关于微尺度多孔介质中的气体流动模拟均采用引入正则化过程的单松弛时间 LB 模型。

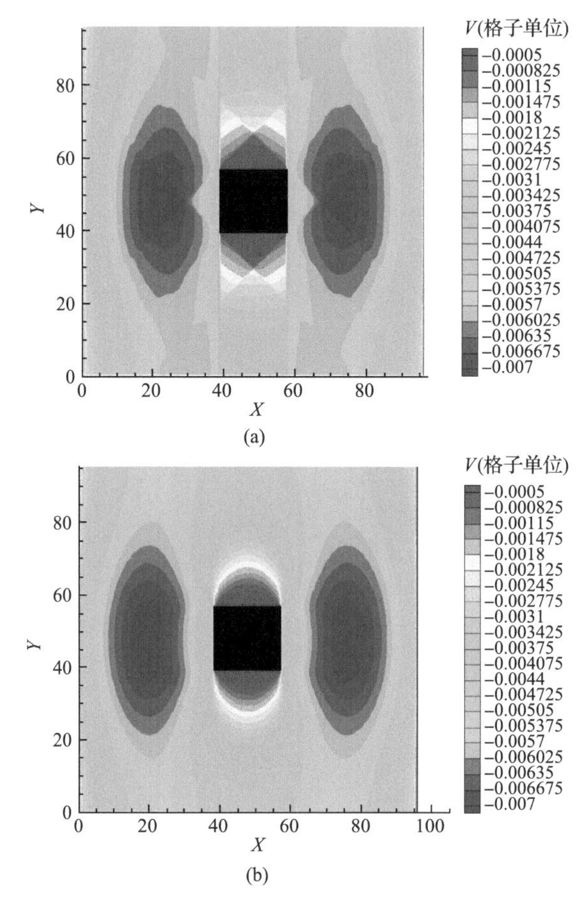

图 4.25 通过 LBM 模拟得到的气体流速分布(Kn=0.11)

(a) 不考虑正则化过程；(b) 考虑正则化过程

4. 气藏高压影响

上述 LB 模型能够用于低压条件下的微尺度气体流动模拟，对于页岩和致密气藏，一般条件下地层压力较高，为考虑气藏高压的影响需要进行以下修正。

1) 真实气体状态方程

页岩、致密气藏一般压力较高，此时非理想气体状态方程不再适用，需要采用真实气体状态方程。Shan-Chen 单组分 LB 模型通过引入粒子间相互作用力进而引入非理想气体状态方程，并且通过改变势函数的形式可以模拟不同真实气体状态方程。在本章模拟中若考虑气藏高压的影响，则采用 Shan-Chen 单组分 LB 模型引入 Peng-Robinson (P-R) 状态方程进行流动模拟，某点处粒子所受其他粒子相互作用力为

$$\boldsymbol{F}(\boldsymbol{r},t) = -G\psi(\boldsymbol{r},t)\sum_{\alpha=1}^{N}\omega_\alpha\psi\left(\boldsymbol{r}+\boldsymbol{e}_\alpha\Delta t,t\right)\boldsymbol{e}_\alpha \tag{4-25}$$

式中，G 为表征粒子间相互作用力强弱的参数；ψ 为势函数；N 代表 N 个方向；ω_α 为每

个方向的权重。外力和粒子间相互作用力通过修正平衡态速度引入到模型中。采用 Yuan 和 Schaefer[57]提出的方法将 P-R 状态方程通过势函数引入到该模型中，P-R 状态方程为

$$
\begin{aligned}
&p=\frac{\rho RT}{1-c\rho}-\frac{a\alpha(T)\rho^2}{1+2c\rho-c^2\rho^2}\\
&\alpha(T)=\left[1+\left(0.37464+1.54226\omega-0.26992\omega^2\right)\times\left(1-\sqrt{T/T_\mathrm{c}}\right)\right]^2\\
&a=0.45724R^2T_\mathrm{c}^2/p_\mathrm{c},\quad c=0.0778RT_\mathrm{c}/p_\mathrm{c}
\end{aligned}
\tag{4-26}
$$

式中，ρ 为摩尔密度；R 为普适气体常数，R=8.314×10^{-3}J/(mol·K)；T 为气体温度，K；p_c、T_c 分别为气体临界压力和临界温度，对于甲烷，有 p_c=4.6MPa，T_c=190.6K；ω 为偏心因子，对于甲烷，有 ω=0.011[57]。

在 Shan-Chen 模型中引入该方程对应的势函数为

$$
\psi=\sqrt{\frac{2\left[\dfrac{\rho RT}{1-c\rho}-\dfrac{a\alpha(T)\rho^2}{1+2c\rho-c^2\rho^2}-c_\mathrm{s}^2\rho\right]}{c_\mathrm{s}^2G}}
\tag{4-27}
$$

2) 松弛时间与滑移系数的修正

玻尔兹曼方程是在假设气体稀薄条件下得到的，仅考虑了分子的二体碰撞[40]，这在低压条件下是成立的，而对于页岩气藏，压力一般较高，气体较稠密，考虑气体稠密性的影响需要进一步对松弛时间表达式进行修正[58,59]：

$$
\tau_{\mathrm{e}\chi}=\frac{1}{2}+\sqrt{\frac{6}{\pi}}Kn_\mathrm{e}N(1+0.5b\rho\chi)^2/\chi
\tag{4-28}
$$

式中，$b=2\pi d^3/(3m)$，其中 d 和 m 分别为分子直径和分子质量，对于甲烷，有 d=0.38nm，m=2.658×10^{-26}kg；ρ 为气体密度，kg/m^3；χ 为碰撞修正因子，其表达式如下：

$$
\chi=1+\frac{5}{8}b\rho+0.2869(b\rho)^2+0.1103(b\rho)^3+0.0386(b\rho)^4
\tag{4-29}
$$

此外，当采用反弹与镜面反射组合格式的滑移边界条件时，考虑气藏高压的影响组合系数也需要进行气体稠密性修正[58]：

$$
r_{\mathrm{e}\chi}=\left(1+\sqrt{\frac{\pi}{6}}\frac{\chi}{(1+0.5b\rho\chi)^2}\left\{\frac{\varDelta^2}{4Kn_\mathrm{e}}+B_1\sigma_\mathrm{v}+\left[2B_2-\frac{8}{\pi}\frac{(1+0.5b\rho\chi)^4}{\chi^2}\right]Kn_\mathrm{e}\right\}\right)^{-1}
\tag{4-30}
$$

5. 局部 *Kn*

Kn 是微尺度气体流动的特征参数，其大小与分子种类、温度、压力等因素有关，对于硬球分子，其分子平均自由程为

$$\lambda = \frac{m}{\sqrt{2}\pi\rho d^2} \tag{4-31}$$

Kn 定义为

$$Kn = \frac{m}{\sqrt{2}\pi\rho d^2 H} \tag{4-32}$$

考虑高压下气体稠密性的影响，Kn 定义需要进行如下修正：

$$Kn = \frac{m}{\sqrt{2}\pi\rho d^2 \chi H} \tag{4-33}$$

对于某一气体分子而言，分子质量和分子直径是一定的，气体的密度是温度和压力的函数，因而当气体种类、温度和压力确定后，首先通过气体状态方程计算出该状态下气体的密度和 χ，然后即可计算出该状态下的 Kn。

气体在孔隙中流动的特征长度为孔隙尺寸，对于多孔介质而言，其孔隙尺寸随机分布，不是定值，因而需要引入局部特征长度。在进行流动模拟前，首先计算所有孔隙节点对应的孔隙尺寸，即特征长度 $H(\boldsymbol{r})$，并选取参考特征长度 H_{ref}、参考压力对应的参考密度 ρ_{ref} 和参考修正因子 χ_{ref}，从而可以计算该状态下对应的参考克努森数 Kn_{ref}；然后进行流动模拟，每个孔隙节点上的局部克努森数计算式为

$$Kn(\boldsymbol{r},t) = \frac{Kn_{\text{ref}} \cdot \rho_{\text{ref}} \cdot \chi_{\text{ref}} \cdot H_{\text{ref}}}{\rho(\boldsymbol{r},t) \cdot \chi(\boldsymbol{r},t) \cdot H(\boldsymbol{r})} \tag{4-34}$$

若不考虑气藏高压的影响，则 $\chi=1$。

6. 模型验证

为验证上述模型的准确性，本节进行了以下两组模拟，采用考虑微尺度效应和克努森层影响并引入正则化过程的三维 LB 模型，边界条件采用离散漫反射边界条件。

首先进行了纳米通道中外力驱动气体流动模拟并与 DSMC 模拟结果进行对比验证，为了研究网格分辨率的影响，分别进行了如下三个平板模型中的气体流动模拟，模型 1：$N_x \times N_y \times N_z = 7\times3\times5$，模型 2：$N_x \times N_y \times N_z = 12\times3\times10$，模型 3：$N_x \times N_y \times N_z = 22\times3\times20$。在所有模型中左侧和右侧节点为固体节点，中间均为孔隙节点，在 y 方向和 z 方向上采用周期边界条件，在 z 方向上施加 5×10^{-5} 的外力，在以上三个模型中分别进行不同 Kn 下的外力驱动气体流动模拟，并与 DSMC 模拟结果进行对比[54]，结果如图 4.26 所示，不同分辨率下 LBM 模拟结果与 DSMC 模拟结果都有很好的一致性，从而验证了该模型的准确性，并且该模型的准确性不依赖于网格分辨率。

为进一步验证该模型模拟微尺度多孔介质中气体流动的准确性，也进行了图 4.27 所示的微尺度多孔介质中外力驱动气体流动模拟，并与 MD 模拟结果进行了对比[52]。并且为了验证正则化过程的必要性，不考虑正则化过程的 LB 模型也被用来进行相同的模拟，该模拟对应的 Kn 为 0.11，在 x 方向上施加 5×10^{-5} 的外力，当模拟达到稳定后统计多孔介质中的无因次流速分布，并与 MD 模拟结果进行对比，如图 4.28 所示。结果表明，考

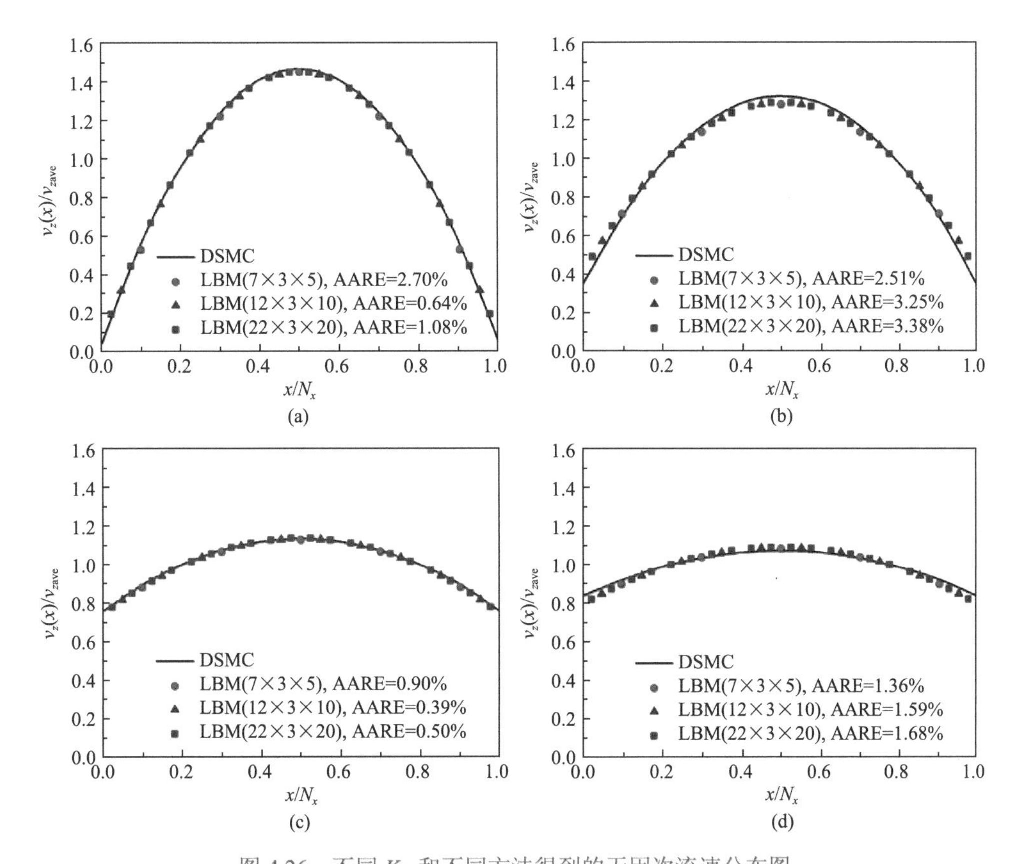

图 4.26 不同 Kn 和不同方法得到的无因次流速分布图

(a) Kn=0.01；(b) Kn=0.1；(c) Kn=1.0；(d) Kn=10.0。v_{zave} 为 z 方向上的平均流速，AARE 为绝对平均相对误差，LBM 模拟结果为 $z=N_z/2$ 截面上的流速分布

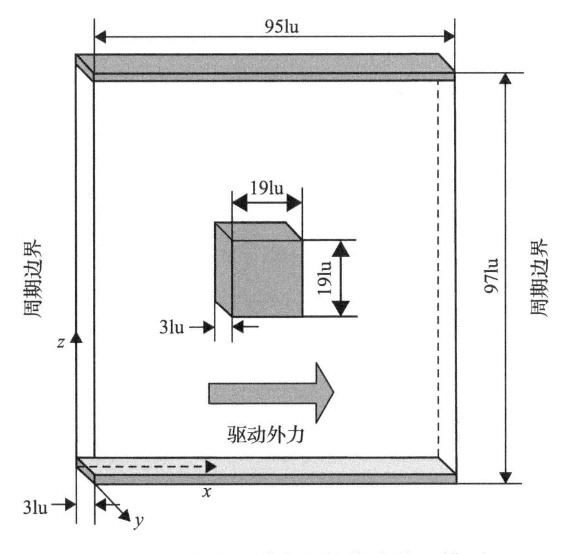

图 4.27 纳米通道中方柱绕流物理模型

灰色表示固体

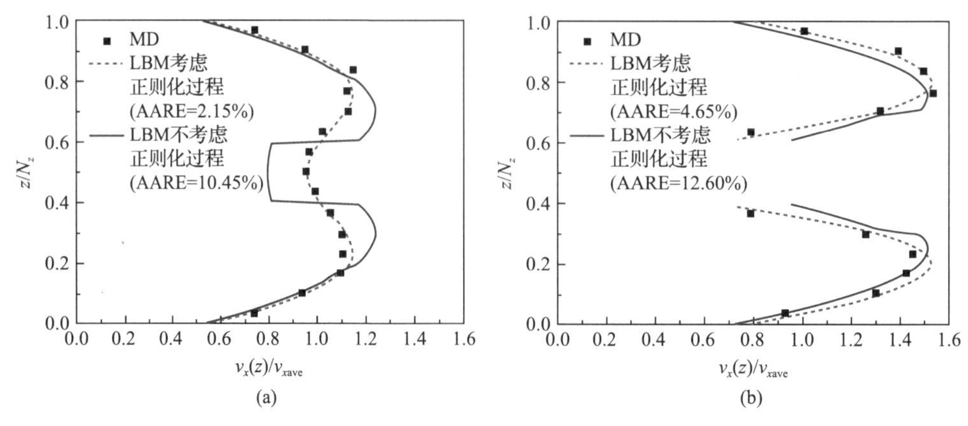

图 4.28 Kn=0.11 下沿流动方向上流速分布图

(a) x/N_x =0.0；(b) x/N_x =0.5。LBM 结果所示为 y=2 截面上的流速分布

虑正则化过程的 LB 模型与 MD 模拟结果具有很好的一致性，而不考虑正则化过程的 LB 模型会出现非物理的流速分布，从而验证了采用该模型进行微尺度多孔介质中气体流动模拟的准确性以及正则化过程的必要性。

4.2.3 基于格子玻尔兹曼的数字岩心内页岩气微观流动模拟

目前针对页岩、致密气的微观流动模拟多采用平直通道模型，但实际岩石孔隙结构复杂，气体在真实多孔介质中流动明显不同于简单平直通道中的流动，为研究真实多孔介质中的气体流动规律，可将微尺度格子玻尔兹曼气体单相流模型与数字岩心技术相结合，进行真实多孔介质中的微尺度气体流动模拟。

1. 二维非均质多孔介质中微纳尺度气体渗流规律研究

采用上述 LB 模型进行二维非均质多孔介质中的微尺度气体流动模拟，模拟区域大小为 200×300，为消除边界条件的影响，模型上部和下部 200×5 区域全部为孔隙网格，通过选取不同的分辨率，该模型能够代表不同尺寸的多孔介质。

首先进行了不考虑微尺度效应($Kn\to0$)的气体流动模拟，令入出口压力比为 1.01，当模拟达到稳定后可以通过达西方程计算多孔介质固有渗透率 k_∞：

$$Q=\frac{k_\infty\cdot w\cdot d\cdot\Delta p}{\mu h}\tag{4-35}$$

式中，Q 为通过多孔介质的体积流量；w 和 h 分别为多孔介质的宽和高，在该模型中选取 w=200，h=300；d 为多孔介质厚度，该模型为二维模型，在此取 d=1；Δp 为入出口压差；μ 为气体动力黏度。

得到多孔介质固有渗透率后可利用毛细管束模型计算其等效孔隙尺寸 H_{eq}：

$$H_{eq}=\sqrt{\frac{12k_\infty}{\phi}}\tag{4-36}$$

式中，ϕ 为多孔介质孔隙度。等效孔隙尺寸 H_{eq}=10.2463lu(格子单位)。

采用上述 LB 模型进行了不同 Kn 下气体在图 4.29 所示多孔介质中的流动模拟，在本节模拟中所选模拟气体为甲烷，温度为 298K，出口压力为 0.1MPa，通过改变图像分辨率可表征不同尺寸的多孔介质，从而改变 Kn，在此选取如下分辨率：1000nm/网格、100nm/网格、10nm/网格和 1nm/网格，选取参考压力为 0.1MPa，参考孔隙尺寸为 H_{eq}，则对应的 Kn 分别为 0.00626、0.06259、0.62587 和 6.25874。为了保证相同的压力梯度，入口压力分别取 0.101MPa、0.1001MPa、0.10001MPa 和 0.100001MPa。

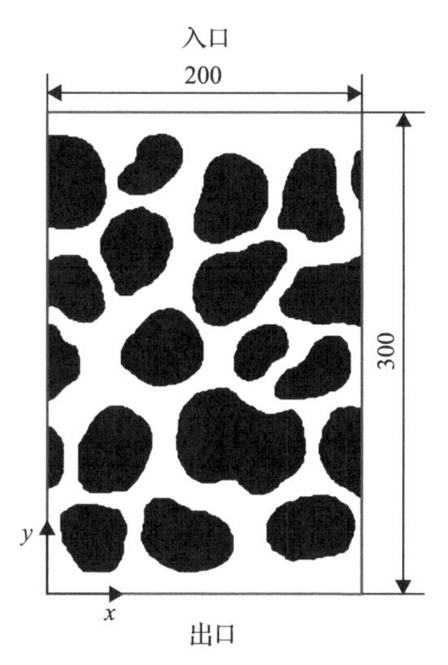

图 4.29 二维非均质多孔介质模型

黑色表示固体，白色表示孔隙

1) 不同 Kn 下流速分布

当模拟达到稳定后可以得到多孔介质中的气体流速分布，图 4.30 所示为不同 Kn 下多孔介质中的无因次流速分布，此处无因次流速定义为某点气体流速与多孔介质中最大流速之比。由图可知，当 Kn 很小时，气体在多孔介质中流动存在一条主流通道，小孔隙中的气体流速很小，多孔介质非均质性对气体流动的影响比较明显；而随着 Kn 的增

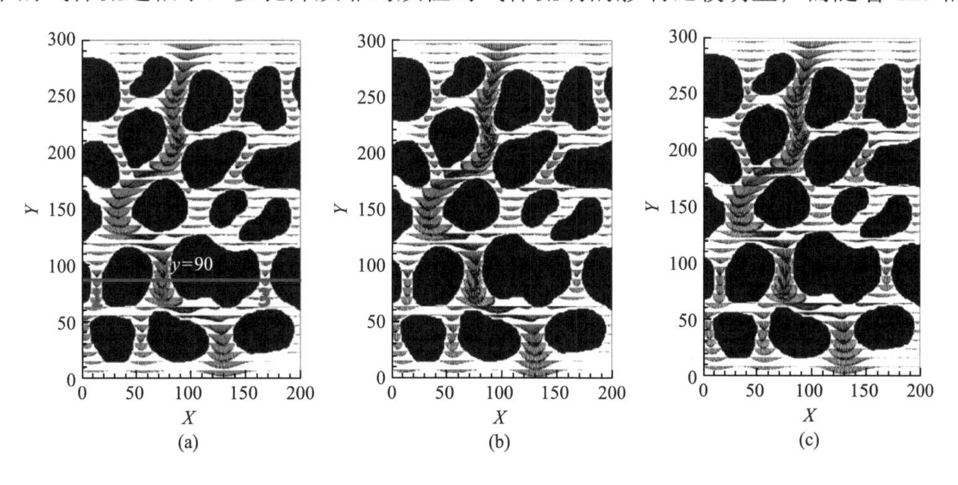

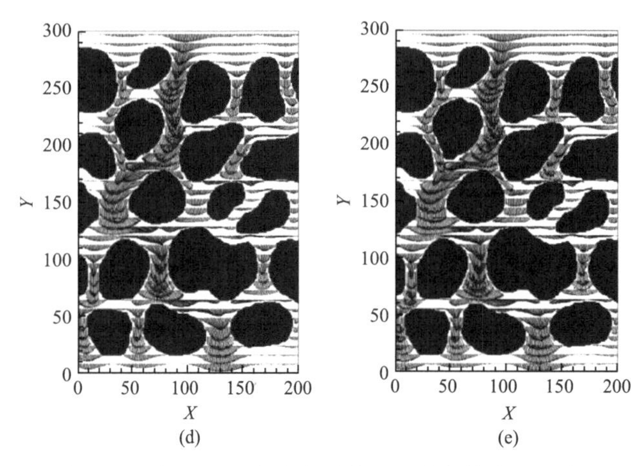

图 4.30 不同 Kn 下多孔介质内无因次气体流速分布图

(a) $Kn\to0$；(b) Kn=0.00626；(c) Kn=0.06259；(d) Kn=0.62587；(e) Kn=6.25874

加，与大孔隙相比小孔隙中的气体流速逐渐增大，多孔介质非均质性的影响减弱。

为进一步分析多孔介质中的流速分布，统计了不同 Kn 下 y=90 截面上不同流动通道中的无因次流速分布，如图 4.31 所示。随着 Kn 的增加，气体流速分布偏移不考虑尺度效应($Kn\to0$)时的流速分布越来越大，当 Kn 很小时，多孔介质中的无因次流速分布接近于抛物线形分布，壁面滑移流速接近于 0，与大孔隙相比，小孔隙中的流速非常小；随

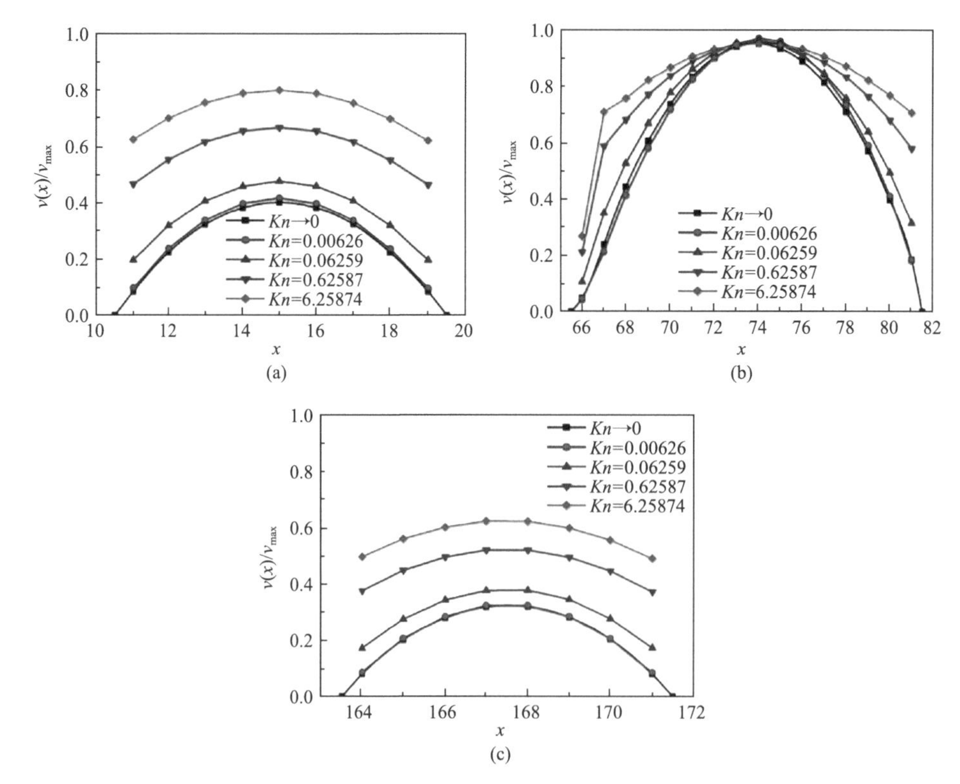

图 4.31 y=90 截面上不同流动通道中无因次流速分布

(a) 通道 1，10<x<20；(b) 通道 2，65<x<82；(c) 通道 3，163<x<172

着 Kn 的增加，壁面滑移流速逐渐增大，在单个流动通道内孔隙中央与壁面上的流速差别逐渐减小，并且不同尺寸孔隙中的流速差别也减小。以通道 1 为例，如图 4.31(a)所示，当 Kn=0.00626 时，该通道中的最大流速为整个多孔介质最大流速的 40%左右，当 Kn=6.25874 时，该通道中的最大流速可达到整个多孔介质最大流速的 80%左右，表明不同尺寸孔隙中的流速差别减小。

2)不同 Kn 下不同尺寸孔隙对气体总流量的贡献

根据上述分析，随着 Kn 的增加，小孔隙在微尺度多孔介质气体流动中的作用增强。本节将讨论不同 Kn 下小孔隙对多孔介质气体体积流量的贡献。首先统计了图 4.29 所示的多孔介质的孔隙尺寸分布，如图 4.32 所示。根据前述分析，该多孔介质的等效孔隙尺寸为 10.2463，在此定义尺寸小于 10.2463 的孔隙为小孔隙，尺寸大于等于 10.2463 的孔隙为大孔隙。根据该定义，小孔隙所占整个孔隙空间的比例为 28.5887%。然后计算了不同 Kn 下所有孔隙节点的总体积流量 Q_t，所有小孔隙中的总体积流量 Q_{ts} 和所有大孔隙中的总体积流量 Q_{tl}。图 4.33 为不同孔隙中体积流量所占比例，以小孔隙为例，该值表示

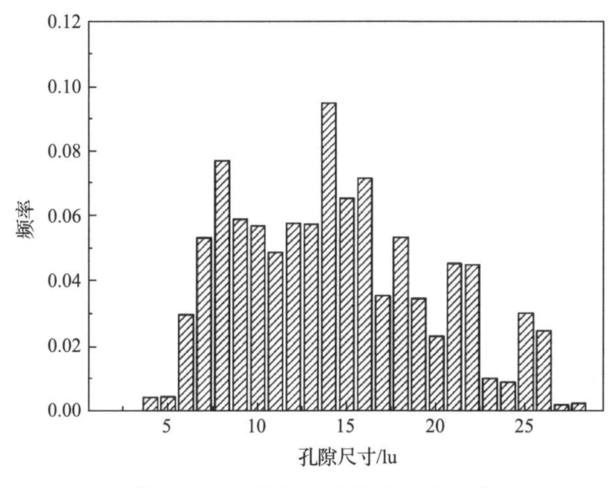

图 4.32　多孔介质孔隙尺寸分布图

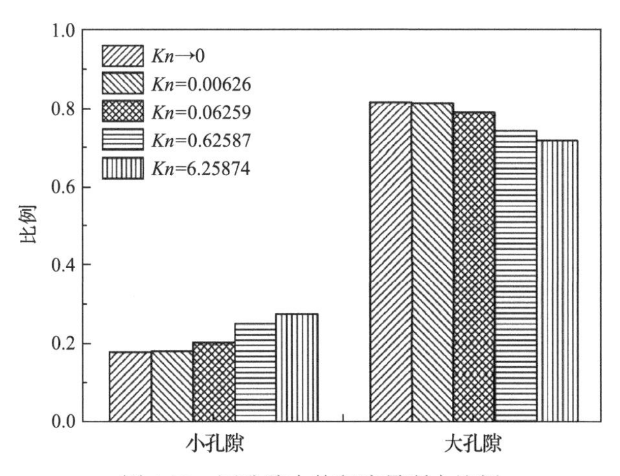

图 4.33　同孔隙中体积流量所占比例

Q_{ts}/Q_t。由图可知，随着 Kn 的增加，小孔隙中的体积流量所占比例增加，大孔隙中的体积流量所占比例减小，这表明与大孔隙相比，小孔隙中的相对流速增加。

产生上述现象的原因是气体在多孔介质中的流动由气体分子间的碰撞以及气体分子和壁面间的碰撞驱动。在连续流区和滑移流区，气体流动主要由气体分子间的碰撞主导，气体分子和壁面间的碰撞所占比例很小，壁面存在很小的滑移流速，在大孔隙中孔隙体积更大，气体分子间碰撞更多，而小孔隙中气体分子间碰撞相对较少，因而大孔隙中的气体流动阻力明显小于小孔隙中的气体流动阻力，大孔隙对气体总流量的贡献比较大；随着 Kn 的增加，气体分子和壁面间的碰撞所占比例增大，壁面滑移流速增大，气体流动阻力减小，并且小孔隙中的 Kn 更大，因而小孔隙中气体流动阻力减小得更多，小孔隙与大孔隙中的气体流速差别减小，小孔隙对气体总流量的贡献增加。

2. 三维致密数字岩心中气体渗流规律研究

前面进行了二维非均质多孔介质中的微纳尺度气体流动模拟，为进一步与实际情况对应，本节基于数字岩心技术，将微尺度格子玻尔兹曼模型应用到了三维致密数字岩心中的气体流动模拟中，模拟流程如图 4.34 所示，首先获取页岩或致密砂岩的数字岩心，然后对数字岩心进行前处理，包括搜寻边界外法线方向、计算局部特征长度等，然后采用微尺度 LB 模型进行数字岩心中的微尺度气体流动模拟，最后对模拟结果进行分析。

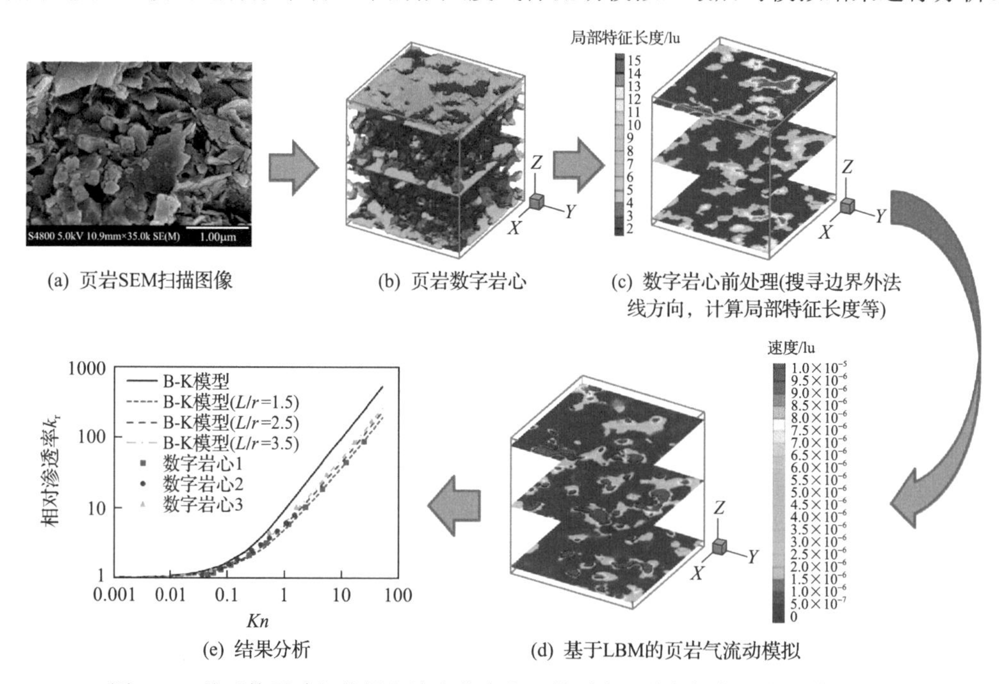

图 4.34 基于格子玻尔兹曼方法和数字岩心的页岩、致密气微观流动模拟流程

1) 数字岩心的构建

本节模拟采用了两类数字岩心，如图 4.35 所示，图 4.35(a)为四川盆地页岩岩样的 SEM 扫描图像，基于该图像利用 MCMC 数值重构法获得了图 4.35(b)所示的页岩数字岩

心；图 4.35(c)所示为 CT 扫描得到的砂岩数字岩心，关于 MCMC 数值重构算法和 CT 扫描及处理方法可参考文献[60,61]。尽管上述岩石的分辨率都是确定的，通过人为选取不同的分辨率，仍可表征不同尺寸的数字岩心。

图 4.35　两类数字岩心的重构

(a)四川盆地页岩岩样 SEM 扫描图像，图像尺寸为 1280×960，分辨率为 2.825nm/像素；(b)页岩数字岩心(80×80×86)；(c)砂岩数字岩心(80×80×86)。蓝色部分表示孔隙空间，绿色部分表示固体

首先采用不考虑微尺度效应的 LB 模型进行了气体在以上两种数字岩心中压力驱动流动模拟，上部为入口，下部为出口，在入出口(z 方向)采用压力边界条件，在 x 方向和 y 方向采用周期边界条件。当模拟达到稳定后可以通过达西定律计算多孔介质的固有渗透率 k_∞，根据式(4-37)可以计算多孔介质的等效孔隙尺寸 H_{eq}(在此取孔隙半径)：

$$H_{\mathrm{eq}} = r_{\mathrm{eq}} = \sqrt{\frac{8k_\infty}{\phi}} \tag{4-37}$$

通过计算得到两个数字岩心的等效孔隙尺寸分别为 2.84lu 和 3.55lu，在以下模拟及分析中，该等效孔隙尺寸分别用来计算其相应的等效 Kn。采用考虑正则化过程的 LB 模型进行了气体在上述数字岩心中的压力驱动流动模拟，研究了真实致密多孔介质中的气体流动规律。

2)压力和孔隙尺寸对致密多孔介质中气体流动的影响

首先研究压力对微尺度气体流动的影响，进行不同压力下页岩数字岩心中的甲烷流动模拟，温度设为 373K，入出口压差为 0.001MPa。为了研究不同流动区域内的气体流动规律，选取的压力变化范围较大，在本节模拟中进行了如下出口压力下的气体流动模拟：0.1MPa、0.2MPa、0.5MPa、1.0MPa、2.0MPa、5.0MPa、10.0MPa、20.0MPa、30.0MPa、40.0MPa 和 50.0MPa。当模拟达到稳定后，统计了通过页岩数字岩心的体积流量，并根据达西定律计算了视渗透率 k_{a}，以及视渗透率与固有渗透率的比值 $k_{\mathrm{r}}=k_{\mathrm{a}}/k_\infty$，模拟结果如图 4.36 所示。压力对微尺度气体流动具有重要影响，当压力很高时，气体在页岩中流动的视渗透率与固有渗透率很接近，微尺度效应的影响很小，随着压力的降低，页岩气流动的视渗透率逐渐增大，尤其当压力非常低(低于 1.0MPa)时，视渗透率随压力的降低增加很快。流速分布也表现出相同规律，如图 4.37 所示，当压力很高时，页岩数字岩心中气体流速非常小，随着压力的减小，数字岩心中的气体流速逐渐增大，这是由不同压力下不同气体流动机理导致的。当压力很高时，气体分子间距较小，与孔隙尺寸相比分子运动的平均分子自由程较小，因而气体分子间的碰撞频率远高于气体分子与壁面间的碰撞频率，壁面基本无滑移流速，数字岩心中气体流速较小；随着压力的降低，气体分子间距增大，气体分子运动的平均分子自由程增大，气体分子与壁面间的碰撞所占比例越来越大，因此壁面滑移流速增大，气体流速阻力减小，视渗透率增大。

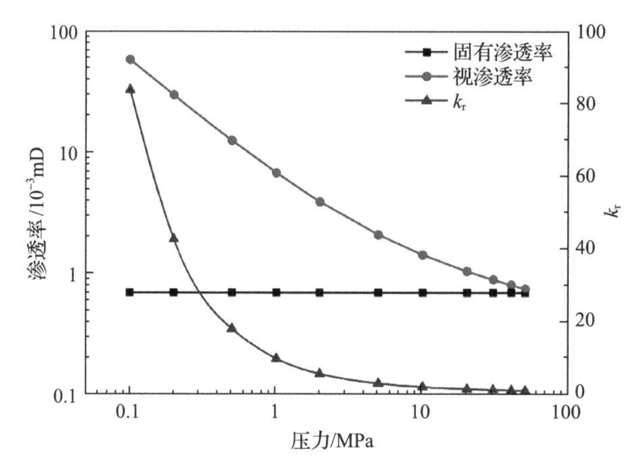

图 4.36 压力对微尺度气体流动的影响

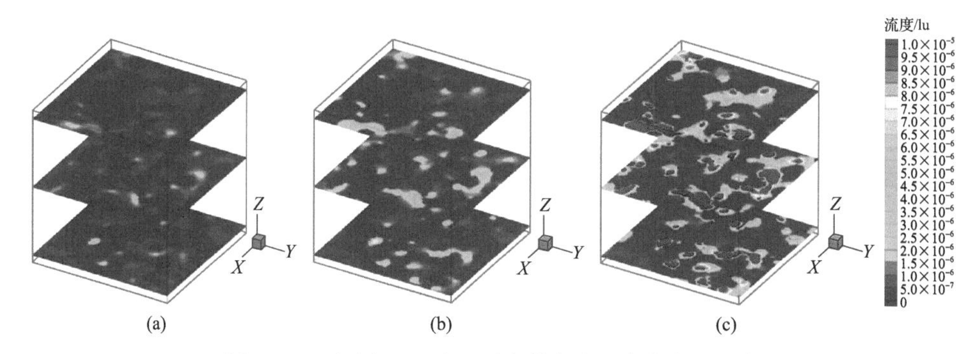

图 4.37 不同出口压力下页岩数字岩心中的流速分布

(a) p_{out}=50.0MPa；(b) p_{out}=5.0MPa；(c) p_{out}=0.5MPa

然后采用基于CT扫描得到的砂岩数字岩心研究孔隙尺寸对微尺度气体流动的影响，模拟气体为甲烷，温度为373K，数字岩心的物理尺寸可以通过改变图像分辨率来调整，在此选取了如下分辨率：3.9nm/体素、5.5nm/体素、7.8nm/体素、11.0nm/体素、15.6nm/体素、22.0nm/体素、39.0nm/体素、55.0nm/体素、78.0nm/体素、110.0nm/体素及156.0nm/体素。根据上述模拟，微尺度效应随着压力的降低而增加，为了放大孔隙尺寸对微尺度效应的影响，本节模拟所采用的压力相对较小，在以下模拟中，出口压力均为1.0MPa，模拟中保持压力梯度一致。

图4.38为模拟达到稳定后的结果，横坐标为等效孔隙尺寸。由图4.38可知，视渗透率一直大于固有渗透率，随着孔隙尺寸的降低，固有渗透率和视渗透率都减小，但 k_r 增加，表明微尺度效应增强。当孔隙尺寸很大时，与孔隙尺寸相比气体分子运动的平均分子自由程较小，流动由气体分子间的碰撞控制，微尺度效应不明显，视渗透率与固有渗

透率接近；随着孔隙尺寸的减小，气体分子与壁面间的碰撞所占比例增大，微尺度效应增强，壁面滑移流速增大，视渗透率与固有渗透率之间的差别(k_r)变大。

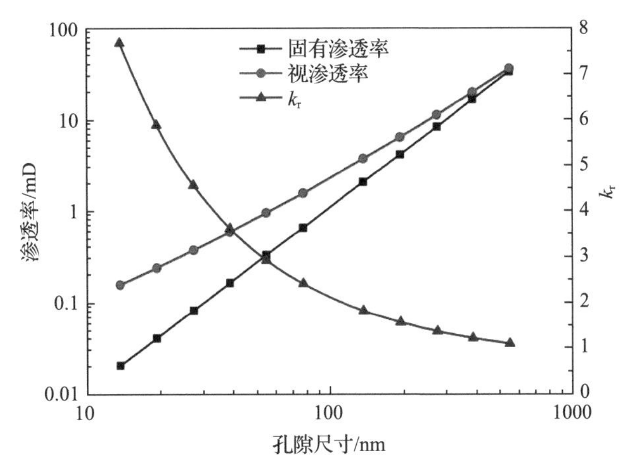

图 4.38 孔隙尺寸对微尺度气体流动的影响

3)不同 Kn 下真实数字岩心中气体渗流规律

由于 Kn 是微尺度气体流动的特征参数，在此计算了不同模拟条件下微尺度气体流动的 Kn，并分析了不同 Kn 下气体在微尺度多孔介质中的流动规律。对于不同压力下页岩数字岩心中的微尺度气体流动，当出口压力分别为 20.0MPa、5.0MPa、2.0MPa 和 0.5MPa 时，其对应的 Kn 分别为 0.157、0.630、1.574 和 6.297；对于不同孔隙尺寸下砂岩数字岩心中的微尺度气体流动，当数字岩心分辨率分别为 78.0nm/体素、39.0nm/体素、11.0nm/体素和 3.9nm/体素时，其对应的 Kn 分别为 0.091、0.182、0.646 和 1.821，在计算 Kn 时数字岩心的特征长度均取其等效孔隙尺寸。

图 4.39 为不同 Kn 下不同尺寸孔隙中体积流量所占比例，柱状图为不同尺寸孔隙体积分布图，由图可知，在小孔隙中孔隙体积所占比例高于体积流量所占比例，在大孔隙中正好相反，因而小孔隙中的气体流速要低于大孔隙中气体流速，如图 4.40 所示。随着

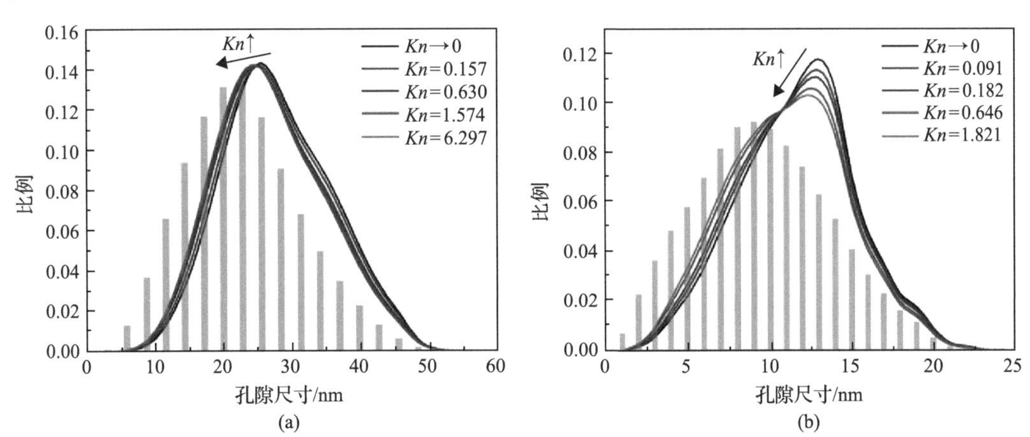

图 4.39 不同 Kn 下不同尺寸孔隙中体积流量所占比例(柱状图为不同尺寸孔隙体积分布图)
(a)页岩；(b)砂岩

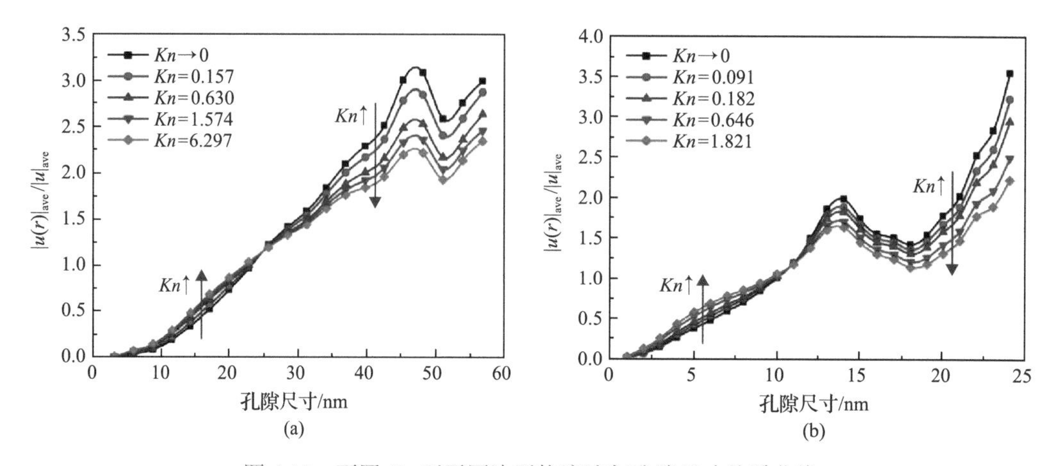

图 4.40 不同 Kn 下无因次平均流速与孔隙尺寸关系曲线

(a)页岩数字岩心；(b)砂岩数字岩心。$u_{ave}(r)$ 是尺寸为 r 的孔隙中平均气体流速，u_{ave} 为数字岩心中平均气体流速

Kn 的增加，不同尺寸孔隙中体积流量所占比例曲线会向左下方移动，如图 4.39 所示，因而小孔隙中相对体积流量会增大而大孔隙中相对体积流量会减小，小孔隙中的无因次流速增大，大孔隙中的无因次流速减小，如图 4.40 所示。这表明不同尺寸孔隙中气体流动阻力差别减小，多孔介质中气体流速分布更加均匀，多孔介质非均质性对气体流动的影响减弱，这与二维非均质多孔介质中模拟结果一致，在此不再对其原因进行赘述。

3. 致密多孔介质气体流动视渗透率计算模型

根据前述分析，孔隙尺度流动模拟能够揭示微尺度气体流动规律及机理，增强我们对页岩及致密气微观渗流的认识，这是孔隙尺寸流动模拟的一个重要作用；另一方面，孔隙尺度流动模拟要服务于宏观应用，宏观数值模拟往往不关注微观流动细节，对于页岩、致密气藏的宏观数值模拟，通常采用视渗透率计算模型来计算某一状态下气体流动的视渗透率，然而不同视渗透率计算模型的结果存在差别，本节将根据上述模拟结果对目前常用的两种视渗透率计算模型的准确性进行检验，并根据模拟结果和理论分析对其进行修正。

1) 常用视渗透率计算模型

Klinkenberg 模型[62]是描述气体在多孔介质中滑移流动最早的一个模型，该模型基于平直毛细管模型提出，并进一步扩展到多孔介质中。在该模型中，气体流动的视渗透率 k_a 与固有渗透率 k_∞、平均分子自由程 λ 和孔隙尺寸 H 相关。对于多孔介质，可将其等效为毛细管束模型，其等效孔隙尺寸为 H_{eq}，在二维情况下有

$$k_a = k_\infty\left(1+\frac{6c\lambda}{H_{eq}}\right) \tag{4-38}$$

对于三维多孔介质，有

$$k_a = k_\infty \left(1 + \frac{4c\lambda}{H_{eq}}\right) \tag{4-39}$$

式(4-38)和式(3-49)中，c 为比例系数，Klinkenberg 指出 c 值一般小于 1.0[62]，然而在大多数研究中均取 c=1.0[63]。

Beskok-Karniadakis(B-K)模型[64]是另一种常用的视渗透率计算模型，该模型结合二阶滑移边界条件，并引入一个稀薄系数，通过求解平板模型或圆管模型中的流速分布得到了气体在微通道中流动的视渗透率。需要指出的是，该模型中存在一些经验参数，需要通过实验或 DSMC 等模拟方法来获取。基于该模型结合致密多孔介质发展了不同的视渗透率计算模型，如 Florence 模型[65]和 Civan 模型[66]等，在此也将验证 B-K 模型的准确性，对于二维多孔介质，有

$$k_a = k_\infty [1 + \alpha(Kn)Kn]\left(1 + \frac{6Kn}{1 + Kn}\right) \tag{4-40}$$

对于三维多孔介质，有

$$k_a = k_\infty [1 + \alpha(Kn)Kn]\left(1 + \frac{4Kn}{1 + Kn}\right) \tag{4-41}$$

式(4-40)和式(4-41)中，$[1 + \alpha(Kn)Kn]$ 为考虑克努森层影响黏度的修正项，而后面一项是对固体壁面滑移流速的修正项。在本书所有微尺度气体流动模拟中，均采用 $\mu_e = \mu/(1+2Kn)$ 的克努森层修正函数，因而在此取 $\alpha(Kn)$=2.0。

为验证上述模型的准确性，将上述模型的计算结果与 LBM 模拟结果进行了对比，为了使对比结果更有说服力，在二维情况又增加了图 4.41 所示两种多孔介质中的微尺度气体流动模拟，在三维情况下又增加了图 4.42 所示数字岩心中的微尺度气体流动模拟，此外在二维情况下也将气体在微尺度平直通道中的流动模拟结果进行了对比。

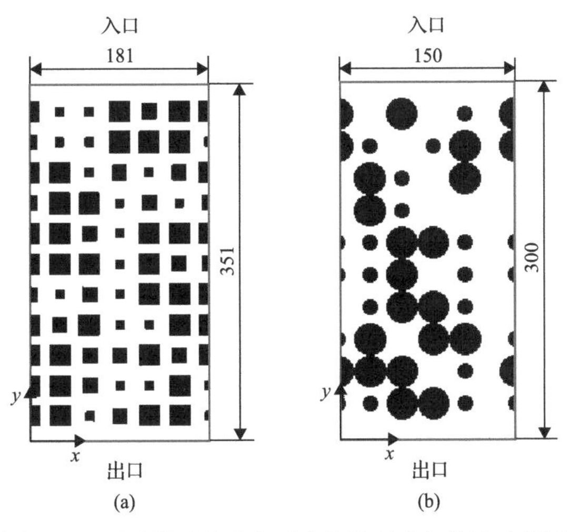

图 4.41　不同类型多孔介质中的微尺度气体流动模拟

(a)多孔介质 2；(b)多孔介质 3。黑色为固体，白色为孔隙

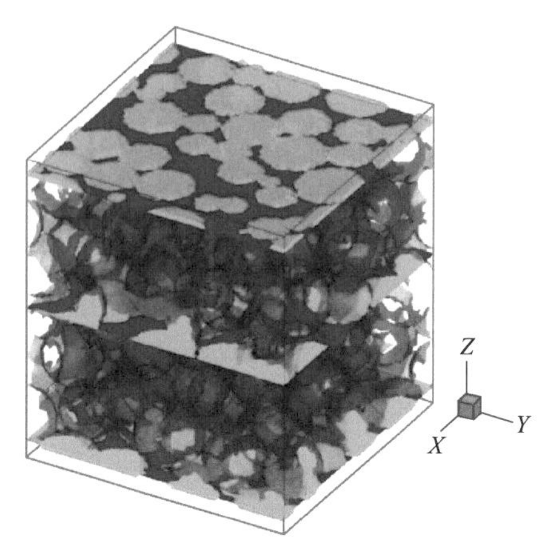

图 4.42 球体堆积模型(80×80×86)

蓝色部分表示孔隙空间，绿色部分表示固体

图 4.43 所示为不同视渗透率计算模型计算结果与 LBM 模拟结果的对比，其中 LBM 模拟结果通过达西公式计算得到。由模拟结果可知，气体在致密多孔介质中的流动规律与在平直通道中的流动存在明显差别。在相似的 Kn 下，气体在致密多孔介质中的流动阻力明显大于平直通道中的流动阻力，该现象将在下一节进行分析。此外，B-K 模型能够很好地预测气体在微尺度平直通道中流动的视渗透率，但会明显高估气体在致密多孔介质中流动的视渗透率，而 Klinkenberg 模型能更好地预测致密多孔介质中气体流动的视渗透率。并且，在二维情况下不同多孔介质中模拟得到的结果基本上落在同一条曲线上，且当 Klinkenberg 模型中比例系数取 c=0.8 时，其预测结果与模拟结果具有更好的一致性；而在三维数字岩心中，不同数字岩心中模拟得到的结果会落在不同曲线上，且在不同数字岩心中其对应的比例系数 c 也不一致，这主要是由孔隙结构引起的，也将在下一节进行分析。因而 Klinkenberg 模型比 B-K 模型更简便且具有更好的准确性，可用来近似预测致密多孔介质中气体流动的视渗透率。

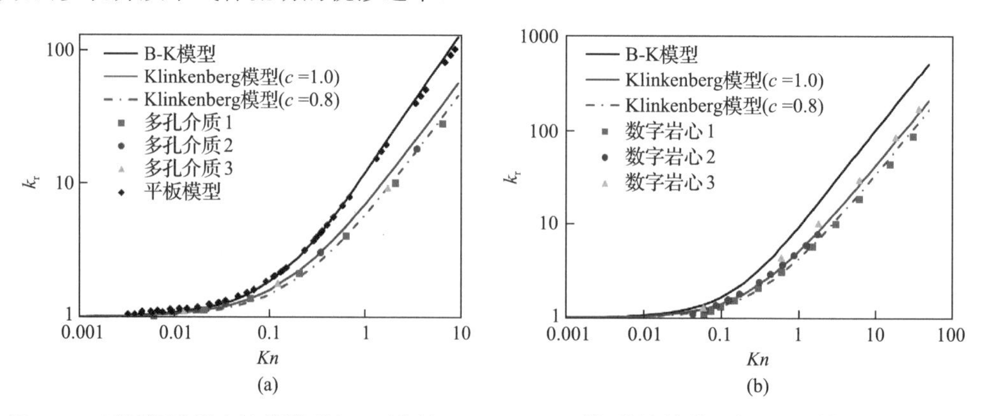

图 4.43 不同视渗透率计算模型(B-K 模型、Klinkenberg 模型)计算结果与 LBM 模拟结果的对比

(a)二维；(b)三维

2)考虑端口效应的视渗透率计算模型

根据上一部分描述，尽管 B-K 模型能够准确预测平直微通道中气体流动的视渗透率，

但其会明显高估微尺度多孔介质中气体流动的视渗透率，这主要是由端口效应引起的。当流体在无限长平直通道中流动时，流线平直，能量损失仅由通道内流体与固体壁面间的摩擦引起；而在有限长平直通道内流动时，除通道内的能量或压力损失外，在通道的入出口流线会发生弯曲，由于流线弯曲会产生额外的能量或压力损失，称为端口效应[67,68]。上述B-K模型之所以会明显高估微尺度多孔介质中气体流动的视渗透率就是因为忽略了端口效应（流线弯曲）的影响，本节将在B-K模型中引入端口效应的影响，构建考虑端口效应的视渗透率计算模型，并与LBM模拟结果进行对比。

对于平直二维通道及三维管道中的流动，当不考虑端口效应和微尺度效应时，流量与压差之间存在如下关系：

二维通道：

$$Q_\infty = \frac{H^2}{12} H \frac{\Delta p}{\mu L} \tag{4-42}$$

三维管道：

$$Q_\infty = \frac{r^2}{8} \pi r^2 \frac{\Delta p}{\mu L} \tag{4-43}$$

式(4-42)和式(4-43)中，Q_∞为通过流动通道的流量；μ为流体黏度；H为狭缝宽度（二维）；r为管道半径（三维）；Δp为通道两侧压差；L为通道长度。

对于低雷诺数(Re)不可压流体，当流体通过有限长狭缝（即二维通道）时，在狭缝入出口由端口效应引起的压力损失为[69]

$$\Delta p_{\text{end}} = \frac{32}{\pi} \frac{Q\mu}{H^2} \tag{4-44}$$

当流体通过有限长圆管（三维）时，在圆管入出口由端口效应引起的压力损失为[67,69]

$$\Delta p_{\text{end}} = \frac{3Q\mu}{r^3} \tag{4-45}$$

式中，Δp_{end}为由端口效应引起的额外压力损失。

因而，考虑端口效应后流量与压差之间的关系如下：

二维通道：

$$Q_{\text{end}} = \frac{H^2}{12} H \frac{\Delta p}{\mu L} \frac{1}{1 + \dfrac{8}{3\pi n_{\text{L}}}} \tag{4-46}$$

三维管道：

$$Q_{\text{end}} = \frac{r^2}{8} \pi r^2 \frac{\Delta p}{\mu L} \frac{1}{1 + \dfrac{3\pi}{8 n_{\text{L}}}} \tag{4-47}$$

式(4-46)和式(4-47)中，n_L 为有限长通道的长度与通道宽度或半径的比值，对于二维通道流动，有 $n_L=L/H$；对于三维管道流动，有 $n_L=L/r$。

根据上述公式，对于流体在多孔介质中的流动，考虑端口效应时计算得到的等效孔隙尺寸 H_{end} 或 r_{end} 与不考虑端口效应时计算得到的等效孔隙尺寸 H_{eq} 或 r_{eq} 存在如下关系：

二维通道：

$$H_{end} = H_{eq}\sqrt{1+\frac{8}{3\pi n_L}} \tag{4-48}$$

三维管道：

$$r_{end} = r_{eq}\sqrt{1+\frac{3\pi}{8n_L}} \tag{4-49}$$

由于端口效应或流线弯曲会引起额外压力损失，若不考虑端口效应的影响，该额外压力损失会被归入到通道内压力损失中，因而不考虑端口效应计算得到的等效孔隙尺寸会低估真实的孔隙尺寸。

根据前述分析，气体在微通道中流动时存在微尺度效应，微尺度效应会增大气体流量，采用 B-K 模型考虑微尺度效应对气体流动的影响，有

二维通道：

$$Q_{nano} = \frac{H^2}{12}H\frac{\Delta P}{\mu L}\underbrace{[1+\alpha(Kn)Kn]}_{\varepsilon_{viscosity}}\underbrace{\left(1+\frac{6Kn}{1+Kn}\right)}_{\varepsilon_{slip}} \tag{4-50}$$

三维管道：

$$Q_{nano} = \frac{r^2}{8}\pi r^2\frac{\Delta P}{\mu L}\underbrace{[1+\alpha(Kn)Kn]}_{\varepsilon_{viscosity}}\underbrace{\left(1+\frac{4Kn}{1+Kn}\right)}_{\varepsilon_{slip}} \tag{4-51}$$

由微尺度效应引起的流量增强系数 $\varepsilon_{nano}=Q_{nano}/Q_\infty$ 可分为黏度增强系数 $\varepsilon_{viscosity}$ 和滑移增强系数 ε_{slip}。

最后，对于气体在有限长微通道中的流动，将端口效应引入到上述 B-K 模型中，得到考虑端口效应和微尺度效应的修正视渗透率计算模型：

二维通道：

$$Q_{nano+end} = \frac{H^2}{12}H\frac{\Delta p}{\mu L}\underbrace{[1+\alpha(Kn)Kn]}_{\varepsilon_{viscosity}}\underbrace{\left[\frac{1}{\frac{1}{1+6Kn/(1+Kn)}+\frac{8}{3\pi n_L}}\right]}_{\varepsilon_{slip+end}} \tag{4-52}$$

三维管道：

$$Q_{\text{nano+end}} = \frac{r^2}{8}\pi r^2 \frac{\Delta p}{\mu L} \underbrace{[1+\alpha(Kn)Kn]}_{\varepsilon_{\text{viscosity}}} \underbrace{\left[\frac{1}{\dfrac{1}{1+4Kn/(1+Kn)} + \dfrac{3\pi}{8n_{\text{L}}}} \right]}_{\varepsilon_{\text{slip+end}}} \tag{4-53}$$

由式(4-53)可知，端口效应主要会对滑移增强系数 $\varepsilon_{\text{slip}}$ 产生影响，考虑端口效应后，滑移增强系数会减小，Kn 越大，n_{L} 越小，端口效应影响越明显。当 n_{L} 一定时，Kn 越大，微尺度效应越明显，滑移长度越大，通道内流动阻力越小，压力损失越小，入出口出端口效应引起的额外压力损失所占比例越大，端口效应的影响越明显。当 Kn 一定时，微尺度效应不变，单位长度流动通道内压力损失一定，随着 n_{L} 的减小，即随着通道长度的缩短，通道内压力损失减小，端口效应引起的额外压力损失所占比例增大，端口效应的影响增强。并且当 Kn 很小时，微尺度效应可以忽略，以上两式[式(4-52)和式(4-53)]可以恢复到仅考虑端口效应的流量计算模型[式(4-46)和式(4-47)]；当 n_{L} 很大时，端口效应可以忽略，以上两式可以恢复到仅考虑微尺度效应的流量计算模型[式(4-50)和式(4-51)]；当 Kn 很小且 n_{L} 很大时，微尺度效应和端口效应都可以忽略，以上两模型便恢复到了既不考虑端口效应也不考虑微尺度效应的流量计算模型[式(4-42)和式(4-43)]。

考虑端口效应后视渗透率与固有渗透率的比值如下：

二维通道：

$$k_{\text{r}} = [1+\alpha(Kn)Kn] \left[\frac{1+\dfrac{8}{3\pi n_{\text{L}}}}{\dfrac{1}{1+6Kn/(1+Kn)} + \dfrac{8}{3\pi n_{\text{L}}}} \right] \tag{4-54}$$

三维管道：

$$k_{\text{r}} = [1+\alpha(Kn)Kn] \left[\frac{1+\dfrac{3\pi}{8n_{\text{L}}}}{\dfrac{1}{1+4Kn/(1+Kn)} + \dfrac{3\pi}{8n_{\text{L}}}} \right] \tag{4-55}$$

上述即考虑端口效应的 B-K 模型，下面将基于模拟结果验证该模型计算致密多孔介质视渗透率的准确性。

3) 修正视渗透率计算模型的检验

为检验上述修正 B-K 模型的准确性，分别基于不考虑端口效应的 B-K 模型和考虑端口效应 B-K 模型计算了 k_{r} 与 Kn 之间的关系，并与 LBM 模拟结果进行了对比，如图 4.44 所示，在计算不同条件下模拟结果对应的 Kn 时也根据式(4-48)和式(4-49)考虑了端口效应的影响，由对比结果可知，考虑端口效应的 B-K 模型能够很好地预测致密多孔介质中气体流动的视渗透率，对于本章模拟所采用的二维多孔介质，其孔隙结构具有相似性，对应的 $n_L=L/H$ 均在 2.5 附近，因而所有的模拟结果基本落在同一条曲线上，并且与考虑端口效应的 B-K 模型具有很好的一致性。对于本节模拟所采用的三维数字岩心，其孔隙结构差异较大，因而不同模拟结果分布在不同曲线上，对于数字岩心 1、岩心 2、岩心 3，其对应的 $n_L=L/r$ 分别为 1.5、2.5、3.5，考虑端口效应的 B-K 模型也能准确预测气体在其中流动的视渗透率。综上所述，端口效应对致密多孔介质中气体流动具有重要影响，在计算致密多孔介质中气体流动视渗透率时必须考虑端口效应的影响。

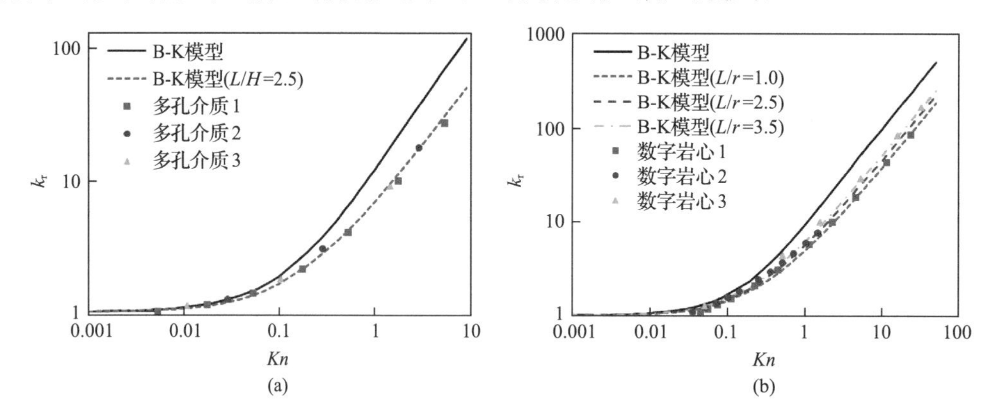

图 4.44　不同视渗透率计算模型(B-K 模型)计算结果与 LBM 模拟结果的对比

(a)二维；(b)三维

4.3　考虑有机质吸附/解吸的页岩气流动模拟

页岩中存在有机质，有机质对气体具有较强的吸附性，气体会吸附在有机质固体表面形成吸附层，这使得气体的储集和运移机理更加复杂。由于页岩有机质孔隙尺寸极小，比表面积很大，吸附相气体对页岩气储集及运移的影响很大，因而有必要研究有机质吸附对页岩气流动及生产的影响。本节在前文构建的微尺度格子玻尔兹曼气体单相流模型的基础上，引入气体粒子与固体壁面间的相互作用力来描述有机质对气体的吸附，并且吸附参数的大小由分子模拟确定。基于该模型开展了孔隙尺度页岩气生产模拟，研究了有机质吸附对气体储量、采收率及生产的影响。

4.3.1　分子模拟-格子玻尔兹曼方法结合的页岩气跨尺度流动模拟方法

1. 流固间相互作用力的引入

页岩气的吸附属于物理吸附，由气体分子和固体间较强的相互作用力引起，为了模拟多孔介质中气体的吸附，采用 Shan-Chen 模型引入气体粒子与固体间相互作用力[70]：

$$\boldsymbol{F}_{\mathrm{s}}(\boldsymbol{r},t)=-G_{\mathrm{s}}\psi(\boldsymbol{r},t)\sum_{\alpha=1}^{8}s_{\alpha}\omega_{\alpha}\psi_{\mathrm{s}}\left(\boldsymbol{r}+\boldsymbol{e}_{\alpha}\Delta t,t\right)\boldsymbol{e}_{\alpha} \tag{4-56}$$

式中，$\boldsymbol{F}_s$为气体粒子与固体间相互作用力；G_s为控制气体粒子和固体间相互作用强弱的参数；s_α为布尔变量，若α方向上相邻节点为固体节点，则$s_\alpha=1$，否则$s_\alpha=0$；ψ_s为固体的势函数，其形式与式(4-27)相同。因而$\boldsymbol{F}_s$的大小可由两个参数改变：G_s和ρ_s，需要指出的是ρ_s不是真实固体密度，而是反映壁面势函数的一个吸附参数。在本章模拟中令$G_s=G$，通过改变ρ_s来改变$\boldsymbol{F}_s$。

对于一个给定系统，采用 LBM 准确模拟气体吸附的关键就是获取准确的$\boldsymbol{F}_s$，因而本章提出了通过分子模拟方法来确定 LBM 中吸附参数的多尺度方法，将在下一节进行详述。对于无机孔隙在此不考虑吸附效应，因而令$G_s=G$，并且取$\rho_s(\boldsymbol{r}+\boldsymbol{e}_\alpha\Delta t)=\rho(\boldsymbol{r})$。

2. LBM 中吸附参数的确定

本节提出了以下思路来确定 LBM 中吸附参数的大小，其流程图如图 4.45 所示。

(1) 采用巨正则蒙特卡罗(GCMC)方法模拟某一矿物孔隙内气体的吸附，得到其吸附曲线。

(2) 采用 LBM 模拟相同孔隙内的气体吸附，通过调整吸附参数，使 LBM 模拟得到的吸附曲线与 GCMC 方法模拟得到的吸附曲线一致，从而得到不同条件下 LB 模型中吸附参数ρ_s的大小。

(3) 拟合吸附参数ρ_s与自由气体密度之间的关系式，并将该关系式引入到考虑吸附/解吸的 LB 模型中。

(4) 基于上述构建的 LB 模型进行考虑吸附/解吸的页岩气流动模拟。

下面以本章模拟为例介绍如何确定 LB 模型中吸附参数的大小，本章模拟选取气体为甲烷，首先进行了纳米平板狭缝中甲烷的吸附模拟，每侧平板由 4 层石墨分子构成，孔隙宽度为 6.0nm，温度为 298K，采用 GCMC 方法模拟了该平板中的吸附曲线，如图 4.46 所示。同时也采用分子动力学模拟方法模拟了 6MPa 下甲烷分子在该狭缝中的运动和分布，用来验证 LB 模型的准确性，在分子动力学模拟中选用 COMPASS 力场模型[71]，对于非键合相互作用，范德瓦耳斯相互作用采用 LJ-9-6 函数表征，截断距离选为 0.95nm，远距离静电相互作用采用 Ewald 方法来表征。随后采用 LB 模型进行相同条件下甲烷的吸附模拟，在 LB 模拟中选取格子分辨率为 0.4nm/网格，通过改变 LB 模型中的吸附参数ρ_s，可以得到相吻合的数据点，如图 4.47 所示。最后，拟合得到吸附参数ρ_s与气相密度ρ之间的回归曲线，如图 4.48 所示，并通过以下方法将该关系引入到 LB 模型中。

(1) 采用 Holt 等[72]提出的方法搜寻多孔介质孔隙居中轴线。

(2) 搜寻固体边界节点，固体边界节点为与孔隙节点相邻的固体节点。

(3) 对于每个固体边界节点，搜寻与其距离最近的孔隙居中轴线节点。

(4) 该距离最近的孔隙居中轴线节点上气体密度即为该固体节点对应的自由气体密度，通过拟合得到的ρ_s与ρ的关系曲线，根据自由气体密度确定该固体节点上的吸附参数ρ_s。

(5) 根据ρ_s计算该固体节点的势函数ψ_s，因而就可计算气体粒子与固体壁面间相互作用力的大小。

上述步骤(1)～步骤(3)可在进行流动模拟之前执行，而步骤(4)、步骤(5)需要在流动模拟的每一时间步执行，然后即可基于该模型进行考虑吸附效应的页岩气流动模拟。

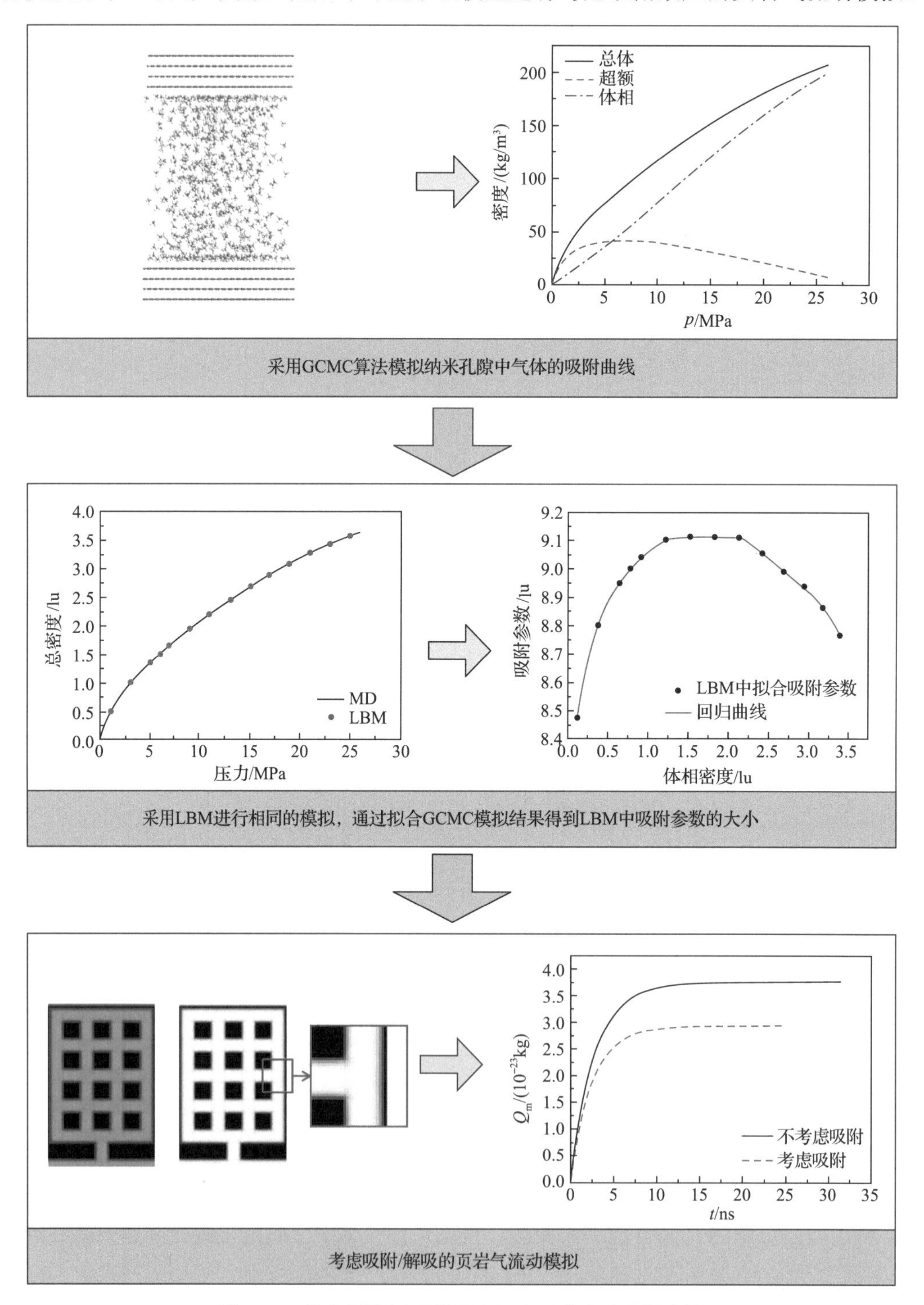

图 4.45 考虑吸附/解吸的页岩气多尺度流动模拟方法

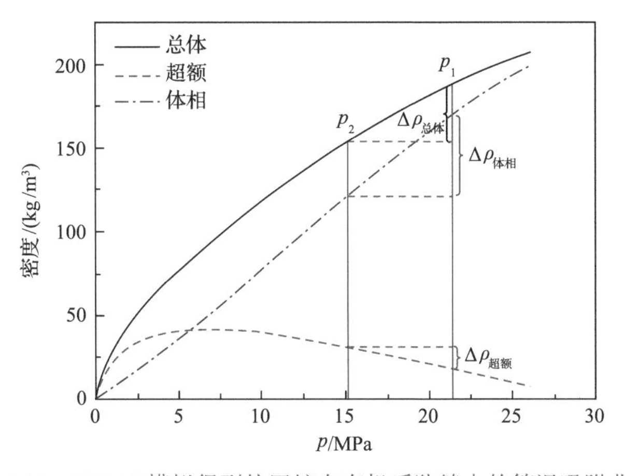

图 4.46 GCMC 模拟得到的甲烷在有机质狭缝中的等温吸附曲线

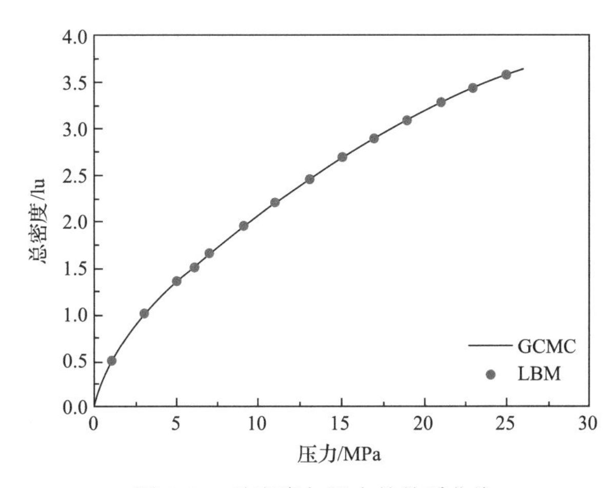

图 4.47 总密度与压力的关系曲线

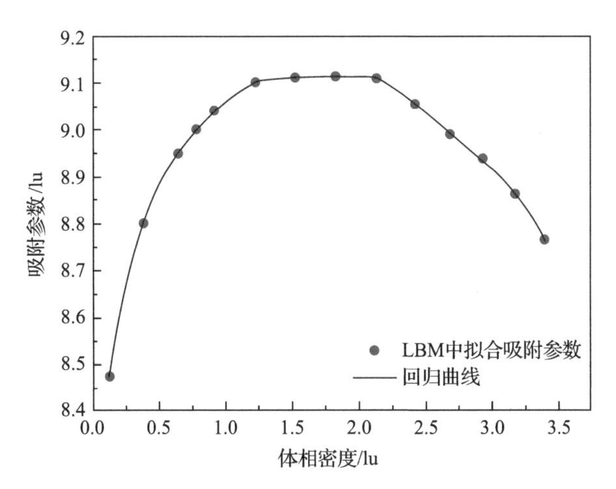

图 4.48 LBM 中吸附参数与体相密度间的关系曲线

3. 模型验证

前文已经验证了该模型模拟微尺度孔隙中气体流动的准确性，因而本节主要验证该模型模拟气体吸附的准确性。分别采用 MD 和 LBM 模拟了有机质狭缝中的甲烷吸附现象，物理模型和模拟方案已在前节进行了说明，对比了两种方法得到的甲烷在有机质狭缝中的密度分布，如图 4.49 所示，图中虚线为 LBM 的模拟结果，分辨率为 0.4nm/网格，实线为高分辨率下 MD 原始模拟结果，为了在相同分辨率下对比 LBM 与 MD 模拟结果，对 MD 模拟结果进行处理，得到了图中方形点，由对比结果可知，LBM 与 MD 模拟得到的无因次密度分布具有很好的一致性，从而验证了该模型的准确性。此外，模拟结果显示，受壁面吸附的影响，壁面附近气体密度明显高于通道中央自由气体密度，在此定义壁面附近密度较大的气体为吸附气，其余为自由气体。

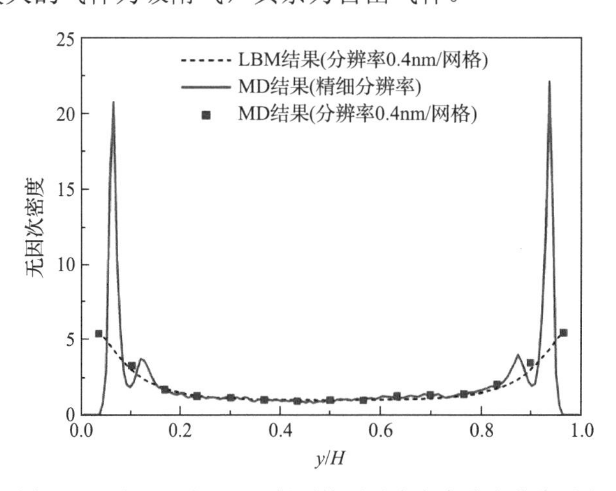

图 4.49 由 MD 和 LBM 得到的无因次密度分布曲线对比

无因次密度定义为某点气体密度与通道中央气体密度之比

4.3.2 有机质吸附/解吸对页岩气流动及生产的影响规律

本节将基于构建的考虑吸附/解吸的 LB 模型进行孔隙尺度页岩气生产模拟，研究有机质吸附对气体储存、采收率及生产的影响，物理模型如图 4.50 所示，该模型四周封闭，仅存在下部一个入出口。由于降压开采是页岩气藏常用开采方式，在此基于该物理模型模拟了不同降压过程中气体的生产过程，模型下部为多孔介质的入出口，采用压力边界条件，在其余各个方向上多孔介质被固体封闭，模拟气体为甲烷，温度为 298K，模拟了三个降压开采过程：①23～16MPa；②16～9MPa；③9～2MPa。为了分析吸附/解吸的影响，分别模拟了有机孔隙(考虑吸附/解吸)和无机孔隙(不考虑吸附/解吸)中的降压生产过程，分析了有机质吸附对孔隙尺度气体储量、采收率及生产的影响。

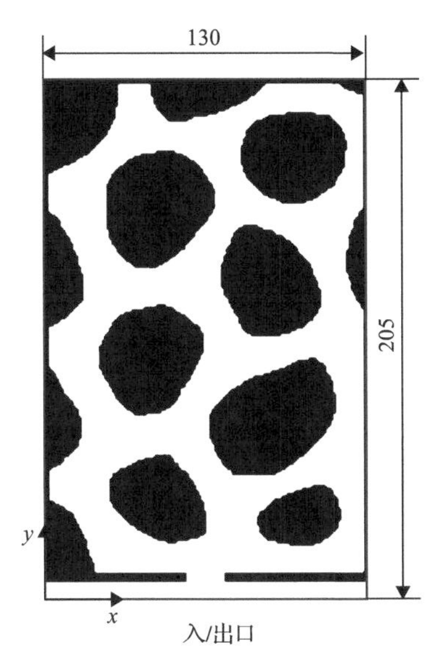

图 4.50　二维多孔介质示意图
黑色为固体，白色为孔隙

1. 有机质吸附对气体储量和采收率的影响

首先分析有机质吸附对气体储量和气体采收率的影响，在有机质孔隙中，由于气体分子和固体壁面间较强的相互作用，固体壁面附近存在吸附气而自由气体(或游离气)处于通道中央，对于无机质孔隙，其中仅存在自由气体，如图 4.51 所示。以下分析中，为了分析方便，也定义在无机孔隙中与有机孔隙中吸附气相同位置处的气体为吸附气，其余为自由气体。

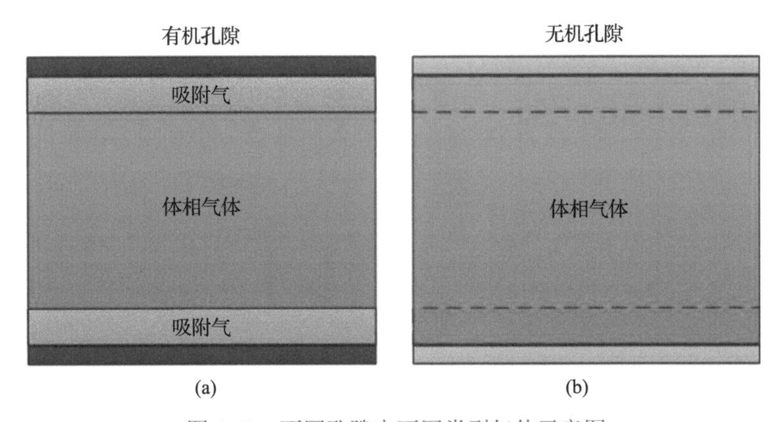

图 4.51　不同孔隙中不同类型气体示意图

图 4.52 为不同多孔介质不同压力下的气体密度分布，由于有机质吸附的影响，在有机质孔隙壁面存在一层高密度气体，根据上述定义，计算了不同多孔介质中不同压力下不同类型气体密度，如图 4.53 所示。由图 4.53(a)可知，无机多孔介质中总气体密度总是低于有机多孔介质，表明有机孔隙中能够存储更多气体，这主要是由有机质对气

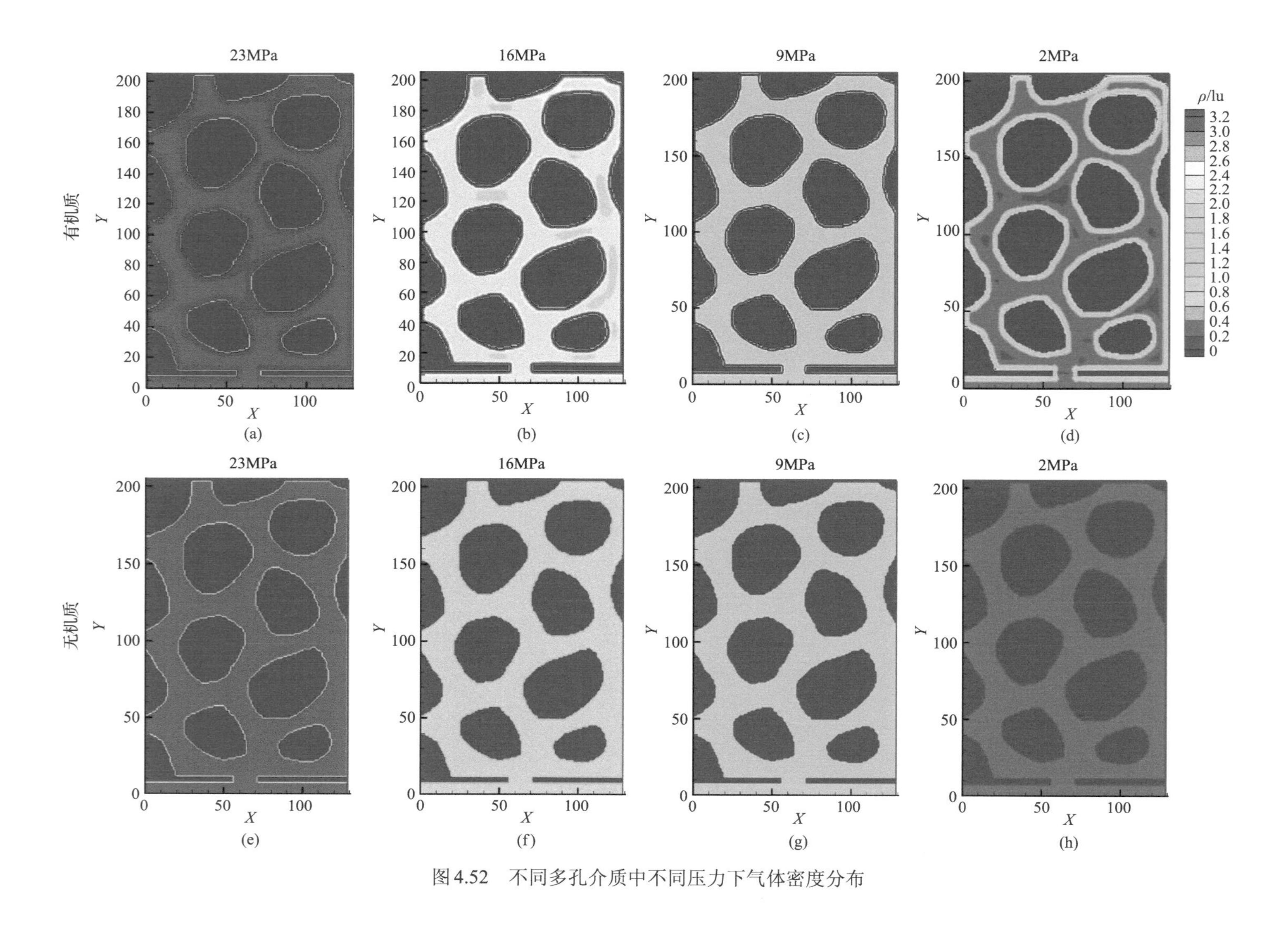

图 4.52 不同多孔介质中不同压力下气体密度分布

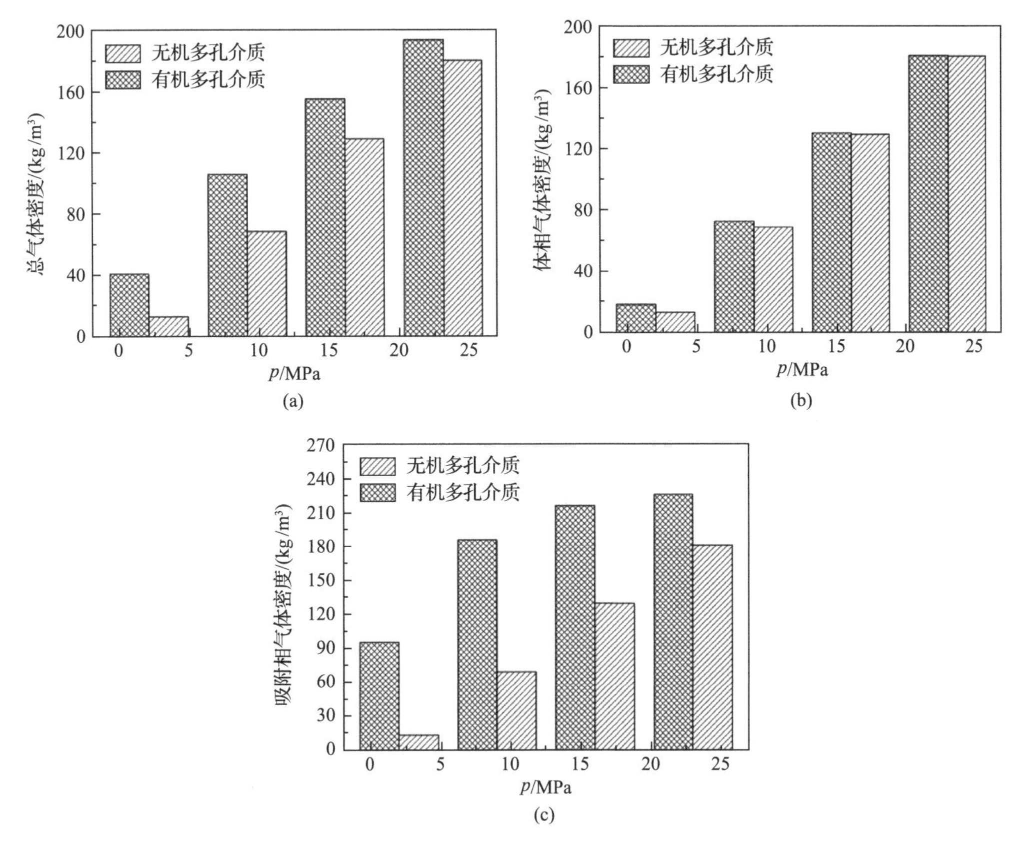

图 4.53 不同压力下不同类型气体密度分布图

(a) 总气体密度；(b) 体相气体密度；(c) 吸附相气体密度

体的吸附引起的：图 4.53(b)和(c)显示，不同压力下两类多孔介质中自由气体密度基本一致，而有机质孔隙中的吸附相气体密度明显大于无机孔隙，尤其是在低压条件下，因而导致了整个有机孔隙中总气体密度的增加。

由图 4.53 还可计算不同多孔介质在不同降压阶段的气体采收率，以第一个降压过程(23～16MPa)为例，初始条件下有机多孔介质中气体总密度为 194.12kg/m^3，无机多孔介质中气体总密度为 180.59kg/m^3；当降压过程达到稳定状态后，有机多孔介质中气体总密度变为 155.66kg/m^3，无机多孔介质中气体总密度为 129.39kg/m^3，由于孔隙体积不变，有机多孔介质的气体采收率为 19.81%，无机多孔介质中气体采收率为 28.35%。通过相同的思路可以得到其他两个降压过程中以及总降压过程(23～2MPa)中有机和无机多孔介质中的气体采收率，如表 4.1 所示，由表中数据可知，有机质中的气体采收率要低于无机质中气体采收率，这主要是由吸附相气体引起的，如图 4.53(b)、(c)可知，当压力由 23MPa 下降到 2MPa 过程中，有机多孔介质中自由气体采收率为 89.72%，而吸附气采收率仅为 57.70%；而在无机多孔介质中两种类型气体的采收率均为 92.53%，由于有机多孔介质中有机质与气体间较强的相互作用，吸附气不容易被采出，造成有机质中气体采收率较低。因而为了提高有机多孔介质的气体采收率，需要采用其他开发方式，如二氧化碳驱等。

表 4.1　不同多孔介质、不同压降过程的气体采收率

介质类型	不同压降过程的气体采收率			
	23～16MPa	16～9MPa	9～2MPa	23～2MPa
无机多孔介质/%	28.35	46.49	80.51	92.53
有机多孔介质/%	19.81	31.71	61.1	78.69

2. 有机质吸附对孔隙尺度气体生产的影响

为研究有机质吸附对孔隙尺度气体生产的影响，绘制了不同压降过程中的气体产量曲线，如图 4.54 所示，模拟结果与常规认识不一致，一般认为有机质中气体的吸附/解吸会增加页岩气的产量，因为随着压力的降低，与无机孔隙相比，额外的气体会从有机孔隙壁面解吸下来，从而增加页岩气产量。然而，实际上在无机孔隙中，在和有机孔隙中吸附气相同的位置处存在游离气，如图 4.53 所示，随着压力的降低，这些游离气也会被采出，因而有机质吸附是否会增加页岩气的产量取决于有机孔隙中吸附气和无机孔隙中相同位置处游离气产出的多少。

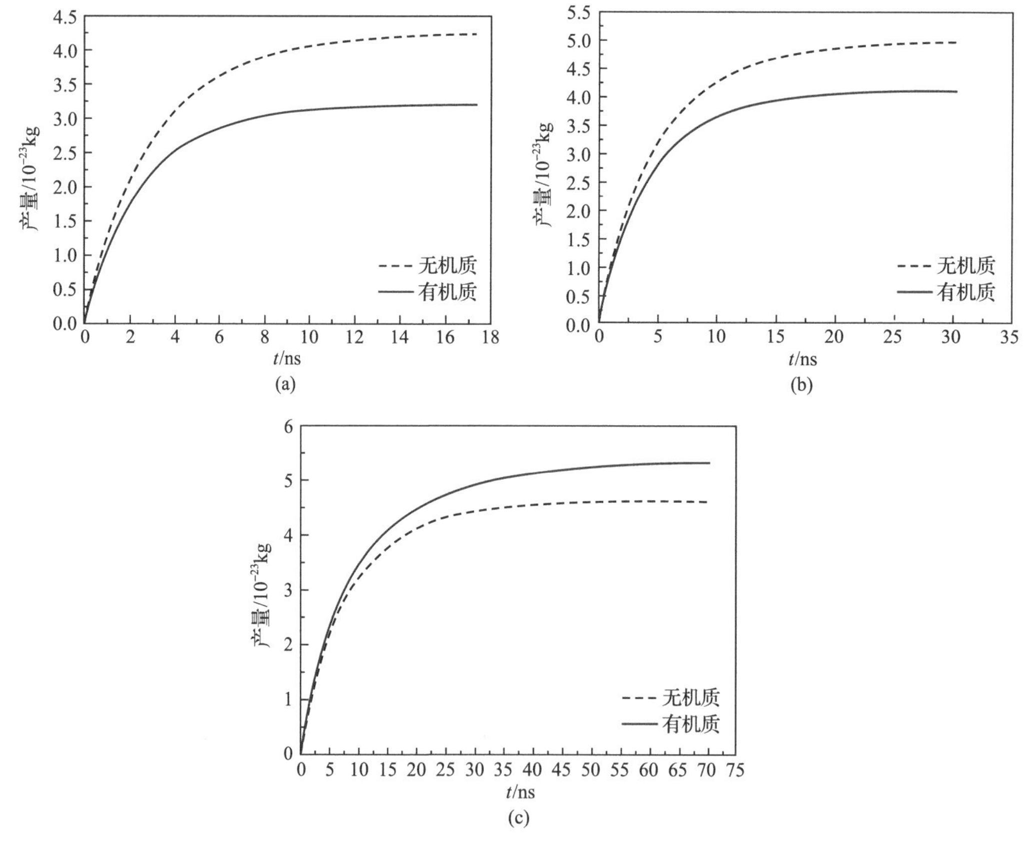

图 4.54　不同压降过程中气体产量与时间的关系曲线

(a) 23～16MPa；(b) 16～9MPa；(c) 9～2MPa

超额吸附曲线对描述有机质中气体吸附具有重要作用，其定义为由于有机壁面的存

在所造成的单位孔隙体积中额外气体吸附量的多少[73]，即超额吸附量等于单位体积内绝对气体吸附量与不存在壁面时游离气体含量之差，结合我们所定义的有机孔隙和无机孔隙，超额吸附量为有机多孔介质与无机多孔介质中气体总密度之差，根据前文模拟和分析，由于有机多孔介质和无机多孔介质中自由气体密度基本一致，因而超额吸附量近似正比于吸附相气体密度和自由气体密度之差。

对于吸附过程，当压力很低时，孔隙内没有足够的游离气供壁面吸附，随着压力的增加，由于有机质壁面与气体分子间存在较强的相互作用力，多孔介质内所增加的气体分子更倾向于吸附在固体壁面上，因而吸附相气体密度比自由气体密度增加更快，超额吸附量增加；随着吸附相气体密度的增大，吸附相气体分子间距逐渐变小，分子间相互排斥力越来越明显，当在吸附相区中增加一个气体分子所需增加的压差与在自由区增加一个气体分子所需增加的压差一致时，超额吸附量达到最大值[73]；此后，随着压力的增加，体系中所增加的气体分子更倾向于保留在自由区，自由气体密度比吸附相气体密度增加更快，超额吸附量减小。

解吸过程正好与吸附过程相反，由于超额吸附量为有机多孔介质和无机多孔介质中气体总密度之差，它也可反映吸附对气体产量的影响，当压力从 p_1 降低到 p_2 过程中，有机多孔介质中气体产量（$Q_{有机}$）和无机多孔介质中气体产量（$Q_{无机}$）之差可由下式计算：

$$
\begin{aligned}
Q_{有机}-Q_{无机} &= \Delta\rho_{总}V-\Delta\rho_{体相}V \\
&= \left(\rho_{总1}-\rho_{总2}\right)V-\left(\rho_{体相1}-\rho_{体相2}\right)V \\
&= \left[\left(\rho_{总1}-\rho_{体相1}\right)-\left(\rho_{总2}-\rho_{体相2}\right)\right]V \\
&= \left(\rho_{超额1}-\rho_{超额2}\right)V \\
&= \Delta\rho_{超额}V
\end{aligned}
\tag{4-57}
$$

式中，V 为孔隙体积。

因而，有机质吸附对气体产量的影响取决于初始和终止压力下的超额吸附量之差，在压降过程中，如果超额吸附量增加，即在低压下存储有更多的超额吸附气体，和无机多孔介质相比有机多孔介质中的气体产量更少；与之相反，若超额吸附量减小，有机多孔介质中将会产出更多气体。对于本章模拟，当压力从 23MPa 降低到 16MPa 或者从 16MPa 降低到 9MPa 过程中，超额吸附量增加，$\Delta\rho_{超额}<0$，如图 4.55 所示，因而有机多孔介质中气体产量少于无机多孔介质；而当压力从 9MPa 降低到 2MPa 过程中，超额吸附量减少，$\Delta\rho_{超额}>0$，因而在这个过程中有机多孔介质中气体产量高于无机多孔介质。

需要指出的是，实验室测得的曲线均为超额吸附曲线，当压力足够高时，随着压力的增加吸附量会减少，然而在许多实验研究中[74]只测量了前半段的吸附曲线，超额吸附量随压力增加而降低的部分还未出现或还不明显，因而研究人员误认为其测量的是总吸附曲线，因而采用朗缪尔吸附模型来描述，而实际上，他们获取的是超额吸附曲线，采用朗缪尔模型来描述会存在误差。当然也有不少学者认识到这个问题，采用修正的朗缪尔模型[75]或其他模型[76]来描述所测量的吸附曲线，因而这一点需要在以后的实验研究中引起注意。

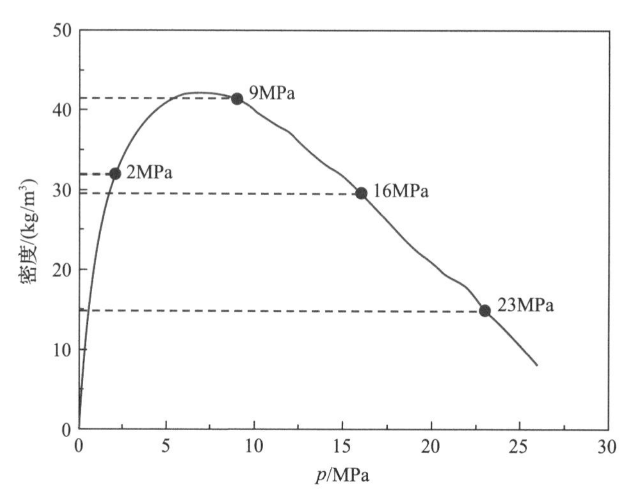

图 4.55　有机质孔隙中的超额吸附曲线

4.4　考虑大密度比的页岩气、水两相格子玻尔兹曼方法模拟

由于页岩气藏极低的渗透率，开发过程中需要借助于水平井钻井技术和大规模水力压裂技术才能实现商业化开采，在页岩中会存在气体和水两相的流动，而且气水的密度和黏度相差都比较大，本节将利用格子玻尔兹曼方法中最新的颜色梯度模型来模拟页岩数字岩心中具有高密度比的气水两相的流动。另外，在压裂完成后，压裂液的返排率非常低，经常在 10%以下，本节将对这个问题进行一定的探讨研究。

格子玻尔兹曼多相流模型根据其描述不同相之间相互作用方式的角度来划分，可以分为四大类：颜色模型、伪势模型、自由能模型和其他模型。在几种模型中，每一类模型都有自己的优点和缺点，有一个共同的缺点是对两相流体的密度和黏度要求比较高，密度比和黏度比在 1 附近一般能得到比较好的结果，随着密度比和黏度比的增大，计算的稳定性和准确性都受到很大的挑战。目前在应用方面伪势模型是应用比较广泛的模型，同时，伪势模型也存在很多缺点。例如，Chin 等[77]利用 D2Q9 伪势模型和 LBGK 线性碰撞算子来模拟具有不同黏度比的非混相两相流体的流动时，对于表面张力的拉普拉斯定律的预测出现了明显的偏差，另外在模拟泊肃叶流动时，尽管在单相流动区域与理论结果拟合很好，但是在两相界面处出现了明显的差异；Luo[78]指出，模型中的状态方程与动量方程和能量方程中的状态方程不一致，Nourgaliev 等[79]指出，模型中引入温度时与热力学相关理论不一致，后来有学者说明，只有当相互作用力中的有效密度函数取指数形式时，该模型才与热力学相关理论一致。

本章我们将基于颜色模型发展起来的新模型来进行模拟，颜色模型是最早提出的两相格子玻尔兹曼模型，利用颜色模型来模拟多孔介质中的流体流动，是由于颜色模型具有以下几点优点[80]，这几点非常适合研究多孔介质中流体的流动运移规律：①相之间界面宽度很小，因此界面位置能够精确确定；②表面张力容易计算和调整；③可以直接通过调整润湿角来改变固体表面的润湿性。

Gunstensen 等[81]首先提出了模拟多相流的格子玻尔兹曼模型——颜色模型。该模型用不同颜色来区分不同相态的流体，分别记为红色和蓝色，不同流体之间的相互作用通过引入颜色梯度来实现(颜色模型因此也叫颜色梯度模型)，并根据颜色梯度和局部颜色流量它来调整流体粒子的运动趋势，本质是根据颜色梯度和流量对流体粒子进行重新分配，实现流体的分离或混合。Grunau 等[82]通过改进模型扰动步，用来模拟不同密度和黏度的两相流体的流动，但是密度比不能太大。颜色模型虽然符合拉普拉斯定律，这类模型也具有一定的局限性，表面张力与界面的走向相关，在重新着色过程中需要求解一个最大值问题，计算量较大。经过后来的不断改进，颜色模型目前可以模拟密度比高达 1000 的两相流体流动，而且重新着色过程也不需要求解最大值问题，计算量大幅减小。本节采用的颜色模型是基于 Liu 等[83]在 2012 提出的颜色模型及其 2014 年修改了两相界面上混合黏度的计算方法的模型[84]，该模型能够模拟密度比在 1000 的两相流体流动，能够满足页岩中气水两相流动的模拟。

本节将首先介绍高密度比的颜色梯度模型，然后通过拉普拉斯定律、润湿性等问题来验证模型的正确性，最后利用模型模拟人造砂岩和页岩数字岩心中的气液两相流动。另外，基于三维数字岩心的格子玻尔兹曼两相流动模拟，计算量巨大，本节内容涉及的模拟算例均采用并行计算，书中也将对并行计算平台进行介绍。

4.4.1　大密度比、高黏度比的格子玻尔兹曼两相流动模拟模型

1. 模型介绍

在颜色梯度模型中，两相流体分别标记为红相和蓝相[81]，每一相的演化方程为

$$f_i^k\left(x+\boldsymbol{e}_i\delta t,t+\delta t\right)=f_i^k(x,t)+\Omega_i^k(x,t) \tag{4-58}$$

式中，$f_i^k(x,t)$为第 k 相流体在 t 时刻 x 位置处 i 方向上的粒子分布函数；k=R、B，其中 R 和 B 分别代表红相和蓝相，总体的离子分布函数为 $f_i=f_i^{\mathrm{R}}+f_i^{\mathrm{B}}$；$\boldsymbol{e}_i$为 i 方向上的格子速度；δt 为时间步长；Ω_i^k 为碰撞算子，在颜色梯度模型中，碰撞算子包括三部分[83]：

$$\Omega_i^k=\left(\Omega_i^k\right)^{(3)}\left[\left(\Omega_i^k\right)^{(1)}+\left(\Omega_i^k\right)^{(2)}\right] \tag{4-59}$$

(1) $\left(\Omega_i^k\right)^{(1)}$是 BGK 碰撞算子，定义如下：

$$\left(\Omega_i^k\right)^{(1)}=-\frac{1}{\tau_k}\left(f_i^k-f_i^{k,\mathrm{eq}}\right) \tag{4-60}$$

式中，τ_k 为 k 相的松弛时间；$f_i^{k,\mathrm{eq}}$ 为第 k 相流体 i 方向上的平衡态粒子分布函数。

该模型考虑两相流体的密度不同的情况就在平衡态粒子分布函数中体现出来，平衡

态分布函数的定义与一般的格子玻尔兹曼模型有一些区别，形式如下：

$$f_i^{k,\mathrm{eq}} = \rho_k \left\{ \phi_i^k + \omega_i \left[\frac{3}{c^2} \boldsymbol{e}_i \cdot \boldsymbol{u} + \frac{9}{2c^4} (\boldsymbol{e}_i \cdot \boldsymbol{u})^2 - \frac{3}{2c^2} \boldsymbol{u}^2 \right] \right\} \tag{4-61}$$

式中，ω_i 为权重系数，与模型维数和速度方向数有关；$\boldsymbol{u}$ 为流体宏观速度；系数 ϕ_i^k 与密度比 λ 相关，对于 D3Q19 模型，ϕ_i^k 由式(4-62)给出：

$$\phi_i^k = \begin{cases} \alpha_k, & i = 0 \\ (1-\alpha_k)/12, & i = 1,2,\cdots,6 \\ (1-\alpha_k)/24, & i = 7,8,\cdots,18 \end{cases} \tag{4-62}$$

其中，α_k 为自由系数，满足 $0 < \alpha_k < 1$，与密度比的关系如下：

$$\lambda = \frac{\rho_{\mathrm{R}}}{\rho_{\mathrm{B}}} = \frac{1-\alpha_{\mathrm{B}}}{1-\alpha_{\mathrm{R}}} \tag{4-63}$$

(2) $\left(\Omega_i^k\right)^{(2)}$ 是扰动算子，定义如下：

$$\left(\Omega_i^k\right)^{(2)} = \frac{A_k}{2} \left|\nabla \rho^N\right| \left[\frac{\left(\boldsymbol{e}_i \cdot \nabla \rho^N\right)^2}{\left|\nabla \rho^N\right|^2} - B_i \right] \tag{4-64}$$

式中，两相梯度 ρ^N 定义为

$$\rho^N(x,t) = \frac{\rho_{\mathrm{R}}(x,t) - \rho_{\mathrm{B}}(x,t)}{\rho_{\mathrm{R}}(x,t) + \rho_{\mathrm{B}}(x,t)} \tag{4-65}$$

系数 B_i 对于 D3Q19 模型设置为 $B_0=-1/3$，$B_{1\text{-}6}=1/18$，$B_{7\text{-}18}=1/36$，令 $A_{\mathrm{R}}=A_{\mathrm{B}}=A$，两相接触面张力满足 $\sigma=4/(9A\tau)$，为了考虑两相动力黏度的不同，总黏度定义如下[84]：

$$\frac{1}{\tau - 0.5} = \frac{1+\rho^N}{2(\tau_{\mathrm{R}} - 0.5)} + \frac{1-\rho^N}{2(\tau_{\mathrm{B}} - 0.5)} \tag{4-66}$$

这样可以保证两相接触面处黏度的连续性[85]。黏度与松弛时间的关系为 $v_k=(\tau_k-0.5)\delta t c^2/3$。

(3) $\left(\Omega_i^k\right)^{(3)}$ 是重新着色算子，红相和蓝相的重新着色算子定义分别如下：

$$\begin{aligned} \left(\Omega_i^k\right)^{(3)}\left(f_i^{\mathrm{R}}\right) &= \frac{\rho_{\mathrm{R}}}{\rho} f_i^* + \beta \frac{\rho_{\mathrm{R}}\rho_{\mathrm{B}}}{\rho^2} \cos\varphi_i f_i^{\mathrm{eq}}\big|_{\boldsymbol{u}=0} \\ \left(\Omega_i^k\right)^{(3)}\left(f_i^{\mathrm{B}}\right) &= \frac{\rho_{\mathrm{B}}}{\rho} f_i^* - \beta \frac{\rho_{\mathrm{R}}\rho_{\mathrm{B}}}{\rho^2} \cos\varphi_i f_i^{\mathrm{eq}}\big|_{\boldsymbol{u}=0} \end{aligned} \tag{4-67}$$

其中，f_i^* 表示两相在 i 方向上碰撞后，分离前的总体粒子分布函数；$\cos\varphi_i$ 定义如下：

$$\cos\varphi_i = \frac{\boldsymbol{e}_i \cdot \nabla\rho^N}{|\boldsymbol{e}_i||\nabla\rho^N|} \tag{4-68}$$

以上就是本节要采用的颜色梯度模型，在粒子平衡态分布函数和总体黏度定义中分别考虑了两相流体的密度不同和黏度不同的情况。

在进行两相流模拟时，由于计算量巨大，采用并行计算。本节所有并行计算均在洛斯阿拉莫斯国家实验室的高性能计算机 Mustang 上完成，Mustang 是由 1600 个计算节点组成的 Appro Xtreme-X 集群，每个节点由两个 12 核的 AMD Opteron model 6176 处理器组成，即每个节点上有 24 个核，内存为 64GB，处理器主频为 2.3GHz。因此，Mustang 共有 38400 个核，总存储容量为 102.4TB，峰值性能为 353TF/s(2.3GHz×4ops/clock× 24 核/节点×1600 节点)。

一般情况下，将数字岩心等分成 20×20×20 左右的小块进行计算，如果一个三维数字岩心的尺寸为 100×100×100，则在 x、y、z 方向上一般分别分为 5 块，使用处理器总数目为 125，如果数字岩心各个方向上的尺寸增大一倍，那么处理器数目将增加 8 倍，由此可见，两相流的计算量非常大，这将是限制两相流模拟的一个重要因素。另外在每一小块周围会多加一层相邻网格，用于保存相邻节点传递过来的信息以及需要往相邻节点传递出去的信息。

2. 格子玻尔兹曼气水两相数学模型验证

本节将对上一部分的颜色梯度模型进行验证测试，包括拉普拉斯定律测试、润湿角测试。其中拉普拉斯定律测试和润湿角测试属于静态试验测试，算例最终达到一个静止的平衡状态，相渗曲线测试属于动态试验测试。

1) 拉普拉斯定律测试

模型区域设置为 65×65×65 的正方体区域，所有边界处采用周期边界条件，初始状态在区域中心半径为 R 的范围内设定为蓝色相流体，周围充满红色相流体，根据拉普拉斯定律，当系统达到平衡状态时，两相接触面处压力差 Δp 与半径 R 满足以下关系式：

$$\Delta p = \frac{2\sigma}{R} \tag{4-69}$$

首先设定两相密度均为 1.0，给定表面张力 σ=0.03，改变半径 R 的大小，可以通过式(4-69)得到压力差的理论值，另外也可以通过模拟计算达到平衡状态后，根据粒子分布函数计算得到压力差，图 4.56 中实线为利用公式计算的理论值，正方形实点为通过 LBM 模拟计算值，通过图中对比发现，LBM 计算值与理论值基本一致。

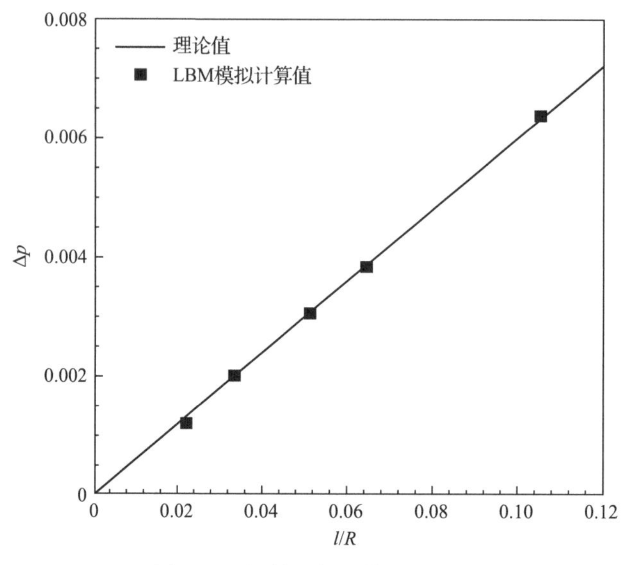

图 4.56 拉普拉斯定律结果对比

然后对不同密度比的两相流体的表面张力进行测试，表 4.2 为不同密度比情况下计算得到的表面张力实际值，第一列为红相和蓝相流体的密度比 λ（蓝相为液滴），第二列为表面张力的理论值 σ_t，第三列为分离系数 β，第四列为本章颜色模型的计算结果 σ_c，第五列为参考文献[83]中的计算结果 σ_1。值得关注的是，文献[83]指出，当两相密度比达到 1000 时，理论值与计算值可以保持很好的一致性，这里我们尝试将密度比提高到 10000，结果发现，计算结果依然与理论值保持一致。

表 4.2 表面张力结果对比

λ	σ_t	β	σ_c	σ_1
1	0.024	0.7	0.023267	0.0243
1	0.024	1	0.024364	0.0242
1	0.096	0.7	0.095878	0.0972
1	0.24	0.7	0.235513	0.2429
2	0.108	0.7	0.106557	0.1097
10	0.132	1	0.133847	0.1333
30	0.1116	1	0.110482	0.1126
100	0.1	1	0.09821	0.1012
1000	0.1	1	0.100814	0.1013
10000	0.1	1	0.098576	—

2）润湿角测试

储层润湿性在油气田开发中有重要的意义，这里将考察该颜色模型对流体润湿性的表达。在该颜色模型中，根据 Rowlinson 和 Widom[86]的假设，多孔介质中固体壁面看出两相流体的混合介质，具有一定的相梯度 ρ^N，在自由能模型和平均场理论的模型中有类似的处理方式。

模拟区域尺寸为 100×100×100，底部为固体边界，半径为 20 的半球状液滴位于底部的中心位置，单位均为无因次单位，假设顶部为固体边界，在底部和顶部设置为标准反弹边界条件，在其他四个边界上采用周期边界条件。两相流体的密度均设置为 1.0，黏度均为 0.166，模型中的分离系数 β 取 0.7，润湿角依次设置为 30°、60°、90°、120°和 150°，同时在固体边界上的两相浓度梯度 $\rho^N=-\cos\theta$，模拟终止条件为液滴形状不再改变，而达到平衡状态。图 4.57 是在不同润湿角情况下，模拟得到的最终结果，可以看出模型能够很好地模拟出不同润湿性。

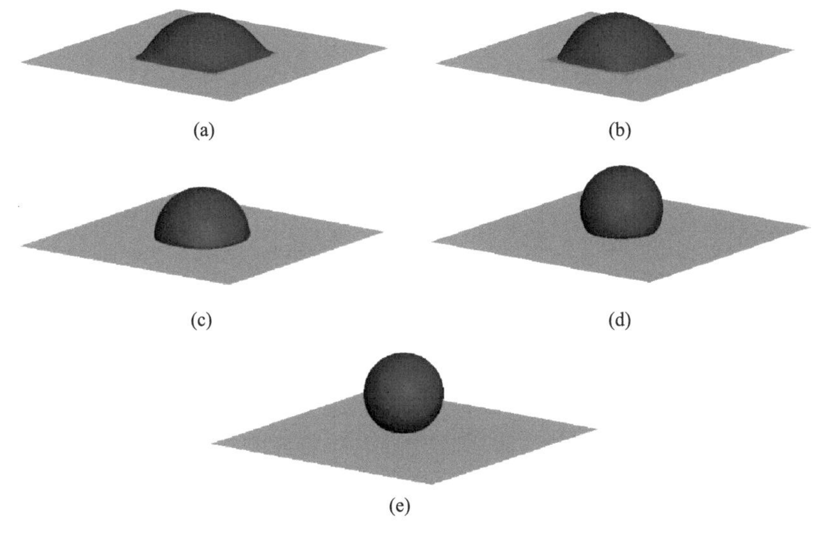

图 4.57　不同润湿角模拟结果

(a) 30°；(b) 60°；(c) 90°；(d) 120°；(e) 150°

4.4.2　基于页岩数字岩心的页岩气水流动机制

1. 物理模型

本节将采用两种数字岩心进行模拟：一种是利用 CT 扫描法得到人造岩心的三维灰度模型，并根据二值算法将灰度图像分割为只包含孔隙和骨架的二值图像；另一种是在页岩岩样 SEM 扫描图像基础上利用 MCMC 方法重构得到其三维岩心结构。

1) 人造砂岩岩心

对人造砂岩岩心采用高分辨 3D X 射线显微镜 Micro XCT-400 进行扫描，Micro XCT-400 是为不同样品尺寸设计的一种通用、高分辨率、无损的三维 X 射线成像系统，独特的高分辨率透镜探测器能够得到样品的高分辨率和高对比度的图像。图 4.58 为实验室制作的人造岩心，探测镜头采用 4 倍镜头，扫描完成后三维图像的一个切片，扫描图像像素分辨率为 4.08μm，从图像上我们可以清晰地看到人造岩心中的孔隙与骨架分布，

图 4.59 是对三维扫描数字岩心截取的目标数字岩心，经过二值化处理得到的孔隙/骨架结构，其尺寸为 160×160×160(像素)，孔隙度为 61.8%。采取如此大的孔隙度的人造岩心进行模拟实验的目的主要有两点：首先，所截取的结构只有一个大孔隙存在，便于观察结果；其次，用来与致密页岩岩心的模拟结果进行对比。

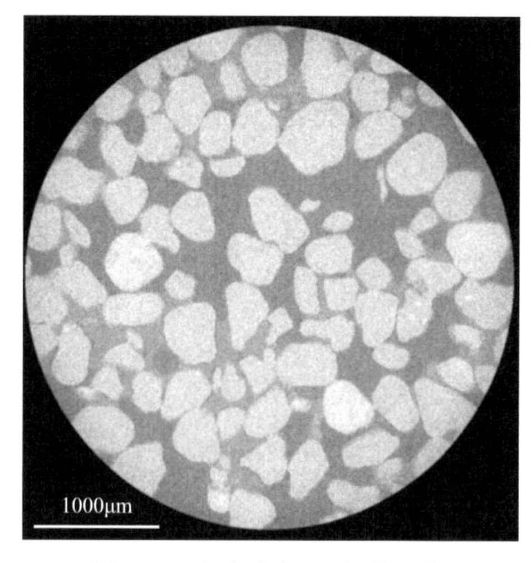

图 4.58 人造砂岩 CT 扫描图像

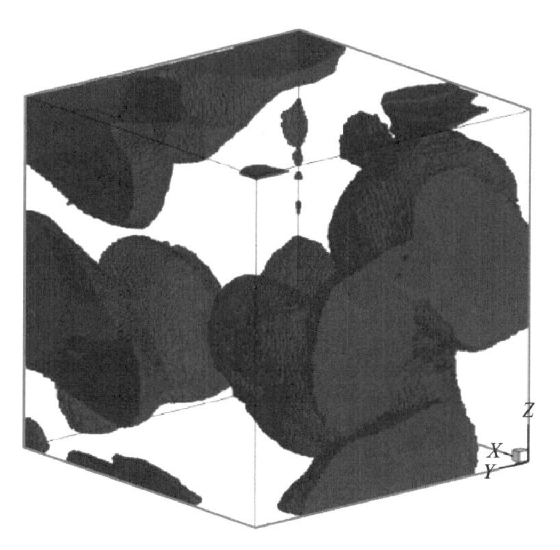

图 4.59 人造砂岩三维扫描数字岩心

2) 页岩岩心

图 4.60 是对取自四川盆地彭水地区志留系龙马溪组的页岩岩样采用 S-4800 冷场扫描电镜得到的 SEM 扫描图像，扫描电镜工作电压为 5.0kV，工作距离为 10.9mm，放大倍数为 35000 倍，分辨率为 2.8nm/像素。首先对图像进行滤波去噪声，并根据 Otsu 算法进行二值化处理，然后在黑白二值图像基础上利用 MCMC 方法重构得到三维数字岩心。图 4.61 为重构得到的数字岩心，岩心尺寸为 300×100×100(像素)。重构得到数字岩心的孔隙度为 16.8%。

图 4.60 四川盆地页岩岩样扫描图像

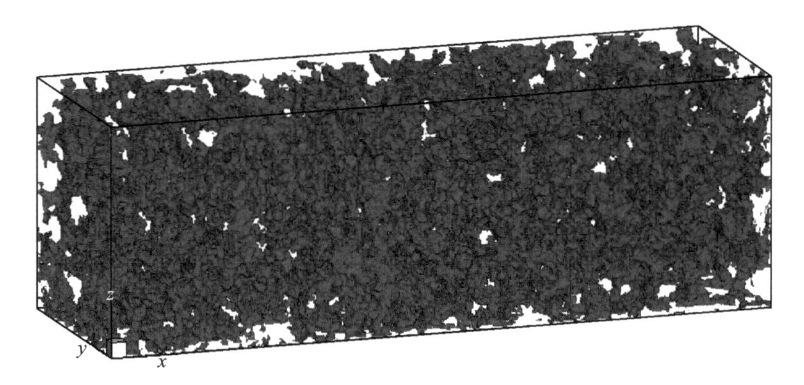

图 4.61 页岩三维重构数字岩心(蓝色部分为孔隙)

经过重构得到的三维数字岩心中存在一些不连通的孔隙，在模拟流体在数字岩心内部流动时，这些孔隙对流动不起任何作用，同时为了减少计算量，可以将不连通孔隙剔除，标记为骨架。图 4.62 中不连通的孔隙标记为红色，剔除不连通孔隙以后孔隙度降到16.2%，不连通孔隙占总孔隙体积的 3.5%。

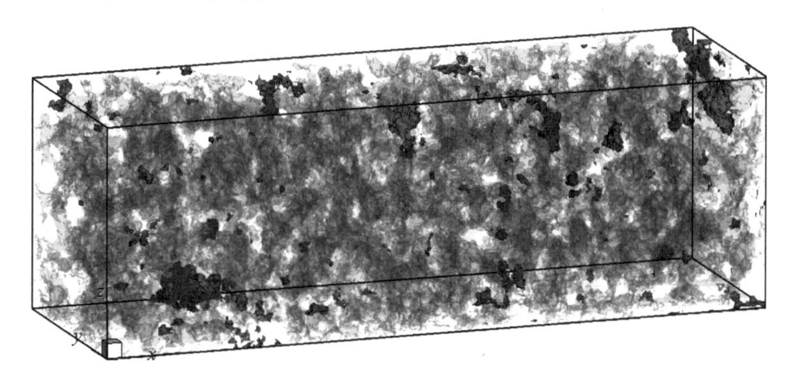

图 4.62 连通孔隙(紫色)与不连通孔隙(红色)对比

孔隙尺寸分布的计算是根据“十三方向”方法[87]，该方法是将模拟多孔介质中的克努森流的二维方法扩展到三维得来的。具体方法如下：对于每一个孔隙节点，都会有一个平均的孔隙直径能得到，在每个孔隙节点上，沿一给定方向向前后两个方向上移动，直到到达第一个非孔隙节点，这时会得到一个长度，三维空间中除了 x、y、z 三个方向，xy 平面、xz 平面、yz 平面上两个对角线方向，以及三维空间四个对角平面，总共十三个方向会用到，将得到的十三个方向长度进行平均，每个孔隙都会得到有效的孔隙直径。图 4.63 是重构得到的页岩数字岩心的孔隙尺寸分布。可以看出超过 92%的孔隙直径在8.4～25.6nm，66%的孔隙直径处于 11.2～19.6nm(4～7 个格子)。

2. 模型应用

1)高密度比对两相流动的影响

首先对上部分中的CT扫描得到的人造岩心的三维数字岩心来进行模拟，在模拟过程中，在入口出口两端各加 20 层孔隙，以便消除入口出口端的影响，最终模型尺寸为 200×160×160。模拟计算中将其划分成边长为 20 的小块进行计算，总共采用 640 个核进行计算。

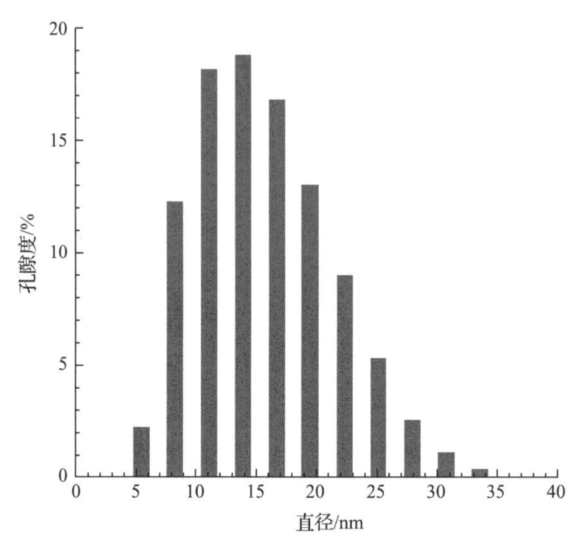

图 4.63 三维重构数字岩心的孔隙尺寸分布

初始状态时，数字岩心中饱和润湿相(液体)、非润湿相(气体)从左侧入口以固定速度注入，气体为驱替相，液体为被驱替相，而出口端给定固定压力，y 和 z 方向上的边界设定为固体边界，因此各个边界上的条件设置如下：入口端采用速度边界条件，出口端为固定压力边界条件，其他边界采用标准反弹边界。入口速度通过给定毛管数 Ca 来确定，毛细管数的定义为 $\mathrm{Ca}=\dfrac{u_n\eta_n}{\sigma\cos\theta}$，其中 u_n 和 η_n 分别为侵入相的速度和动力黏度(dynamic viscosity)，毛细管数固定为 0.00004。由于液相的黏度变化范围较大，将两相的运动黏度(kinematic viscosity)比固定为 1 : 1，设置为 0.03，固定气体密度为 1，表面张力为 0.03，以上均为格子单位，液相润湿角为 30°。

密度比分别设定为 100∶1、200∶1、500∶1、1000∶1 来进行模拟，在四个例子中，因为毛细管数固定不变，气相密度和运动黏度不变，在下面的模拟中，气相的侵入速度相同。图 4.64 为 t=500000 时，在不同液相密度下，数字岩心内部气相的分布情况，气相饱和度依次为 12.4%、12.2%、12.1%、11.3%。数字岩心的结构简单，且侵入相没有完全占据孔隙，因此作为侵入相的气相的饱和度相差不大，此外从图中可以明显地看出，

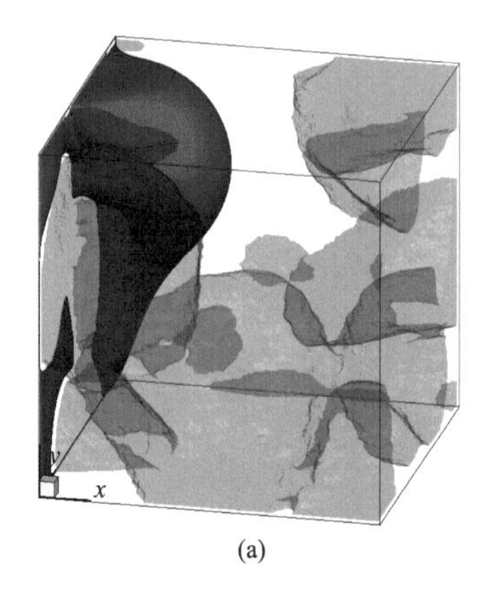

(a)

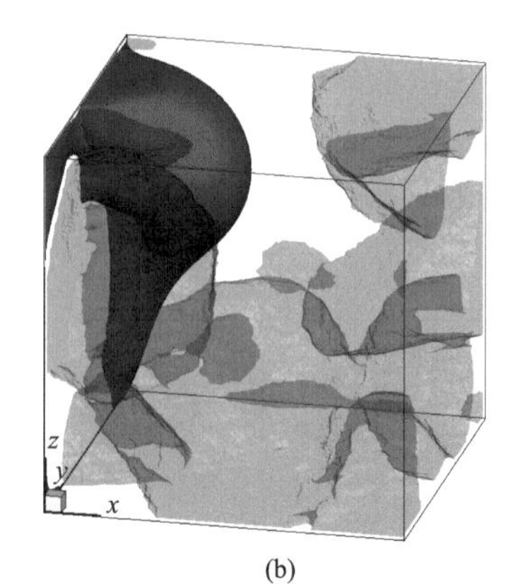

(b)

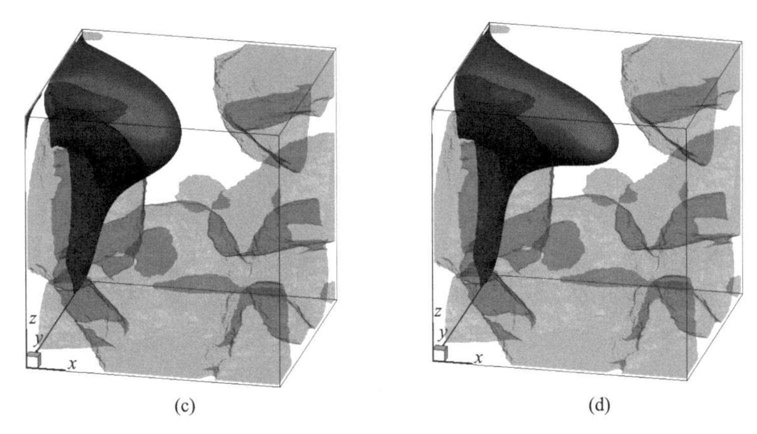

图 4.64　t=500000 时数字岩心中的气相分布

(a) 密度比 100∶1；(b) 密度比 200∶1；(c) 密度比 500∶1；(d) 密度比 1000∶1

随着两相密度比增大，即液相黏度越来越高，气相的指进现象越明显。

图 4.65 是达到平衡状态时气相的分布情况，当液相密度依次为 100、200、500、1000 时，气相饱和度依次为 59.2%、54.7%、43.2%、33.3%，即液相黏度越高的情况，驱替效

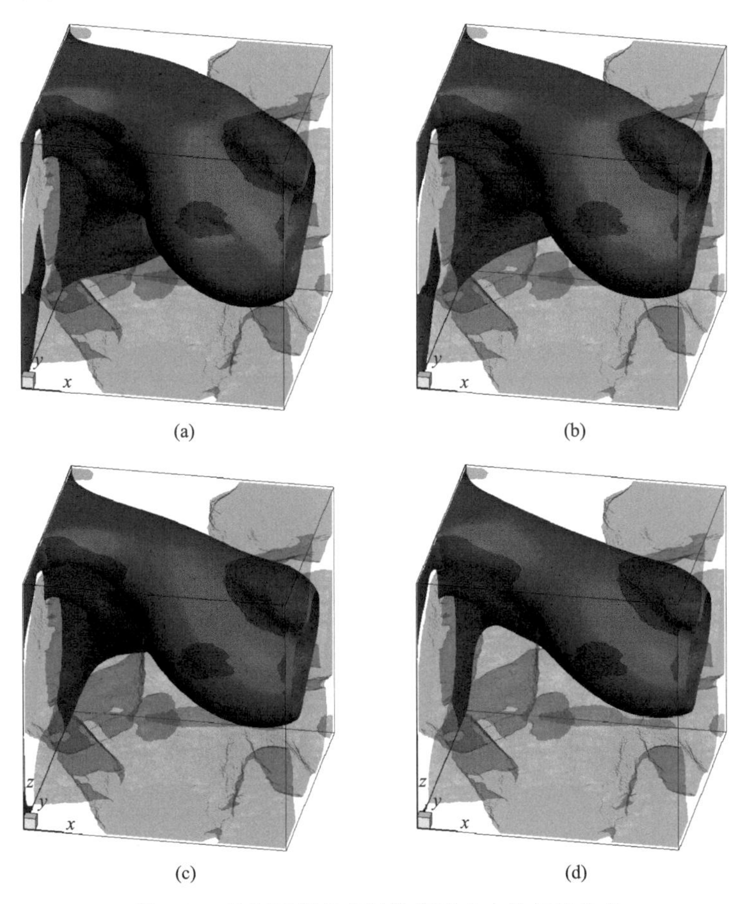

图 4.65　达到平衡状态时数字岩心中的气相分布

(a) 液相密度 100；(b) 液相密度 200；(c) 液相密度 500；(d) 液相密度 1000

率越低，残余饱和度越大。该数字岩心结构简单，内部只有一个大孔隙，入口端不同地方孔道半径不同，流体选择从半径最大的孔道进入，因为大孔道作为阻力的毛细管力最小，液相黏度越高，就越难被驱动。

页岩数字岩心采用上一部分重构得到的数字岩心，并剔除孤立孔隙以后的结构进行模拟。左端为入口，右端为出口，同样为了消除两端固体的影响，开始和最后二十层网格设置为孔隙，初始状态和边界的设置与人造砂岩数字岩心中的设置相同，初始状态时，数字岩心中饱和润湿相(液体)、非润湿相(气体)从左侧入口以固定速度注入，气体为驱替相，液体为被驱替相，而出口端给定固定压力，y 和 z 方向上的边界设定为固体边界，因此各个边界上的条件设置如下：入口端采用速度边界条件，出口端为固定压力边界条件，其他边界采用标准反弹边界。计算采用并行计算，使用处理器数目为 375，将数字岩心等分成 375 个 $20\times20\times20$ 的小块进行计算。

模拟参数设置如下：毛细管数固定为 0.0004，其他参数跟人造砂岩的模拟相同，将两相的运动黏度比固定为 1∶1，设置为 0.03，固定气体密度为 1，表面张力为 0.03，以上均为格子单位，液相润湿角为 30°。之所以设置一个较高的毛细管数是为了加快气体的注入速度，缩短计算时间。

同样，密度比分别设定为 100∶1、200∶1、500∶1、1000∶1 来进行模拟，在四个例子中，因为毛细管数固定不变，气相密度和运动黏度不变，在下面的模拟中，气相的侵入速度相同。图 4.66 为达到平衡状态时，气相在页岩数字岩心中的分布情况，气相的饱和度依次为 43.9%、34.2%、13.3%、6.9%。与人造砂岩数字岩心中气相的饱和度变化趋势类似，但是驱替效率要低 20%多，主要是因为页岩数字岩心中存在大量的小孔隙，流体不易被驱替出来。

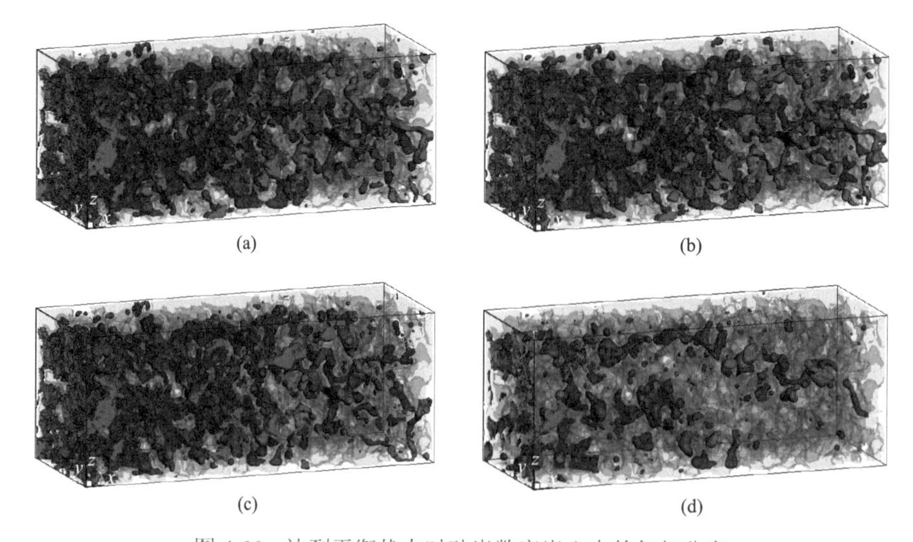

图 4.66 达到平衡状态时砂岩数字岩心中的气相分布

(a)密度比 100∶1；(b)密度比 200∶1；(c)密度比 500∶1；(d)密度比 1000∶1

图 4.67 是 $y=50$ 处两相流体的分布情况，共有三部分，其中 $\rho^N>0$ 对应气相，即图中红色部分；$\rho^N<-1$ 对应固体骨架，即图中蓝色部分，$-1<\rho^N<0$ 对应液相，介于蓝色

和红色之间的部分，随着液相密度的增大，气相分布在大孔隙中逐渐减小，在一些小孔隙和具有小喉道的大孔隙中甚至没有气相。可以看出残留液相主要分布在大孔隙边缘(由于润湿性的缘故)，以及小孔隙和具有小喉道的大孔隙中。

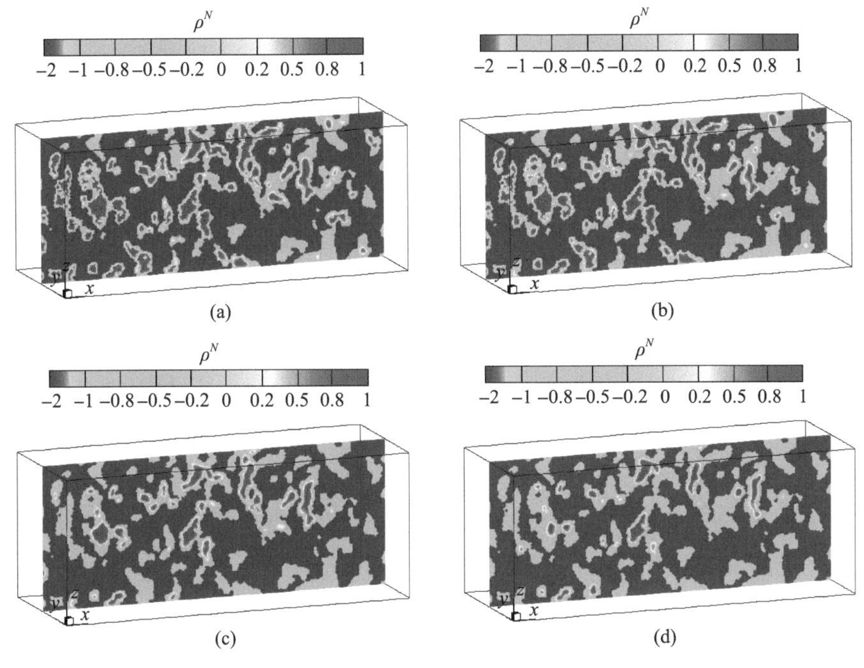

图 4.67 y=50 处的切片上的两相分布示意图

图 4.68 给出了气相饱和度在人造砂岩和页岩数字岩心中的变化情况。x 轴为气相与油相的密度比(ρ_g/ρ_o)，当密度比小于等于 0.02 时(液相密度大于等于 500)，二者的差值接近 30%，页岩中小孔隙对整体流动的影响随着两相密度差别增大，影响越大。对于致

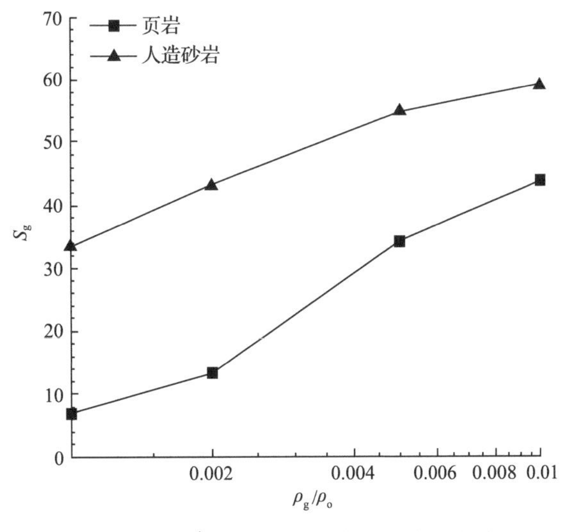

图 4.68 气相饱和度随密度比的变化曲线

密性岩石(如页岩)，液自由密度越大，越容易被围困在孔隙中，例如当液体和气体密度比高达 1000 时，气相饱和度仅为 6.9%。

2) 页岩压裂液返排率低的微观解释

据 Vidic 等[88]报道，在美国宾夕法尼亚州页岩水平井压裂开采中，注入水的返排率在 9%～53%，平均值只有 10%，如果压裂后先关井一段时间，返排率甚至更低。页岩气藏区别于常规气藏的一大特点就是页岩的孔隙结构复杂，而且页岩气藏的孔隙主要是微米孔隙和纳米孔隙[89,90]，本节将借助于数字岩心技术和格子玻尔兹曼(LB)方法，从孔隙尺度来研究页岩中的气水两相的运移过程。

页岩的压裂过程中注入水，在页岩内存在水驱替游离气的过程，而在压裂液返排的过程中，由于压力的降低，页岩中的气和水都要流向大的裂缝中，同时压力降到解吸压力以下后，页岩气还要从有机质中解吸出来，这个过程中存在气驱水的过程，我们将在前一节重构数字岩心的基础上，考虑页岩中气水两相的黏度和密度比相差比较大的情况，利用高密度比模型模拟页岩压裂过程中气水两相流动过程，从而解释注入水返排率非常低的现象；利用两相流颜色梯度模型来模拟水驱气和气驱水两个过程，对应初始状态分别为数字岩心中饱和气，水从入口端进入开始驱替和数字岩心中饱和水，气体从入口端进入开始驱替。参数设置如下：表面张力 σ =0.03，毛细管数 Ca=0.0008，气体动力黏度为 0.3，水的动力黏度为 0.03，气体密度为 1，水密度为 1000，以上单位均为无因次的格子单位，水为润湿相，润湿角为 30°。入口端采用速度边界条件，入口速度根据毛细管数计算得到，出口端采用固定压力边界条件，计算采用并行计算，使用处理器数目为 375，将数字岩心等分成 375 个 20×20×20 的小块进行计算，计算终止条件为出口端侵入相发生突破。

当出口端发生突破时，通过计算得到水驱气过程中，侵入相水相饱和度为 70%，计算迭代步数为 2500000，气驱水过程中，侵入相气相饱和度为 4.5%，计算迭代步数为 2290000。下面给出不同时间步下以梯度 ρ^N=0.5 为标准的两相分布情况，之所以采用梯度作为标准进行显示，是为了在三维情况下更能清楚地表现出两相的分布，如果同时显示两相或者显示某一相，在两相接触面处不能量化区分出来。

图 4.69 和图 4.70 分别是水驱气和气驱水过程中不同时刻下的侵入相分布情况。图中黄色半透明部分为数字岩心的骨架结构。图 4.69 中蓝色部分为水相的分布情况，从图中可以看出水相整体上均匀侵入，对比图 4.70，图中红色部分为气相的分布情况，由于以梯度 ρ^N=0.5 为标准分隔两相，所以图中出现不连通的分布，相对于水相的整体侵入，气体在驱替过程中通过大孔道侵入，形成连续通道以后，小孔道中的水无法被驱替出来，被滞留在岩心中。而页岩的压裂过程可以看成两个过程，压裂过程中注入水，这个过程中，在页岩内存在水驱替游离气的过程，而在压裂液返排的过程中，由于压力降低，页岩中的气和水都要流向大的裂缝中，同时压力降到解吸压力以下后，页岩气还要从有机质中解吸出来，这个过程类似于气驱水的过程，可以看到，当气体在大孔道形成流动通道以后，小孔道中的水就被滞留在岩心中，无法返排出来，从而解释了压裂液返排率非常低的现象。

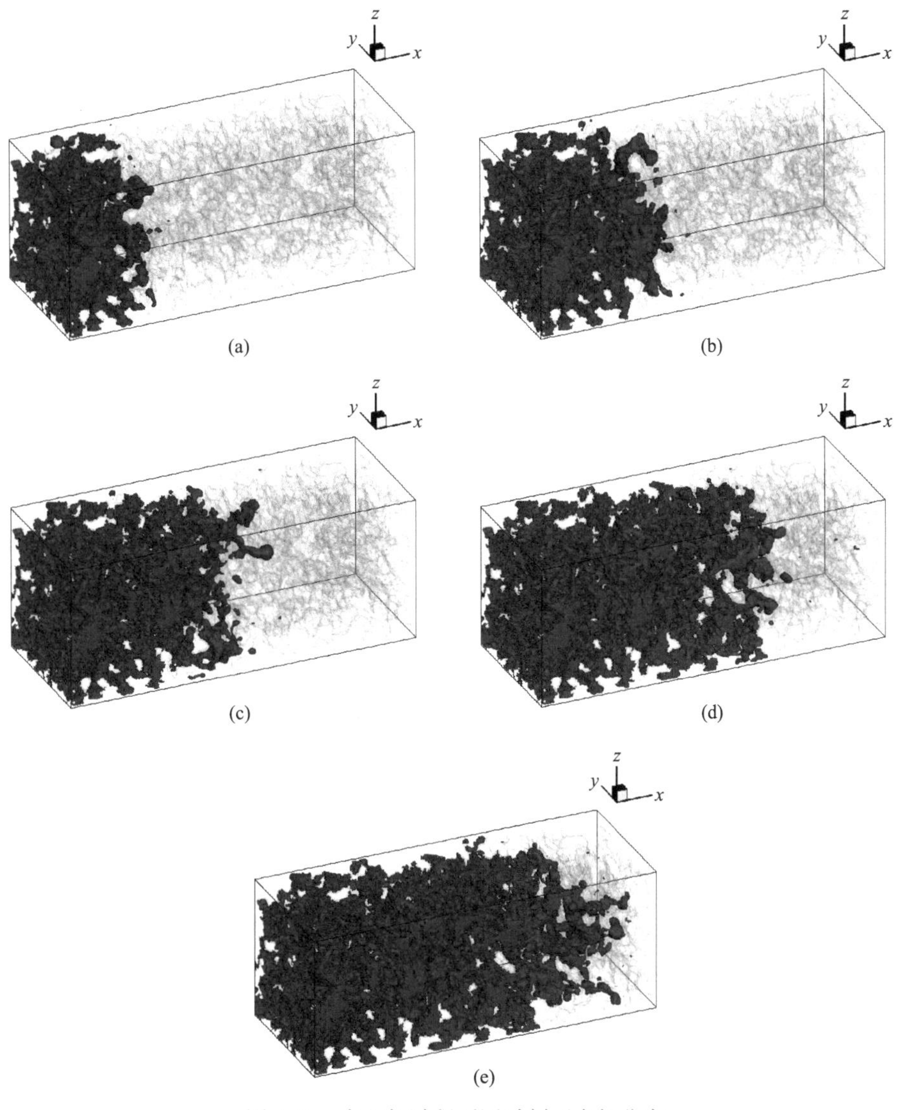

图 4.69　水驱气过程不同时刻下水相分布

(a) t =500000；(b) t =1000000；(c) t =1500000；(d) t =2000000；(e) t =2500000

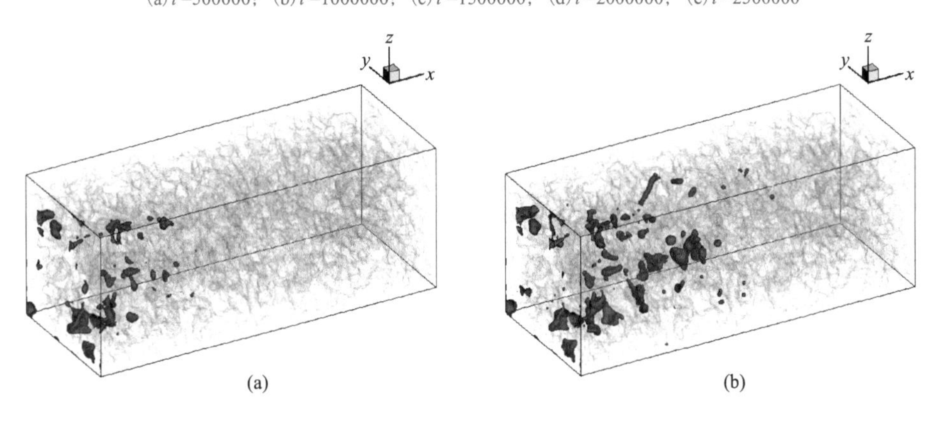

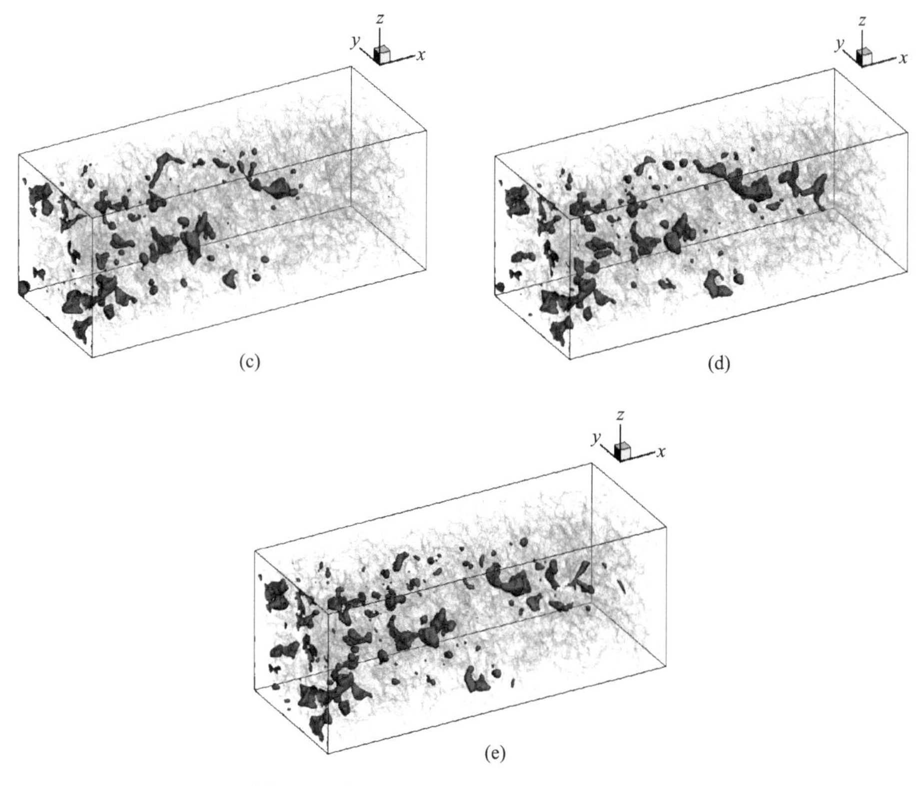

图 4.70　气驱水过程不同时刻下气相分布
(a) t =500000；(b) t =1000000；(c) t =1500000；(d) t =2000000；(e) t =2290000

图 4.71 是气驱水发生突破时，气水两相在孔隙中的分布情况切片图，图中给出了数字岩心不同位置处的切片图，红色代表气相。从图上可以看出，气相在进入数字岩心后，每张切片上仅在部分大孔隙中间位置存在，由于模型为三维模型，在切片图上显示为大孔隙的位置，可能在三维空间上进入孔隙的喉道尺寸非常小，因此岩心中的

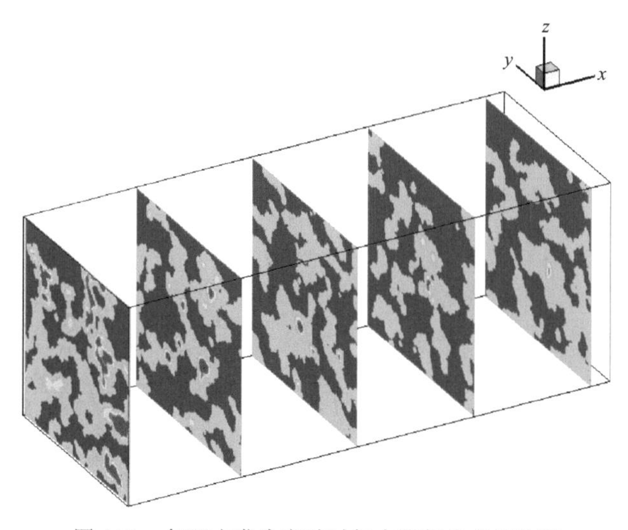

图 4.71　气驱水发生突破时气水两相分布切片图

水不仅小孔隙内的被滞留，这里的小孔隙还包括部分进入喉道的直径小的大孔隙，其中的水也会被滞留。

另外，对三个页岩样品进行了X射线衍射分析[91]，该数字岩心模型取自样品2，由分析结果可以看到该页岩样品矿物组成主要由石英和黏土矿物组成，黏土矿物主要包括高岭石、蒙脱石、伊利石等矿物，蒙脱石有极强的水敏感性；高岭石会充填粒间孔隙，且高岭石集合体对岩石颗粒的附着力很差，高岭石微粒堵塞岩石孔隙喉道，从而降低岩石的渗透率；伊利石在孔隙中交错分布，使原始的粒间孔隙变成大量的微细孔隙，渗透率显著降低，且有很大的比表面积并强烈吸附水使岩石具有很高的束缚水饱和度。黏土矿物水敏现象比较严重，在气驱水的过程中不利于水的排出，这是返排率非常低的一个重要原因。

参 考 文 献

[1] Alder B J, Wainwright T E. Studies in molecular dynamics. I. General method[J]. The Journal of Chemical Physics, 1959, 31(2): 459-466.

[2] Firouzi M, Wilcox J. Molecular modeling of carbon dioxide transport and storage in porous carbon-based materials[J]. Microporous and Mesoporous Materials, 2012, 158: 195-203.

[3] Firouzi M, Wilcox J. Slippage and viscosity predictions in carbon micropores and their influence on CO_2 and CH_4 transport[J]. The Journal of Chemical Physics, 2013, 138(6): 064705.

[4] Skoulidas A I, Ackerman D M, Johnson J K, et al. Rapid transport of gases in carbon nanotubes[J]. Physical Review Letters, 2002, 89(18): 185901.

[5] Bird G. Approach to translational equilibrium in a rigid sphere gas[J]. The Physics of Fluids, 1963, 6(10): 1518,1519.

[6] 沈青. 稀薄气体动力学[M]. 北京: 国防工业出版社, 2003.

[7] Wagner W. A convergence proof for Bird's direct simulation Monte Carlo method for the Boltzmann equation[J]. Journal of Statistical Physics, 1992, 66(3-4): 1011-1044.

[8] Bird G. Molecular Gas Dynamics and the Direct Simulation Monte Carlo of Gas Flows[M]. Oxford: Oxford University Press, 1994.

[9] Beylich A E. Rarefied gas dynamics[C]//Proceedings of the 17th International Symposium on Rarefied Gas Dynamics, Aachen, 1991.

[10] Agarwal R K, Yun K Y, Balakrishnan R. Beyond Navier–Stokes: Burnett equations for flows in the continuum-transition regime[J]. Physics of Fluids, 2001, 13(10): 3061-3085.

[11] Burnett D. The distribution of velocities in a slightly non-uniform gas[J]. Proceedings of the London Mathematical Society, 1935, 2(1): 385-430.

[12] Comeaux K A, Chapman D R, Maccormack R W. An analysis of the Burnett equations based on the second law of thermodynamics[C]//Proceedings of the AIAA, Aerospace Sciences Meeting and Exhibit, Reno, 1995.

[13] Sokhan V, Nicholson D, Quirke N. Fluid flow in nanopores: An examination of hydrodynamic boundary conditions[J]. The Journal of Chemical Physics, 2001, 115(8): 3878-3887.

[14] He X, Luo L S. Theory of the lattice Boltzmann method: From the Boltzmann equation to the lattice Boltzmann equation[J]. Physical Review E, 1997, 56(6): 6811-6817.

[15] Zhang J. Lattice Boltzmann method for microfluidics: models and applications[J]. Microfluidics and Nanofluidics, 2011, 10(1): 1-28.

[16] Kim W T, Jhon M S, Zhou Y, et al. Nanoscale air bearing modeling via lattice Boltzmann method[J]. Journal of Applied Physics, 2005, 97(10): 10P304.

[17] Lee T, Lin C L. Rarefaction and compressibility effects of the lattice-Boltzmann-equation method in a gas microchannel[J]. Physical Review E, 2005, 71(4): 046706.

[18] Lim C, Shu C, Niu X, et al. Application of lattice Boltzmann method to simulate microchannel flows[J]. Physics of Fluids, 2002, 14(7): 2299-2308.

[19] Nie X, Doolen G D, Chen S. Lattice-Boltzmann simulations of fluid flows in MEMS[J]. Journal of Statistical Physics, 2002, 107(1-2): 279-289.

[20] Niu X, Shu C, Chew Y. A lattice Boltzmann BGK model for simulation of micro flows[J]. EPL(Europhysics Letters), 2004, 67(4): 600.

[21] Sofonea V, Sekerka R F. Boundary conditions for the upwind finite difference lattice Boltzmann model: Evidence of slip velocity in micro-channel flow[J]. Journal of Computational Physics, 2005, 207(2): 639-659.

[22] Tang G, Tao W, He Y. Lattice Boltzmann method for gaseous microflows using kinetic theory boundary conditions[J]. Physics of Fluids, 2005, 17(5): 058101.

[23] Toschi F, Succi S. Lattice Boltzmann method at finite Knudsen numbers[J]. EPL(Europhysics Letters), 2005, 69(4): 549.

[24] Zhang Y, Qin R, Emerson D R. Lattice Boltzmann simulation of rarefied gas flows in microchannels[J]. Physical Review E, 2005, 71(4): 047702.

[25] 姚军, 孙海, 黄朝琴, 等. 页岩气藏开发中的关键力学问题[J]. 中国科学: 物理学 力学 天文学, 2013,(12): 1527-1547.

[26] 赵秀才. 数字岩心及孔隙网络模型重构方法研究[D]. 东营: 中国石油大学(华东), 2009.

[27] Blunt M J, Bijeljic B, Dong H, et al. Pore-scale imaging and modelling[J]. Advances in Water resources, 2013, 51: 197-216.

[28] Bakke S, Øren P E. 3-D pore-scale modelling of sandstones and flow simulations in the pore networks[J]. SPE Journal, 1997, 2(2): 136-149.

[29] Joshi M Y. A Class of Stochastic Models for Porous Media[M]. Lawrence City: University of Kansas, 1974.

[30] 赵秀才, 姚军, 陶军, 等. 基于模拟退火算法的数字岩心建模方法[J]. 高校应用数学学报: A 辑, 2007, 22(2): 127-133.

[31] Wu K, van Dijke M I, Couples G D, et al. 3D stochastic modelling of heterogeneous porous media–applications to reservoir rocks[J]. Transport in Porous Media, 2006, 65: 443-467.

[32] Okabe H, Blunt M J. Pore space reconstruction using multiple-point statistics[J]. Journal of Petroleum Science and Engineering, 2005, 46(1-2): 121-137.

[33] Strebelle S. Conditional simulation of complex geological structures using multiple-point statistics[J]. Mathematical Geology, 2002, 34: 1-21.

[34] 汪彦龙, 刘金华, 边文莉, 等. 基于 MPS 和多重模板的多孔介质重构方法[J]. 计算机仿真, 2011, 28(4): 238-241.

[35] 刘磊, 姚军, 孙海, 等. 考虑微裂缝的数字岩心多点统计学构建方法[J]. 科学通报, 2018, 63(30): 3146-3157.

[36] Feng J, Teng Q, He X, et al. Reconstruction of three-dimensional heterogeneous media from a single two-dimensional section via co-occurrence correlation function[J]. Computational Materials Science, 2018, 144: 181-192.

[37] 袁浩, 滕奇志, 卿粼波, 等. 三维模型两点连通概率函数的快速计算[J]. 计算机工程与应用, 2015, (3): 181-185.

[38] 赵秀才, 姚军. 数字岩心建模及其准确性评价[J]. 西安石油大学学报: 自然科学版, 2007, 22(2): 16-20.

[39] Raeini A Q, Blunt M J, Bijeljic B. Modelling two-phase flow in porous media at the pore scale using the volume-of-fluid method[J]. Journal of Computational Physics, 2012, 231(17): 5653-5668.

[40] 何雅玲, 王勇, 李庆. 格子 Boltzmann 方法的理论及应用[M]. 北京: 科学出版社, 2009.

[41] Ansumali S, Karlin I V. Kinetic boundary conditions in the lattice Boltzmann method[J]. Physical Review E, 2002, 66(2): 026311.

[42] Guo Z, Zhao T, Shi Y. Physical symmetry, spatial accuracy, and relaxation time of the lattice Boltzmann equation for microgas flows[J]. Journal of Applied Physics, 2006, 99(7): 074903.

[43] Succi S. Mesoscopic modeling of slip motion at fluid-solid interfaces with heterogeneous catalysis[J]. Physical Review Letters, 2002, 89(6): 064502.

[44] 郭照立, 郑楚光. 格子 Boltzmann 方法的原理及应用[M]. 北京: 科学出版社, 2009.

[45] Shan X, Yuan X F, Chen H. Kinetic theory representation of hydrodynamics: A way beyond the Navier-Stokes equation[J]. Journal of Fluid Mechanics, 2006, 550: 413-441.

[46] Ansumali S, Karlin I, Arcidiacono S, et al. Hydrodynamics beyond Navier-Stokes: Exact solution to the lattice Boltzmann hierarchy[J]. Physical Review Letters, 2007, 98(12): 124502.

[47] Zhang Y, Gu X, Barber R W, et al. Capturing Knudsen layer phenomena using a lattice Boltzmann model[J]. Physical Review E, 2006, 74(4): 046704.

[48] Guo Z, Zheng C, Shi B. Lattice Boltzmann equation with multiple effective relaxation times for gaseous microscale flow[J]. Physical Review E, 2008, 77(3): 036707.

[49] Li Q, He Y, Tang G, et al. Lattice Boltzmann modeling of microchannel flows in the transition flow regime[J]. Microfluidics and Nanofluidics, 2011, 10(3): 607-618.

[50] Chen S, Tian Z. Simulation of microchannel flow using the lattice Boltzmann method[J]. Physica A: Statistical Mechanics and its Applications, 2009, 388(23): 4803-4810.

[51] Zhao J, Yao J, Li A, et al. Simulation of microscale gas flow in heterogeneous porous media based on the lattice Boltzmann method[J]. Journal of Applied Physics, 2016, 120(8): 084306.

[52] Suga K. Lattice Boltzmann methods for complex micro-flows: Applicability and limitations for practical applications[J]. Fluid Dynamics Research, 2013, 45(3): 034501.

[53] Niu X, Hyodo S A, Munekat A T, et al. Kinetic lattice Boltzmann method for microscale gas flows: Issues on boundary condition, relaxation time, and regularization[J]. Physical Review E, 2007, 76(3): 036711.

[54] Suga K, Takenaka S, Ito T, et al. Evaluation of a lattice Boltzmann method in a complex nanoflow[J]. Physical Review E, 2010, 82(1): 016701.

[55] Zhang R, Shan X, Chen H. Efficient kinetic method for fluid simulation beyond the Navier-Stokes equation[J]. Physical Review E, 2006, 74(4): 046703.

[56] Brogi F, Malaspinas O, Chopard B, et al. Hermite regularization of the lattice Boltzmann method for open source computational aeroacoustics[J]. The Journal of the Acoustical Society of America, 2017, 142(4): 2332-2345.

[57] Yuan P, Schaefer L. Equations of state in a lattice Boltzmann model[J]. Physics of Fluids, 2006, 18(4): 042101.

[58] 姚军, 赵建林, 张敏, 等. 基于格子 Boltzmann 方法的页岩气微观流动模拟[J]. 石油学报, 2015, 10: 11.

[59] Ren J, Guo P, Guo Z, et al. A lattice Boltzmann model for simulating gas flow in kerogen pores[J]. Transport in Porous Media, 2015, 106(2): 285-301.

[60] Zhang L, Kang Q, Yao J, et al. Pore scale simulation of liquid and gas two-phase flow based on digital core technology[J]. Science China Technological Sciences, 2015, 58(8): 1375-1384.

[61] Yang Y, Yao J, Wang C, et al. New pore space characterization method of shale matrix formation by considering organic and inorganic pores[J]. Journal of Natural Gas Science and Engineering, 2015, 27: 496-503.

[62] Klinkenberg L. The Permeability of Porous Media to Liquids and Gases[M]. Washington: American Petroleum Institute, 1941.

[63] Freeman C, Moridis G, Blasingame T. A numerical study of microscale flow behavior in tight gas and shale gas reservoir systems[J]. Transport in Porous Media, 2011, 90(1): 253-268.

[64] Beskok A, Karniadakis G E. Report: A model for flows in channels, pipes, and ducts at micro and nano scales[J]. Microscale Thermophysical Engineering, 1999, 3(1): 43-77.

[65] Florence F A, Rushing J, Newsham K E, et al. Improved permeability prediction relations for low permeability sands[C]// Proceedings of the Rocky Mountain Oil & Gas Technology Symposium, Denver, 2007.

[66] Civan F. Effective correlation of apparent gas permeability in tight porous media[J]. Transport in Porous Media, 2010, 82(2): 375-384.

[67] Weissberg H L. End correction for slow viscous flow through long tubes[J]. The Physics of Fluids, 1962, 5(9): 1033-1036.

[68] Sisan T B, Lichter S. The end of nanochannels[J]. Microfluidics and Nanofluidics, 2011, 11(6): 787-791.

[69] Roscoe R. XXXI. The flow of viscous fluids round plane obstacles[J]. The London, Edinburgh, and Dublin Philosophical

Magazine and Journal of Science, 1949, 40(302): 338-351.

[70] Martys N S, Chen H. Simulation of multicomponent fluids in complex three-dimensional geometries by the lattice Boltzmann method[J]. Physical Review E, 1996, 53(1): 743.

[71] Sui H, Yao J, Zhang L. Molecular simulation of shale gas adsorption and diffusion in clay nanopores[J]. Computation, 2015, 3(4): 687-700.

[72] Holt C M, Stewart A, Clint M, et al. An improved parallel thinning algorithm[J]. Communications of the ACM, 1987, 30(2): 156-160.

[73] Mosher K, He J, Liu Y, et al. Molecular simulation of methane adsorption in micro-and mesoporous carbons with applications to coal and gas shale systems[J]. International Journal of Coal Geology, 2013, 109: 36-44.

[74] Rexer T F, Mathia E J, Aplin A C, et al. High-pressure methane adsorption and characterization of pores in Posidonia shales and isolated kerogens[J]. Energy & Fuels, 2014, 28(5): 2886-2901.

[75] Ambrose R J, Hartman R C, Diaz-Campos M, et al. Shale gas-in-place calculations part Ⅰ: New pore-scale considerations[J]. SPE Journal, 2012, 17(1): 219-229.

[76] Chareonsuppanimit P, Mohammad S A, Robinson R L, et al. High-pressure adsorption of gases on shales: Measurements and modeling[J]. International Journal of Coal Geology, 2012, 95: 34-46.

[77] Chin J, Boek E S, Coveney P V. Lattice Boltzmann simulation of the flow of binary immiscible fluids with different viscosities using the Shan-Chen microscopic interaction model[J]. Philosophical transactions Series A, Mathematical, Physical, and Engineering Sciences, 2002, 360(1792): 547-558.

[78] Luo L S. Theory of the lattice Boltzmann method: Lattice Boltzmann models for nonideal gases[J]. Physical Review E, 2000, 62(4): 4982-4996.

[79] Nourgaliev R R, Dinh T N, Theofanous T G, et al. The lattice Boltzmann equation method: Theoretical interpretation, numerics and implications[J]. International Journal of Multiphase Flow, 2003, 29(1): 117-169.

[80] Latva-Kokko M, Rothman D H. Diffusion properties of gradient-based lattice Boltzmann models of immiscible fluids[J]. Physical Review E, 2005, 71(5): 056702.

[81] Gunstensen A K, Rothman D H, Zaleski S, et al. Lattice Boltzmann model of immiscible fluids[J]. Physical Review A, 1991, 43(8): 4320-4327.

[82] Grunau D, Chen S, Eggert K. A lattice Boltzmann model for multiphase fluid flows[J]. Physics of Fluids A: Fluid Dynamics(1989-1993), 1993, 5(10): 2557-2562.

[83] Liu H H, Valocchi A J, Kang Q J. Three-dimensional lattice Boltzmann model for immiscible two-phase flow simulations[J]. Physical Review E, 2012, 85(4): 046309.

[84] Liu H H, Valocchi A J, Werth C, et al. Pore-scale simulation of liquid CO_2 displacement of water using a two-phase lattice Boltzmann model[J]. Advances in Water Resources, 2014, 73: 144-158.

[85] Zu Y, He S. Phase-field-based lattice Boltzmann model for incompressible binary fluid systems with density and viscosity contrasts[J]. Physical Review E, 2013, 87(4): 043301.

[86] Rowlinson J S, Widom B. Molecular Theory of Capillarity[M]. New York: Courier Dover Publications, 2013.

[87] Lange K J, Sui P C, Djilali N. Pore scale simulation of transport and electrochemical reactions in reconstructed PEMFC catalyst layers[J]. Journal of the Electrochemical Society, 2010, 157(10): B1434-B1442.

[88] Vidic R, Brantley S, Vandenbossche J, et al. Impact of shale gas development on regional water quality[J]. Science, 2013, 340(6134): 317-327.

[89] Loucks R G, Reed R M, Ruppel S C, et al. Morphology, genesis, and distribution of nanometer-scale pores in siliceous mudstones of the Mississippian Barnett Shale[J]. Journal of Sedimentary Research, 2009, 79(12): 848-861.

[90] Javadpour F, Fisher D, Unsworth M. Nanoscale gas flow in shale gas sediments[J]. Journal of Canadian Petroleum Technology, 2007, 46(10): 55-61.

[91] 孙海, 姚军, 张磊, 等. 基于孔隙结构的页岩渗透率计算方法[J]. 中国石油大学学报(自然科学版), 2014, 38(2): 92-98.

第5章　基于数字岩心和N-S方程直接求解的页岩油微观流动模拟

随着 CT 扫描技术和扫描电镜技术的进步，可以精确地获得数字岩心。数字岩心是孔隙级微观渗流理论研究的基础，为模拟流体在岩心内部的流动提供了重要研究平台，在数字岩心基础上开展的微观流动模拟克服了真实岩心加工复杂、实验成本高且周期长的弊端，而且解决了实验结果无法得到岩心内部的流体分布的难题，成为非常规油气藏渗流机理研究的主要研究手段。页岩油藏孔隙主要为微纳米孔隙，且孔隙壁面具有多矿物相特征，微纳尺度下孔隙壁面的矿物属性对流动具有较大的影响，不同矿物相孔隙具有不同的润湿性及滑移边界条件，页岩油微观流动模拟应区分不同矿物的孔隙进行研究。针对页岩油藏的多矿物相特征，本章基于马尔可夫链-蒙特卡罗方法，结合孔隙直径分布和二维图像进行数值重构，提出两种页岩油多矿物相数字岩心的构建方法，揭示了页岩油的微观孔隙结构特征，为页岩油微观流动模拟提供了基础。

页岩油孔隙主要为纳米孔隙，纳米孔隙内孔隙尺寸和壁面效应对液相流体流动具有较大的影响，传统的流体力学模型已不能准确预测纳米孔隙内的流体流动。分子动力学模拟可以从纳米尺度认识流体赋存和流动的物理本质，但其计算量很大，所能模拟的系统尺度很小。因此用来进行多孔介质孔隙尺度上的流动模拟研究是不现实的，但可以考虑将分子动力学模拟与目前孔隙尺度上的数值模拟方法相结合，利用分子动力学对纳米孔隙的流体行为进行准确模拟，为孔隙尺度模拟提供壁面影响的滑移长度及有效黏度等基础参数。因此，本章基于牛顿不可压缩流的 N-S 方程，结合分子模拟所得的滑移长度与黏度分布，建立了考虑滑移边界条件与吸附层的页岩油孔隙尺度流动模型，并开发了基于有限体积法的数值求解器，采用直接流动模拟的方法，对页岩油二维规则孔隙和三维数字岩心进行流动模拟，揭示了页岩油单相微观流动规律，分析了吸附层、滑移边界条件及孔径等对页岩油流动的影响。

页岩流体中不仅有油相，还存在原生水及大规模水力压裂后的滞留水，页岩油储层油水两相共存，因此研究页岩油水两相渗流机理具有重要意义。本章建立了考虑两相不同滑移长度的页岩油水两相微观流动数学模型，并基于有限体积法离散、VOF 模型和 PIMPLE 算法求解，开发了相应的求解器，结合真实页岩油三维数字岩心，研究了页岩油油水两相流动规律，计算了相渗曲线等渗流物性参数，为页岩油藏的开发提供了理论支持。

5.1　页岩多矿物相数字岩心构建及孔隙表征

5.1.1　数字岩心通用构建方法

数字岩心通用构建方法主要分为物理实验方法和数值重建方法。物理实验方法是指通过高精度仪器直接获取数字岩心。数值重建方法是指基于单张或者多张岩心的二维扫描图像，从其中获取岩心性质的一些统计信息，通过一定数值算法来构建三维数字岩心方法。由于物理实验方法需要极高的技术，同时对设备要求高并且价格昂贵，因此本章采用数值重建的方法构建数字岩心。

1. 扫描电镜图像的二值化处理

基于单张或者多张岩心的扫描电子显微镜二维扫描图像，本章采用最大类间方差法进行图像的二值化处理。

对于一个图像，假设图像总像素点数为 N，灰度级为 L，灰度级为 i 的像素点数为 n_i，则各灰度级出现的概率 p_i 如式(5-1)所示：

$$p_i = \frac{n_i}{N} \tag{5-1}$$

在图像分割中，按照灰度级阈值 t_{h} 将灰度划分为两类：H_0 和 H_1，即分别代表孔隙和岩石骨架，其中 H_0 和 H_1 发生的概率分别为 w_0 和 w_1，两者之和恒为 1，它们的计算如式(5-2)所示：

$$\begin{cases} w_0 = \sum_{i=0}^{t_{\mathrm{h}}} p_i \\ w_1 = \sum_{i=t_{\mathrm{h}}+1}^{L-1} p_i = 1 - w_0 \end{cases} \tag{5-2}$$

而 H_0 和 H_1 类出现的平均灰度 u_0 和 u_1 如式(5-3)所示：

$$\begin{cases} u_0 = \dfrac{\sum_{i=0}^{t_{\mathrm{h}}} (i \cdot p_i)}{w_0} \\ u_1 = \dfrac{\sum_{i=t_{\mathrm{h}}+1}^{L-1} (i \cdot p_i)}{w_1} \end{cases} \tag{5-3}$$

H_0 和 H_1 类的方差可由式(5-4)得到

$$\begin{cases} \sigma_0^2 = \dfrac{\sum_{i=0}^{t_{\mathrm{h}}} \left[(i - u_0)^2 p_i \right]}{w_0} \\ \sigma_1^2 = \dfrac{\sum_{i=t_{\mathrm{h}}+1}^{L-1} \left[(i - u_1)^2 p_i \right]}{w_1} \end{cases} \tag{5-4}$$

定义类内方差如式(5-5)所示：

$$\sigma_{\mathrm{n}}^2 = w_0\sigma_0^2 + w_1\sigma_1^2 \tag{5-5}$$

定义类间方差，如式(5-6)所示：

$$\sigma_{\mathrm{j}}^2 = w_0 w_1 \left(u_1 - u_0\right)^2 \tag{5-6}$$

定义总体方差为类内方差和类间方差之和，形式如式(5-7)所示：

$$\sigma_{\mathrm{T}}^2 = \sigma_{\mathrm{n}}^2 + \sigma_{\mathrm{j}}^2 \tag{5-7}$$

选择最佳阈值 t_{h}^*，使其满足最大判定准则，如式(5-8)所示：

$$f\left(t_{\mathrm{h}}^*\right) = \max_{0\leqslant t\leqslant L}\left(\sigma_{\mathrm{j}}^2 / \sigma_{\mathrm{T}}^2\right) \tag{5-8}$$

2. 马尔可夫链-蒙特卡罗方法

马尔可夫链-蒙特卡罗方法构建数字岩心过程中(图 5.1)，能够从三个方向快速地构建不同尺度数字岩心，所建数字岩心能的空间分布特征与真实岩心相似。

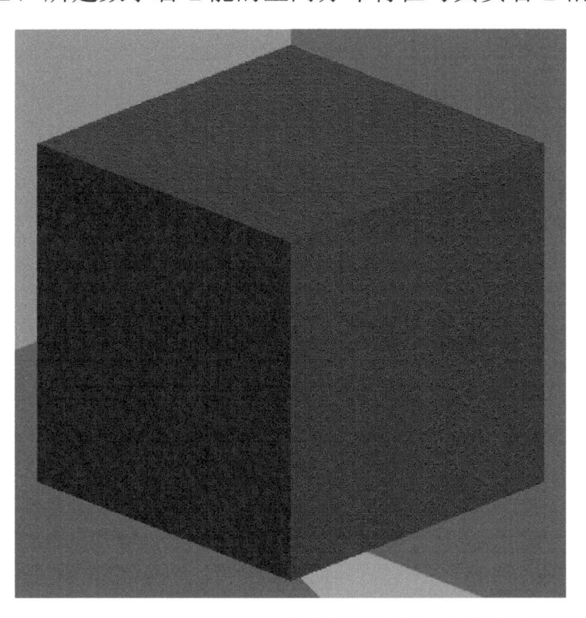

图 5.1　基于马尔可夫链-蒙特卡罗法构建的数字岩心

在缺少三维信息的情况下，可利用三张相互垂直的独立二维图像来构建三维的链。提取 xy、yz 和 xz 三个相互垂直平面上的岩心薄片资料，获取相应的二维图像，利用 xy、yz 和 xz 三个相互垂直的岩心薄片信息来构建三维马尔可夫模型。为了更加高效计算，选择双体素组合方法，在建模过程中同时产生两个新体素，体素(i, j, k)和其右面的体素$(i, j+1, k)$。

5.1.2 多矿物相数字岩心构建方法

页岩岩石是由多种矿物成分组成的，而不同矿物孔隙壁面具有不同润湿性及作用机制，从而导致真实岩心内渗流规律复杂。尤其是对于微观岩心内孔隙的流动，在流动模拟过程中所有孔隙采用单一的边界条件已不再适用，因此需要构建多矿物相数字岩心并且对其孔隙按照类别区分开，分别对各矿物相设置相应的边界条件。以页岩为例，页岩孔隙主要分为有机质孔隙和无机质孔隙。有机质孔隙表面为干酪根，油相润湿；无机质孔隙表面为矿物，水相润湿[1]。同时，在微观尺度的流动中，滑移边界的影响是不可忽略的。所以在流动模拟计算中，边界条件对流动的影响是决定性的，而两种不同的孔隙表面应该对应设立两种不同的边界条件。

因此在构建数字岩心中，将有机质孔隙表面与无机质孔隙表面区分是非常有必要的。一方面，因为页岩储层中的无机质孔隙半径往往比有机质孔隙半径大一个数量级[2]，所以可以根据孔径分布区分有机质与无机质孔隙。另一方面，由于页岩中有机质孔隙与无机质孔隙在尺寸和形状上存在差异[3,4]，所以可以在二维图像上区分有机质孔隙与无机质孔隙。构建含有机质孔隙与无机质孔隙的数字岩心后，即可剖分有机质孔隙和无机质孔隙网格，进而流动模拟计算。

目前，对于真实三维页岩数字岩心的流动模拟，大多研究采用提取孔隙网络模型的方法模拟，其优点在于计算量得到了简化，其缺点在于计算不精确，尤其是对于微观结构极为复杂的页岩数字岩心。数字岩心直接模拟虽然计算量大，但是能够高精度地模拟岩心中流体的流动，目前其方法仍在探索阶段。因此，为用于数字岩心直接模拟，建立起一套数字岩心构建与孔隙网格剖分方法是势在必行的。

为克服以上问题，本章提供了一种基于孔径分布区分有机质孔隙与无机质孔隙的页岩多相数字岩心构建及表面提取方法，以及一种基于二维图像的多矿物相数字岩心构建及孔隙类别区分方法。本章构建出一种数字岩心表面三角网格数据体(STL 格式)，其中包含有机质孔隙表面与无机质孔隙表面三角网格并予以区分命名，并基于该数字岩心进行孔隙网格剖分，以便于进一步进行流动模拟。

1. 基于孔隙直径分布的多矿物相数字岩心构建

本章提供了一种基于孔径分布区分有机质孔隙与无机质孔隙的页岩多相数字岩心构建及表面提取方法。

1)方法具体步骤

选取三张具有代表性的二维页岩扫描电镜(SEM)图片，设定合适的阈值并将其二值化，然后使用马尔可夫链-蒙特卡罗方法，将其重构为三维页岩数字岩心。所述三维页岩数字岩心包括每个像素点及该像素点对应的几何结构，几何结构包括孔隙和岩石固体。

对于重构的三维页岩数字岩心，首先进行阈值分割，获得岩石孔隙即 dat 文件中原来数值为 0 的数据体。然后删除不连通的孔隙，由于上述已被阈值分割过一次，此时孔隙为 1，岩石固体为 0，再对其进行阈值分割，获得岩石固体数据体。如图 5.2 所示，将岩石固体中的小孔隙填充，将填充前后的岩石固体数据体相减，可得用于填充小孔隙的岩石固体数据体。

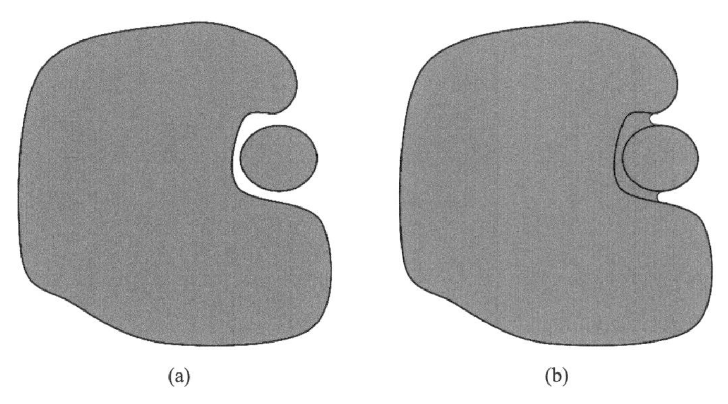

图 5.2　填充小孔隙工作原理示意图
(a)填充前；(b)填充后

继续将所得填充小孔隙的岩石固体数据体的值扩大一倍，即由原来的 1 变为 2，然后与填充前的岩石数据自由加，得到具有 0、1、2 三种值的数据体，其中 0 代表孔隙，1 代表原岩石固体，2 代表填充小孔隙的岩石固体。用阈值分割将 0、1、2 分别对应划分到各个材料中，随后生成表面文件。选择“填充小孔隙的岩石固体”与“原岩石固体”两种材料接触的表面，创建为新的表面并导出为 STL ASCII 格式文件，为方便描述记为 A 文件，代表的是有机质孔隙(小孔隙)的壁面；选择“孔隙”和“原岩石固体”两种材料接触的表面，创建为新的表面并导出为 STL ASCII 格式文件，为方便描述记为 B 文件，代表的是无机质孔隙(大孔隙)的壁面。

打开 A 和 B 的 ASCII 文件，将 A 的 ASCII 文件复制到 B 中原有的 solid 名称下面，作为一种新的 solid 并命名。所得新的 STL 文件即为区分有机质孔隙与无机质孔隙的数字岩心表面三角网格文件，为方便描述记为 C 文件。至此，已经完成了基于孔径分布区分有机质与无机质孔隙的页岩多相数字岩心构建及表面提取。基于 C 文件，即可对其进行孔隙网格剖分。在剖分的过程中，背景网格会根据 STL 模型删除或保留，且在边界处保留网格的边界与其所处 STL 模型边界一致，从而达到区分不同矿物相孔隙边界的效果。其中，上述的 STL 文件格式是一种用许多空间小三角形面片逼近三维实体表面的数据模型，STL 模型的数据通过给出组成三角形法向量的三个分量(用于确定三角面片的正反方向)及三角形的三个顶点坐标来实现，一个完整的 STL 文件记载了组成实体模型的所有三角形面片的法向量数据和顶点坐标数据信息。现在的 STL 文件格式包括二进制文件和文本文件。STL 文件在逆向工程、医学成像系统、文物保护等方面应用广泛。

2)方法实施案例

下面以真实页岩图像为例，对该方法进行具体描述。

选取三张具有代表性的二维页岩电子扫描电镜图片，本实例中该三张图片的像素大小均为 300×300，分辨率为 27nm，设定合适的阈值将其二值化如图 5.3 所示。采用马尔可夫链-蒙特卡罗方法重构三维页岩数字岩心如图 5.4 所示，其中黑色代表岩石内的孔隙，白色代表岩石骨架，数字岩心体素大小为300×300×300，分辨率为27nm，即实际大小为8.1μm×8.1μm×8.1μm，孔隙度约为23%。所述几何结构数据文件包括每个像素点及该像素点对应的几何结构，几何结构包括孔隙和岩石固体。

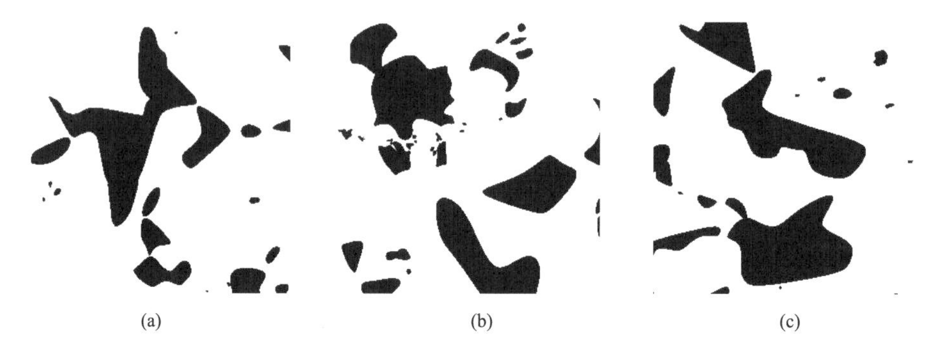

(a) (b) (c)

图5.3 真实页岩电子扫描电镜二值化图片

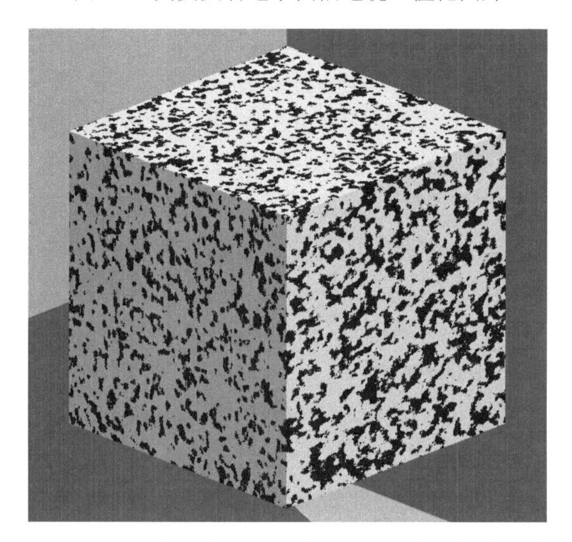

图5.4 马尔可夫链-蒙特卡罗方法重构三维页岩数字岩心

对于重构的三维页岩数字岩心，首先进行阈值分割，获得岩石孔隙即dat文件中原来数值为0的数据体，然后删除不连通的孔隙，结果如图5.5所示。由于上述已被阈值分割过一次，此时孔隙为1，岩石固体为0，再对其进行阈值分割，获得岩石固体数据体。先将岩石固体中的小孔隙填充，填充小孔隙后的岩石固体数据体效果如图5.6所示，蓝紫色为填充小孔隙前的岩石固体，黄色为用于填充小孔隙的岩石固体。将填充前后的岩石固体数据自由减，可得用于填充小孔隙的岩石固体数据体。

继续将所得填充小孔隙的岩石固体数据体的值扩大一倍，即由原来的1变为2，然后与填充前的岩石数据自由加，得到具有0、1、2三种值的数据体，其中0代表孔隙，1代表原岩石固体，2代表填充小孔隙的岩石固体。用阈值分割将0、1、2分别对应划分到各种材料中，随后生成表面文件。选择“填充小孔隙的岩石固体”与“原岩石固体”两种材料接触的表面，创建为新的表面并导出为STL ASCII格式文件，为方便描述记为A文件，代表的是有机质孔隙(小孔隙)的壁面；选择“孔隙”和“原岩石固体”两种材料接触的表面，创建为新的表面并导出为 STL ASCII 格式文件，为方便描述记为 B 文件，代表的是无机质孔隙（大孔隙）的壁面。

图 5.5　三维页岩数字岩心中连通的孔隙

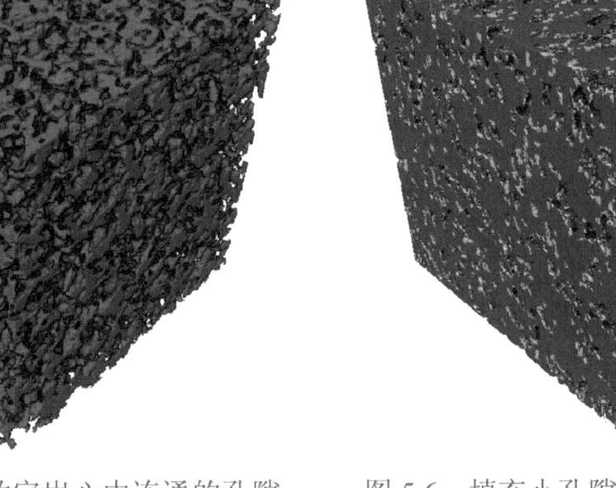

图 5.6　填充小孔隙后的岩石固体数据体

打开 A 和 B 的 ASCII 文件，将 A 的 ASCII 文件复制到 B 中原有的 solid 下面，作为一种新的 solid 并命名。所得新的 STL 文件即为区分有机质与无机质孔隙的数字岩心表面三角网格文件，为方便描述记为 C 文件，如图 5.7 所示。任选取一个孔隙局部放大如图 5.8 所示，可见有机质壁面即孔隙直径较小的壁面为红色，无机质壁面即孔隙直径较大的壁面为蓝紫色，两者已被区分开来。至此，已经完成了基于孔径分布区分有机质孔隙与无机质孔隙的页岩多相数字岩心构建及表面提取。基于 C 文件，即可对其进行孔隙网格剖分。使用 OpenFOAM 中的 snappyHexMesh 工具对其进行孔隙网格剖分。snappyHexMesh 是 OpenFOAM 中的三维网格生成器，读入 STL 格式几何文件，并在此基础上分裂加密六面体网格，具有加密方式灵活、适合并行运算等特点。网格依靠迭代

图 5.7　区分有机质孔隙与无机质孔隙的基于孔隙直径分布的数字岩心表面图

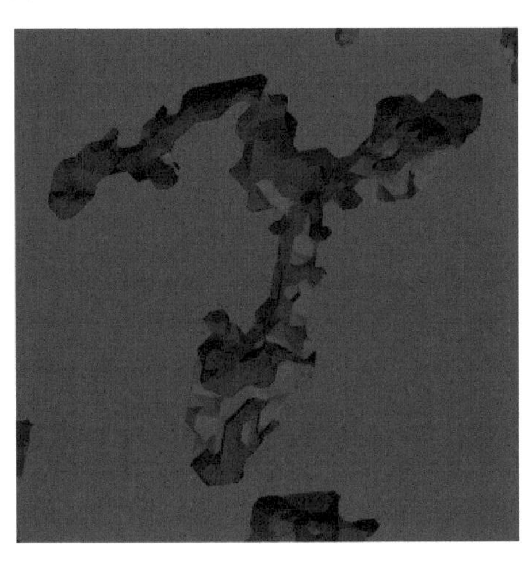

图 5.8　区分有机质孔隙与无机质孔隙的基于孔隙直径分布的数字岩心表面局部放大图

将一个初始网格细化，并将细化后的网格变形以依附于表面。在剖分的过程中，背景网格会根据STL模型删除或保留，且在边界处保留网格的边界与其所处STL模型边界一致，从而达到区分不同矿物相孔隙边界的效果。剖分后的网格如图 5.9 所示，无机质孔隙边界和有机质孔隙边界分别以“fixedWalls_inorganic”和“fixedWalls_organic”命名。

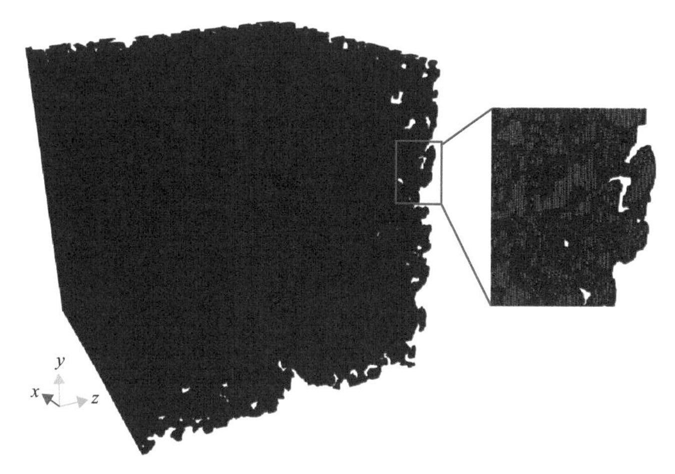

图 5.9 区分有机质孔隙与无机质孔隙的基于孔隙直径分布的数字岩心孔隙网格剖分

2. 基于二维图像的多矿物相数字岩心构建

本小节提供了一种基于二维图像区分有机质孔隙与无机质孔隙的页岩多相数字岩心构建及表面提取方法。

1)方法具体步骤

选取三张具有代表性的二维岩石扫描电镜图片，根据尺寸和形状，可以分别将两种矿物相的孔隙用红色和蓝色标识。选择合适的阈值，获取除红色外剩余部分进行二值化处理，并采用马尔可夫链-蒙特卡罗方法重构为三维数字岩心，所得数字岩心即矿物 A 数字岩心，为方便描述记为 A。对除蓝色外剩余部分进行同样操作，可得矿物 B 数字岩心，为方便描述记为 B。

对于重构的三维页岩数字岩心 A 与 B，分别进行如下操作：将数字岩心 B 的数据体值扩大一倍，即由原来的 0 与 1 变为 0 与 2，然后与数字岩心 A 数据体值相加，得到具有 0、1、2、3 四种值的数据体，其中 0 和 1 代表 B 孔隙，2 代表 A 孔隙，3 代表岩石固体。用阈值分割将 2 划分到材料“A 孔隙”，将 0 和 1 划分到材料“B 孔隙”中，将 3 划分到材料“岩石固体”中。随后生成表面文件：选择“B 孔隙”与“岩石固体”两种材料接触的表面，创建为新的表面并导出为 STL ASCII 格式文件，为方便描述记为 C 文件，代表的是 B 孔隙的壁面；选择“A 孔隙”和“岩石固体”两种材料接触的表面，创建为新的表面并导出为 STL ASCII 格式文件，为方便描述记为 D 文件，代表的是 A 孔隙的壁面。

打开 C 和 D 的 ASCII 文件，将 C 的 ASCII 文件复制到 D 中原有的 solid 下面，作为一种新的 solid 并命名。另存为新文件，所得新的 STL 文件即为区分两种矿物相孔隙的数字岩心表面三角网格文件，为方便描述记为文件 E。至此，已经完成了基于二维图像的多矿物相数字岩心构建。基于文件 E，即可对其进行孔隙网格剖分。在剖分的过程中，背景网格会根据 STL 模型删除或保留，且在边界处保留网格的边界与其所处 STL 模型边界一致，从而达到区分不同矿物相孔隙边界的效果。

2）方法实施案例

下面以真实页岩图像为例，对该方法进行具体描述。

选取三张具有代表性的二维页岩扫描电镜图片，本实例中该三张图片的像素大小为 300×300，分辨率为 27nm。根据尺寸和形状，可以分别将无机质孔隙和有机质孔隙用红色和蓝色标识，如图 5.10 所示。将图片导入软件 ImageJ 中，选择合适的阈值，获取红色部分进行二值化处理，如图 5.11 所示。并采用马尔可夫链-蒙特卡罗算法重构为三维页岩数字岩心，所得数字岩心即无机质数字岩心，为方便描述记为 A。对剩余蓝色部分进行二值化处理如图 5.12 所示，同样操作可得有机质数字岩心，为方便描述记为 B。两者如图 5.13 所示，其中黑色代表孔隙，白色代表固体，数字岩心体素大小为 300×300×300，

图 5.10　真实页岩电子扫描电镜二值化图片

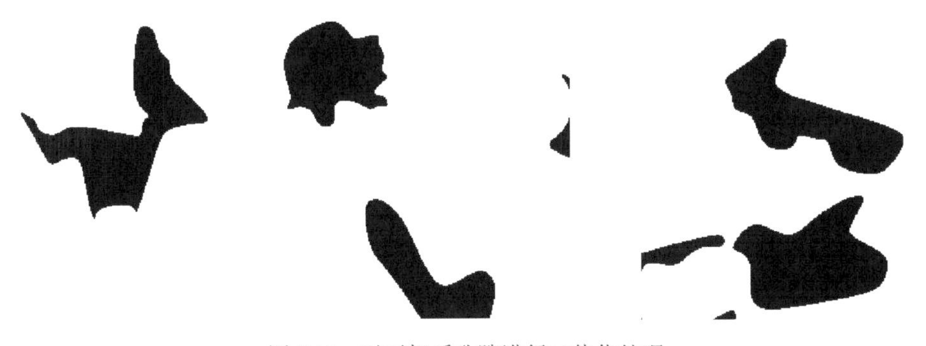

图 5.11　对无机质孔隙进行二值化处理

图 5.12　对有机质孔隙进行二值化处理

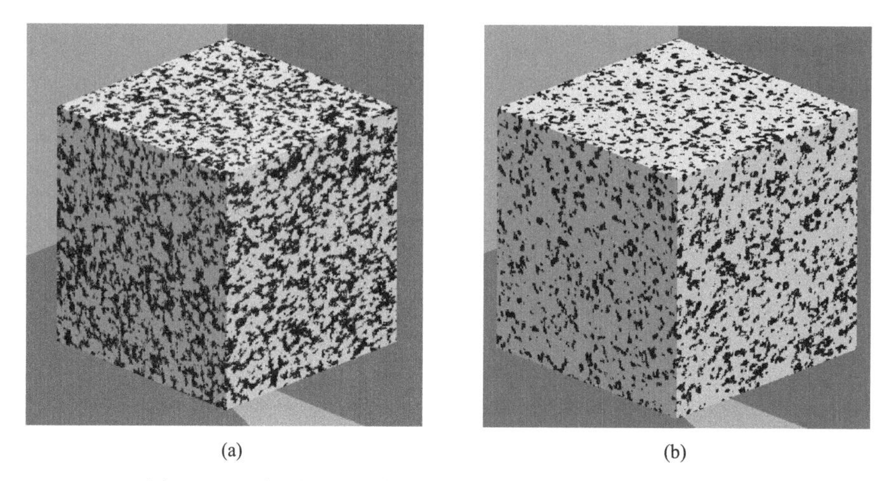

图 5.13 无机质孔隙数字岩心(a)和有机质孔隙数字岩心(b)

分辨率为 27nm，即实际大小为 8.1μm×8.1μm×8.1μm。

将重构的三维页岩数字岩心 A 与 B 导入软件 Avizo 中，分别进行如下操作：将数字岩心 B 的数据体值扩大一倍，即由原来的 0 与 1 变为 0 与 2，然后与数字岩心 A 数据体值相加，得到具有 0、1、2、3 四种值的数据体，其中 0 和 1 代表有机质孔隙，2 代表无机质孔隙，3 代表岩石固体。使用阈值分割将 2 划分到材料“无机质孔隙”，将 0 和 1 划分到材料“有机质孔隙”中，将 3 划分到材料“岩石固体”中。如图 5.14 所示，无色部分代表无机质孔隙，红色部分代表有机质孔隙(孔隙为红色充填)，蓝色代表岩石固体。随后生成表面文件：选择“有机质孔隙”与“岩石固体”两种材料接触的表面，创建为新的表面并导出为 STL ASCII 格式文件，为方便描述记为 C 文件，代表的是有机质孔隙的壁面；选择“无机质孔隙”和“岩石固体”两种材料接触的表面，创建为新的表面并导出为 STL ASCII 格式文件，为方便描述记为 D 文件，代表的是无机质孔隙的壁面。

图 5.14 有机质孔隙和无机质孔隙整合后的三维页岩数字岩心数据体

打开C和D的ASCII文件，将C的ASCII文件复制到D中原有的solid下面，作为一种新的solid并命名。另存为新文件，所得STL文件即为区分有机质孔隙与无机质孔隙的数字岩心表面三角网格文件，导入软件ParaView中查看，如图5.15所示。任选取一个孔隙局部放大如图5.16所示，可见，有机质壁面为红色，无机质壁面为蓝紫色，两者已被区分开来。为方便描述记为文件E。到此为止，已经完成了基于二维图像的多矿物相数字岩心构建。

图5.15 区分有机质孔隙与无机质孔隙的基于二维图像的数字岩心表面图

图5.16 区分有机质孔隙与无机质孔隙的基于二维图像的数字岩心表面局部放大图

基于文件E，即可对其进行孔隙网格剖分。首先根据STL模型尺寸大小建立背景网格，基于该背景网格，使用OpenFOAM中的snappyHexMesh工具对其进行孔隙网格剖分。在剖分的过程中，背景网格会根据STL模型删除或保留，且在边界处保留网格的边界与其所处STL模型边界一致，从而达到区分不同矿物相孔隙边界的效果。剖分后的网格如图5.17所示，无机质孔隙边界和有机质孔隙边界分别以“fixedWalls_inorganic”和

图5.17 区分有机质孔隙与无机质孔隙的基于二维图像的数字岩心孔隙网格剖分

“fixedWalls_organic”命名。

3. 方法正确性验证

在5.1.2节第1部分与第2部分中所述方法实施例中，所采用的原始扫描电镜的图片是同一套图片，因此可以将两者结果与直接用马尔可夫链-蒙特卡罗方法构建的数字岩心进行形状对比，以验证该方法的正确性。5.1.2节第1部分所述基于孔隙直径分布构建的多矿物相数字岩心如图5.18(a)所示，第2部分所述基于二维图像构建的多矿物相数字岩心如图5.18(b)所示，基于马尔可夫链-蒙特卡罗方法构建的数字岩心如图5.18(c)所示，可见三种方法所构建的数字岩心在形状上几乎一致。

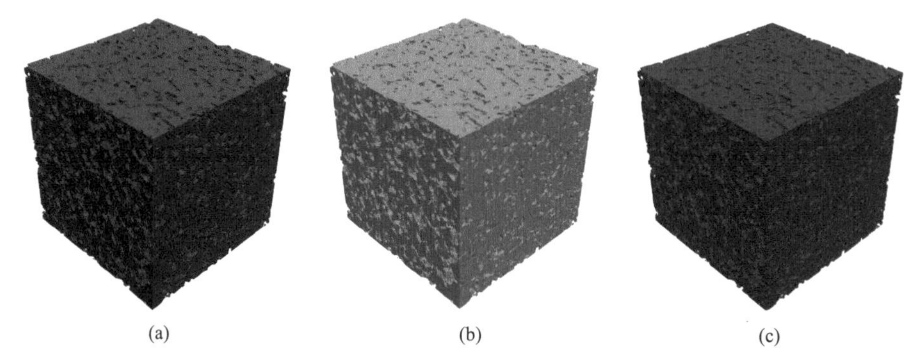

图5.18 两种数字岩心构建方法与马尔可夫链-蒙特卡罗方法构建的数字岩心形状进行验证对比
(a)5.1.2节第1部分方法；(b)5.1.2节第2部分方法；(c)马尔可夫链-蒙特卡罗方法

取数套页岩扫描电镜图片，将每一套图片分别按照5.1.2节第1部分和第2部分提出的方法和马尔可夫链-蒙特卡罗方法构建数字岩心，进行孔隙度对比，从而验证该方法的正确性。

如表5.1所示，三种方法所构建的数字岩心的孔隙度相差无几，相较于5.1.2节第2部分，5.1.2节第1部分提出的方法更为接近马尔可夫链-蒙特卡罗方法的结果。但总体上来看，两种方法与马尔可夫链-蒙特卡罗方法所得数字岩心的孔隙度，其最大误差率不超过3%，说明两种方法是可行的。

表5.1 基于两种数字岩心构建方法与马尔可夫链-蒙特卡罗方法构建的数字岩心孔隙度对比

样品	由5.1.2节第1部分方法得到的孔隙度/%	由5.1.2节第2部分方法得到的孔隙度/%	由马尔可夫链-蒙特卡罗方法得到的孔隙度/%	最大误差率/%
1	23.005	22.512	23.154	2.7080
2	22.475	22.063	22.573	2.2593
3	20.362	19.923	20.366	2.1752
4	17.225	17.023	17.463	2.5196
5	15.072	14.925	15.277	2.3041

5.1.3 基于孔隙网络模型的孔隙表征方法

1. 孔隙网络模型方法

三维孔隙网络模型的基本思路是：第一，根据图像分析理论及相关算法，去除岩心内部孤立的孔隙及岩石骨架颗粒；第二，采用 LKC 算法建立岩心孔隙空间居中轴线体系，然后在该体系中去除由粗糙的岩石骨架壁面引起的多余枝节结构，从而保证岩心孔隙的拓扑结构被孔隙居中轴线系统准确地表征，在优化处理后的孔隙居中轴线体系上，确定各孔隙中心位置，之后分割局部孔隙空间可以得到孔隙、喉道；第三，计算孔隙和喉道的几何参数，从而建立起孔隙网络模型。

本章基于得到的多矿物相页岩三维数字岩心，应用最大球法[5,6]对其进行孔隙网络模型的提取。最大球法是把一系列不同尺寸的球体填充到三维数字岩心中的孔隙空间内，各尺寸填充球之间按照半径从大到小存在着连接关系，从而通过相互交叠及包含的球串来概括整个岩心内部孔隙结构。孔隙网络模型中孔隙的确定就是在球串中寻找局部最大球，而喉道的确定是在球串中寻找两个最大球之间的最小球，最终将整个球串结构简化成为以“孔隙”和“喉道”为单元的孔隙网络模型。

孔隙网络模型的结构特征分布主要包括几何结构特征分布和拓扑结构特征分布。

1) 几何结构评价参数

孔隙网络模型的几何特征用来描述网络模型中孔喉单元的几何尺寸和形状分布，主要有孔喉半径、喉道长度、形状因子等。

孔隙半径即为孔隙内切球体的半径。获得孔隙所占据的孔隙空间之后，统计该孔隙单元体中孔隙体素的数目可以得到孔隙体积。在本章中，孔隙体积概率分布通过孔隙体积对应的孔隙半径来进行表征。

喉道是指连接孔隙之间的通道，其长度 L 可由式(5-9)进行计算：

$$L = D - R_1 - R_2 \tag{5-9}$$

式中，R_1、R_2 分别为该喉道所连接两个孔隙的半径，m；D 为两孔隙中心点的实际距离，m。

形状因子是描述孔隙网络模型孔喉形状的一个物理量。它可以描述真实孔隙空间中孔喉单元体的不规则横截面形状和尺寸，是描述多孔介质中孔隙空间几何特征的重要参数。其数值定义如式(5-10)所示：

$$G = \frac{A}{P^2} \tag{5-10}$$

式中，A 为孔隙喉道的横截面面积，m^2；P 为孔喉横截面形状的周长，m。

2)拓扑结构评价参数

孔隙网络模型的拓扑结构特征用来描述网络中孔喉之间相互连接的关系，其评价参数主要包括配位数、网络连通性函数等。其中，配位数是指与孔隙相连的喉道数目，用来表征孔隙与喉道相互配置关系，是表征储层连通程度的参数。

2. 数字岩心内孔隙空间表征

采用 5.1.2 节第 1 部分所提出的基于孔隙直径分布的多矿物相数字岩心构建方法，基于页岩油储层岩石扫描电镜图片，构建出如图 5.19 所示的数字岩心，其中黑色代表孔隙，白色代表固体，孔隙度约为 15.6%，数字岩心体素大小为 100×100×100，分辨率为 17nm，即实际大小为 1.7μm×1.7μm×1.7μm。

下面采用孔隙网络模型方法对该数字岩心进行孔隙空间表征。基于最大球法，提取该数字岩心的孔隙网络模型如图 5.20 所示。根据孔隙网络模型，可以得到几何结构评价参数和拓扑结构评价参数，统计各个参数如孔喉半径、喉道长度、孔喉比、配位数等分布如图 5.21～图 5.24 所示。

图 5.19 页岩三维数字岩心

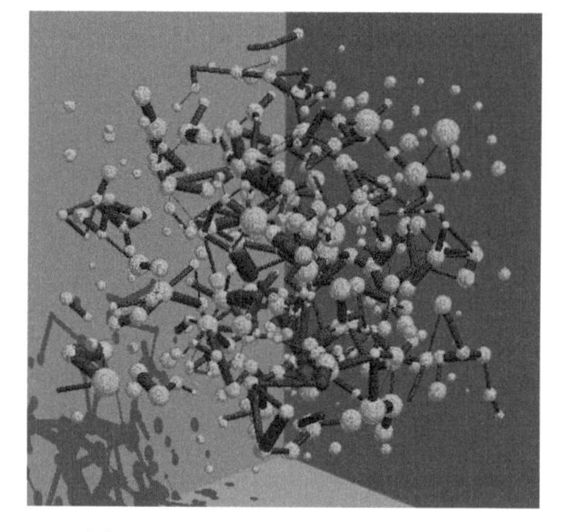

图 5.20 页岩三维孔隙网络模型

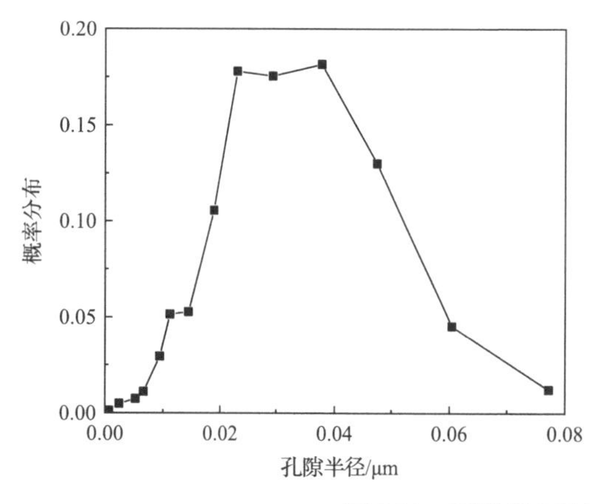

图 5.21 页岩岩心孔隙半径和喉道半径分布

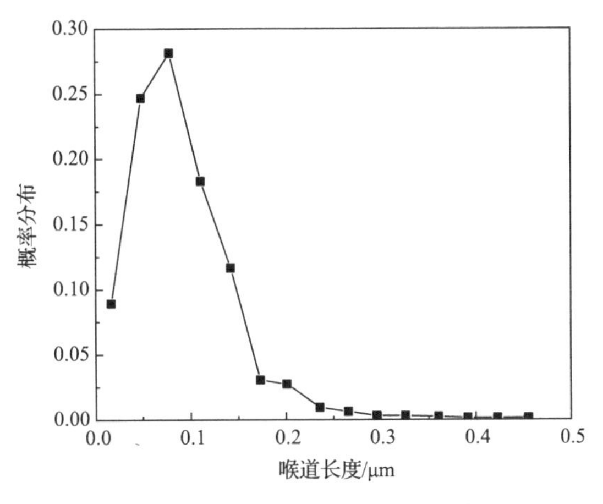

图 5.22　页岩岩心喉道长度分布

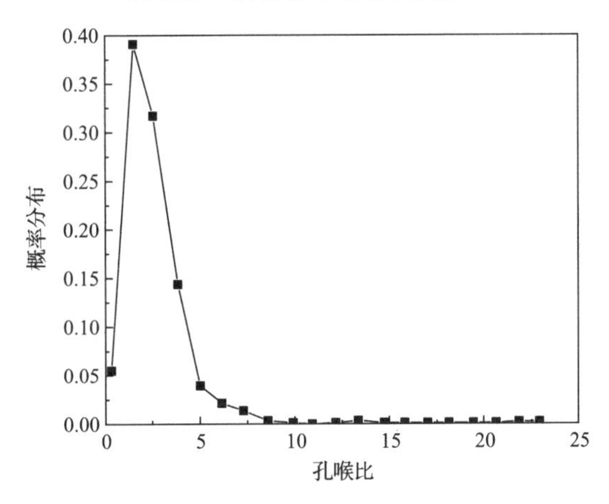

图 5.23　页岩岩心孔喉比分布

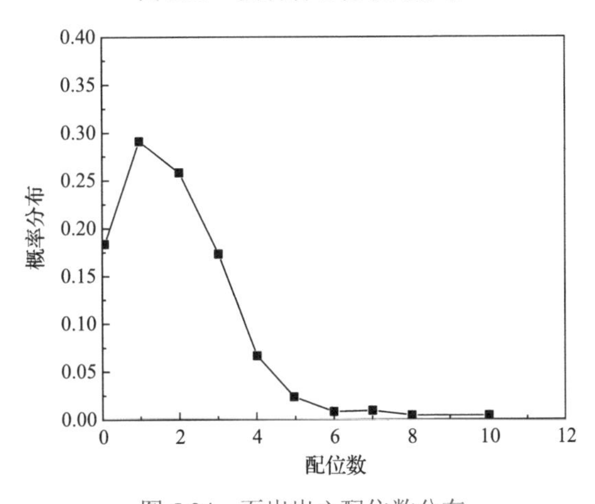

图 5.24　页岩岩心配位数分布

从孔喉半径来看(图 5.21)，孔隙半径和喉道半径分布曲线均呈现典型的单峰分布，该页岩岩心最大孔隙半径为 0.0753μm，最小孔隙半径为 0.0018μm，平均孔隙半径为 0.0293μm，主要分布在 0.02μm 至 0.04μm 之间；最大喉道半径为 0.0622μm，最小喉道半径为 0.0018μm，平均喉道半径为 0.0156μm，主要分布在 0.01μm 至 0.03μm 之间。从喉道长度来看(图 5.22)，该页岩岩心最大喉道长度为 0.4534μm，最小喉道长度为 0.017μm，平均喉道长度为 0.0897μm。从孔喉比来看(图 5.23)，最大孔喉比为 23.012，最小孔喉比为 0.1238。因此，该页岩岩心中的流动空间尺度受限，但具有从纳米到微米的多尺度特性，微观结构较为复杂。从配位数来看(图 5.24)，最大配位数为 10，最小配位数为 0，平均配位数为 1.8083，可见该页岩岩心连通性较差。

5.2 页岩油单相直接流动模拟

5.2.1 页岩油单相流动控制方程

由 5.1 节分析可知，页岩岩心中的流动空间尺度受限，因此在研究页岩油单相流动时，微尺度效应不可忽略。页岩油可视作牛顿不可压缩流，基于牛顿不可压缩流的 N-S 方程，结合分子模拟所得滑移长度与黏度分布，建立起考虑滑移边界条件与不同流体黏度的页岩孔隙流动模型。

1. 滑移边界条件分析

滑移边界条件是指在固壁上(边界上)的切向速度不为零，即产生滑移速度。一般来讲，按照固壁与流体之间的滑移速度，可以将边界条件分成三类，即无滑移、部分滑移和完全滑移。无滑移指的是流体在固壁上(边界上)的速度为零，即无滑移速度。部分滑移指的是边界切向速度成一定梯度。完全滑移指的是流体在固壁上切向速度与流体在流场中沿固壁切向速度相等(图 5.25)。

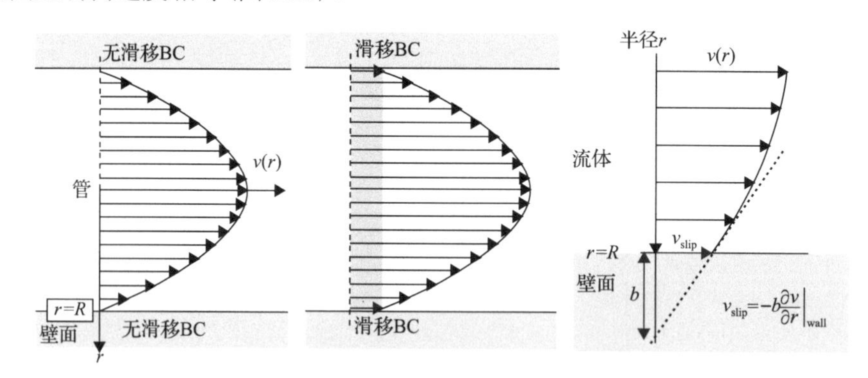

图 5.25 滑移边界条件示意图

对于页岩这种致密性非常规油气藏，由于储层岩石孔隙尺寸的微纳尺度特性，壁面存在滑移流速，这使得流体在页岩中的流动明显不同于常规孔隙。流体在固壁处的速度与流体速度沿边界面法向的梯度成正比[7,8]，如式(5-11)所示：

$$v_{\text{slip}} = -b\frac{\partial v}{\partial r}\bigg|_{\text{wall}} \tag{5-11}$$

式中，v_{slip} 为壁面滑移速度；b 为滑移长度。

对式(5-11)进行向后差分，如式(5-12)所示，并引入 f 作为速度损失系数，如式(5-13)所示：

$$v_{\text{slip}} = -b\left.\frac{\partial v}{\partial r}\right|_{\text{wall}} = b\frac{v - v_{\text{slip}}}{\Delta d} \tag{5-12}$$

$$v_{\text{slip}} = \frac{b}{b + \Delta d}v = (1 - f)v \tag{5-13}$$

式中，Δd 为边界与附近网格体中心的距离，m；b 为滑移长度，m。其中 Δd 由网格划分决定，b 可由分子模拟计算得出。

对于有机质内的单相滑移流动，Wang 等[9]通过分子模拟得到了一定作用力下辛烷在有机质孔隙中滑移长度与孔隙直径之间的关系：

$$L = 311.367\exp\left(\frac{D}{-1.0236}\right) + 129.135 \tag{5-14}$$

式中，L 为滑移长度，nm；D 为孔隙直径，nm。

2. 吸附层边界条件分析

根据分子动力学模拟结果，页岩孔隙中的流体分为两个区域，即靠近孔隙壁面的吸附层区和孔隙中心的自由区，两个区域的流动黏度不同。页岩油在于无机质孔隙壁面的流动能力远小于有机质孔隙壁面，且由于无机质孔隙孔径较大，页岩油在其中的流动受吸附层的影响非常小，因此本部分只考虑有机质孔隙对页岩油的吸附作用。

在一些研究中认为，由于驱动力对厚度的影响可以忽略，吸附层的厚度为常数[10-12]，吸附层的黏度也视为常数处理，与自由区的黏度有一定比例，如式(5-15)所示：

$$\mu = \begin{cases} \mu_1, & \text{体相区} \\ \mu_2, & \text{吸附层} \end{cases} \tag{5-15}$$

式中，μ_1 和 μ_2 分别为自由区和吸附层的黏度，Pa·s。

3. 页岩油流动单相流动数学模型

页岩油可视作牛顿不可压缩流，其控制方程为 N-S 方程，壁面边界条件为部分滑移，构建符合页岩油吸附层的黏度模型。N-S 方程中动量方程如式(5-16)所示，连续性方程如式(5-17)所示，速度边界条件如式(5-18)所示，黏度分布初始条件如式(5-15)所示，压力初始条件如式(5-19)和式(5-20)所示：

$$\rho\left[\frac{\partial \boldsymbol{U}}{\partial t} + (\boldsymbol{U}\cdot\nabla)\boldsymbol{U}\right] = -\nabla p + \mu\nabla^2\boldsymbol{U} \tag{5-16}$$

$$\nabla\cdot\boldsymbol{U} = 0 \tag{5-17}$$

$$\boldsymbol{U}\big|_{\text{wall}} = b\boldsymbol{n}\cdot\left(\nabla\boldsymbol{U} + \nabla^{\text{T}}\boldsymbol{U}\right) \tag{5-18}$$

$$p_{\text{in}} = C_1 \tag{5-19}$$

$$p_{\text{out}} = C_2 \tag{5-20}$$

式中，p 为油相的压力，Pa；$\boldsymbol{U}$ 为速度矢量，m/s；t 为流动的时间，s；$\boldsymbol{n}$ 为孔隙壁面的法向量；ρ 为油相的密度，kg/m^3；μ 为油相的黏度，Pa·s；b 为滑移长度，m；p_{in} 和 p_{out} 分别为入口端和出口端的压力，N；C_1 和 C_2 均为设定的压力常量，N。

5.2.2 页岩油单相流动模型求解及验证

1. 模型方程离散及求解方法

1) 有限体积法

有限体积法又称为有限容积法，是计算流体力学中常用的一种数值算法[13-15]。它是以守恒方程的积分形式为出发点提出的，将求解域细分为有限个连续控制体积，并将守恒方程应用于每个连续控制体积，通过对流体流动的有限子区域的积分离散来构造离散方程。每个的质心处是一个计算节点，在该节点上要计算变量值。该方法适用于任意类型的单元网格，便于模拟具有复杂边界形状区域的流体运动。有限体积法各项近似都含有明确的物理意义。同时，它可以吸收有限元分片近似的思想以及有限差分方法的思想来发展高精度算法。有限体积法成了工程界最流行的数值计算手段。

根据稳态的 N-S 动量方程如式(5-21)所示，对速度 $\boldsymbol{U}$ 隐性离散如式(5-22)～式(5-24)所示：

$$\nabla \cdot (\boldsymbol{U}\boldsymbol{U}) - \nabla \cdot (\nu \nabla \boldsymbol{U}) = -\nabla p \tag{5-21}$$

$$\int \nabla \cdot (\boldsymbol{U}\boldsymbol{U}) \mathrm{d}V = \int \boldsymbol{U}\boldsymbol{U} \mathrm{d}\boldsymbol{S} = \sum \left(\boldsymbol{U}^n \boldsymbol{U}^*\right)_{\mathrm{f}} \boldsymbol{S}_{\mathrm{f}} = \sum \left(F_{\mathrm{f}} \boldsymbol{U}_{\mathrm{f}}^*\right) \tag{5-22}$$

$$\int \nabla \cdot (\nu \nabla \boldsymbol{U}) \mathrm{d}V = \int \nu \nabla \boldsymbol{U} \cdot \mathrm{d}\boldsymbol{S} = \sum \left(\nu \nabla \boldsymbol{U}^*\right)_{\mathrm{f}} \boldsymbol{S}_{\mathrm{f}} = \nu \left(\nabla \boldsymbol{U}^*\right)_{\mathrm{f}} \cdot \boldsymbol{S}_{\mathrm{f}} \tag{5-23}$$

$$\int \nabla p \mathrm{d}V = \int p \mathrm{d}\boldsymbol{S} = \sum \left(p_{\mathrm{f}}^n \boldsymbol{S}_{\mathrm{f}}\right) \tag{5-24}$$

式中，上标 n 表示当前迭代步；上标*表示预测步；下标 f 表示网格单元面上的值；V 为网格单元体积；$\boldsymbol{S}$ 为网格单元的各个面的面矢量；F_{f} 为流量；ν 为动力黏度；$\nabla \boldsymbol{U}^*$ 为定义在体心的量，即网格体心的速度梯度；$(\nabla \boldsymbol{U}^*)_{\mathrm{f}}$ 为定义在面心的量，即网格面心的速度梯度。

需要注意的是，在本节数值算法部分，不考虑式中变量的实际单位，所以不做单位标注。

2) SIMPLE 算法

SIMPLE 算法，全名为压力耦合方程组的半隐式方法(semi-implicit method for pressure linked equations)，由 Patankar 和 Spalding[16]提出，是计算流体力学中一种被广泛使用的求解流场的数值方法。

自 SIMPLE 算法问世以来在世界各国计算流体力学及计算传热学界得到了广泛的应

用，这种算法提出不久很快就成为计算不可压流场的主要方法，随后这一算法以及其后的各种改进方案成功地推广到可压缩流场计算中，已成为一种可以计算任何流速的流动的数值方法。SIMPLE 算法最初被设计用来求解稳态问题，即控制方程中不包含瞬态项的计算。SIMPLE 算法流程图如图 5.26 所示。

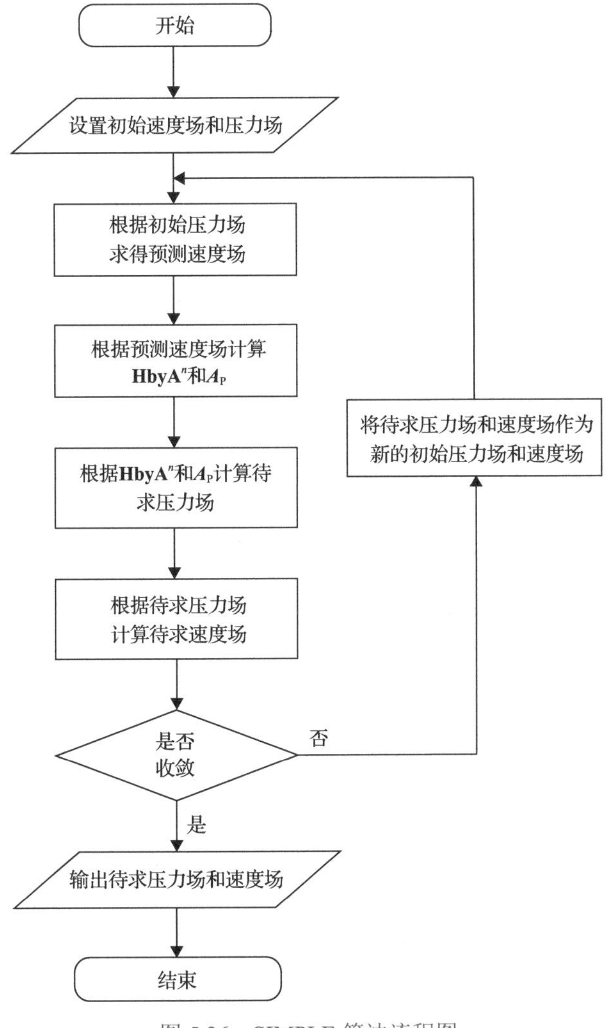

图 5.26　SIMPLE 算法流程图

对 N-S 动量方程离散后有如式(5-25)所示形式，假设计算开始时有初始的压力 p^0 和速度 $\boldsymbol{U}^0$，其实速度的初始值可以完全随意给定，因为我们首先完全可以利用初始压力代入式(5-25)解出一个速度。该步骤为动量预测，求得预测速度记为 $\boldsymbol{U}^r$。然而预测速度并不是待求的真实速度，待求速度和待求压力之间满足压力泊松方程，如式(5-26)所示：

$$\boldsymbol{A}_{\mathrm{p}}\boldsymbol{U}_{\mathrm{p}}^{n}+\sum_{N}\boldsymbol{A}_{\mathrm{N}}\boldsymbol{U}_{\mathrm{N}}^{n}=\boldsymbol{S}-\nabla p^{n} \tag{5-25}$$

$$\nabla \cdot \left(\frac{1}{A_{\mathrm{p}}} \nabla p^n \right) = \nabla \cdot \left(\mathbf{HbyA}^n \right) \tag{5-26}$$

式中，$\boldsymbol{S}$ 为常数项；$\boldsymbol{A}_{\mathrm{p}}$ 和 $\boldsymbol{A}_{\mathrm{N}}$ 为整理后的系数项；$\mathbf{HbyA}^n$ 为 $\boldsymbol{U}^n$ 的函数。

若得到 $\boldsymbol{U}^n$ 即可求出 p^n，然而现在仅有预测速度 $\boldsymbol{U}^r$。SIMPLE 算法在此作出假设，将 $\boldsymbol{U}^r$ 代替 $\boldsymbol{U}^n$ 去求 p^n，如式(5-27)所示：

$$\nabla \cdot \left(\frac{1}{A_{\mathrm{p}}} \nabla p^n \right) = \nabla \cdot \left(\mathbf{HbyA}^r \right) \tag{5-27}$$

此时有了 p^n，根据式(5-28)更新速度求得 $\boldsymbol{U}^n$。因为式(5-27)是假设的，所以计算出的 p^n 和 $\boldsymbol{U}^n$ 也是不精确的，所以将 p^n 和 $\boldsymbol{U}^n$ 作为新的 p^0 和 $\boldsymbol{U}^0$ 重复进行上述计算过程，直到计算收敛：

$$\boldsymbol{U}_{\mathrm{p}}^n = \mathbf{HbyA}^r - \frac{1}{A_{\mathrm{p}}} \nabla p^n \tag{5-28}$$

2. 页岩油单相流动求解器

本章提出了一种基于有限体积法的考虑孔隙壁面吸附层不同黏度的三维页岩油单相流动模拟方法。该方法通过边界网格识别以及构建一个考虑页岩油吸附层的黏度模型，来实现基于 SIMPLE 算法和有限体积法的考虑孔隙壁面吸附层不同黏度的页岩油单相流动模拟。

下面以真实三维页岩数字岩心模拟为例，对该求解器进行具体描述。

取 5.1.2 节第 1 部分中构建好的三维页岩数字岩心表面网格文件(STL 文件)如图 5.7 所示，其中蓝紫色代表无机质孔隙壁面，红色代表有机质壁面。首先根据 STL 模型尺寸大小建立背景网格，基于该背景网格，使用 OpenFOAM 中的 snappyHexMesh 工具对其进行孔隙网格剖分，可识别无机质孔隙边界和有机质孔隙边界并分别命名。对边界处的网格采用面加密的方式进行细化切分，从而达到构建出一层紧贴孔隙壁面的网格作为吸附层网格。

剖分后的网格如图 5.9 所示，无机质孔隙边界和有机质孔隙边界分别以“fixedWalls_inorganic”和“fixedWalls_organic”命名。对边界处的网格采用面加密的方式进行细化切分，从而达到构建出一层紧贴孔隙壁面的网格作为吸附层网格。面加密是针对与几何表面相交的体网格进行加密，以保证后续面贴合的准确性。面加密相关参数设置包括细化等级，最小、最大细化等级，并允许用户依据几何表面指定面域，以及依据封闭几何面指定体域。snappyHexMesh 采用八叉树方法划分网格，细化级别的每次增加都会使细化网格单元尺寸减少一半(图 5.27)。参考尺寸 ΔX_0 为基本网格单元，大小为 0 级，其网格尺寸大小等于“背景网格大小”，式(5-29)适用于每个坐标方向上的单元大小，该式具体含义如图 5.27 所示。

$$\Delta X_n = \frac{\Delta X_0}{2^n} \tag{5-29}$$

式中，n 为细化等级或细化次数。

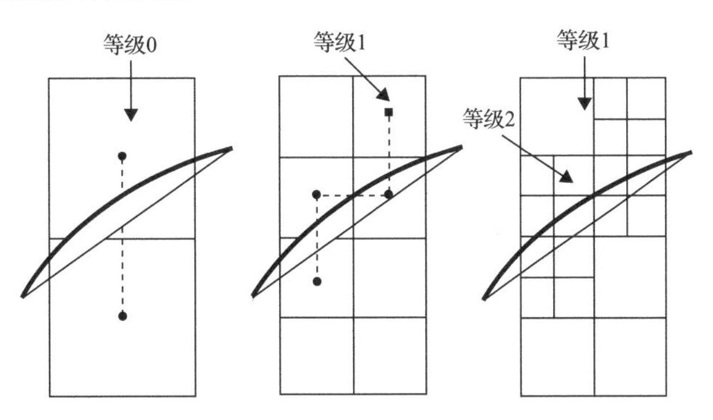

图 5.27　面加密细化等级说明图

建立新的黏度模型如式(5-30)所示，可将网格有机质孔隙边界处相邻的一层网格选出，这层网格即页岩油吸附层，然后使用将这层网格的 nuk 初值改为边界层黏度变化的倍数，其余网格的 nuk 值默认为 1。

$$\mu = \text{nuk} \times \mu_0 \tag{5-30}$$

相关流动数学方程详见 5.2.1 节第 3 部分，包括基于 N-S 方程的流动控制方程，壁面边界条件如入出口边界条件、流体黏度性质等。方程采用 SIMPLE 算法进行求解，求解过程采用有限体积法离散。

基于 OpenFOAM 最新版本和高性能集群，并行多核计算，即可模拟考虑孔隙壁面吸附层不同黏度的页岩油单向流动，速度场计算结果如图 5.28 和图 5.29 所示，从而可以进一步后处理得出页岩油的流动范围，以及流量与压差之间的关系。计算出该数字岩心的渗透率，做出流速压差曲线，分析页岩油在该数字岩心的流动能力以及流动界限，进而揭示微观孔隙内页岩油的渗流特征。

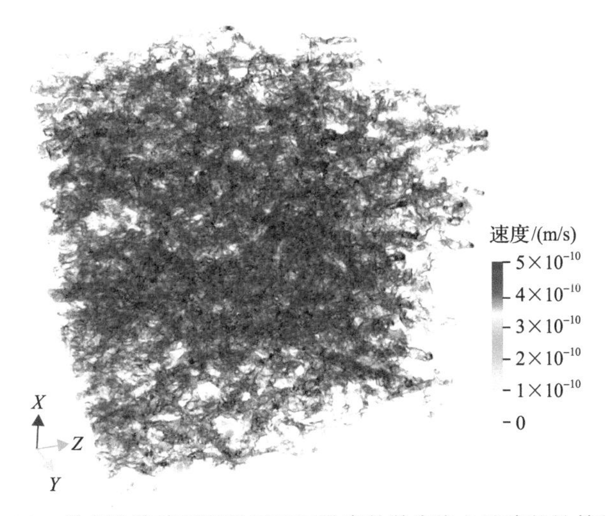

图 5.28　考虑孔隙壁面吸附层不同黏度的数字岩心速度场计算结果

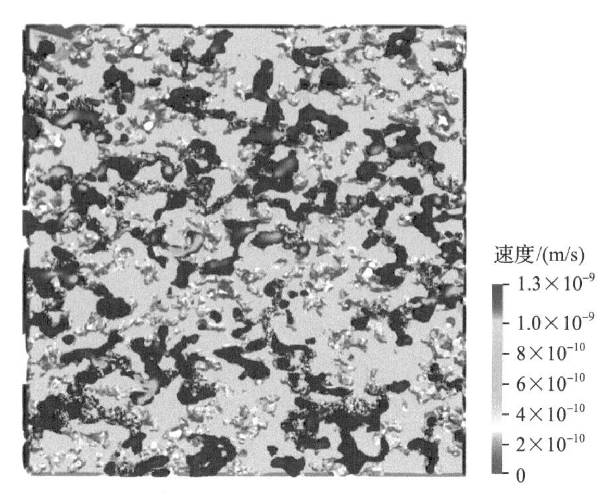

图 5.29 数字岩心内速度场计算结果截面

3. 模型方法正确性验证

吴九柱等[17]通过微圆管实验，测得去离子水和异丙醇在微圆管内的流速压差曲线。本章以此实验数据作为正确性验证。去离子水和异丙醇的黏度分别为 1mPa·s 和 2.43mPa·s，微圆管的半径分别为 7.5μm、5μm、2.5μm、1μm。通过设置与之相同的初始参数，将实验与模拟结果对比如图 5.30 所示。可见实验数据和流动模拟结果基本一致，从而验证了该模型方法的正确性。

5.2.3 规则孔隙单相流动规律

采用建立的微尺度流动模型进行流动模拟，研究规则孔隙内页岩油流动机理。圆管内页岩油流动的速度分布如图 5.31 所示，分别构建有机质圆管和无机质圆管，根据分子动力学模拟结论，页岩油在有机质孔隙中滑移长度远大于无机质孔隙[2]，因此本章不考虑无机质孔隙中的滑移条件。同一孔隙半径下的有机质圆管和无机质圆管速度剖面如图 5.32 所示，从速度剖面可以明显看出，有机质单管中的流速明显高于无机质单管中的流速。

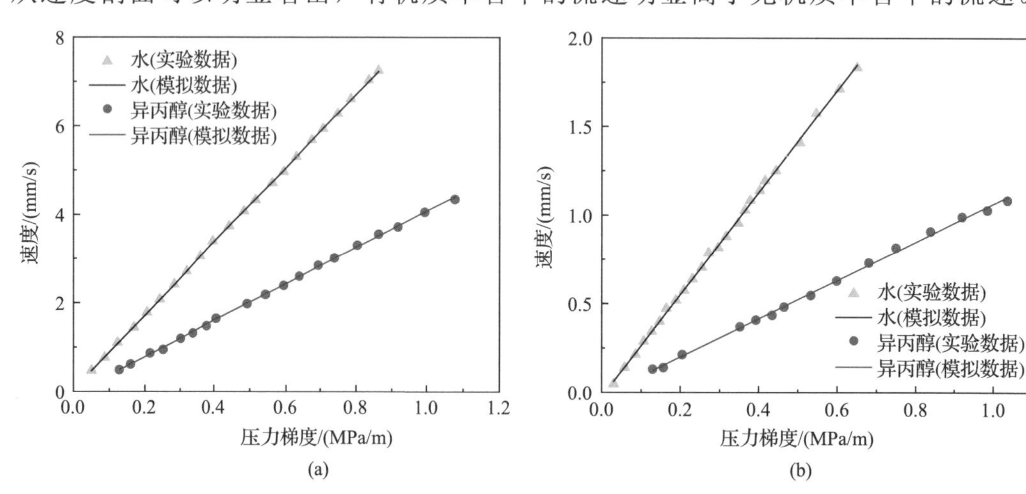

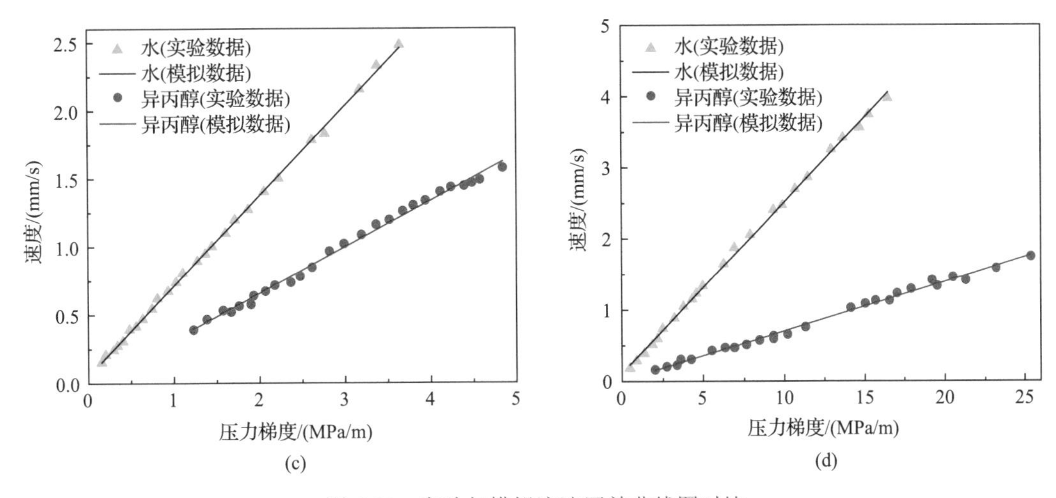

图 5.30　实验与模拟流速压差曲线图对比

(a) 微圆管半径 7.5μm；(b) 微圆管半径 5μm；(c) 微圆管半径 2.5μm；(d) 微圆管半径 1μm

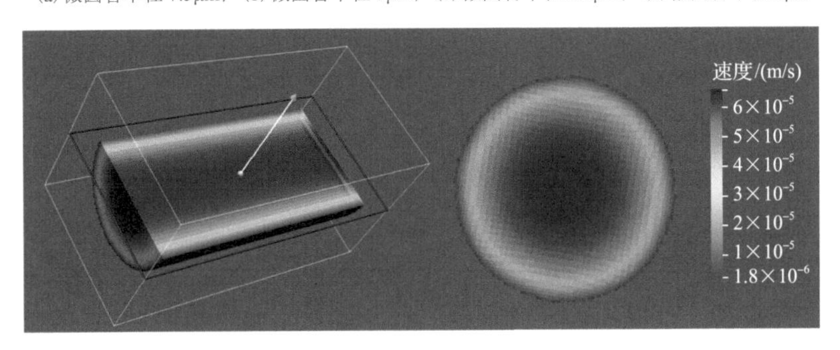

图 5.31　圆管内页岩油单相流动速度场

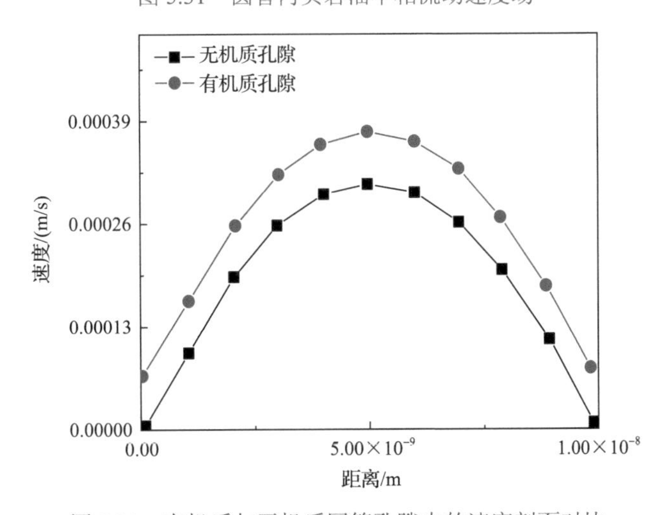

图 5.32　有机质与无机质圆管孔隙中的速度剖面对比

所以，在相同条件下，边界滑移导致圆管中的流量快速增长。

结合现场及数字岩心数据，构建不同孔隙半径的三维规则孔隙模型，如横截面为圆形、正方形、三角形、矩形的柱状孔喉模型，并用形状因子表征它们的截面形状。作出它们考虑滑移时的流量与不考虑滑移时的流量之比(Q/Q_0)，该比值与滑移长度的变化关系如图 5.33 所示。

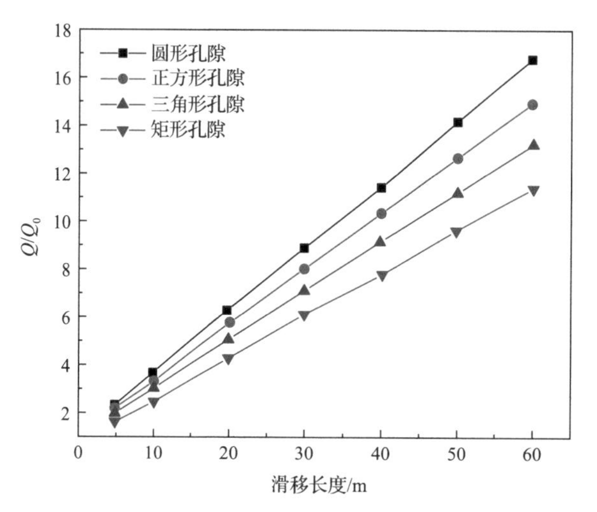

图 5.33　无因次流量与滑移长度的变化关系图

由图 5.33 可知，其他形状的单管与圆形单管相比，在其他条件相同的情况下流量比圆形管道要低，且在应用滑移边界条件时更加明显，这是在致密储层中将孔喉形状过度简化成圆形通道时流量预测偏高的原因之一。单管流量在截面面积相同时因截面形状的不同而不同，随着滑移效应的增加，这种差异变得更大。此外，单管的截面形状越偏离圆形(形状因子越低)，在相同条件下流量越低；相比之下，当截面形状越接近圆形(形状因子越高)，在相同条件下流量越大。因此在致密油的流动模拟建模过程中，忽略滑移边界条件和孔隙形状会导致渗透率被过高或过低地估计。

5.2.4　三维数字岩心单相流动规律

为了更加实际地模拟现场储层页岩流动情况，有必要根据页岩油真实数字岩心进行流动模拟。根据分子动力学模拟结果，页岩油在有机质孔隙壁面的吸附能力远大于无机质孔隙壁面，且无机质孔隙孔径较大，所以无机质孔隙中页岩油流动受吸附层影响非常小。因此本章只研究有机质孔隙中页岩油的吸附作用，页岩油吸附层厚度设置为 1nm，页岩油吸附区的黏度设置为自由区的 3 倍。根据分子动力学模拟结果，页岩油在有机质孔隙壁面有滑移。当孔隙尺寸在 5nm 以下，滑移长度随孔隙尺寸变化较大，而当孔隙尺寸在 5nm 以上时，滑移长度随孔隙尺寸几乎无变化，可视为常数[9]。由于页岩油油藏孔隙尺寸大部分在 5nm 以上，滑移长度随孔隙尺寸变化可忽略，只受孔隙壁面性质影响，本节设置页岩油在无机质孔隙壁面滑移长度为 130nm。根据现场数据，模拟页岩油密度为 856kg/m^3，自由黏度为 10.235mPa·s。

页岩油真实数字岩心单相流动模拟的流程如图 5.34 所示。首先根据真实岩样图像构建三维数字岩心；然后使用 OpenFOAM 开源软件 snappyHexMesh 工具，对该数字岩心进行网格剖分；最后使用 OpenFOAM 开源软件基于自定义编译的页岩油流动求解器对单相流动模拟求解，控制方程边界条件与上文一致。基于OpenFOAM最新版本和高性能集群，并行多核进行计算。

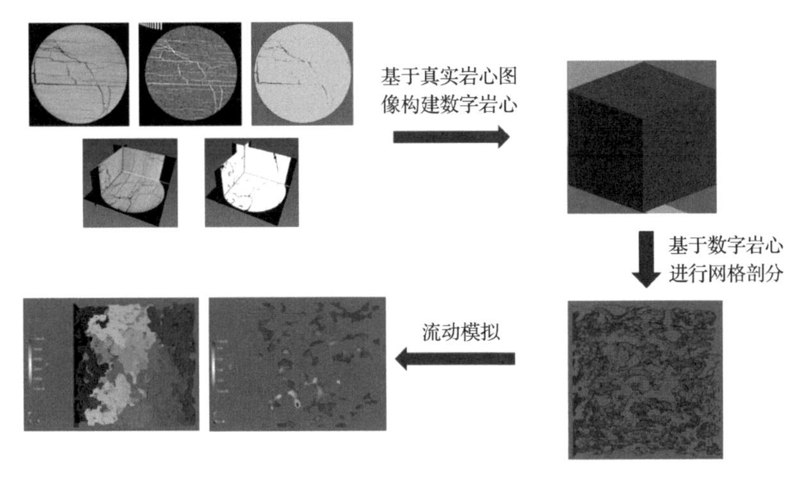

图5.34 基于真实数字岩心流动模拟技术路线

在不同压差下，分别对有机质、无机质、有机质和无机质混合数字岩心进行模拟，计算页岩油单相稳态流动下的流量，其流量-压力梯度关系如图5.35所示。可见，页岩油在有机质数字岩心中的渗透率是最高的，其次为有机质和无机质混合数字岩心，在无机质数字岩心中流动速度最慢。根据拟合计算，页岩油在有机质数字岩心的渗透率为1.58×10^{-2}mD，在有机质和无机质混合数字岩心的渗透率为1.14×10^{-2}mD，在无机质数字岩心的渗透率为9.76×10^{-3}mD。

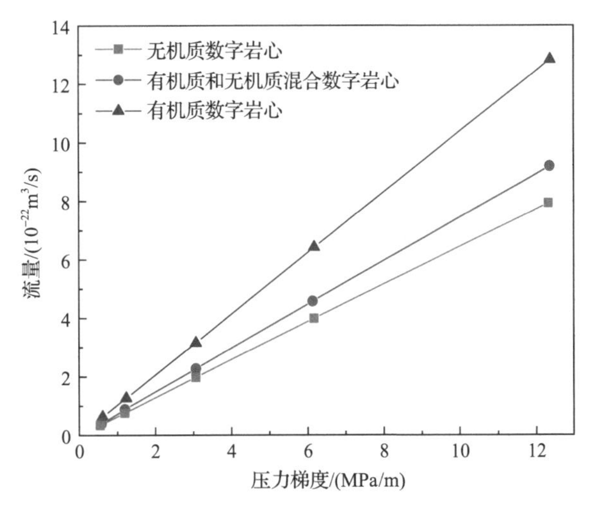

图5.35 数字岩心中流量-压力梯度关系

图中各直线的斜率为对应岩心的渗透率

1. 吸附层对页岩油流动的影响

在不同压差下模拟计算页岩油单相稳态流动下的流量，根据曲线拟合以及达西定律计算出视渗透率，分析吸附层对有机质以及有机质和无机质混合数字岩心中的页岩油流动的影响。

有机质数字岩心中流动模拟结果如图 5.36 所示。根据拟合计算，考虑吸附层的渗透率约为 9.76×10^{-3}mD，不考虑吸附层的渗透率约为 1.10×10^{-2}mD。可见考虑吸附层后计算所得的渗透率比不考虑吸附层的结果低，两组结果均几乎为直线。

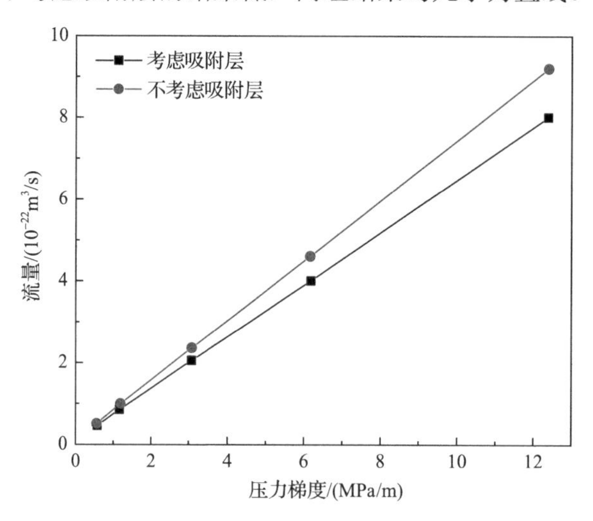

图 5.36　有机质数字岩心中流量-压力梯度关系图

有机质和无机质混合数字岩心中流动模拟结果如图 5.37 所示。根据拟合计算，考虑吸附层的渗透率约为 1.14×10^{-2}mD，不考虑吸附层的渗透率约为 1.19×10^{-2}mD。吸附层对有机质和无机质混合数字岩心的流动仍有明显作用，但影响比有机质数字岩心小。

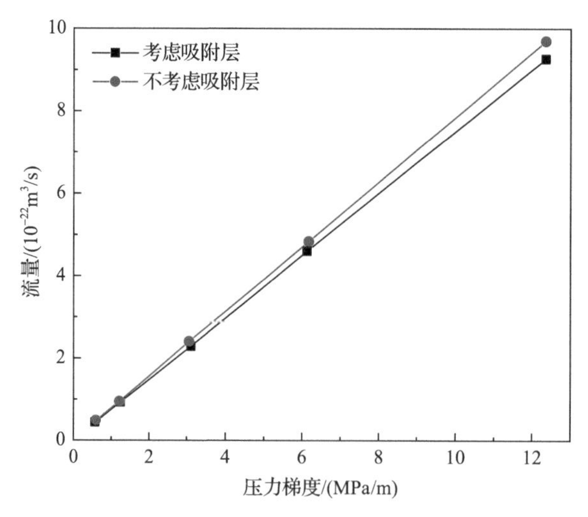

图 5.37　有机质和无机质混合数字岩心中流量-压力梯度关系图

综上可知，有机质孔隙壁面的吸附层降低了页岩油的渗透率，其对流动的影响不可忽略，尤其是在有机质孔隙分布较多的页岩储层。

2. 滑移对页岩油流动的影响

在不同压差下模拟计算页岩油单相稳态流动下的流量，根据曲线拟合以及达西定律计算出视渗透率，分析滑移对有机质以及有机质和无机质混合数字岩心中的页岩油流动的影响。

有机质数字岩心中流动模拟结果如图 5.38 所示。根据拟合计算，考虑滑移的渗透率约为 9.76×10^{-3}mD，不考虑滑移的渗透率约为 5.52×10^{-3}mD。可见考虑滑移后计算所得的渗透率比不考虑滑移的结果明显较高，两组结果几乎均为直线。

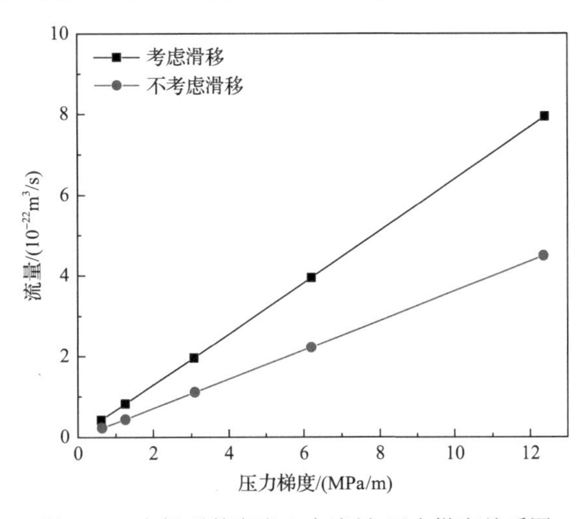

图 5.38　有机质数字岩心中流量-压力梯度关系图

有机质和无机质混合数字岩心中流动模拟结果如图 5.39 所示。根据拟合计算，考虑滑移的渗透率约为 1.14×10^{-2}mD，不考虑滑移的渗透率约为 9.97×10^{-3}mD。滑移对有机质和无机质混合数字岩心的流动仍有明显作用，但影响比有机质数字岩心小。

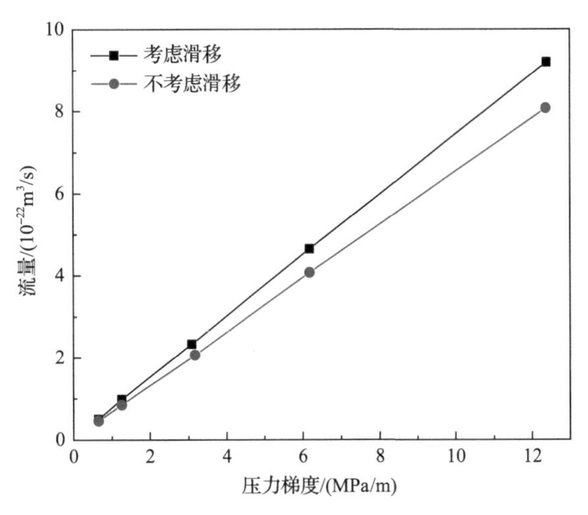

图 5.39　有机质和无机质混合数字岩心中流量-压力梯度关系图

综上可知，有机质壁面的滑移提高了页岩油的渗透率，其对流动的影响较大，尤其是在有机质孔隙分布较多的页岩储层。未考虑滑移边界效应的致密多孔介质的视渗透率是被明显地低估的，页岩储层的渗透率明显高于达西定律所估算的渗透率的主要原因是边界滑移。

在宏观孔隙中，由于孔隙壁面的速度相对于孔隙半径非常小，可以忽略滑移边界对流动特性的影响。考虑无滑移边界的速度剖面可通过 Hagen-Poiseuille 方程计算得到。由 Hagen-Poiseuille 方程可知，速度在单管径向上的分布以及流量表达式分别如式(5-31)和式(5-32)所示：

$$v_{\mathrm{HP}} = \frac{R^2 - r^2}{4\mu}\frac{\mathrm{d}p}{\mathrm{d}L} \tag{5-31}$$

$$Q_{\mathrm{HP}} = \frac{\pi R^4}{8\mu}\frac{\mathrm{d}p}{\mathrm{d}L} \tag{5-32}$$

式(5-31)和式(5-32)中，v_{HP}为孔隙内流体的速度，m/s；Q_{HP}为无滑移时孔隙内流体的流量，$\mathrm{m^3/s}$；R为孔隙半径，m；r为孔隙内一点到孔隙中心的距离，m；p为流体的压力，Pa；μ为流体的黏度，Pa·s；L为流向上的流动距离，m。

然而，在微观孔隙中，由于孔隙半径也非常小，滑移边界对流动特性的影响不可忽略。由滑移长度定义可知滑移边界处的速度如式(5-33)所示：

$$v_{\mathrm{s}} = -b\left(\frac{\partial v_{\mathrm{HP}}}{\partial r}\right)\bigg|_{r=R} = \frac{bR^2}{2\mu}\frac{\mathrm{d}p}{\mathrm{d}L} \tag{5-33}$$

结合 Hagen-Poiseuille 方程可得考虑滑移边界的速度剖面如式(5-34)所示：

$$v = \frac{1}{4\mu}\frac{\mathrm{d}p}{\mathrm{d}L}\left(R^2 - r^2 + 2Rb\right) \tag{5-34}$$

积分可得流量表达式如式(5-35)所示：

$$Q = \frac{\pi}{2\mu}\frac{\mathrm{d}p}{\mathrm{d}L}\left(\frac{R^4}{4} + R^3 l_{\mathrm{s}}\right) \tag{5-35}$$

考虑滑移的流量与未考虑滑移的流量之比与滑移长度的关系呈线性关系，如式(5-36)所示：

$$\frac{Q}{Q_{\mathrm{HP}}} = 1 + 4\frac{l_{\mathrm{s}}}{R} \tag{5-36}$$

式(5-33)～式(5-36)中，v_{s}为孔隙内壁面的滑移速度，m/s；v为孔隙内流体的速度，m/s；Q为有滑移时孔隙内流体的流量，$\mathrm{m^3/s}$；b为滑移长度，m；l_{s}为孔隙内流体的滑移长度，m。

在不同滑移长度下进行模拟计算渗透率，分析微观尺度效应对渗透率的影响。得到基于真实岩心考虑滑移边界所得渗透率与未考虑滑移边界渗透率的比值，根据该比值随滑移长度的变化曲线图(图 5.40)，可以拟合出两者的关系式如式(5-37)所示，可以看出该曲线接近为一条直线：

$$\frac{k}{k_0}=0.95717+0.05L_s \tag{5-37}$$

式中，k 为考虑滑移效应后的渗透率，mD；k_0 为不考虑滑移效应的渗透率，mD；L_s 为滑移长度，nm。

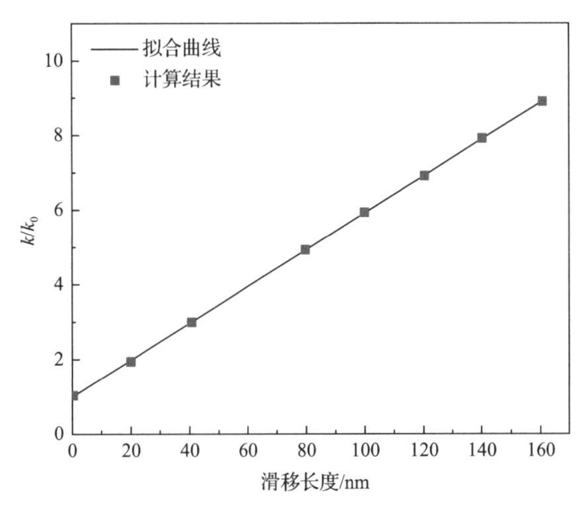

图 5.40 有滑移和无滑移的真实数字岩心边界渗透率的比值与滑移长度关系图

3. 孔径对页岩油流动的影响

等比例放大或缩小页岩数字岩心模型，计算不同数字岩心平均孔隙半径下的页岩油渗透率，得到页岩油渗透率随数字岩心平均孔隙半径的变化关系如图 5.41 所示，分析孔径对有机质和无机质混合数字岩心中的页岩油流动的影响，可见随着数字岩心模型的放

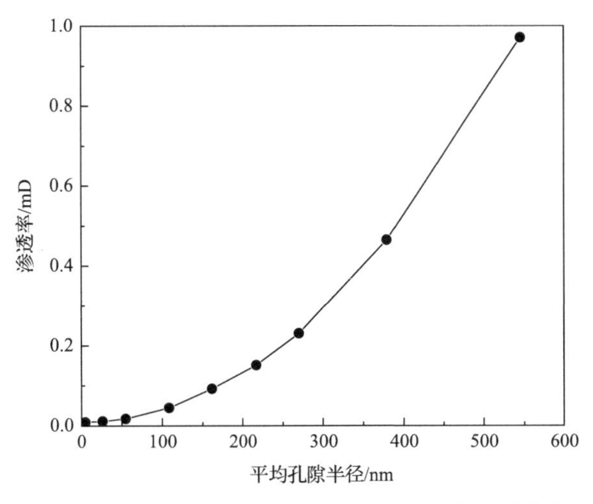

图 5.41 渗透率随数字岩心平均孔隙半径变化的曲线

大，孔径对页岩油流动的影响占据了主导因素。

5.3 页岩油水两相直接流动模拟

5.3.1 页岩油水两相流动控制方程

页岩油水两相均可视作牛顿不可压缩流，且在本章中忽略油水的重力，其控制方程为 N-S 方程。N-S 方程中动量方程如式(5-38)所示，连续性方程如式(5-39)所示；速度边界条件如式(5-40)所示；壁面边界条件为部分滑移，在移动接触线上，滑移长度和密度采用加权平均的方式计算[18]，分别如式(5-41)和式(5-42)所示；压力初始条件如式(5-43)和式(5-44)所示。

$$\frac{\partial \rho \boldsymbol{U}}{\partial t}+\nabla\cdot(\rho\boldsymbol{U}\boldsymbol{U})-\nabla\cdot\boldsymbol{\tau}=-\nabla p+\boldsymbol{F} \tag{5-38}$$

$$\nabla\cdot\boldsymbol{U}=0 \tag{5-39}$$

$$\boldsymbol{U}\big|_{\text{wall}}=b\boldsymbol{n}\cdot\left(\nabla\boldsymbol{U}+\nabla^{\text{T}}\boldsymbol{U}\right) \tag{5-40}$$

$$b=\alpha b_1+(1-\alpha)b_2 \tag{5-41}$$

$$\rho=\alpha\rho_1+(1-\alpha)\rho_2 \tag{5-42}$$

$$p_{\text{in}}=C_1 \tag{5-43}$$

$$p_{\text{out}}=C_2 \tag{5-44}$$

式中，p 为流体的压力，Pa；$\boldsymbol{U}$ 为流体的速度矢量，m/s；t 为流动的时间，s；$\boldsymbol{n}$ 为孔隙壁面的法向量；α 为相分数，小数；ρ 为油水两相混合的密度，kg/m^3；ρ_1 和 ρ_2 分别为油相和水相的密度，kg/m^3；$\boldsymbol{\tau}$ 为剪切应力，Pa；$\boldsymbol{F}$ 为表面张力，Pa/m；b 为滑移长度，m；b_1 和 b_2 分别为油相和水相的滑移长度，m；p_{in} 和 p_{out} 分别为入口端和出口端的压力，Pa。

5.3.2 页岩油水两相流动模型求解及验证

1. 模型方程离散及求解方法

1) VOF 模型

VOF 方法中定义了一个变量来表示流体的相分数[19]。例如，考虑某一个网格单元的油水两相系统，如果该网格单元内充满了油，则相分数为 1；如果该网格单元内充满了水，则相分数为 0。如果相分数的值介于 0 和 1 之间，则该网格单元内为油水混合。可见，VOF 模型中的界面是通过跟踪相分数来获得的。它是界面重构的微观多相流模型，为多相计算流体力学领域的直接模拟。

引入相分数后，根据界面几何与受力关系，式(5-38)可改写为式(5-45)所示形式：

$$\frac{\partial \rho \boldsymbol{U}}{\partial t}+\nabla\cdot(\rho \boldsymbol{U}\boldsymbol{U})-\nabla\cdot\boldsymbol{\tau}=-\nabla p+\sigma\kappa\nabla\alpha \tag{5-45}$$

式中，$\boldsymbol{\kappa}$ 为界面处的曲率，其大小为 $\nabla\cdot\boldsymbol{n}$；$\sigma$ 为表面张力。式(5-45)中的密度 ρ 在 VOF 模型中如式(5-42)所示，那么可以推导出式(5-46)，该式即为不可压缩 VOF 模型中的相方程：

$$\frac{\mathrm{D}\rho}{\mathrm{D}t}=\frac{\mathrm{D}\left[\alpha\rho_1+(1-\alpha)\rho_2\right]}{\mathrm{D}t}=\frac{\mathrm{D}\alpha}{\mathrm{D}t}=\frac{\partial\alpha}{\partial t}+\boldsymbol{U}\cdot\nabla\alpha=0 \tag{5-46}$$

2) 有限体积法离散

对式(5-38)进行有限体积离散，在收敛的情况下如式(5-47)所示：

$$\boldsymbol{A}_{\mathrm{p}}\boldsymbol{U}_{\mathrm{p}}^{n+1}+\sum\boldsymbol{A}_{\mathrm{N}}\boldsymbol{U}_{\mathrm{N}}^{n+1}=\boldsymbol{S}_{\mathrm{p}}^{n}-\nabla p+\sigma\kappa\nabla\alpha_{\mathrm{p}} \tag{5-47}$$

式中，各项的意义详见 5.2.1 节第 3 部分“页岩油流动单相流动数学模型”的内容，在此不作赘述。

求解式(5-47)后可得预测速度 $\boldsymbol{U}^{r}$，预测速度并不符合连续性方程，考虑最终收敛的情况，对连续性方程进行离散得到的形式如式(5-48)所示：

$$\sum\left(\boldsymbol{U}_{\mathrm{p,f}}^{n+1},\boldsymbol{S}_{\mathrm{f}}\right)=0 \tag{5-48}$$

定义 **HbyA** 如式(5-49)所示：

$$\mathbf{HbyA}_{\mathrm{p}}^{n+1}=\frac{1}{\boldsymbol{A}_{\mathrm{p}}}\left(-\sum\boldsymbol{A}_{\mathrm{N}}\boldsymbol{U}_{\mathrm{N}}^{n+1}+\boldsymbol{S}_{\mathrm{p}}^{n}\right) \tag{5-49}$$

并根据该式表示速度以及面上插值速度，分别如式(5-50)和式(5-51)所示：

$$\boldsymbol{U}_{\mathrm{p}}^{n+1}=\mathbf{HbyA}_{\mathrm{p}}^{n+1}-\frac{1}{\boldsymbol{A}_{\mathrm{p}}}\left(\nabla p_{\mathrm{p}}^{n+1}-\sigma\kappa\nabla\alpha_{\mathrm{p}}^{n+1}\right) \tag{5-50}$$

$$\boldsymbol{U}_{\mathrm{p,f}}^{n+1}=\mathbf{HbyA}_{\mathrm{p,f}}^{n+1}-\frac{1}{\boldsymbol{A}_{\mathrm{p,f}}}\left(\nabla_{\mathrm{f}}^{\perp}p_{\mathrm{p}}^{n+1}-\sigma\kappa\nabla_{\mathrm{f}}^{\perp}\alpha_{\mathrm{p}}^{n+1}\right) \tag{5-51}$$

将式(5-51)代入式(5-48)中，可得式(5-52)：

$$\sum\left[\mathbf{HbyA}_{\mathrm{p,f}}^{n+1}+\frac{1}{\boldsymbol{A}_{\mathrm{p,f}}}\left(\sigma\kappa\nabla_{\mathrm{f}}^{\perp}\alpha_{\mathrm{p}}^{n+1}-\boldsymbol{g}\cdot\boldsymbol{h}\nabla_{\mathrm{f}}^{\perp}\rho_{\mathrm{p}}^{n+1}\right)\right]=\sum\frac{1}{\boldsymbol{A}_{\mathrm{p,f}}}\left(\nabla_{\mathrm{f}}^{\perp}p_{\mathrm{p}}^{n+1}\right) \tag{5-52}$$

整理可得式(5-53)，求解可得到收敛压力：

$$\nabla\cdot\left(\frac{1}{\boldsymbol{A}}\nabla p_{\mathrm{rgh}}^{n+1}\right)=\nabla\cdot\left[\mathbf{HbyA}^{n+1}+\frac{1}{\boldsymbol{A}}\left(\sigma\kappa\alpha^{n+1}-\boldsymbol{g}\cdot\boldsymbol{h}\nabla\rho^{n+1}\right)\right] \tag{5-53}$$

式(5-49)～式(5-53)中，$\boldsymbol{U}_{\mathrm{p}}^{n+1}$ 和 $\boldsymbol{U}_{\mathrm{p,f}}^{n+1}$ 分别为 n+1 时刻的体量和面量；上标 ⊥ 表示对面上的值求梯度。

3) PIMPLE 算法

PIMPLE 算法流程图如图 5.42 所示，可见 PIMPLE 算法类似于瞬态化版本的 SIMPLE

算法，关于 SIMPLE 算法流程，5.2.2 节第 1 部分已具体描述。概括来说，PIMPLE 算法在外部添加了一个类似 SIMPLE 算法的外循环进行动量方程的重建。每进行一次动量方程的更新，都会将原本滞后的流量进行更新，因此 PIMPLE 算法能够较好地处理大时间步长下的瞬态计算。

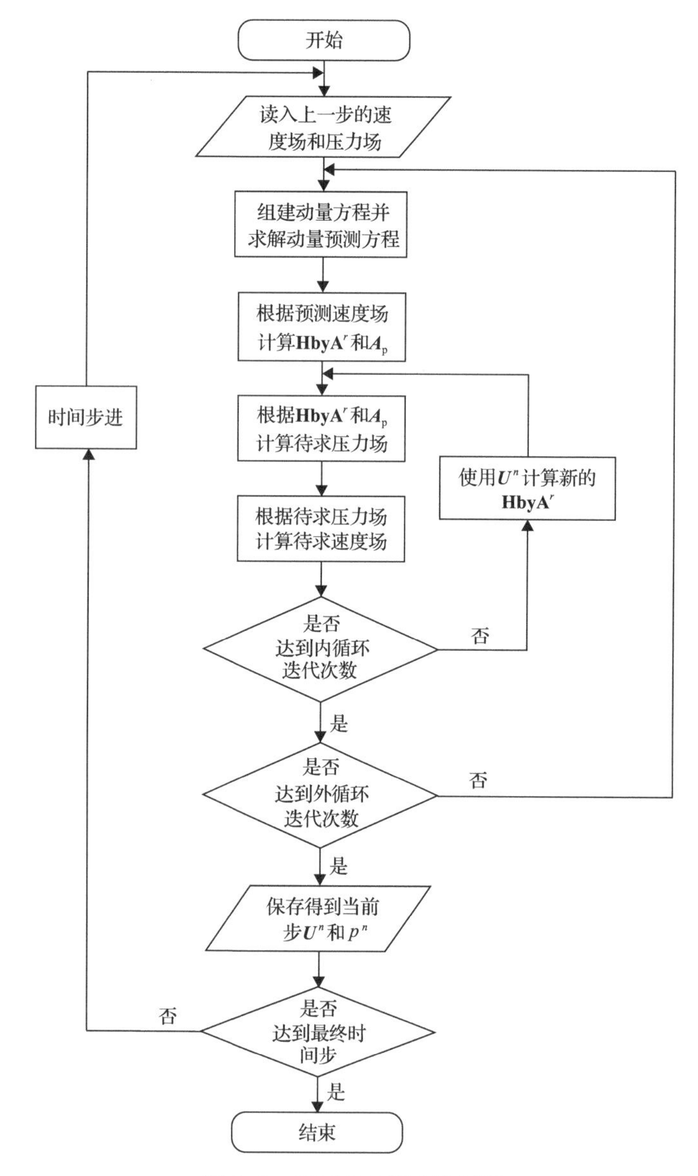

图 5.42 PIMPLE 算法流程图

2. 页岩油水两相流动求解器

页岩油水两相与壁面的相互作用不同，故页岩油水两相的滑移长度不同，因此常规用于单相的滑移模型便不适用于页岩油水两相流动模拟。

为克服以上问题，本部分提供了一种基于有限体积法的考虑页岩油水两相不同滑移长度的三维流动模拟方法。该方法通过边界网格识别以及构建一个考虑页岩油水两相不同滑移长度模型的边界条件，来实现基于有限体积法的页岩油水两相流动模拟。该方法采用VOF模型追踪两相界面，在岩石壁面上可以识别出油水相，并考虑了油水两相不同的滑移长度。

下面以真实三维页岩数字岩心模拟为例，对本求解器进行具体描述。取构建好的三维页岩数字岩心表面网格文件(STL文件)，其中蓝色代表无机质孔隙壁面，红色代表有机质壁面。

首先根据STL模型尺寸大小画好背景网格。可基于背景网格对其进行孔隙网格剖分。无机质孔隙边界和有机质孔隙边界分别以"fixedWalls_inorganic"和"fixedWalls_organic"命名。植入建立新的滑移长度模型如式(5-41)所示，各项代表的物理意义详见5.3.1节。在岩石壁面上可以识别出油水相，并考虑不同滑移长度，在移动接触线上，滑移长度采用加权平均的方式计算。

使用OpenFOAM的setFields工具功划分油水两相的初始分布。设置压力速度初始条件和流体基本物理参数，其中在有机质孔隙的速度边界条件设置上述滑移长度模型作为边界条件，在无机质孔隙的速度边界条件设置无滑移边界条件。相关流动数学方程在5.3.1节已详细说明，在此不作赘述。方程采用PIMPLE算法进行求解，两相界面采用VOF模型进行追踪，求解过程采用有限体积法进行离散，即可模拟考虑页岩油水两相不同滑移长度的流动。

基于OpenFOAM最新版本和高性能集群计算，并行多核计算，某一时间步相场和速度场计算结果如图5.43～图5.45所示。从而可以进一步后处理，得出油水两相流动范围，以及流量分别与压差之间的关系。计算出该数字岩心的两相渗透率，做出两相相渗曲线，分析页岩油水两相在该数字岩心的流动能力以及流动界限，进而揭示微观孔隙内页岩油水两相的渗流特征。

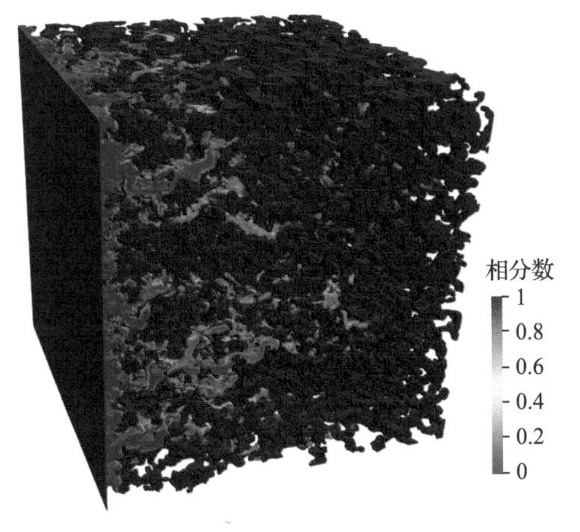

图5.43　某一时间步相分数场计算结果

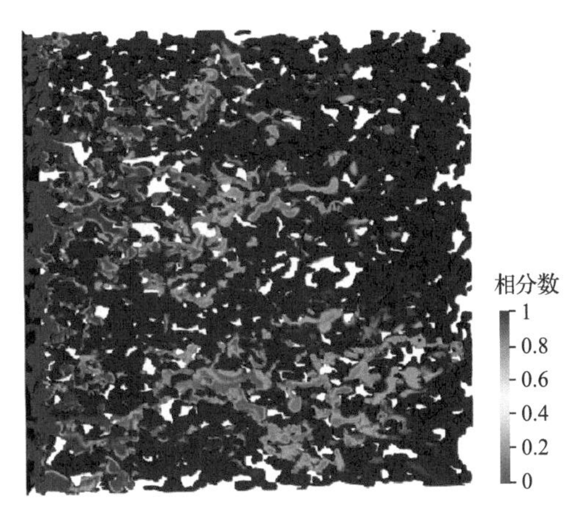

图5.44　某一时间步相场计算结果截面

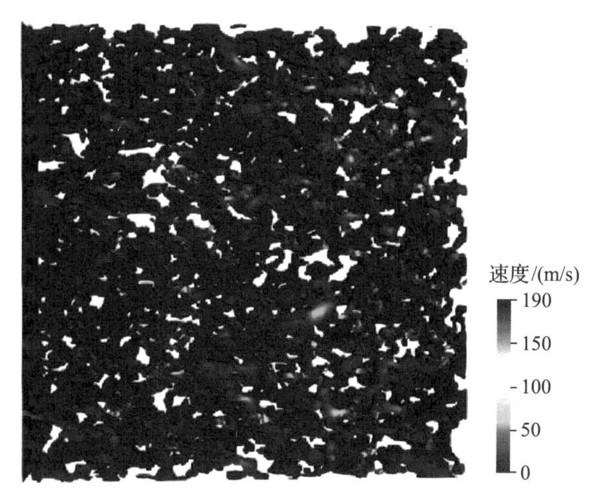

图 5.45　某一时间步速度场计算结果截面

3. 模型方法正确性验证

使用本章提出的模型与方法模拟经典的平板分层两相流动[20]，如图 5.46 所示，将理论解与数值解进行对比，以验证该模型与方法的正确性。

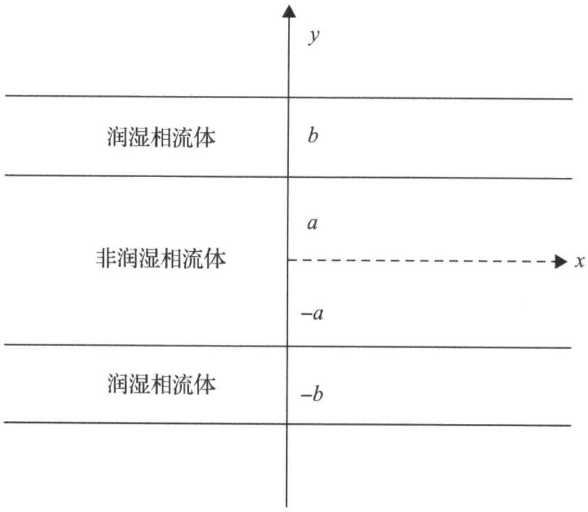

y
润湿相流体　b
a
非润湿相流体　x
−a
润湿相流体　−b

图 5.46　平板分层两相流动示意图

假设两平板间流体为泊肃叶流体，则在垂直平板方向的流速满足分段函数如式(5-54)所示：

$$
u(y)=\begin{cases}\dfrac{F}{2\nu_{\mathrm{w}}\rho_{\mathrm{w}}}\left(L^2-y^2\right), & a<|y|<L \\ \dfrac{F}{2\nu_{\mathrm{w}}\rho_{\mathrm{w}}}\left(L^2-a^2\right)+\dfrac{F}{2\nu_{\mathrm{nw}}\rho_{\mathrm{nw}}}\left(a^2-y^2\right), & 0<|y|\leqslant a\end{cases} \tag{5-54}
$$

式中，u 为速度，m/s；F 为压力梯度，Pa/m；ν_{w} 和 ν_{nw} 分别为润湿相和非润湿相的运动黏度，$\mathrm{m^2/s}$；ρ_{w} 和 ρ_{nw} 分别为润湿相和非润湿相流体密度，$\mathrm{kg/m^3}$；a 为非润湿流体区域

的半径。

由于该经典算例是在无滑移边界条件下推导出的，所以在使用本章开发的求解器进行流动模拟的过程中，将滑移长度设置为0μm。两平板间的距离为20μm，在x方向上的压力梯度为1MPa/m。将得到的数值解与解析解进行对比，如图5.47所示。可见数值解与根据泊肃叶流动所推导的解析解基本保持一致，从而验证了本章提出的模型与方法的正确性。

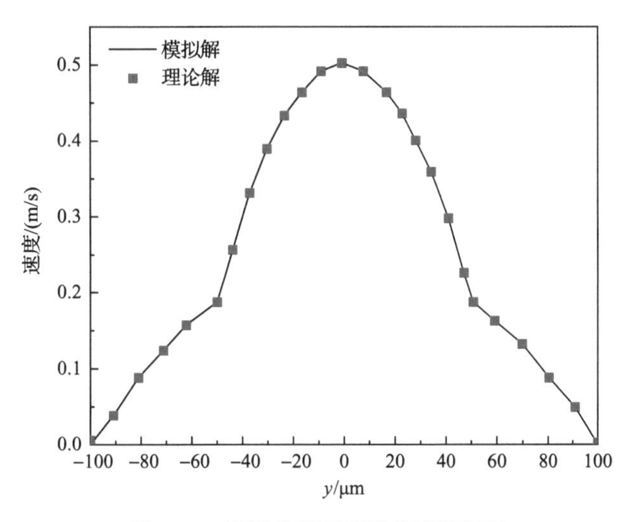

图5.47 平板分层两相流动流速剖面

5.3.3 规则孔隙两相流动规律

无机质孔隙表面为矿物，属于水相润湿；有机质孔隙表面为干酪根，属于油相润湿。本章将孔隙分为有机质孔隙和无机质孔隙两种类型，分析规则孔隙两相流动规律（图5.48）。

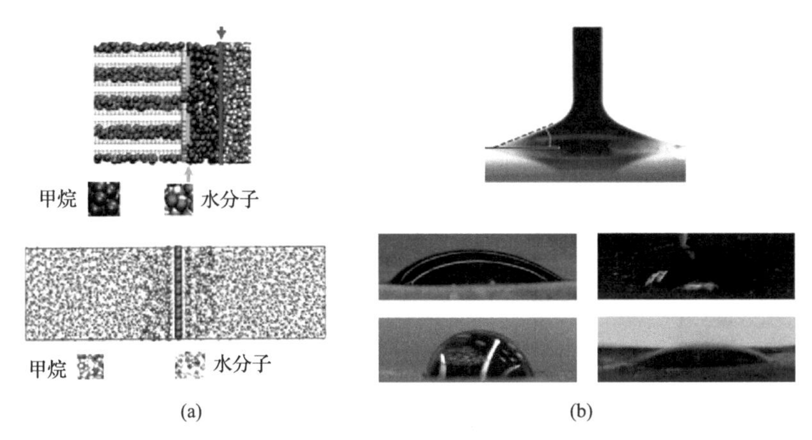

图5.48 有机质孔隙(a)与无机质孔隙(b)表面润湿性

将本章提出的模型与方法应用于简单三维孔隙中，在横截面为圆形的单管孔隙中模拟水驱油两相流动。单管半径为 5nm，长度为 20nm。初始时刻单管内充满页岩油相，水相以一定流量注入。无机质和有机质孔隙壁面润湿角分别为 45°和 135°。设置页岩油在无机质和有机质孔隙壁面滑移长度分别为 0nm 和 130nm，水相的滑移长度为 0，页岩油和水的密度分别为 856kg/m^3 和 1000kg/m^3，页岩油和水的黏度分别为 10.235mPa·s 和 1mPa·s。计算所得相同时刻下的相场和速度场截面图分别如图 5.49 和图 5.50 所示，图中左侧流体为水，右侧流体为页岩油；蓝色代表润湿相，红色代表非润湿相。

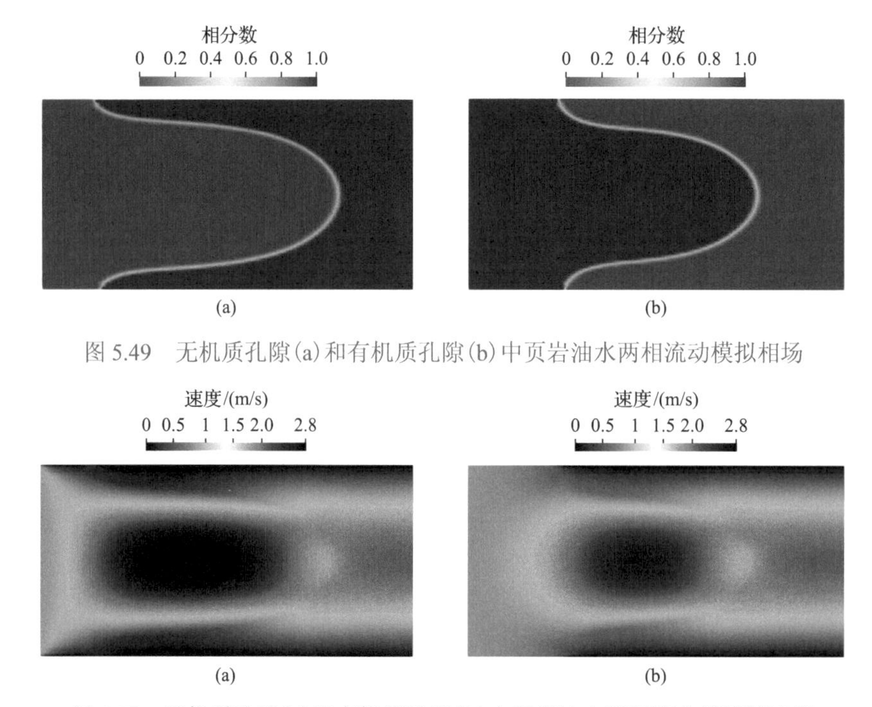

图 5.49 无机质孔隙(a)和有机质孔隙(b)中页岩油水两相流动模拟相场

图 5.50 无机质孔隙(a)和有机质孔隙(b)中页岩油水两相流动模拟速度场

页岩油水两相无机质孔隙中流动模拟结果如图 5.49(a)和图 5.50(a)所示，可见由于无机质孔隙壁面亲水，毛细管力此刻是水驱油的动力，水相更容易向右突破油相，油水前缘向右移动的速度更快。但由于无机质孔隙壁面无滑移，在壁面边界处油水界面变化不大，所以两相接触线还是类似于抛物线的形式。速度最大的区域在水相中被两相接触线包围的位置。

页岩油水两相有机质孔隙中流动模拟结果如图 5.49(b)和图 5.50(b)所示，可见由于无机质孔隙壁面亲油，毛细管力此刻是水驱油的阻力，水相向右突破油相较困难，但由于页岩油在有机质孔隙壁面有滑移，在壁面边界处油水界面变化较大。虽然两相接触线还是类似于抛物线的形式，但该抛物线的幅度较小，速度最大的区域也在水相中被两相接触线包围的位置。

综合对比页岩油水两相在无机质孔隙和有机质孔隙中的流动，可知在相同的驱动时间内，无机质孔隙中的油水前缘长度更大，但有机质孔隙中靠近壁面边界的驱动效果更佳。相比于无机质孔隙，有机质孔隙中靠近中间的速度较小，但靠近边界处速度较大；

两者速度最大的区域也在水相中被两相接触线包围的位置，但明显无机质孔隙中的最大速度更高。

5.3.4　三维数字岩心两相流动规律

判断一块岩心的两相流动能力，比较直观的方法便是测定相对渗透率曲线。传统的相渗计算方法在此不完全适用，因为由于滑移的存在，岩心的绝对渗透率取决于测定的流体性质而不再是一个定值。于是，本章将采用式(5-55)和式(5-56)计算相对渗透率：

$$k_{rw} = \frac{q_{tw}}{q_{sw}} \tag{5-55}$$

$$k_{ro} = \frac{q_{to}}{q_{so}} \tag{5-56}$$

式中，k_{rw} 和 k_{ro} 分别为水相相对渗透率和油相相对渗透率；q_{tw} 和 q_{to} 分别为两相流动条件下各相的水相流量和页岩油相流量，m^3/s；q_{sw} 和 q_{so} 分别为单相流动条件下的水相流量和页岩油相流量，m^3/s。

1. 无机质数字岩心内两相流动规律

构建无机质数字岩心如图 5.51(a)所示，像素尺寸大小为 400×400×400，分辨率为 50nm。为了对其孔隙空间有一个直观的认识，提取其孔隙网络模型如图 5.51(b)所示。采用本章模型与方法计算相对渗透率结果如图 5.52 所示，可见无机质数字岩心内页岩油水两相共渗区较窄，等渗点对应的含水饱和度大于 0.5，符合水湿油藏的特点；束缚水饱和度较高，该数字岩心的束缚水饱和度为 0.5～0.6；在等渗点左右，页岩油水两相流动能力随饱和度的变化幅度较大。

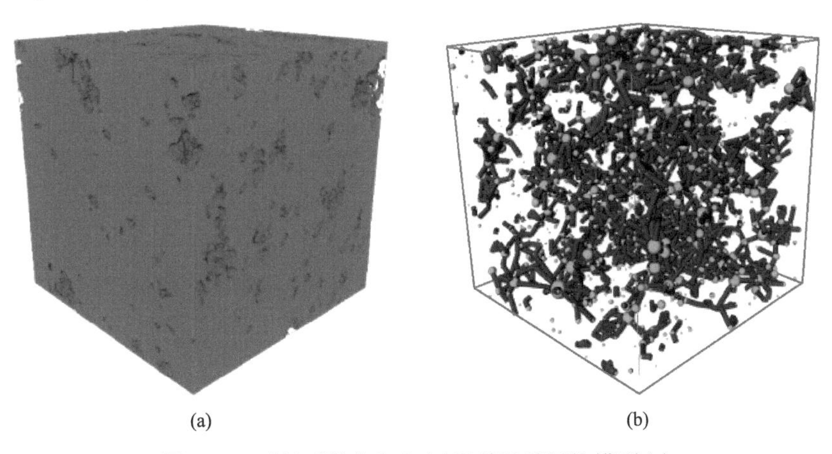

(a)　　(b)

图 5.51　无机质数字岩心(a)及其孔隙网络模型(b)

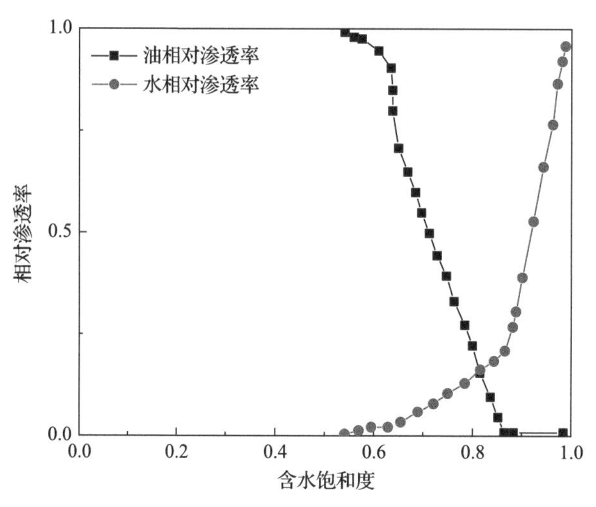

图 5.52 无机质数字岩心相对渗透率曲线

构建开度分别为 150nm 和 500nm 无机质数字岩心如图 5.53 所示，像素尺寸大小为 400×400×400，分辨率为 50nm，红色代表骨架，蓝紫色代表裂缝和孔隙。相对渗透率计算结果如图 5.54 所示，可知不同开度下的裂缝性数字岩心，其油水相渗曲线形态差别很大。裂缝性数字岩心束缚水饱和度较小，基本上不存在页岩油水同流区域，页岩油相的渗透能力随含水饱和度的增加而快速降低。随着开度的增加，等渗点向右移动，水相的渗流能力减弱而页岩油相的渗流能力增强。

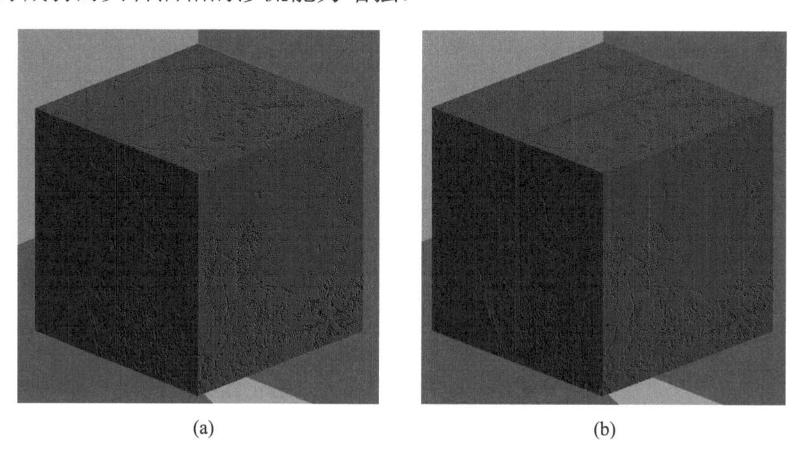

图 5.53 不同开度的裂缝性数字岩心

(a) 裂缝开度 150nm；(b) 裂缝开度 500nm

2. 混合数字岩心内两相流动规律

下面对有机质和无机质混合数字岩心油水两相流动规律进行分析。

构建 1 号和 2 号有机质和无机质混合数字岩心，体素尺寸大小为 500×500×500，分辨率为 10nm。为了对其孔隙空间有一个直观的认识，提取其孔隙网络模型如图 5.55 所示。采用本章模型与方法计算相对渗透率结果如图 5.56 所示。

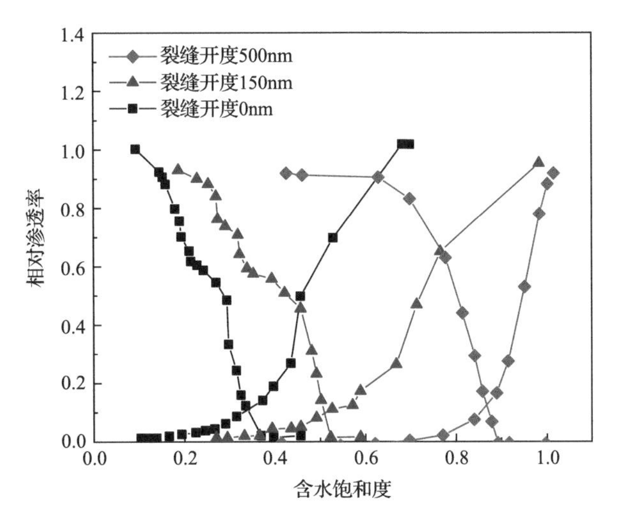

图 5.54　不同开度的裂缝性数字岩心相对渗透率曲线

图 5.55　有机质和无机质混合数字岩心及其孔隙网络模型

(a) 1 号数字岩心及其孔隙网络模型；(b) 2 号数字岩心及其孔隙网络模型

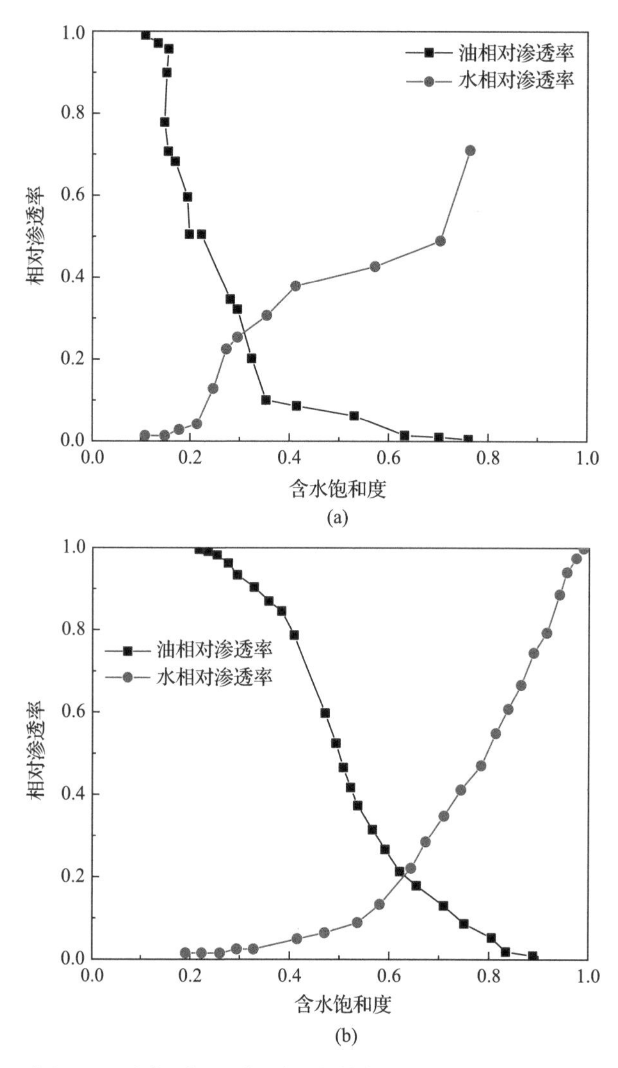

图 5.56 有机质和无机质混合数字岩心相对渗透率曲线

(a) 1 号数字岩心相对渗透率曲线；(b) 2 号数字岩心相对渗透率曲线

1 号数字岩心孔隙结构连通性较差，非均质性较强，渗透率较低。不同于传统水湿相渗曲线，相渗曲线交叉点小于 0.5，这是其非均质性孔隙结构导致的。页岩油相相渗曲线过交叉点前剧烈下降，水相相渗曲线过交叉点前剧烈上升，说明孔隙结构连通性很差，页岩油水两相流动通道较为单一。

2 号数字岩心孔隙发育局部较为富集，渗透率较大，局部连通部分孔隙结构较为均质，连通性较好。油水两相流动呈现“活塞式”两相流动特征，均匀推进，导致油水相渗呈现明显的相反趋势。油水相渗曲线呈现典型水湿相渗曲线特征，两相共渗区域较宽。从整体上来看，1 号和 2 号两块数字岩心的束缚水饱和度都比较低，均为 0.1～0.2。

通过对同一块数字岩心调整有机质孔隙所占的比例，进一步分析有机质孔隙占比对页岩油水相渗曲线的影响如图 5.57 所示。从计算结果发现，随着有机质孔隙占比增加，页岩油水相渗曲线等渗点降低，两相共渗区域明显减小，水相相对渗透能力降低，而页岩油相相对渗透能力增加。

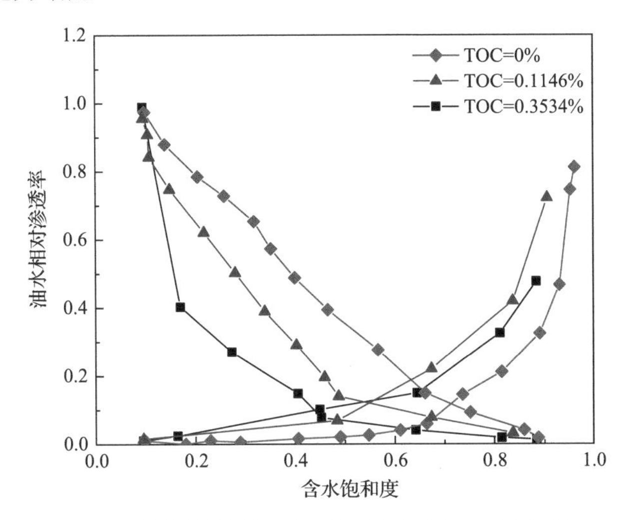

图 5.57 不同有机质孔隙占比下的页岩油水相渗曲线

参考文献

[1] Odusina E, Sondergeld C, Rai C. An NMR study on shale wettability[C]//Proceedings of the Canadian Unconventional Resources Conference, OnePetro, 2011.

[2] 王森. 页岩油微尺度流动机理研究[D]. 青岛: 中国石油大学(华东), 2016.

[3] Rine J, Dorsey W, Floyd M, et al. A comparative sem study of pore types and porosity distribution in high to low porosity samples from selected gas-shale formations[J]. Gulf Coast Association of Geological Societies Transactions, 2010, 60: 825.

[4] Yang B, You L, Kang Y, et al. Pore shape factors in shale: Calculation and impact evaluation on fluid imbibition[C]//Proceedings of the SPE Europec Featured at 80th EAGE Conference and Exhibition, Copenhagen, 2018.

[5] Blunt M J, Bijeljic B, Dong H, et al. Pore-scale imaging and modelling[J]. Advances in Water Resources, 2013, 51: 197-216.

[6] Dong H, Blunt M J. Pore-network extraction from micro-computerized-tomography images[J]. Physical Review E, 2009, 80(3): 036307.

[7] Neto C, Evans D R, Bonaccurso E, et al. Boundary slip in Newtonian liquids: A review of experimental studies[J]. Reports on Progress in Physics, 2005, 68(12): 2859-2897.

[8] Vinogradova O I. Drainage of a thin liquid film confined between hydrophobic surfaces[J]. Langmuir, 1995, 11(6): 2213-2220.

[9] Wang S, Javadpour F, Feng Q. Fast mass transport of oil and supercritical carbon dioxide through organic nanopores in shale[J]. Fuel, 2016, 181: 741-758.

[10] Yang Y, Wang K, Zhang L, et al. Pore-scale simulation of shale oil flow based on pore network model[J]. Fuel, 2019, 251: 683-692.

[11] Cui J, Sang Q, Li Y, et al. Liquid permeability of organic nanopores in shale: Calculation and analysis[J]. Fuel, 2017, 202: 426-434.

[12] Zhang Q, Su Y, Wang W, et al. Apparent permeability for liquid transport in nanopores of shale reservoirs: Coupling flow enhancement and near wall flow[J]. International Journal of Heat and Mass Transfer, 2017, 115: 224-234.

[13] Ferziger J H, Perić M, Street R L. Computational Methods for Fluid Dynamics[M]. Berlin: Springer, 2002.

[14] Darwish M, Moukalled F. The Finite Volume Method in Computational Fluid Dynamics: An Advanced Introduction with OpenFOAM and Matlab[M]. Berlin: Springer, 2016.

[15] Versteeg H K, Malalasekera W. An Introduction to Computational Fluid Dynamics: The Finite Volume Method[M]. Upper

Saddle River: Pearson Education, 2007.

[16] Patankar S V, Spalding D B. A calculation procedure for heat, mass and momentum transfer in three-dimensional parabolic flows//Numerical Prediction of Flow, Heat Transfer, Turbulence and Combustion[M]. Amsterdam: Elsevier, 1983: 54-73.

[17] 吴九柱, 程林松, 李春兰, 等. 不同极性牛顿流体的微尺度流动[J]. 科学通报, 2017, 62(25): 2988-2996.

[18] Raeini A Q, Blunt M J, Bijeljic B. Modelling two-phase flow in porous media at the pore scale using the volume-of-fluid method[J]. Journal of Computational Physics, 2012, 231(17): 5653-5668.

[19] Hirt C W, Nichols B D. Volume of fluid(VOF) method for the dynamics of free boundaries[J]. Journal of Computational Physics, 1981, 39(1): 201-225.

[20] Yiotis A G, Psihogios J, Kainourgiakis M E, et al. A lattice Boltzmann study of viscous coupling effects in immiscible two-phase flow in porous media[J]. Colloids and Surfaces A: Physicochemical and Engineering Aspects, 2007, 300(1-2): 35-49.

第 6 章　基于孔隙网络模型的页岩气藏微观流动模拟

页岩储层孔隙结构复杂、类型多样、孔隙尺寸跨度大，流体在纳米级受限孔隙空间流动规律与常规微米级多孔介质流体流动规律不同。页岩纳米级孔隙结构导致岩心物理实验较为困难，难以准确认识页岩气藏流体渗流机理，因此亟须开展页岩气藏微观流体运移机制及流动模拟方法研究。

通过建立有机质/无机质孔隙网络气体流动模型，揭示了有机质/无机质气体渗透率影响因素。通过建立有机孔-无机孔共存的双重孔隙类型孔隙网络气体流动模型，阐述了有机质孔隙分布对气体渗透率影响。通过将多个孔隙网络模型串联成岩心尺度孔隙网络，建立实验室压力脉冲数据解释方法，揭示了测试气体类型对渗透率解释的影响规律。最后，创建了基于孔隙网络模型的页岩气藏气液、气水两相流动模拟方法。通过建立考虑毛细管力和不规则孔隙结构的孔隙网络多相多组分相平衡计算与气液两相流动模型，揭示了不同储层条件下多相多组分流动规律。针对页岩气水两相流动参数预测难题，建立考虑气水两相运移机制的有机质孔隙网络气水两相流动模型，发现吸附气表面扩散会抬升气相相渗曲线。考虑孔隙类型、润湿性对气水两相赋存状态影响，建立双重孔隙类型混合润湿孔隙网络气水两相流动模型，阐释了页岩气水两相渗流机理，发现页岩气水相渗曲线主要受孔隙结构、TOC 含量、水相润湿角影响，实际开发远井地带驱替压力无法克服气水毛细管力，导致压裂液返排率较低。本章创建了一套页岩气藏孔隙尺度流动模拟方法，揭示了页岩气藏流体微观渗流机理，为页岩气藏高效开发提供理论基础，并以我国某页岩气藏区为例开展相关研究。

6.1　孔隙网络模型发展与应用

微纳米孔隙为页岩储层的主要储集空间，油气在微纳米孔隙内的流动规律与常规油气藏不同，因此亟须开展页岩孔隙尺度油气运移机制的研究。目前国内外在微纳米级孔隙介质物理模拟实验方面尚不成熟，因此难以通过实验手段揭示页岩微纳孔隙内油气渗流规律。目前页岩油气微尺度流动模拟常用的方法为分子动力学方法、格子玻尔兹曼方法以及孔隙网络模型方法。分子动力学方法可以对简单规则孔隙的流体运移规律进行准确模拟，但是分子动力学计算量非常大，模拟的尺寸比较小，且不能对复杂多孔介质进行模拟；格子玻尔兹曼方法可以对真实多孔介质内流体运移进行模拟，但是三维真实数字岩心中计算量非常大，尤其在强非均质性页岩储层孔隙结构下，目前计算资源难以满足。

基于数字岩心的直接流动模拟计算量巨大，因此提出了孔隙网络模型进行模型简化，以提高计算速度。孔隙网络模型由 Fatt[1]提出，目前已成为微观渗流理论研究的重要平台[2]。孔隙网络模型能够再现复杂的孔隙空间，在提取的孔隙网络模型中模拟微观流动，不仅可以降低实验成本，缩短实验数据获取周期，还可以得到实验室内难以测量的实验数据。三维孔隙网络模型是进行多孔介质微观多相流研究的基础，可分为规则拓扑孔隙网络模型和真实拓扑孔隙网络模型两类。孔隙和喉道在空间中规整排布的孔隙网络模型称为规则拓扑孔隙网络模型，由于孔隙、喉道单元的表征方法及尺寸大小的赋值方法不同，规则拓扑孔隙网络模型仍然各异，在孔隙级模拟的初期阶段发挥了重要作用。与数字岩心孔隙空间拓扑等价的网络模型被称为真实拓扑孔隙网络模型。该类孔隙网络模型将岩石抽象为由大空间孔隙和狭窄空间孔喉组成的网络，孔隙和孔喉是模拟岩石渗流过程的最小计算单元，能够比较真实地反映岩心的几何拓扑关系和连通性。这类模型的建立方法主要有：Voronoi 多面体法、孔隙空间居中轴线法、最大球体法。

Voronoi 多面体法只能应用到以过程模拟方法建立的数字岩心[3]，而不适用于普通数字岩心的网络建模。

孔隙空间居中轴线法和最大球体法可基于真实扫描或重构数字岩心对整个孔隙空间进行合理分割和简化，即可建立孔隙网络模型(图 6.1)。

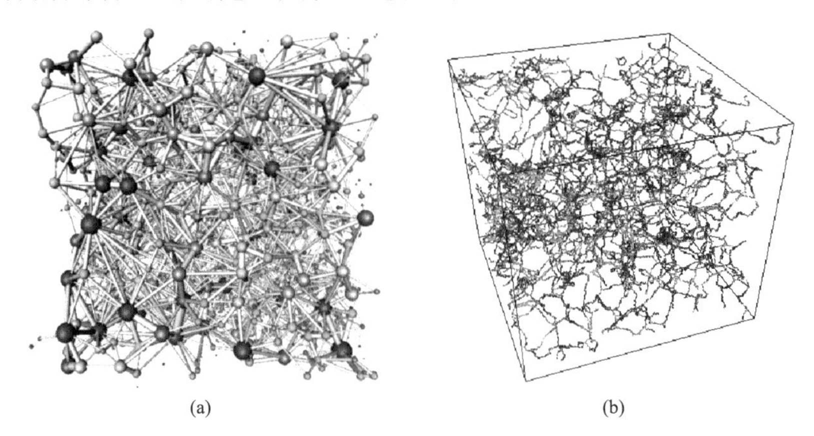

图 6.1 孔隙网络模型构建方法

(a)真实岩心孔隙居中轴线图；(b)应用最大球体法建立的孔隙网络模型

Silin 等[4]提出了最大球体法思想，对孔隙空间任意一点，找出其最大的内切球半径，用局部最大的球体来表示孔隙，连接此球体的所有较小球体表示喉道[图 6.1(b)]。Dong 和 Blunt[5]完善了这一方法，改进了最大球体生成方法，建立了一种树状结构，使孔隙、喉道间的相互连通关系更加清晰。然而，最大球体法在图像分辨率较差时会倾向于搜索大量小尺寸喉道，同时在产生特定的水力半径时存在一定的误差。对于多孔介质，岩心孔隙空间像人体内的血管一样贯穿于岩心内部，这些孔隙空间的中心轴线即称为孔隙空间居中轴线。孔隙空间居中轴线准确保留了孔隙空间的几何连通特征，可以表征孔隙空间的拓扑结构。定义中轴线节点为孔隙，中轴线上的局部最小区域为喉道，对整个孔隙空间进行合理分割和简化，即可建立孔隙网络模型。Lindquist 等[6]提出了这种方法[图 6.1(b)]，Sheppard 等[7]对该方法又进行了改进。孔隙空间居中轴线法可以获得多孔介质内部连通性(喉道)，但是在识别孔隙时会存在不确定性。

页岩储层孔隙结构复杂，有机质孔隙与不同矿物组分的无机质孔隙共存。由于两种不同孔隙表面物理化学性质的差异，有机质孔隙与无机质孔隙中流体流动模式存在显著差异，但其分布模式以及孔径分布对油气流动的影响仍认识得不够清楚。目前页岩储层孔隙表面物理化学性质如润湿性，油藏性质如温度、压力，纳米孔中两相流体间界面作用对两相流动的影响还不是很清楚。目前对于常规油气藏，可采用符合达西流动的泊肃叶方程直接计算单个孔喉的流量和压力，进而整合到整体孔隙网络模型中进行模拟。但对于页岩油气藏，油气在微纳米级孔隙中的流动并不满足达西定律，因此急需建立适用于页岩储层的孔隙网络模型建模以及流动模拟方法。

本章首先建立了考虑页岩气传输机制和气体性质的页岩气单管传导率模型，在单管模型的基础上拓展到了有机质孔隙网络模型，分析了孔隙结构以及气体运移机制对页岩有机质内部气体流动的影响[8]，进一步通过二维页岩扫描电镜，结合三维页岩 FIB-SEM 图像分析总结有机质分布模式以及有机质孔径分布，建立了有机质-无机质双重孔隙网络模型，分析了有机质分布模式对气体流动的影响[9]，最后建立了考虑微纳尺度气水界面作用建立了气水两相流动模拟方法，对页岩气水两相流动规律进行了分析[10]。

6.2　考虑页岩气传输机制和气体性质的传导率计算

如图 6.2 所示，有机质孔隙中吸附气和自由气在压差作用下同时进行流动，吸附气以表面扩散的形式在壁面流动，自由气流动形态取决于克努森数大小[以圆形孔隙为例，式(6-1)]。Wang 等[11]通过氮气和二氧化碳页岩吸附实验发现，气体主要吸附在有机质微孔隙中。Heller 和 Zoback[12]吸附实验结果表明，活性炭最大气体吸附浓度远远大于伊利石最大气体吸附浓度和高岭石最大气体吸附浓度。在模拟页岩气流动和页岩气气藏储量计算中，一般均忽略无机质孔隙中的吸附气[13,14]。因此无机质孔隙中一般只考虑自由气流动。通过典型气藏生产压力范围下克努森数变化发现，自由气流动主要处于滑移流和过渡流区域(图 6.3)。

$$Kn = \frac{\lambda}{r_{\mathrm{cir\_eff}}} \tag{6-1}$$

式中，Kn 为克努森数，无因次；$r_{\mathrm{cir\_eff}}$ 对不同孔隙类型其含义不同，对于无机质圆形孔隙其为真实孔隙半径，对于有机质圆形孔隙其为考虑吸附层厚度校正后的自由气有效流动半径，m；λ 为平均分子自由程，可表示为

$$\lambda = \sqrt{\frac{\pi ZRT}{2M_{\mathrm{w}}}}\frac{\mu_{\mathrm{g}}}{p} \tag{6-2}$$

其中，Z 为气体压缩因子，无因次；M_{w} 为气体摩尔质量，取值为 0.01604kg/mol；μ_{g} 为气体黏度，Pa·s；p 为压力。

页岩有机质孔隙中吸附气量可采用朗缪尔等温吸附表示，吸附气在孔隙壁面的覆盖度可表示为

$$\theta = \frac{p/Z}{p_{\mathrm{L}} + p/Z} \tag{6-3}$$

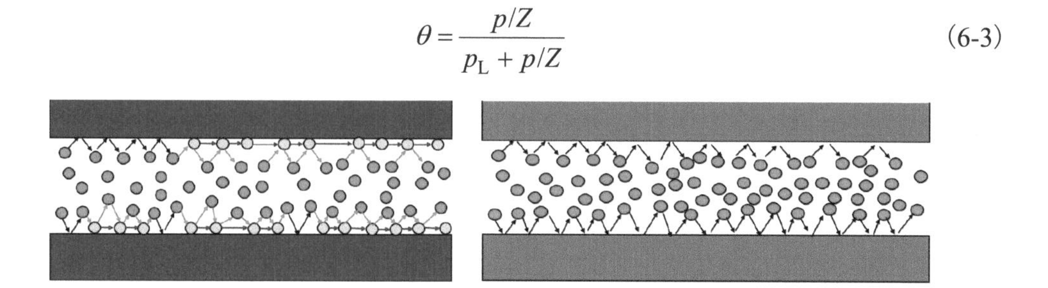

图 6.2 页岩气在有机质孔隙和无机质孔隙中的流动机制

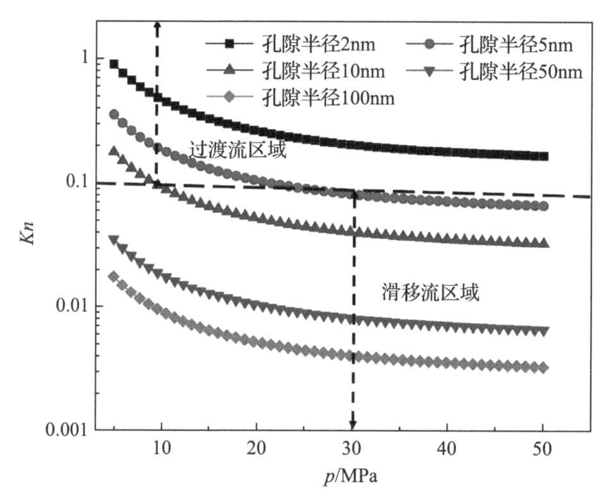

图 6.3 典型气藏生产压力范围不同孔隙半径下克努森数变化

如图 6.4 所示可将孔隙壁面的吸附气等效为连续厚度的吸附层。该吸附层厚度随气体吸附性质和孔隙压力发生变化，考虑吸附气等效厚度后有机质圆形孔隙、正方形孔隙、三角形孔隙中自由气流动半径/宽度可分别表示为

$$r_{\mathrm{cir\_eff}} = r - d_{\mathrm{m}}\theta \tag{6-4}$$

$$w_{\mathrm{eff}} = w - 2d_{\mathrm{m}}\theta \tag{6-5}$$

$$r_{\mathrm{tri\_eff}} = r_{\mathrm{tri}} - d_{\mathrm{m}}\theta \tag{6-6}$$

式中，d_{m} 为气体分子碰撞直径，取值为 0.4nm；w 为正方形边长，m；r_{tri} 为三角形孔隙内切圆半径，m。

目前，大部分研究认为受限纳米孔道内气体临界性质会随孔隙尺寸发生变化，因此采用 Islam 等提出的修正格式的范德瓦耳斯方程描述微纳米孔道气体临界压力、临界温度变化[15][式(6-7)、式(6-8)]，并在此基础上分析临界性质随孔隙尺寸的变化规律。从图 6.5 中可以看出，当孔隙半径小于 5nm 时，需要考虑孔隙尺寸变化对气体临界性质的影响；当孔隙半径大于 5nm 时，孔隙尺寸变化对气体临界性质影响可忽略。

$$T_{\mathrm{c}}=\frac{8}{27bR}\left[a-2\sigma^3\chi N^2\frac{d_{\mathrm{m}}}{r_{\mathrm{eff}}}\left(2.6275-0.6743\frac{d_{\mathrm{m}}}{r_{\mathrm{eff}}}\right)\right] \tag{6-7}$$

$$p_{\mathrm{c}}=\frac{8}{27b^2}\left[a-2\sigma^3\chi N^2\frac{d_{\mathrm{m}}}{r_{\mathrm{eff}}}\left(2.6275-0.6743\frac{d_{\mathrm{m}}}{r_{\mathrm{eff}}}\right)\right] \tag{6-8}$$

式中，a 为 0.22998$\mathrm{m^6\cdot Pa/mol^2}$；$b$ 为 $4.28\times10^{-5}\mathrm{m^3/mol}$；$\sigma$ 为 $3.73\times10^{-9}\mathrm{m}$；$\chi$ 为 2.0434×10^{-21}。

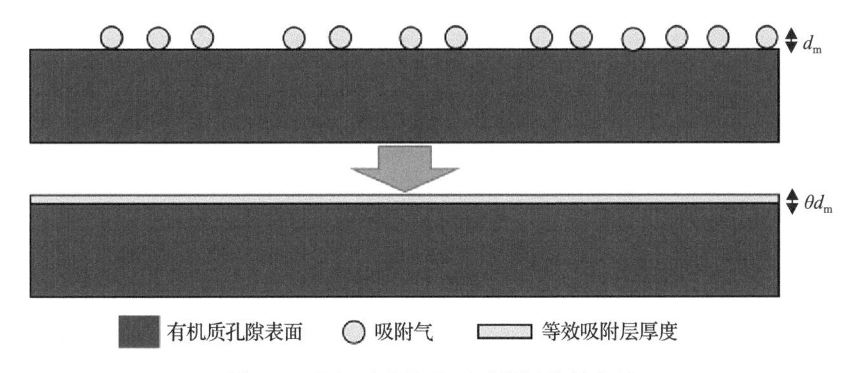

图 6.4　有机质孔隙表面吸附层等效方法

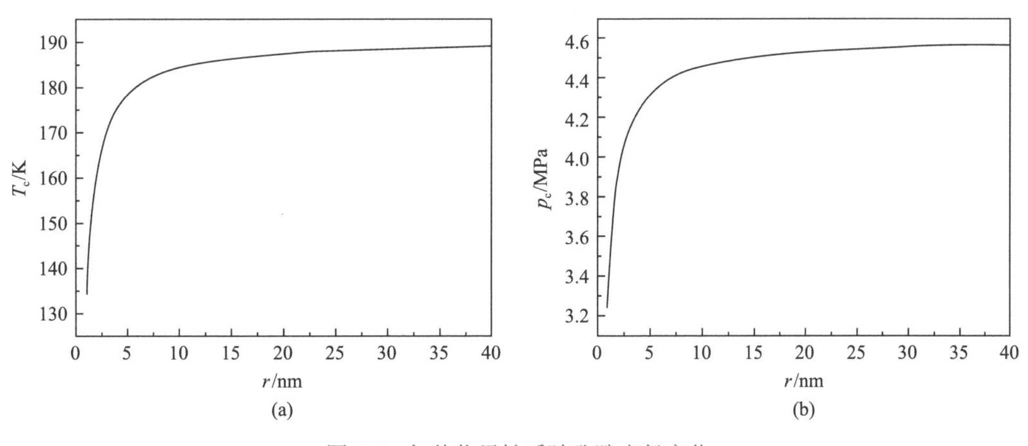

图 6.5　气体临界性质随孔隙半径变化

(a) 临界温度；(b) 临界压力

根据计算得到的气体临界性质，气体压缩因子 Z 采用式(6-9)～式(6-11)进行计算[16-18]：

$$p_{\mathrm{pr}}=\frac{p}{p_{\mathrm{c}}} \tag{6-9}$$

$$T_{\mathrm{pr}}=\frac{T}{T_{\mathrm{c}}} \tag{6-10}$$

$$Z=(0.702\mathrm{e}^{-2.5T_{\mathrm{pr}}})p_{\mathrm{pr}}^2-5.524\mathrm{e}^{-2.5T_{\mathrm{pr}}}p_{\mathrm{pr}}+0.044T_{\mathrm{pr}}^2-0.164T_{\mathrm{pr}}+1.15 \tag{6-11}$$

式中，T_{pr}为拟温度，无因次；p_{pr}为拟压力，无因次。黏度计算采用Lee等提出的方法[19-21]［式(6-12)～式(6-16)］：

$$\mu_g = 1\times10^{-4} K \exp\left(X\rho_g^Y\right) \tag{6-12}$$

$$\rho_g = 1.4935\times10^{-3}\frac{pM_w}{ZT} \tag{6-13}$$

$$K = \frac{\left(9.379+0.01607M_w\right)T^{1.5}}{209.2+19.26M_w+T} \tag{6-14}$$

$$X = 3.448+\frac{986.4}{T}+0.01009M_w \tag{6-15}$$

$$Y = 2.447-0.2224X \tag{6-16}$$

式中，ρ_g为气体密度，kg/m^3。

Beskok 和 Karniadakis[22]建立了针对于圆形孔隙的基于克努森数的气体流量随压差变化关系的公式，如式(6-17)所示：

$$q = f_{cir}(Kn_{cir})\frac{\pi r_{cir\_eff}^4}{8\mu_g}\left(\frac{\Delta p}{l}\right) \tag{6-17}$$

式中，Δp为单个孔隙两端压力降，Pa；l为单个孔隙长度，m；Kn_{cir}和$f_{cir}(Kn_{cir})$可分别表示为

$$Kn_{cir} = \frac{\lambda}{r_{eff}} \tag{6-18}$$

$$f_{cir}(Kn_{cir}) = (1+\alpha_{cir}Kn_{cir})\left(1+\frac{4Kn_{cir}}{1-\beta Kn_{cir}}\right) \tag{6-19}$$

式中，β为滑移系数，无因次；α_{cir}为无因次气体稀薄系数。滑移系数β取值–1最初仅被使用于滑移流动阶段，Karniadakis等[23]与分子模拟数据对比验证，滑移系数β值–1可适用于全部Kn数流动阶段。无因次气体稀薄系数α_{cir}可表示为

$$\alpha_{cir} = \frac{128}{15\pi^2}\tan^{-1}(4.0Kn_{cir}^{0.4}) \tag{6-20}$$

同样正方形孔隙中气体流量随压差变化关系可表示为[22]

$$q = 0.42173\frac{w_{eff}^4}{12\mu_g}\left(\frac{\Delta p}{l}\right)f_{squ}(Kn_{squ}) \tag{6-21}$$

式中，w_{eff}为正方形自由气有效流动宽度，m；Kn_{squ}和$f_{squ}(Kn_{squ})$可分别表示为

$$Kn_{\text{squ}}=\frac{\lambda}{w_{\text{eff}}} \tag{6-22}$$

$$f_{\text{squ}}(Kn_{\text{squ}})=\left(1+\alpha_{\text{duct}}Kn_{\text{squ}}\right)\left(1+\frac{6Kn_{\text{squ}}}{1-\beta Kn_{\text{squ}}}\right) \tag{6-23}$$

式中，正方形无因次气体稀薄系数 α_{duct} 可表示为

$$\alpha_{\text{duct}}=1.7042\frac{2}{\pi}\tan^{-1}(8Kn_{\text{squ}}^{0.5}) \tag{6-24}$$

采用二阶滑移边界条件推导气体流量随压差在狭长孔隙中的变化关系，考虑压力梯度沿 X 方向(图 6.6)，控制方程可表示为

$$-\frac{\mathrm{d}p}{\mathrm{d}x}+\mu_{\text{g}}\left(\frac{\partial^2 u}{\partial x^2}+\frac{\partial^2 u}{\partial y^2}\right)=0 \tag{6-25}$$

二阶滑移边界条件可表示为[24]

$$u=\pm A_1\lambda\frac{\partial u}{\partial y}-A_2\lambda^2\frac{\partial^2 u}{\partial y^2} \tag{6-26}$$

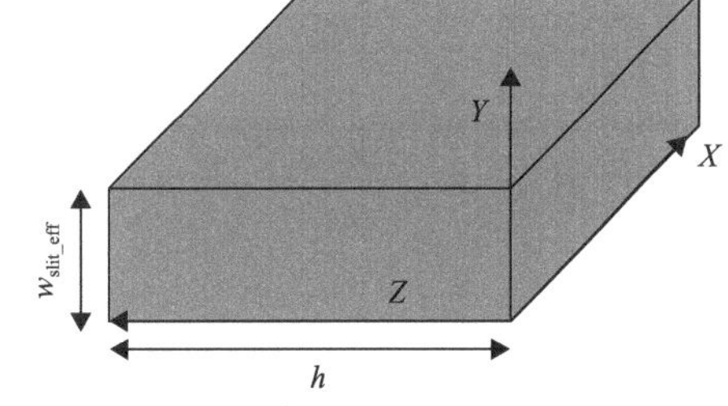

图 6.6 狭长孔隙气体流动物理模型

根据式(6-25)和式(6-26)，狭长孔气体流量随压差变化关系可表示为[24]

$$q=\frac{w_{\text{slit\_eff}}^3 h}{12\mu_{\text{g}}}\left(\frac{\Delta p}{l}\right)\left(1+6A_1Kn_{\text{slit}}+12A_2Kn_{\text{slit}}^2\right) \tag{6-27}$$

$$Kn_{\text{slit}}=\frac{\lambda}{w_{\text{slit\_eff}}} \tag{6-28}$$

式中，h 为狭长孔 Z 方向的长度，m；$w_{\text{slit\_eff}}$ 为 Y 方向的自由气有效流动宽度，m；A_1 为一阶气体滑移系数，无因次；A_2 为二阶气体滑移系数，无因次。

Maurer 等[24]测量了气体在滑移流和过渡流区域流量随压差的变化关系，并给定了一阶气体滑移系数和二阶气体滑移系数的具体数值。根据 Maurer 等[24]的实验分析结果，A_1 给定为 1.25，A_2 给定为 0.23。根据达西定律，狭长孔隙自由气渗透率可表示为

$$k_{\text{slit}}=\frac{w_{\text{slit\_eff}}^2}{12}\left(1+6A_1Kn_{\text{slit}}+12A_2Kn_{\text{slit}}^2\right) \tag{6-29}$$

式中，k_{slit} 为狭长孔隙自由气渗透率，μm^2。

连续流条件下，三角形孔隙中气体流量随压差变化的变化关系可表示为[25]

$$q=0.6\frac{A_{\text{tri}}^2 G}{\mu_{\text{g}}}\left(\frac{\Delta p}{l}\right) \tag{6-30}$$

式中，A_{tri}为三角形孔隙截面面积，m^2；G为形状因子，无因次。

三角形孔隙截面面积可表示为

$$A_{\mathrm{tri}}=\frac{r_{\mathrm{tri\_eff}}^2}{\tan\beta_1}+\frac{r_{\mathrm{tri\_eff}}^2}{\tan\beta_2}+\frac{r_{\mathrm{tri\_eff}}^2}{\tan\beta_3} \tag{6-31}$$

式中，β_1、β_2、β_3分别为三角形三个角的半角，(°)。

形状因子G可表示为

$$G=\frac{A_{\mathrm{p}}}{P_{\mathrm{e}}^2} \tag{6-32}$$

式中，A_{p}为孔隙截面面积，m^2；P_{e}为孔隙截面周长，m。

为了描述三角形孔隙中气体在滑移流和过渡流区域的气体流量随压差的变化关系，我们引入与形状因子、克努森数相关的函数$f_{\mathrm{tri}}(G, Kn_{\mathrm{tri}})$：

$$q=f_{\mathrm{tri}}(G,Kn_{\mathrm{tri}})0.6\frac{A_{\mathrm{tri}}^2 G}{\mu_{\mathrm{g}}}\left(\frac{\Delta p}{l}\right) \tag{6-33}$$

将三角形孔隙中克努森数Kn_{tri}定义为

$$Kn_{\mathrm{tri}}=\frac{\lambda}{r_{\mathrm{tri\_eff}}} \tag{6-34}$$

为了研究$f_{\mathrm{tri}}(G, Kn_{\mathrm{tri}})$的具体表达形式，采用Landry等[20]提出的适用于纳微尺度气体流动模拟的局部有效黏度MRT-LBM模型，基于Christopher等的计算程序，模拟不同三角形孔隙不同孔隙压力下气体流动。首先随机生成内切圆半径2～100nm之间不同形状因子的80组不规则三角形孔隙，采用局部有效黏度MRT-LBM模型模拟气体在温度400K、孔隙压力5MPa及40MPa下的流动(图6.7)。局部有效黏度MRT-LBM模型通过定义局部有效黏度以及组合漫反射-反弹边界格式来考虑气体纳微尺度流动机制。采用D3Q19离散速度格式[26]，压力梯度0.1MPa/m通过外部力施加。入口和出口采用周期性边界条件。由于MRT-LBM模型采用立方体网格，通过网格独立性检验发现三角形最长边为400个立方体网格可以满足要求。计算每一个模拟参数下对应的q、G、Kn_{tri}，通过代入式(6-33)得到不同形状因子、克努森数下的$f_{\mathrm{tri}}(G, Kn_{\mathrm{tri}})$(图6.8)，最后采用线性最小平方法[27]得到形状因子、克努森数与$f_{\mathrm{tri}}(G, Kn_{\mathrm{tri}})$之间的关系，见式(6-35)。通过$R^2$值(0.9998)可以发现建立的关系式能准确反映三者之间的联系。

$$f_{\mathrm{tri}}(G,Kn_{\mathrm{tri}})=1.033+0.6233G+5.472Kn_{\mathrm{tri}}-25.98GKn_{\mathrm{tri}}+0.3377Kn_{\mathrm{tri}}^2,\qquad R^2=0.9998 \tag{6-35}$$

由于多孔介质孔隙表面粗糙不平，因此为研究粗糙度对气体流动的影响，在式(6-17)、式(6-21)、式(6-33)基础上引入粗糙度函数f_{scir}、f_{ssqu}、f_{stri}来表示粗糙度对圆形孔隙、正方形孔隙、三角形孔隙中气体流动的影响：

$$q = f_{\text{scir}} f_{\text{cir}}(Kn_{\text{cir}}) \frac{\pi r_{\text{cir\_eff}}^4}{8\mu} \left(\frac{\Delta p}{l} \right) \tag{6-36}$$

$$q = f_{\text{ssqu}} f_{\text{squ}}(Kn_{\text{squ}}) 0.42173 \frac{w_{\text{eff}}^4}{12\mu} \left(\frac{\Delta p}{l} \right) \tag{6-37}$$

$$q = f_{\text{stri}} f_{\text{tri}}(G, Kn_{\text{tri}}) 0.6 \frac{A_{\text{tri}}^2 G}{\mu} \left(\frac{\Delta p}{l} \right) \tag{6-38}$$

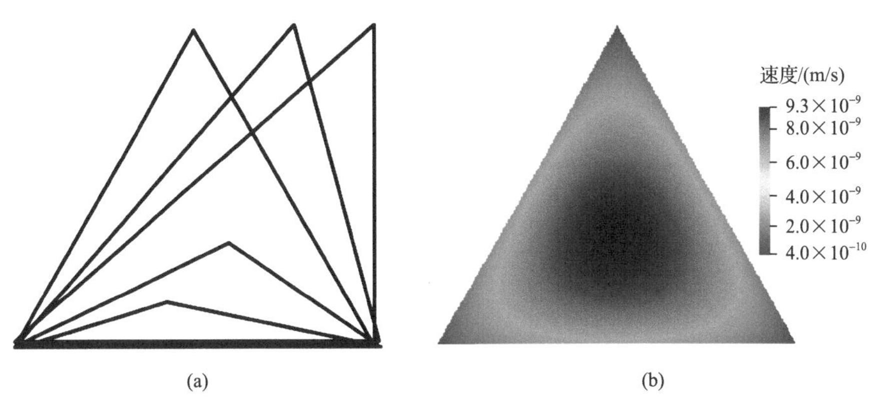

图 6.7 三角形孔隙模型生成(a)及气体流动模拟速度场分布(b)

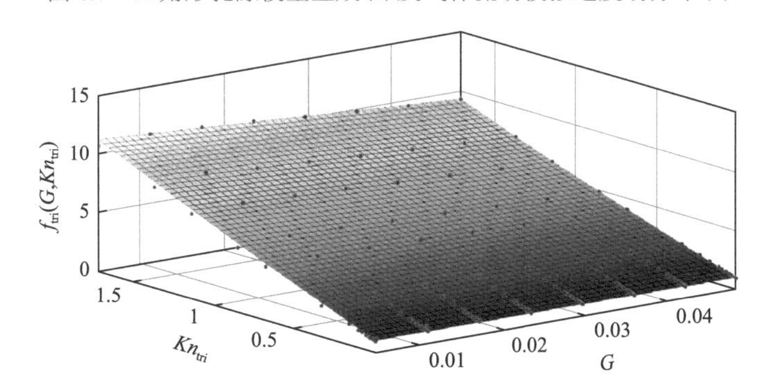

图 6.8 线性最小平方法得到的形状因子 G、克努森数 Kn_{tri} 与 $f_{\text{tri}}(G, Kn_{\text{tri}})$ 之间的关系

首先构建表面粗糙孔隙物理模型，在孔隙表面每一点生成表面固体颗粒，表面固体颗粒高度 b 符合正态分布 $N(b_{\text{ave}}, \sigma^2)$：

$$f(b) = \frac{1}{\sigma\sqrt{2\pi}} \mathrm{e}^{-\frac{(b-b_{\text{ave}})^2}{2\sigma^2}} \tag{6-39}$$

式中，$f(b)$ 为固体颗粒高度 b 概率分布，无因次；σ 为标准差，无因次；b_{ave} 为表面固体颗粒平均高度，m。表面固体颗粒平均高度 b_{ave} 和标准差 σ 分别通过式(6-40)和式(6-41)进行定义：

$$b_{\text{ave}} = d\varepsilon \tag{6-40}$$

$$\sigma = b_{\text{ave}}/3 \tag{6-41}$$

其中，d 为孔隙直径，m；ε 为相对粗糙度，无因次。

为了得到粗糙度函数 f_{scir}、f_{ssqu}、f_{stri} 的具体表达形式，产生一系列不同相对粗糙度(0, 0.05, 0.1, 0.15, 0.2)的圆形孔隙、三角形孔隙以及正方形孔隙。采用 MRT LEV-LBM 计算 5MPa、400K 条件下气体在这些孔隙中的渗透率，速度场图见图 6.9。f_{stri} 同时受形状因子和相对粗糙度影响，因此采用线性最小平方法拟合归一化相对粗糙度[式(6-42)]、归一化形状因子[式(6-43)]与 f_{stri} 之间的函数关系。拟合结果见图 6.10，R^2 值为 0.9901 [式(6-44)]，说明建立的关系式能准确反映三者之间的联系。f_{scir} 和 f_{ssqu} 只和相对粗糙度有关，因此采用高阶多项式准确拟合相对粗糙度与 f_{scir}、f_{ssqu} 之间的函数关系，拟合结果见式(6-45)、式(6-46)和图 6.11。

$$\varepsilon_n = \frac{\varepsilon - \varepsilon_{\text{ave}}}{\text{std}(\varepsilon)} \tag{6-42}$$

$$G_n = \frac{G - G_{\text{ave}}}{\text{std}(G)} \tag{6-43}$$

式中，std(ε)为相对粗糙度 ε 取值范围的标准差，无因次；std(G)为形状因子 G 取值范围的标准差。

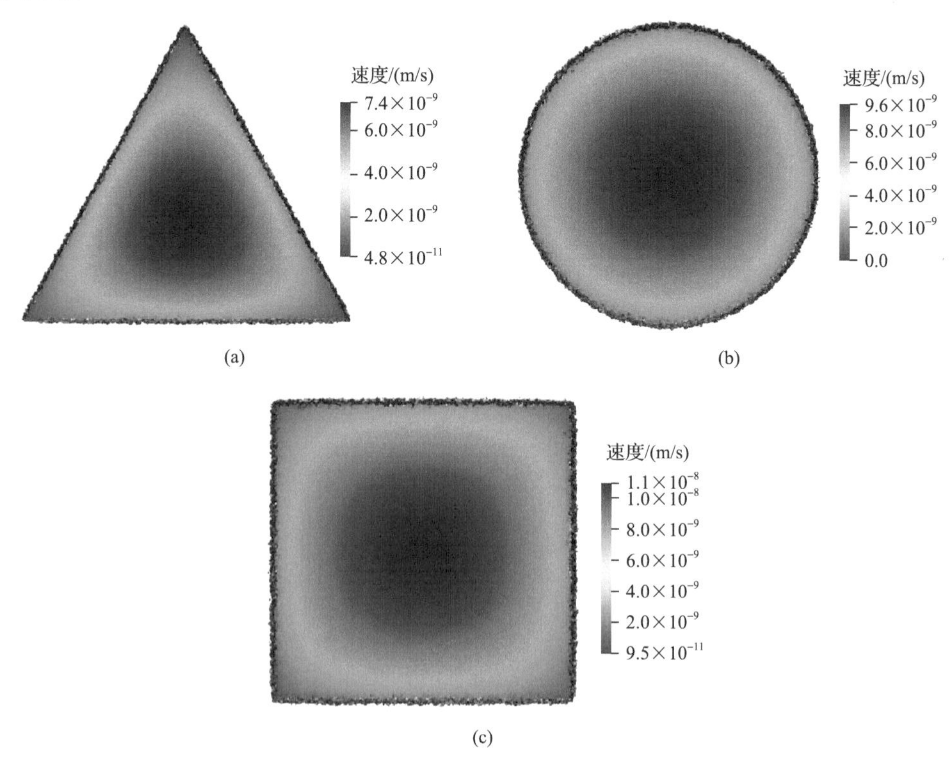

图 6.9 压力梯度 0.1MPa/m 条件下不同形状粗糙孔隙中气体速度分布

(a)三角形孔隙(以等边三角形孔隙为例)；(b)圆形孔隙；(c)正方形孔隙

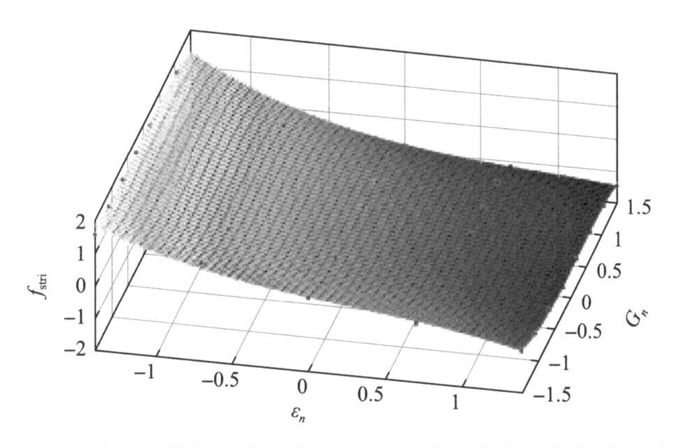

图 6.10 线性最小平方法得到的归一化形状因子 G_n、归一化相对粗糙度 ε_n 与 f_{stri} 之间的关系

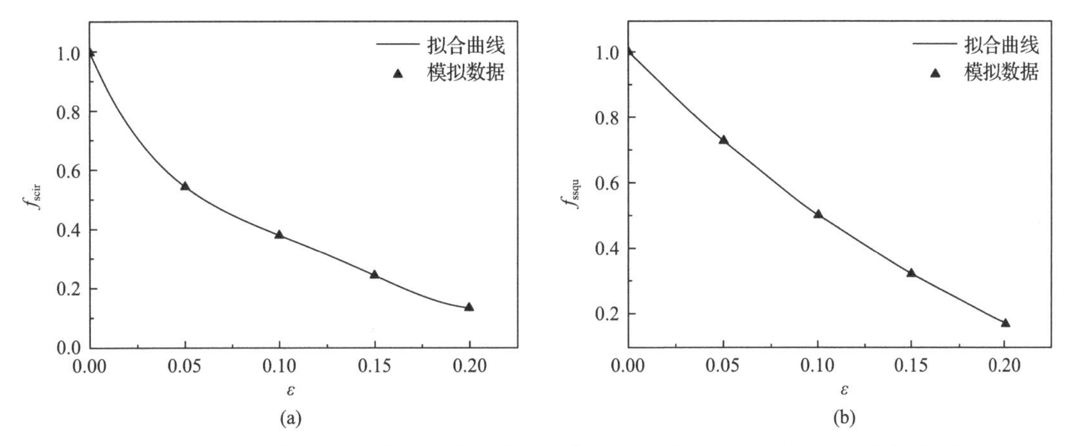

图 6.11 多项式拟合得到的粗糙度函数 f_{scir}(a) 和 f_{ssqu}(b) 与相对粗糙度 ε 之间的关系

$$
\begin{aligned}
f_{\text{stri}}(G_n,\varepsilon_n) = & -0.2954-0.7256\varepsilon_n-0.06973G_n+0.2723\varepsilon_n^2-0.03792\varepsilon_n G_n+0.03079G_n^2 \\
& -0.1415\varepsilon_n^3+0.08717\varepsilon_n^2 G_n+0.02239\varepsilon_n G_n^2-0.132G_n^3, \qquad R^2=0.9901
\end{aligned} \tag{6-44}
$$

$$
f_{\text{scir}}(\varepsilon)=1749.8\varepsilon^4-876.07\varepsilon^3+159.01\varepsilon^2-15.101\varepsilon+1, \qquad R^2=1 \tag{6-45}
$$

$$
f_{\text{ssqu}}(\varepsilon)=-56.099\varepsilon^4+11.518\varepsilon^3+8.8642\varepsilon^2-5.9375\varepsilon+1, \qquad R^2=1 \tag{6-46}
$$

根据式(6-36)～式(6-38)，圆形孔隙、正方形孔隙、三角形孔隙中自由气渗透率可表示为

$$
k_{\text{cir}}=\frac{f_{\text{scir}}f_{\text{cir}}(Kn_{\text{cir}})r_{\text{cir\_eff}}^2}{8} \tag{6-47}
$$

$$
k_{\text{squ}}=f_{\text{ssqu}}f_{\text{squ}}(Kn_{\text{squ}})0.42173\frac{w_{\text{eff}}^2}{12} \tag{6-48}
$$

$$
k_{\text{tri}}=f_{\text{stri}}f_{\text{tri}}(G,Kn_{\text{tri}})0.6A_{\text{tri}}G \tag{6-49}
$$

式中，k_{cir}、k_{squ}、k_{tri} 分别为圆形孔隙、正方形孔隙、三角形孔隙自由气渗透率，μm^2。

吸附气通过表面扩散方式进行流动，单位面积气体分子摩尔流量 J_a 可表示为[28,29]

$$J_a = D_s \frac{dC_{ads}}{dx} \tag{6-50}$$

式中，J_a 单位面积气体分子摩尔流量，$mol/(m^2 \cdot s)$；D_s 为表面扩散系数，m^2/s；C_{ads} 为吸附层内气体浓度，可表示为

$$C_{ads} = C_{a\,max}\theta \tag{6-51}$$

对于单个孔隙研究对象，$C_{a\,max}$ 可通过分子吸附模拟结果得到。对于页岩多孔介质，$C_{a\,max}$ 可根据有机质体积含量以及实验室吸附实验拟合朗缪尔模型得到的最大吸附浓度等效计算得到

$$C_{a\,max} = \frac{C_{max}}{TOC_{in}} \tag{6-52}$$

式中，TOC_{in} 为体积 TOC 含量，无因次；根据式(6-50)及等效吸附层厚度 $d_m\theta$，吸附层内气体分子摩尔流量 J_A 可表示为

$$J_A = D_s C_{a\,max} \frac{d\theta}{dp} P_e d_m \theta \frac{dp}{dx} \tag{6-53}$$

式中，J_A 为吸附层内气体分子摩尔流量，mol/s；dp/dx 为给定流动方向压力梯度，MPa/m；根据式(6-50)吸附气体积流量 V_A 可表示为

$$V_A = \frac{M_w}{\rho_g} D_s C_{a\,max} \frac{d\theta}{dp} P_e d_m \theta \frac{dp}{dx} \tag{6-54}$$

式中，V_A 为吸附气体积流量，mol/s。

注意式(6-54)中 ρ_g 给定为自由气密度，因此计算出的吸附气体积流量 V_A 为经过自由气密度折算后的体积流量，这也与吸附气流出有机质孔隙进入无机质后以自由气形式流动的物理现象相一致。有机质孔隙表面吸附气覆盖度为 0 情况下气体表面扩散系数可通过 Arrhenius 公式表示为[30]

$$D_{s0} = C_{ons} T^n \exp\left(-\frac{E_a}{RT}\right) \tag{6-55}$$

式中，C_{ons} 为给定常数；n 为给定数值，通常取为 0, 0.5, 1；E_a 为活化能，J/mol，活化能 E_a 为等温吸附热 ΔH 的函数[31,32]。根据 Guo 等[33]实验结果，n 值给定为 0.5，C_{ons} 值给定为 8.29×10^{-7}，活化能 E_a 表示为[33]

$$E_a = \Delta H^{0.8} \tag{6-56}$$

式中，ΔH 为等温吸附热，J/mol，等温吸附热与孔隙表面吸附气覆盖度有关，可表示为吸附气覆盖度的函数[34]：

$$\Delta H = \gamma\theta + \Delta H(0) \tag{6-57}$$

其中，γ 为等温吸附热线性变化系数，J/mol；$\Delta H(0)$ 为吸附气覆盖度为零情况下的等温吸附热。

式(6-55)中表面扩散系数在低压下计算得到，与气体摩尔质量、温度、活化能、等温吸附热有关[35]。为了描述高压条件下吸附气覆盖度对表面扩散系数的影响，采用 Chen 和 Yang[36]提出的模型来计算高压下表面扩散系数：

$$D_s = D_{s0}\frac{(1-\theta)+\dfrac{\kappa}{2}\theta(2-\theta)+[H(1-\kappa)](1-\kappa)\dfrac{\kappa}{2}\theta^2}{\left(1-\theta+\dfrac{\kappa}{2}\theta\right)^2} \tag{6-58}$$

$$H(1-\kappa)=\begin{cases}1, & 0\leqslant\kappa<1\\ 0, & \kappa\geqslant 1\end{cases} \tag{6-59}$$

$$\kappa = \frac{\kappa_b}{\kappa_m} \tag{6-60}$$

式中，κ_b 为堵塞速度常数，无因次；κ_m 为迁移速度常数，无因次；κ 为堵塞速度常数与迁移速度常数比值，无因次；$H(1-\kappa)$ 为 Heaviside 函数。

根据达西公式和式(6-54)，单个孔隙吸附气渗透率可表示为

$$k_{ads} = \frac{M_w\mu_g}{\rho_g A_p}D_s C_{a\max}\frac{d\theta}{dp}P_e d_m\theta \tag{6-61}$$

由于无机质孔隙只存在自由气，因此不同形状孔隙中渗透率 k_{cir_in}、k_{squ_in}、k_{tri_in} 表达式与式(6-29)、式(6-47)～式(6-49)相同。对于不同形状的有机质孔隙，渗透率可表示为

$$k_{cir\_or} = \frac{f_{scir}f_{cir}(Kn_{cir})r_{cir\_eff}^2}{8}+\frac{M_w\mu_g}{\rho_g A_p}D_s C_{a\max}\frac{d\theta}{dp}P_e d_m\theta \tag{6-62}$$

$$k_{squ\_or} = f_{ssqu}f_{squ}(Kn_{squ})0.42173\frac{w_{eff}^2}{12}+\frac{M_w\mu_g}{\rho_g A_p}D_s C_{a\max}\frac{d\theta}{dp}P_e d_m\theta \tag{6-63}$$

$$k_{tri\_or} = f_{stri}f_{tri}(G,Kn_{tri})0.6A_{tri}G+\frac{M_w\mu_g}{\rho_g A_p}D_s C_{a\max}\frac{d\theta}{dp}P_e d_m\theta \tag{6-64}$$

引入传导率的概念来描述页岩气在单个孔隙中的流动能力，传导率 g 定义为

$$g = \frac{q}{\Delta p} \tag{6-65}$$

式中，q 为单个孔隙中流体流量，m^3/s；Δp 表示单个孔隙上的压差，Pa；g 为单位压差下流体通过单个孔隙中的流量，$m^3/(Pa \cdot s)$。根据达西公式，不同形状无机质孔隙中气体传导率可分别表示为

$$g_{\text{cir\_in}} = f_{\text{scir}} f_{\text{cir}}(Kn_{\text{cir}}) \frac{\pi r_{\text{cir\_eff}}^4}{8\mu_{\text{g}} l} \tag{6-66}$$

$$g_{\text{squ\_in}} = f_{\text{ssqu}} f_{\text{squ}}(Kn_{\text{squ}}) 0.42173 \frac{w_{\text{eff}}^4}{12\mu_{\text{g}} l} \tag{6-67}$$

$$g_{\text{tri\_in}} = f_{\text{stri}} f_{\text{tri}}(G, Kn_{\text{tri}}) 0.6 \frac{A_{\text{tri}}^2 G}{\mu_{\text{g}} l} \tag{6-68}$$

同理，不同形状有机质孔隙中气体传导率可表示为

$$g_{\text{cir\_or}} = \frac{f_{\text{scir}} f_{\text{cir}}(Kn_{\text{cir}}) \pi r_{\text{cir\_eff}}^4}{8\mu_{\text{g}} l} + \frac{M_{\text{w}}}{\rho_{\text{g}} l} D_{\text{s}} C_{\text{a max}} \frac{\mathrm{d}\theta}{\mathrm{d}p} P_{\text{e}} d_{\text{m}} \theta \tag{6-69}$$

$$g_{\text{squ\_or}} = f_{\text{ssqu}} f_{\text{squ}}(Kn_{\text{squ}}) 0.42173 \frac{w_{\text{eff}}^4}{12\mu_{\text{g}} l} + \frac{M_{\text{w}}}{\rho_{\text{g}} l} D_{\text{s}} C_{\text{a max}} \frac{\mathrm{d}\theta}{\mathrm{d}p} P_{\text{e}} d_{\text{m}} \theta \tag{6-70}$$

$$g_{\text{tri\_or}} = f_{\text{stri}} f_{\text{tri}}(G, Kn_{\text{tri}}) 0.6 \frac{A_{\text{tri}}^2 G}{\mu_{\text{g}} l} + \frac{M_{\text{w}}}{\rho_{\text{g}} l} D_{\text{s}} C_{\text{a max}} \frac{\mathrm{d}\theta}{\mathrm{d}p} P_{\text{e}} d_{\text{m}} \theta \tag{6-71}$$

6.3 页岩数字岩心重构与孔隙网络模型提取

图 6.12 为某页岩二维剖光扫描电镜图像，分辨率为 12nm，经过图像二值化处理后采用 MCMC 方法数值重建三维页岩数字岩心[37,38]。重建后页岩数字岩心大小 400×400×400（图 6.13）。

居中轴线体系中所有的路径均从属以下类型：两端均连至节点簇的路径、一端连至节点簇、另一端孤立（该端不连通）的路径和两端均孤立的路径。其中第一类还有一种特殊情形，即路径两端连至同一个节点簇，这种类型与针眼相似。为方便描述，下面分别将这三类路径简称为：连通路径、半连通路径和孤立路径，将针眼结构的路径称为针眼路径。

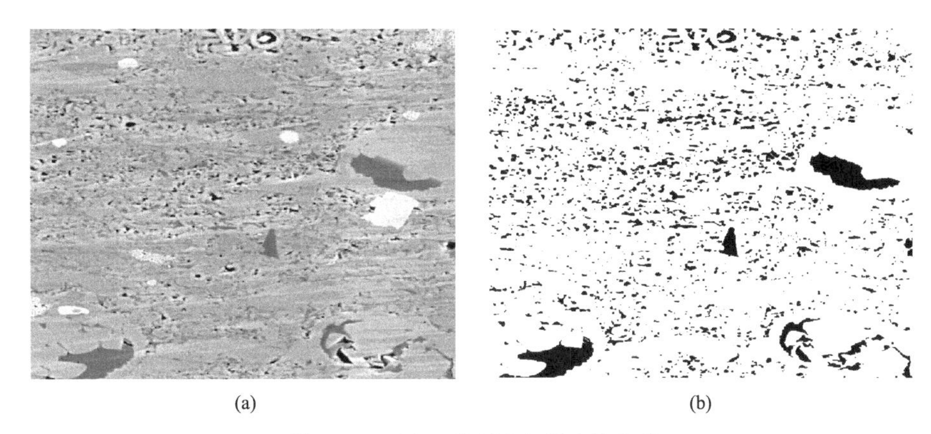

(a)　　(b)

图 6.12　页岩二维剖光扫描电镜图像

(a) 二值化前扫描电镜图像；(b) 二值化后扫描电镜图像

图 6.13　MCMC 重建得到的三维页岩数字岩心

1. 孤立路径的删减

孤立路径完全来自岩心中的孤立孔隙(由图像边界切割引起的孤立单元除外)，孤立路径中有很特殊的孤立的单个孔隙体素单元。这类仅由一个孔隙体素单元组成的孤立路径是由数字岩心中类似球形的孤立孔隙单元产生的，因此在剔除孤立路径时要单独对待。删减孤立路径的具体方法如下：对于孤立的单个孔隙体素单元，用户针对孔隙体素的距离标记指定某一阈值，所有距离标记值小于该阈值的孔隙体素单元一概删除，这样可以将体积较大的孤立球形孔隙保留下来，在需要的情况下加以研究。其他一般类型的孤立路径的处理方法与此相同，只是用户所指定的阈值是反映路径长度的阈值而已。

2. 半连通及针眼路径的删减

孔隙空间居中轴线是以孔隙骨架表面为出发点进行提取的，故其对孔隙骨架表面的噪声十分敏感，在离散的数字岩心中更是如此。如图 6.14 所示，轮廓类似鱼形的孔隙所提取的中轴线理论上应该为单一曲线，但由于表面噪声的影响导致孔隙上部多出一条半连通路径，而头部则出现两条半连通路径组成的“Y”字形结构，所有这些半连通路径必须删除掉。然而，准确区分因噪声引起的半连通路径和由实际存在的孔隙封闭端产生的半连通路径(如鱼尾部较长的中轴线)是很困难的。

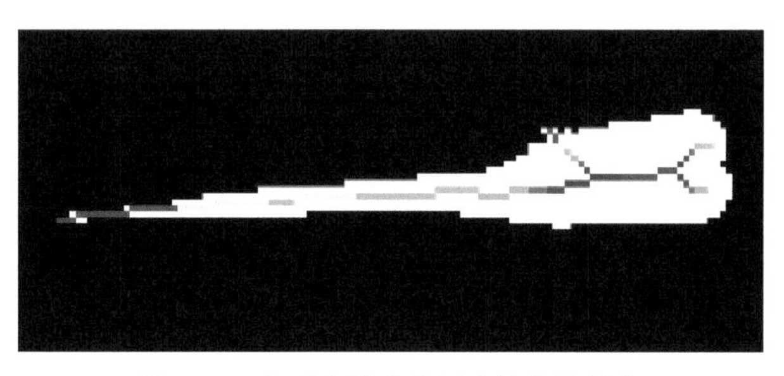

图 6.14 鱼形离散孔隙居中轴线的提取

因噪声引起的半连通路径可以采用以下两种方法删减：一是通过设定路径长度阈值的方法，所有长度小于该阈值的半连通路径均剔除；二是在局部范围内搜索并以是否满足式(6-72)为标准来判断是否删除：

$$l_{bl} < b_c + 1 \tag{6-72}$$

式中，l_{bl} 为半连通路径的长度；b_c 为该半连通路径所连接的节点簇中所有孔隙体素的最大距离标记值。

由各体素点距离标记的生成方法可知，b_c 实际上反映了节点簇中心到最近孔隙骨架表面的距离，它是对可放置在该孔隙中的最大立方体的半边长的定量表征。因此，若满足式(6-72)则说明半连通路径完全位于该最大立方体之内，即完全位于孔隙内部，故应该将其剔除。针眼路径的删减方法与孤立路径的删减方法类似，此处不再赘述。

3. 路径删减过程中的注意事项

孤立路径的删减可通过一次性处理完成，半连通路径、针眼路径的删减则需要多次迭代。算法在每个迭代步都要完成对整个居中轴线体系中所有节点簇的访问，每个节点簇在每个迭代步中最多可清除一个针眼路径或半连通路径。如果一个节点簇在一次迭代中有多个针眼路径可以删除，则优先选取最短的路径；经多次迭代针眼路径清除完毕后，如果还有多个半连通路径，则仍然优选短路径删除。

每删除一个路径，节点簇的配位数减 1，直至配位数减至 2 停止。此时，该节点簇将被清除掉，与之相连的两个路径合并为一个较长的路径。注意，在上述算法的迭代过程中，如果半连通路径的孤立端是由于图像切割边界引起的，那么该路径不可删除；同时，当有多个边界半连通路径连接到一个节点簇时，仍需将长度小的路径删除而仅保留最长的那个。理论上，孔隙网络模型雏形中的路径对应岩心喉道，节点簇对应岩心孔隙，但是仅采用以上方法处理后的居中轴线体系无法实现这种一一对应要求。实际上，每个岩心喉道均对应居中轴线体系中的一条路径，而体系中并非每条路径都能找到对应的岩心喉道；类似地，每个岩心孔隙都能在体系中找到一个对应的节点簇，但体系中可能有多个节点簇存在于岩心的同一个孔隙中。图 6.15 所示为一平面孔隙，配位数 4。理论上，在居中轴线体系中，它对应于一个节点簇和四个与之连接的路径；然而实际得到的却是图示中的两个配位数为 3 的节点簇 C_1、C_2 和连接两节点簇的一长为 L 的路径。显然，C_1、C_2 应该对应同一个孔隙，而 L 则是该孔隙内部的组成部分。可见，要使居中轴线体系有意义就必须对其中的节点簇做合并处理(图 6.15)。

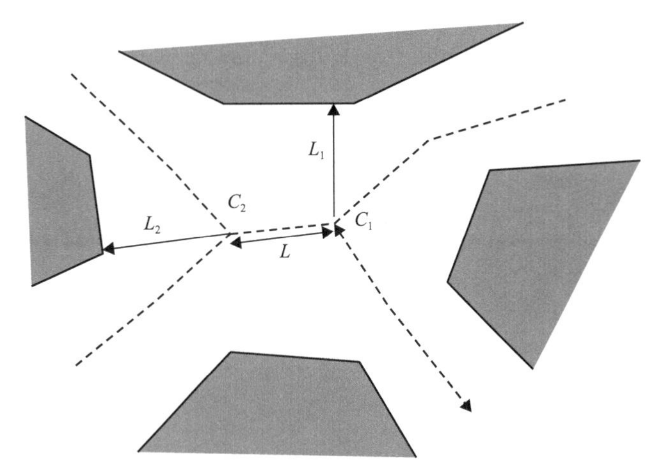

图 6.15　居中轴线的修正

具体方法如下：假设节点簇 C_1、C_2 到孔隙骨架表面的最短距离分别为 L_1、L_2(L_1、L_2 分别对应两节点簇中的最大距离标记值)，如果 $L<\max(L_1, L_2)$，则将节点簇 C_1、C_2 和连接它们的路径 L 合并为一个大的节点簇 C。只要条件满足，这种合并将继续进行下去，如 C_1、C_2 可以合并，C_2、C_3 也可以合并，则 C_1、C_2、C_3 及连接三者的两个路径均合并起来，从属于一个节点簇。

节点簇的合并条件 $L<\max(L_1, L_2)$ 与物理事实是吻合的。由于 L_1、L_2 分别代表位于 C_1、C_2 处的最大立方体的半边长，所以只要连接两节点簇的路径的长度比某个立方体的半边长小，则该路径完全包含于这个立方体中，因此路径自然合并于立方体中，而路径相连的另一个节点簇在此情况下必然与第一个节点簇相交，所以也应一起合并。经节点簇合并处理后的居中轴线体系与岩石孔隙空间具备了一一对应关系，其节点簇和路径分别和孔隙喉道一一对应，节点处的配位数与岩心孔隙的配位数也相互吻合。

修正之后的孔隙空间居中轴线与真实岩心孔隙空间具有良好的对应关系，其中居中轴线中的节点与真实岩心孔隙位置相对应。因此，孔隙位置实际上在居中轴线体系中即可以标定出来。为满足后续渗流计算的要求，须对孔隙统计以下相关参数：孔隙长度、孔隙体积、孔隙内切球体半径、孔隙形状因子 G。孔隙内切球体半径的大小可采用图 6.16 球体等径膨胀的方法获得，具体如下：假想在孔隙中放置一个球体，球体中心位于孔隙中心(即孔隙空间居中轴线体系中对应该孔隙的节点)，不断增大球体半径使球面持续膨胀，当球面与孔隙周围岩石骨架相接触时终止膨胀过程，此时对应的球半径即所求得的孔隙内切球半径。孔隙内切球半径在后续渗流计算过程中发挥着至关重要的作用，它是控制流体是否能够流入该孔隙的关键因素。由于孔隙空间形态极其复杂，故存在图 6.17 所示情况，此时，两孔隙的内切球发生交叠，故需对两孔隙进行合并处理。处理后的孔隙中心位于原两孔隙中心的平均值处，需要注意的是，合并后的孔隙的内切球半径应取原来两孔隙内切球半径中较小的数值而不应取两者的平均值。

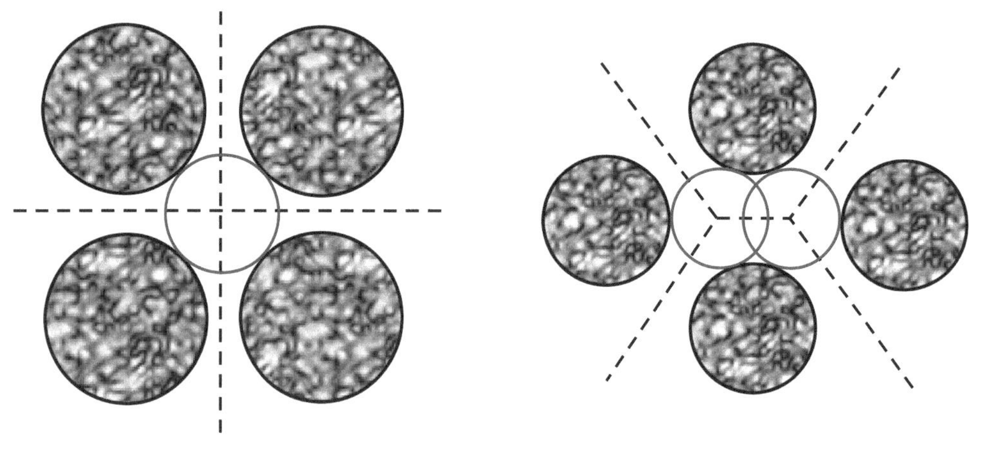

图 6.16　球体膨胀法求取　　　　图 6.17　孔隙合并处理示意图

对于某一孔隙，选择过该孔隙中心的任一直线(例如某一主坐标轴 X、Y 或 Z 轴)作为旋转轴。设平面 α 过该旋转轴，将平面 α 每隔一定角度绕旋转轴旋转，直至转过 180°。该过程中，每转过一定角度后，用平面 α 对当前孔隙所在数字岩心的局部区域进行剖切处理，将切面记录下来并进行分析。图 6.18 即所得剖面的示意图，其中图中红星标记孔隙中心。孔隙尺寸的度量方法如下：以孔隙中心为原点，在剖面内每隔一定角度发出一条射线，射线不断延长直至抵达岩石颗粒后终止生长，如图 6.19 所示。记录所有射线段长度，随着平面 α 对孔隙邻域的不断剖切，重复上述测量过程并记录射线段长度，最终得到由标记孔隙半径大小的长度值组成的数据集合。

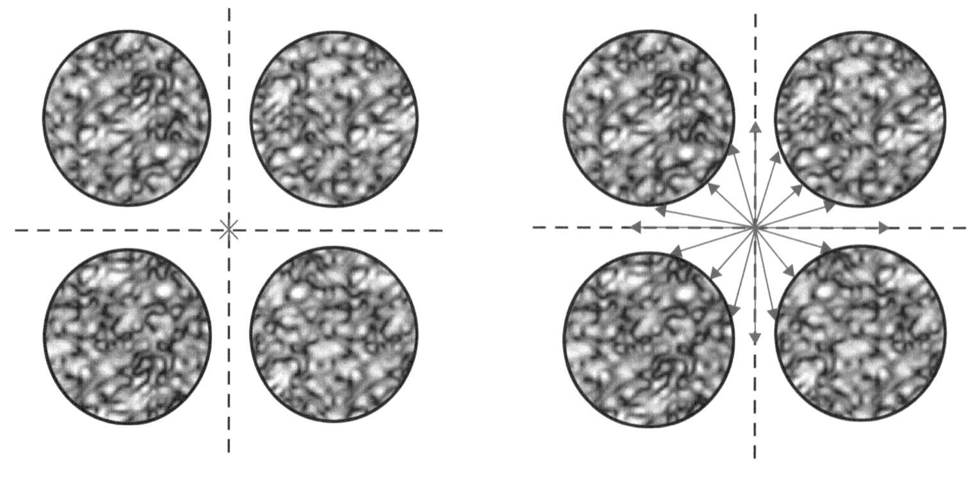

图 6.18　孔隙剖面示意图　　　　图 6.19　孔隙尺寸度量示意图

如图 6.20 所示，由于总是存在一些射线，它们恰好能够穿过喉道进入与当前孔隙相连接的孔隙中，故这类射线段的长度偏大，它们错误地表征了当前孔隙的尺寸值。因此，在统计孔隙尺寸过程中，不能简单地对以上统计得到的数据集合取平均值，而应首先对数据集进行统计分析，将错误表征孔隙尺寸的长度值剔除后再进行平均计算。对于某一孔隙而言，能够真实表征其半径大小的长度值不会有很大偏差，它们应隶属于同一总体，而对于穿过喉道的射线段，它们长度将远大于孔隙的真实尺寸，在此默认由此类射线段的长度值构成另一类总体。因此可以借助本节第 2 部分介绍的判别分析方法对两类总体进行合理划分。

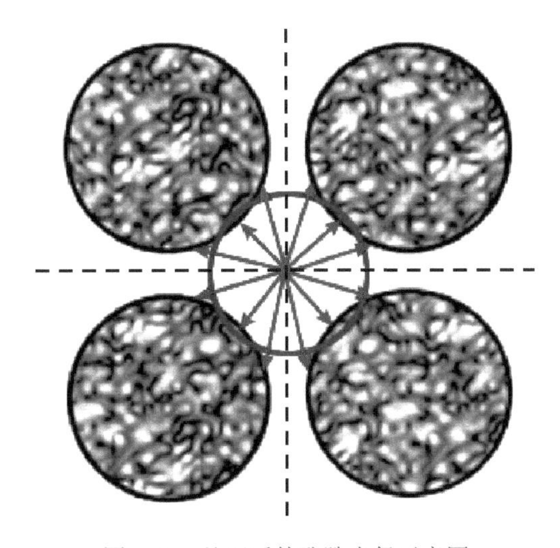

图 6.20　处理后的孔隙半径示意图

将两类总体区分开后，把所有隶属于错误表征孔隙尺寸的那部分长度值剔除，对剩余长度值进行平均处理，从而得到能够较为真实反映孔隙尺寸的半径值。图 6.21 即为采用上述方法处理后的结果图示，可见沿孔隙空间居中轴线(图中的虚线)对孔隙尺寸进行探测的射线段被剔除掉了；以孔隙中心为中心，以求得的半径为半径画圆，结果如图 6.22 中心所示。孔隙体积的计算方法如下：以上述计算得到的平均孔隙半径为半径，计算得到的球体的体积作为孔隙体积。

在建立孔隙网络模型时，必须考虑孔隙和喉道的形状以便在后续渗流研究中方便问题的处理。由于真实孔隙和喉道形状的复杂性，往往要把孔隙和喉道简化成等截面且截面形状简单的几何体，如简化成截面为正方形、任意三角形或圆形等的毛细管。因此，孔隙网络模型中的孔隙和喉道的形状不同于真实岩石中的孔隙孔喉形状。真实岩心具有极其复杂的孔隙空间，在建立孔隙网络模型时难以完全反映其复杂性。所以必须引入形状因子这一概念。形状因子 G 定义为

$$G=\frac{A_{\mathrm{p}}}{{p_{\mathrm{e}}}^{2}} \tag{6-73}$$

式中，A_{p} 为孔隙孔喉截面面积，m^2；p_{e} 为孔隙孔喉截面形状的周长，m。

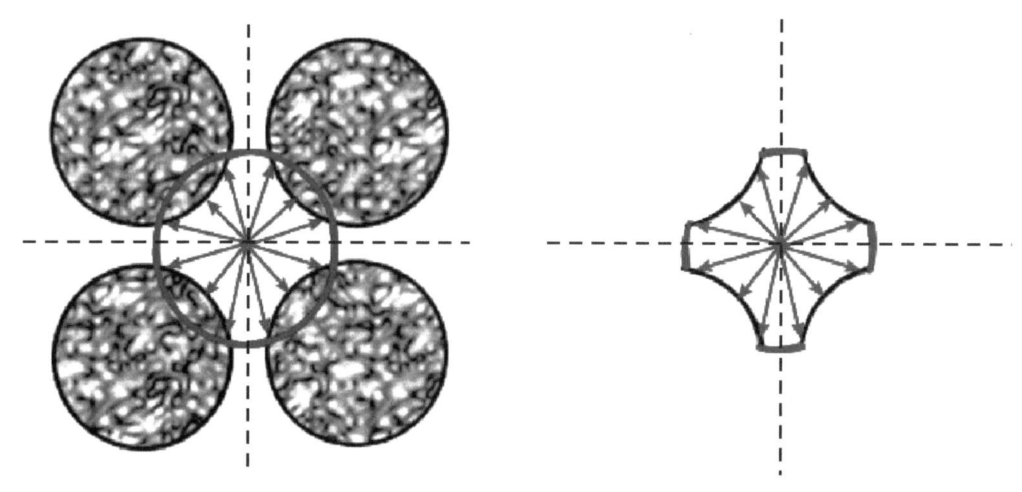

图 6.21　孔隙形状因子分析示意图　　图 6.22　分析得到的孔隙形状示意图

实际岩心孔隙和喉道的截面形状不是固定不变的，其面积和周长沿着孔隙和喉道中轴线不断变化。在建立孔隙网络模型时，沿实际岩心孔隙和喉道中轴线统计不同位置处的面积和周长，对这些值取平均值后用式(6-73)计算得到孔隙网络模型中对应孔隙和喉道的形状因子。由此可见，形状因子是描述多孔介质孔隙空间形状性质的一个重要参数，它在构建孔隙网络模型时起着重要的作用。在计算孔隙形状因子前，同样需要借助平面 α 对孔隙进行剖切处理得到一系列剖面，之后由孔隙中心点按一定角度向孔隙四周发出射线，射线不断生长直至抵达岩石骨架壁面。统计射线段长度并借助判别分析方法求出用以划分两类总体的长度阈值。之后，以孔隙中心点为圆心，以该长度阈值为半径确定一个搜索圆域，如图 6.21 所示。

在该圆域内搜索出所有与岩石壁面接触的孔隙体素，对于圆域边界穿过喉道的部分，自动将圆域边界设置为孔隙与岩石的接触界线统计该孔隙的面积和周长，并由式(6-73)计算孔隙在该截面上的形状因子。平面 α 每次旋转到预定角度后对孔隙进行剖切，对于剖切得到的每个孔隙截面均采用上述方法计算形状因子，当平面旋转完毕后，计算形状因子的平均值，并以此作为表征该孔隙形状特征的形状因子。在简化过程中，要求规则几何体的形状因子与岩心孔隙、喉道的形状因子相等，规则几何体的截面形状取为圆形、正方形和任意三角形(表 6.1，图 6.23)，提取得到的孔隙网络模型见图 6.24。

表 6.1　规则几何体的简化

形状因子范围	截面形状
(0.07105, 0.0796]	圆形
(0.0481, 0.07105]	正方形
(0, 0.0481]	三角形

对于截面形状为三角形的孔隙、喉道单元体，其三个内角的确定方法如下。假设三角形的三个内角分别为 β_1、β_2 和 β_3，并有 $\beta_1 < \beta_2 < \beta_3$，则计算 β_1、β_2、β_3 的具体步骤如下：

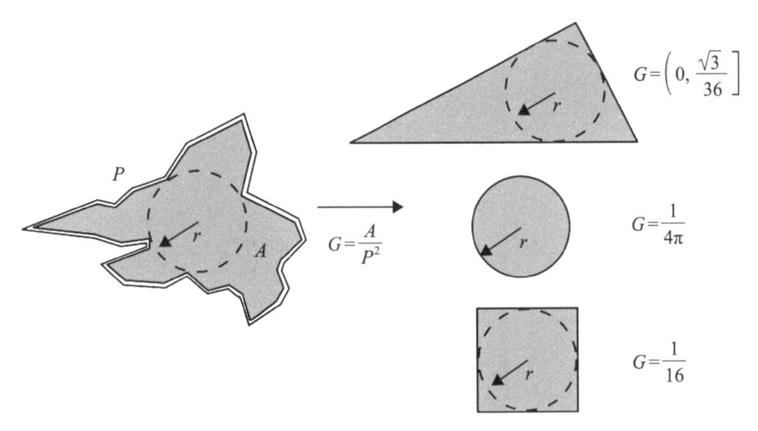

图 6.23 孔隙空间的简化与不同规则几何体横截面对应的形状因子

图 6.24 采用最大球方法提取得到的孔隙网络模型

蓝色表示孔隙，红色表示喉道

根据给定的形状因子数值 G，首先计算 β_2 的取值区间 $\left[\beta_{2,\min},\beta_{2,\max}\right]$：

$$\beta_{2,\min}=a\tan\left\{\frac{2}{\sqrt{3}}\cos\left[\frac{a\cos(-12\sqrt{3}G)}{3}+\frac{4\pi}{3}\right]\right\} \tag{6-74}$$

$$\beta_{2,\max}=a\tan\left\{\frac{2}{\sqrt{3}}\cos\left[\frac{a\cos(-12\sqrt{3}G)}{3}\right]\right\} \tag{6-75}$$

根据取值区间随机选取 β_2 的数值。然后，通过式(6-76)计算 β_1：

$$\beta_1=-\frac{1}{2}\beta_2+\frac{1}{2}a\sin\left(\frac{\tan\beta_2+4G}{\tan\beta_2-4G}\right) \tag{6-76}$$

最后，可得到 β_3：

$$\beta_3 = \frac{\pi}{2} - \beta_1 - \beta_2 \tag{6-77}$$

由于孔隙网络模型中的孔隙、喉道具有与原始数字岩心孔隙空间等效的形状因子，孔隙网络模型能够准确反映岩心孔隙结构特征。

6.4 页岩气藏微纳尺度孔隙网络模型单相流动模拟方法

对于孔隙网络模型上的每个孔隙，流体流入流出量相等可表示为

$$\sum_{j=1}^{N_i} Q_{ij} = 0 \tag{6-78}$$

$$Q_{ij} = g_{ij}\left(p_i - p_j\right) \tag{6-79}$$

式中，Q_{ij} 为孔隙 i 流向孔隙 j 中的流体流量，m^3/s；N_i 为与孔隙 i 相连的孔隙个数；p_i、p_j 分别为孔隙 i 和孔隙 j 上的压力，Pa；g_{ij} 为孔隙 i 与孔隙 j 之间的传导率(图 6.25)，其表达式为

$$\frac{1}{g_{ij}} = \frac{1}{g_i} + \frac{1}{g_t} + \frac{1}{g_j} \tag{6-80}$$

式中，g_i、g_t、g_j 分别为孔隙 i、喉道、孔隙 j 的传导率，$m^3/(Pa\cdot s)$。

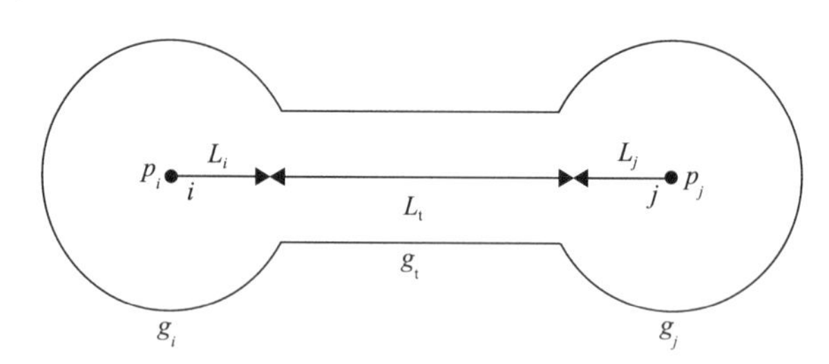

图 6.25 传导率计算基本单元(单个喉道和与之相连的两个孔隙)

孔隙网络模型页岩气单相渗透率可表示为

$$k_g = \frac{\mu_g L_{PNM} \sum_{i=1}^{N_{inlet}} Q_{inlet}}{A_{inlet} \Delta p_{PNM}} \tag{6-81}$$

式中，k_g 为页岩气单相渗透率，μm^2；μ_g 为气体黏度，Pa·s；L_{PNM} 为压力梯度施加方向上孔隙网络模型长度，m；N_{inlet} 为入口孔隙个数，无因次；Q_{inlet} 为每个入口孔隙上的流体流量，m^3/s；A_{inlet} 为孔隙网络模型入口横截面积，m^2；Δp_{PNM} 为孔隙网络模型两端压力降，Pa。

6.4.1 页岩有机质孔隙网络气体流动模拟方法

1. 页岩有机质孔隙网络模型建立

根据 Zheng 和 Reza[39]、Loucks 等[40]和 Peng 等[41]的页岩扫描成像结果可知，有机质孔隙会出现以团簇状形式富集存在的情况，因此有必要研究有机质作为单独孔隙介质系统情况下的流体流动规律。图 6.26(a)为某页岩气藏区块页岩剖光有机质扫描电镜图像，分辨率为 12nm，经过图像二值化处理[图 6.26(b)]后采用多点地质统计学方法[42]数值重建三维页岩有机质数字岩心[图 6.27(a)]。重建后的页岩有机质数字岩心体素大小为 400×400×400，物理尺寸为 4.8μm×4.8μm×4.8μm，采用最大球方法提取得到的有机质孔隙网络模型见图 6.27(b)。通过孔径尺寸分布分析发现(图 6.28)，有机质孔隙和喉道半径均在 60nm 以下。有机质孔隙半径在 30nm 以下的占绝大部分，有机质喉道半径在 15nm 以下的占绝大部分。

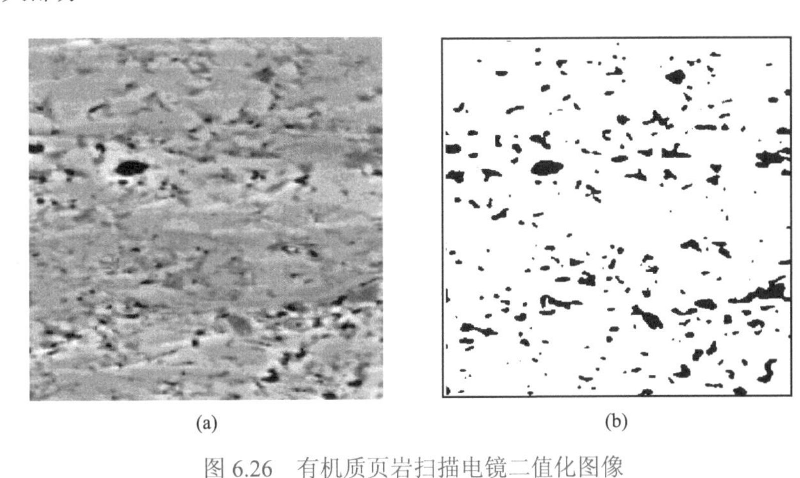

图 6.26 有机质页岩扫描电镜二值化图像

(a) 二值化前；(b) 二值化后。黑色表示孔隙，白色表示骨架。像素尺寸 400×400，分辨率 12nm

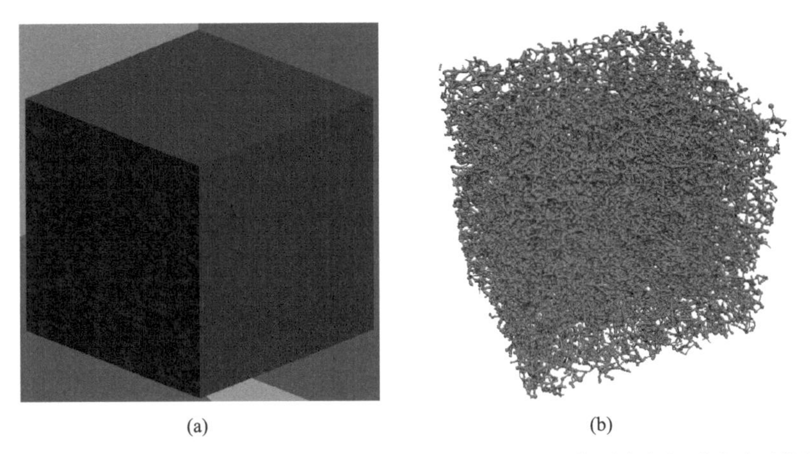

图 6.27 重构得到的三维页岩有机质数字岩心(a)以及提取得到的页岩有机质孔隙网络模型(b)

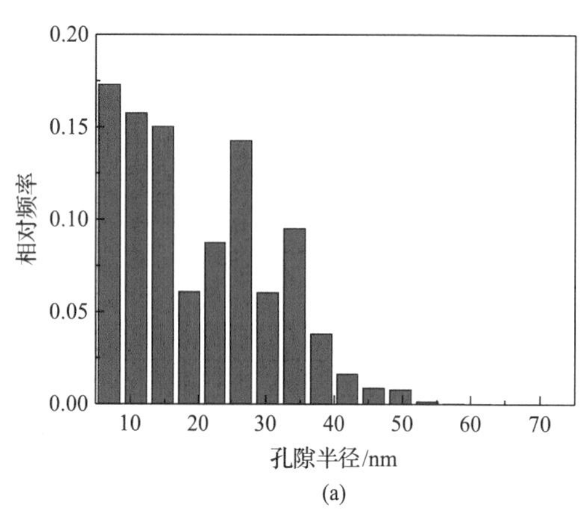

(a)

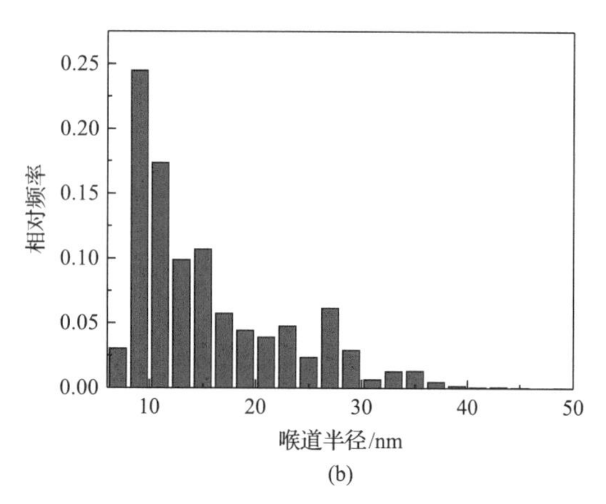

(b)

图 6.28　页岩有机质孔隙网络模型孔径尺寸

(a)孔隙半径分布；(b)喉道半径分布

页岩气流动模拟模型输入参数见表 6.2，气体流动控制方程见式(6-78)～式(6-80)。由于有机质孔隙和喉道半径存在小于 10nm 的情况，因此需要考虑临界性质变化对气体性质的影响。计算得到的有机质孔隙网络上的压力降分布见图 6.29，气体黏度分布见图 6.30。从图中可以看出考虑临界性质随孔径变化后，每个孔隙和喉道上的气体黏度会稍有不同，但通过统计结果(图 6.31)分析可以发现，临界性质变化对气体黏度影响较小。

表 6.2　有机质孔隙网络模型流动模拟模型输入参数

参数	取值
地层温度 T/K	400
孔隙压力 p/MPa	40
压力梯度 $\mathrm{d}p/\mathrm{d}x$/(MPa/m)	0.1
朗缪尔压力 p_L /MPa	13.789514[43]
最大吸附气浓度 C_{max}/(mol/m^3)	328.7[43]
覆盖度为零时的等温吸附热 ΔH /(J/mol)	16000[29]
等温吸附热线性变化系数 γ/(J/mol)	−4186[29]
堵塞速度常数与迁移速度常数比值 κ	0.5[29]
气体摩尔质量 M_w/(kg/mol)	0.01604

2. 页岩有机质孔隙网络气体流动影响因素分析

为分析气体性质对气体流动的影响，推导理想气体条件下的气体传导率。理想气体平均分子自由程、密度、黏度以及气体分子平均运动速度可表示为[44]

$$\lambda = \frac{k_B T}{\sqrt{2}\pi p d_m^2} \tag{6-82}$$

$$\rho_g = \frac{pM}{RT} \tag{6-83}$$

$$\mu = \frac{1}{2}\rho_{\mathrm{g}} u_{\mathrm{ave}} \lambda \tag{6-84}$$

$$u_{\mathrm{ave}} = \sqrt{\frac{8RT}{\pi M_{\mathrm{w}}}} \tag{6-85}$$

图 6.29　页岩有机质孔隙网络模型压力降分布

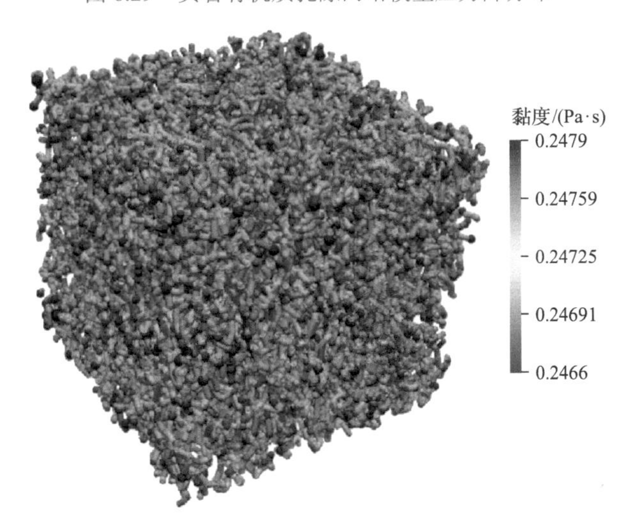

图 6.30　在页岩有机质孔隙网络模型上每个孔隙和喉道上气体黏度的分布

根据式(6-82)～式(6-85)，气体黏度可表示为

$$\mu = \frac{k_{\mathrm{B}}}{\pi^{3/2}} \sqrt{\frac{M_{\mathrm{w}} T}{R}} \frac{1}{d_{\mathrm{m}}^2} \tag{6-86}$$

理想气体吸附气表面覆盖度可表示为

$$\theta_i = \frac{p}{p_{\mathrm{L}} + p} \tag{6-87}$$

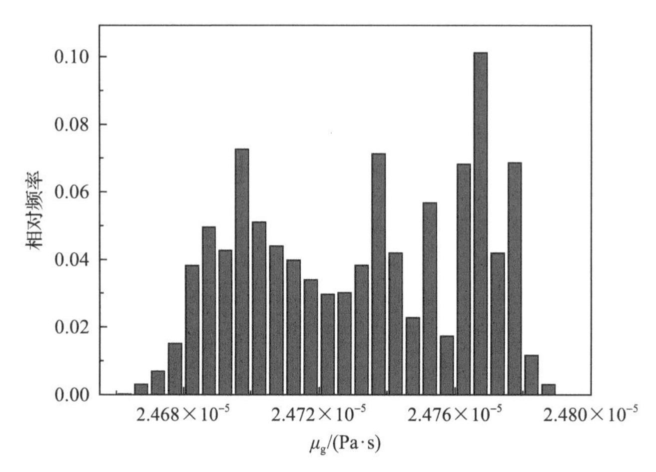

图 6.31 通过有机质孔隙网络模型统计气体黏度的分布

将式(6-86)、式(6-87)代入式(6-69)～式(6-71)即可计算得到理想气体条件下的气体传导率。模拟气体在不同气体运移机制和气体性质下有机质孔隙网络上的流动，具体算例见表 6.3，同时为分析孔隙尺寸对气体流动的影响，等比例缩小孔隙网络上每一个孔隙和喉道的尺寸，得到 3 个具有相同孔隙拓扑结构，不同孔隙尺寸(平均孔径 r_{t1_ave}=15.6nm，r_{t2_ave}=3.12nm，r_{t3_ave}=1.56nm)的有机质孔隙网络模型。有机质孔隙网络气体渗透率通过式(6-81)进行求解。

表 6.3 考虑不同气体运移机制和气体性质下的气体流动分析

算例	考虑因素	视渗透率
C0	全部影响因素，自由气滑移[ffr]+表面扩散[sd]+临界性质变化[gc]+真实气体效应[rg]	$k_{ffr+gc+sd+rg}$
C1	达西流动[dfr]	$k_{dfr+gc+sd+rg}$
C2	理想气体性质[ig]	$k_{ffr+gc+sd+ig}$
C3	不考虑临界性质变化[gc]	$k_{ffr+sd+rg}$
C4	不考虑表面扩散[sd]	$k_{ffr+gc+rg}$

图 6.32 和图 6.33 表示不同孔隙压力、气体运移机制和气体性质下计算得到的有机质孔隙网络和单个孔隙(孔隙尺寸 15.6nm、3.12nm、1.56nm)视渗透率与固有渗透率比值。从图中可以看出，低压下视渗透率与固有渗透率比值(k_{app}/k_{Darcy})要远高于高压下视渗透率与固有渗透率比值。随着孔隙尺寸的增加，孔隙半径在 15.6nm 以上时，视渗透率与固有渗透率比值接近于 1，这意味着气体运移机制以及气体性质对气体渗透率的影响可以被忽略。单个孔隙低压下视渗透率与固有渗透率比值要远高于孔隙网络上低压下视渗透率与固有渗透率比值，这意味着孔隙空间拓扑结构以及不同尺寸的孔隙之间的连通特性对气体流动产生影响，弱化了气体运移机制对气体渗透率的影响。从图 6.32(a)、(c)和图 6.33(a)、(c)可以看出，自由气滑移作用和气体临界性质变化对有机质介质中气体渗透率影响较弱。真实气体性质和吸附气表面扩散作用对有机质介质气体渗透率的变化有较大影响[图 6.32(b)、(d)和图 6.33(b)、(d)]。

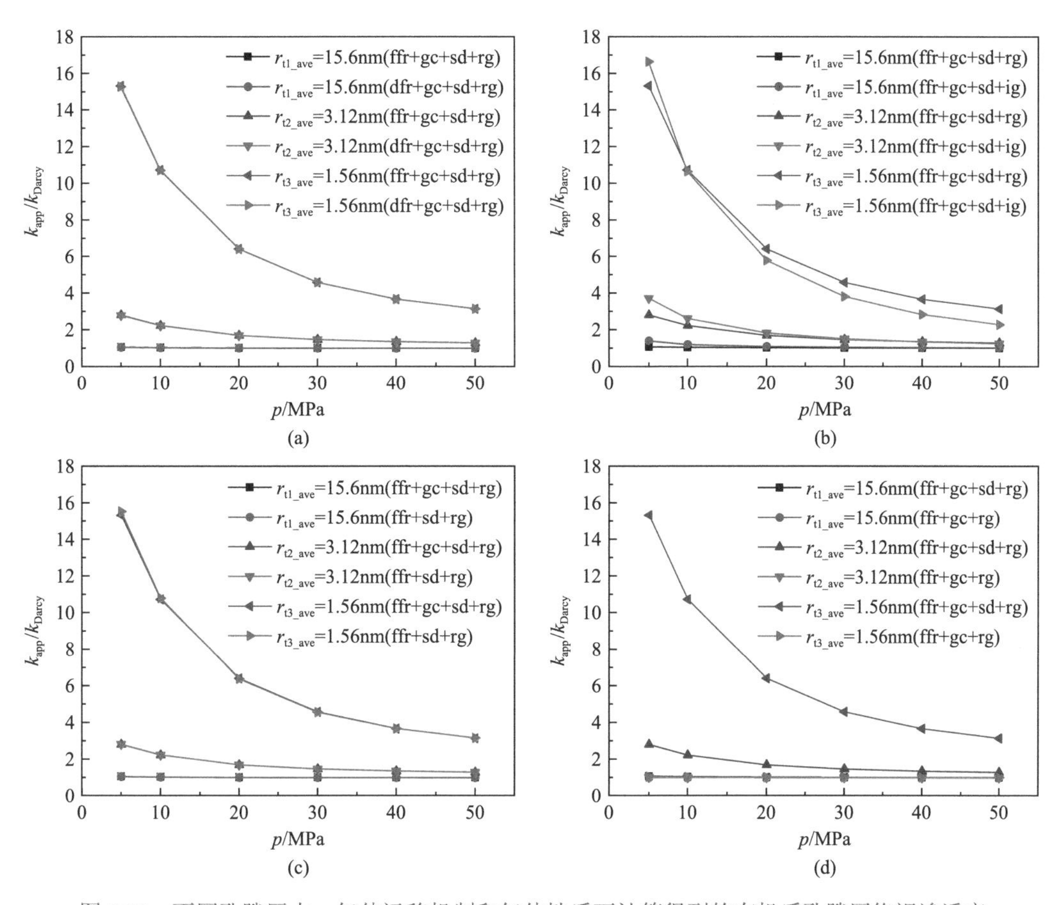

图 6.32 不同孔隙压力、气体运移机制和气体性质下计算得到的有机质孔隙网络视渗透率与固有渗透率比值

(a) C0 和 C1 对比自由气滑移影响；(b) C0 和 C2 对比气体性质影响；(c) C0 和 C3 对比临界性质影响；(d) C0 和 C4 对比表面扩散影响

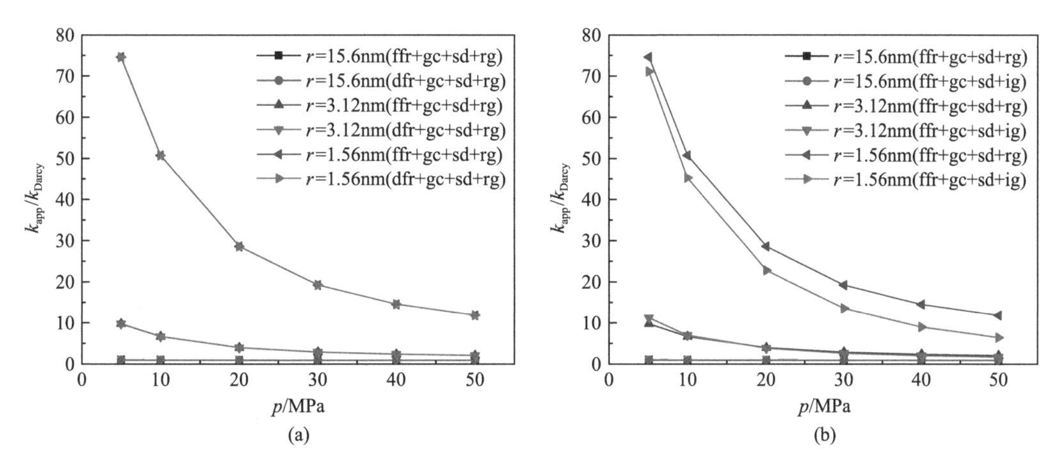

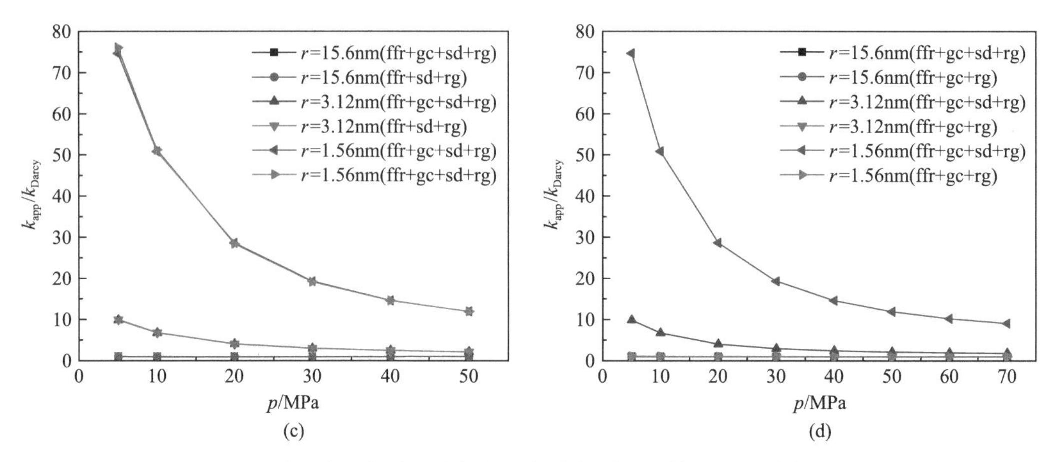

图 6.33 不同孔隙压力、气体运移机制和气体性质下计算得到的单个孔隙视渗透率与固有渗透率比值

(a) C0 和 C1 对比自由气滑移影响；(b) C0 和 C2 对比气体性质影响；(c) C0 和 C3 对比临界性质影响；(d) C0 和 C4 对比表面扩散影响

图 6.34 表示考虑与不考虑真实气体性质和吸附气表面扩散情况下的气体渗透率与考虑全部影响因素的气体渗透率相对偏离程度。从图 6.34 (a) 中可以看出，不考虑真实气体性质气体渗透率误差在 40%以内，并且相对误差随孔隙压力的变化呈现非线性变化趋势，与孔隙尺寸无明显的相关关系。根据式 (6-69) ～式 (6-71) 中气体密度以及吸附气覆盖度随孔隙压力变化规律，表面扩散对气体渗透率的贡献随着孔隙压力的增加而降低，当孔隙半径在 2nm 以下时，吸附气表面扩散对气体渗透率的影响占主导作用。不同尺寸的孔隙之间的连通特性对气体流动产生影响，表面扩散作用在孔隙网络中对气体渗透率的贡献要低于单个孔隙中对气体渗透率的贡献[图 6.34 (b)]。

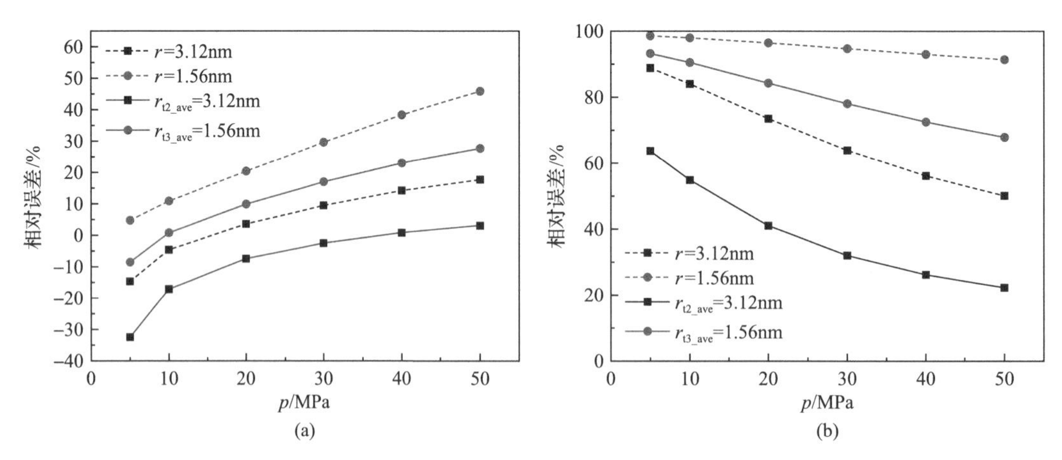

图 6.34 考虑与不考虑真实气体性质 C2 算例和吸附气表面扩散 C4 算例情况下的气体渗透率与考虑全部影响因素的气体渗透率 C0 相对偏离程度

(a) 考虑与不考虑真实气体性质；(b) 考虑与不考虑表面扩散

图 6.35 表示有机质孔隙网络和有机质孔隙气体视渗透率随孔隙尺寸的变化，有机质孔隙网络气体渗透率随着孔隙尺寸的增加呈现快速上升后缓慢增加的趋势，有机质孔隙

气体渗透率随着孔隙尺寸的增加略有降低后缓慢增加。采用单个孔隙尺寸来描述气体渗透率变化，忽略了表面扩散在孔隙网络空间拓扑中每一处大小不同的孔隙和喉道的相对比重的不同，造成单个孔隙和孔隙网络渗透率在孔隙半径 3nm 以下时出现了截然相反的变化趋势，因此准确预测有机质气体渗透率变化必须考虑孔隙连通性以及孔径分布的影响，采用基于单个孔隙的等效多孔介质方法预测渗透率变化趋势会存在较大误差。

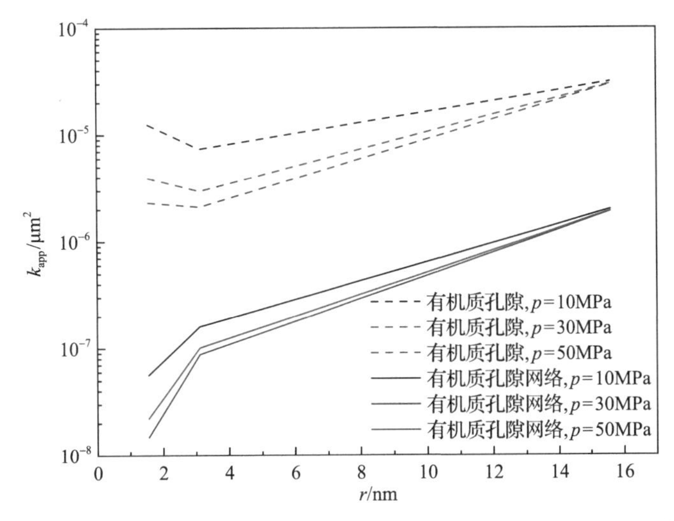

图 6.35 有机质孔隙网络和有机质孔隙气体视渗透率随孔隙尺寸的变化
（有机质孔隙网络孔隙尺寸以平均孔隙尺寸进行表征）

6.4.2 页岩无机质孔隙网络气体流动模拟方法

1. 无机质孔隙网络流动模型与局部有效黏度 MRT-LBM 模型对比验证

图 6.36 表示基于我国某页岩气藏区块无机质电镜图像重构得到的三维页岩无机质数字岩心（分辨率 27.62nm）以及采用最大球法提取得到的页岩无机质孔隙网络模型。三维页岩无机质数字岩心孔隙度为 0.09，体素尺寸 400×400×400，物理尺寸 11.048μm×11.048μm×11.048μm。计算得到的无机质孔隙网络模型孔喉半径分布见图 6.37，形状因子分布见图 6.38，三角形孔隙、正方形孔隙、圆形孔隙所占据的比例分别为 49.06%、32.87%、18.07%。模拟气体在压力梯度 0.1MPa/m、孔隙压力 40MPa、地层温度 400K 条件下的无机质孔隙网络模型上的流动，计算得到的压力分布结果见图 6.39。气体渗透率通过式(6-81)进行求解，计算得到的气体渗透率值为 $1.0945\times10^{-7}\mu m^2$。

为验证计算方法的准确性，采用 Landry 等[20]提出的考虑真实气体效应的局部有效黏度 MRT-LBM 模型计算 40MPa、400K 条件下页岩无机质数字岩心渗透率，计算得到的气体渗透率为 $1.1533\times10^{-7}\mu m^2$。由于选用的数字岩心模型计算尺寸较大，并且压力梯度给定为 0.1MPa/m，压力降在数字岩心上变化不明显，因此选择速度场分布进行可视化，见图 6.40。

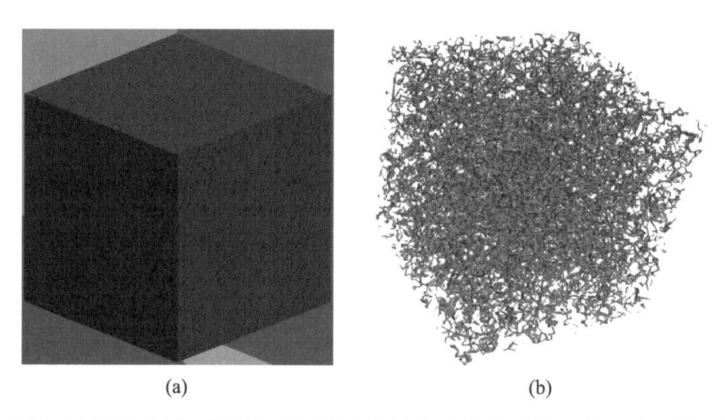

(a) (b)

图 6.36 基于我国某页岩气藏区块无机质电镜图像重构得到的三维页岩无机质数字岩心以及提取得到的页岩无机质孔隙网络模型

(a)页岩无机质数字岩心，体素尺寸 400×400×400；(b)页岩无机质孔隙网络模型。物理尺寸 11.048μm×11.048μm×11.048μm

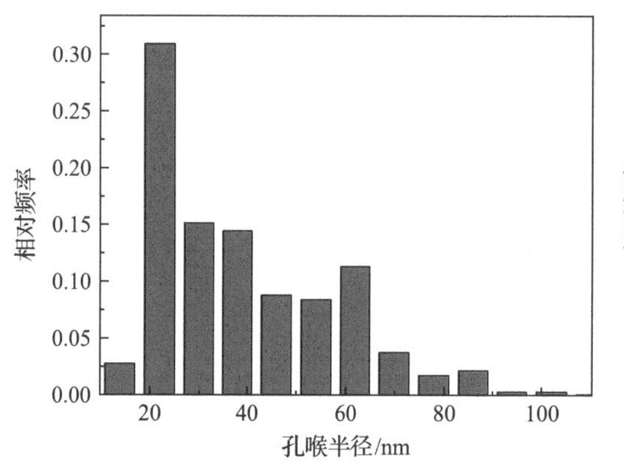

图 6.37 无机质孔隙网络模型孔喉半径分布

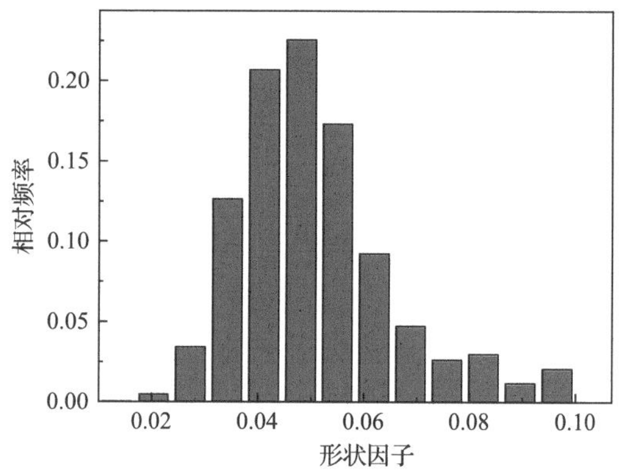

图 6.38 无机质孔隙网络模型孔隙形状因子分布

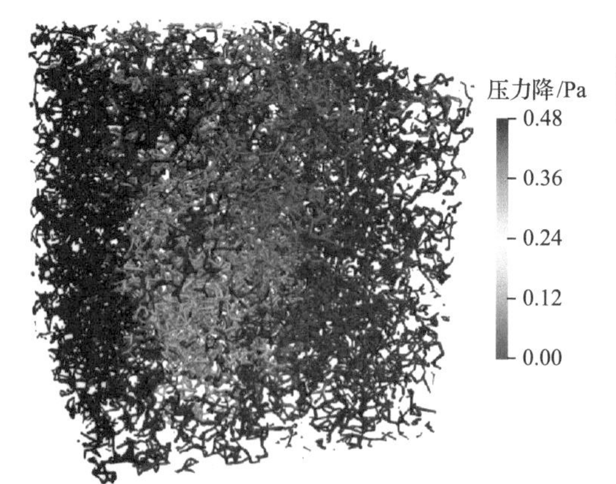

图 6.39 页岩无机质孔隙网络模型压力分布

蓝色表示孤立孔隙

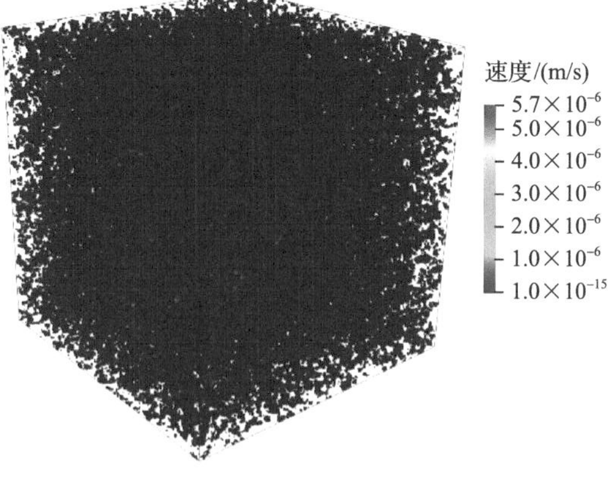

图 6.40 0.1MPa/m 压力梯度下采用 Landry 等[20]提出的局部有效黏度 MRT-LBM 模型计算得到的页岩无机质数字岩心速度场分布

由于孔隙网络模型对孔隙形状进行了简化，因此局部有效黏度 MRT-LBM 模型与孔隙网络模型气体渗透率计算结果存在误差，但二者值较为接近，因此在一定程度上验证了孔隙网络模型方法的准确性。同时基于同一块小尺寸数字岩心(图 6.41)，计算理想气体性质条件下基于考虑微尺度效应的 LBM 模型[45]以及孔隙网络模型的气体渗透率，模型输入参数见表 6.4，压力分布计算结果见图 6.42。孔隙网络模型和考虑微尺度效应的 LBM 模型计算结果分别为 $7.9\times10^{-5}\mu m^2$、$8.2\times10^{-5}\mu m^2$，相同计算资源下计算时间分别为 $3\times10^4 s$ 和 15s。从计算结果上可以看到，孔隙网络模型气体流动模拟方法在保证结果准确性的同时能够大大缩短计算时间。

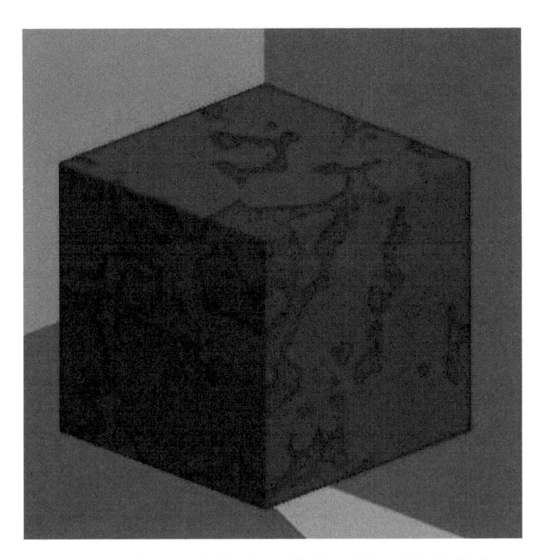

图 6.41 模型准确性验证中使用的页岩数字岩心

表 6.4 孔隙网络模型准确性验证输入参数

输入参数	数值
孔隙压力 p/MPa	10
地层温度 T/K	400
压力梯度 dp/dx/(MPa/m)	0.1
体素尺寸	100×100×100
分辨率/μm	0.1

2. 页岩无机质孔隙网络气体流动影响因素分析

将无机质孔隙网络模型按照尺度变换因子 γ_i 等比例分别缩小 0.5、0.2，产生三组不同平均孔隙尺寸的无机质孔隙网络模型。三组无机质孔隙网络平均孔隙半径分别为 56nm、28nm、11.2nm。计算不同孔隙尺寸下无机质孔隙网络模型固有渗透率 k_{Darcy}、等效圆形孔隙渗透率 k_{cir}、真实不规则孔隙渗透率 k_{ir} 随孔隙压力的变化(图 6.43)，其中等效圆形孔隙半径采用式(6-88)进行计算：

$$r = \frac{2A_p}{P_e} \tag{6-88}$$

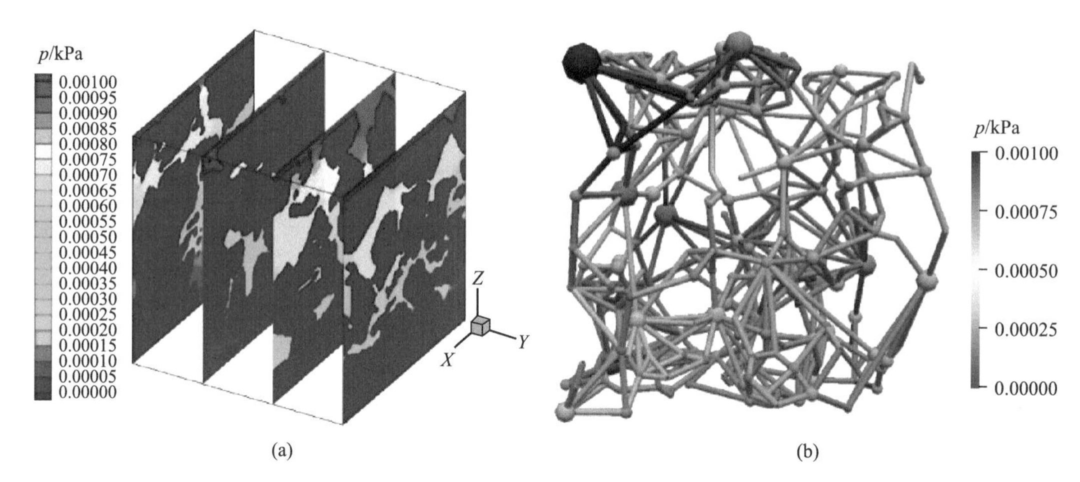

图 6.42 考虑微尺度效应的 LBM 模型计算结果

(a)页岩无机质数字岩心压力场分布；(b)孔隙网络模型压力分布

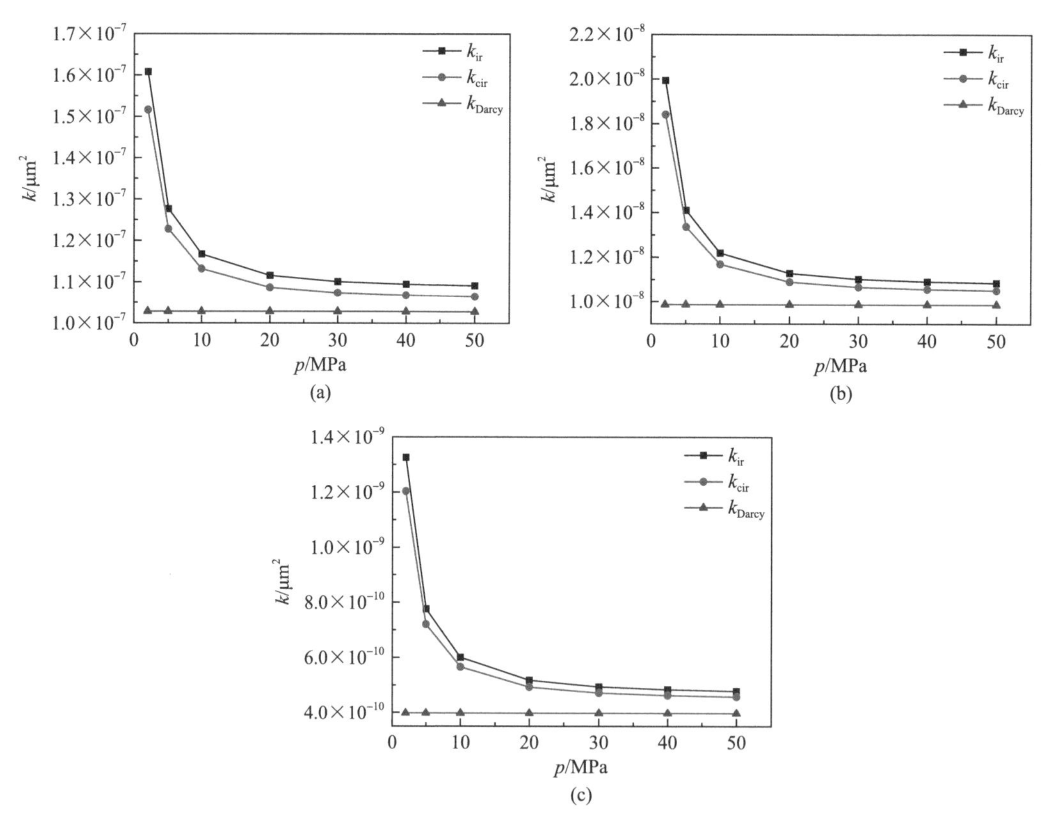

图 6.43 不同孔隙尺寸下无机质孔隙网络渗透率随孔隙压力的变化

(a)原始孔隙尺寸，$\gamma_1=1$；(b)收缩后孔隙尺寸，$\gamma_2=0.5$；(c)收缩后孔隙尺寸，$\gamma_3=0.2$

从图 6.43 中可以看出，由于低压下克努森数增加，式(6-66)～式(6-88)中的与克努森数相关的项值增加，因此无机质孔隙网络气体渗透率随着孔隙压力的降低而显著增加，并且孔隙尺寸越小变化幅度越大。考虑不规则孔隙后的气体渗透率值稍大于基于等效圆形孔隙计算得到的气体渗透率值，并且在图 6.44 中可以看到，低压小孔隙尺寸下，克努森数较大，导致相对误差较大，但在页岩气藏生产压力范围内相对误差在 0.1 以内。对比 40MPa 下计算结果可发现，考虑不规则孔隙后的渗透率预测结果相比于等效圆形孔隙半径渗透率预测结果更接近局部有效黏度 MRT-LBM 模型得到的精确气体渗透率值。

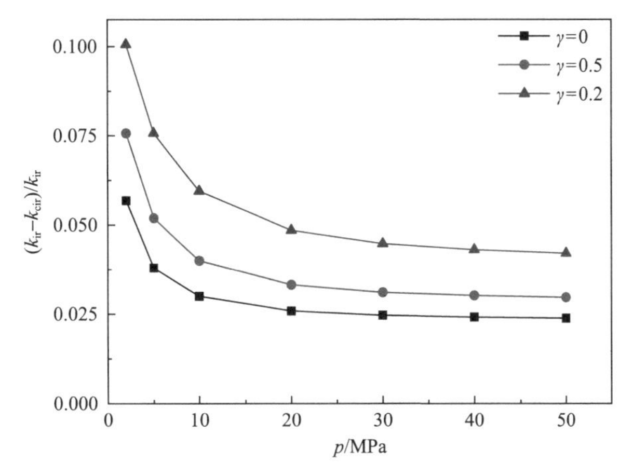

图 6.44 不同孔隙压力、不同尺寸下的圆形孔隙计算气体渗透率与真实孔隙计算渗透率相对误差

目前孔隙网络模型提取方法无法得到每个孔隙和喉道的粗糙度，因此通过给定每个孔隙和喉道的相对粗糙度，模拟不同多孔介质粗糙度下的气体流动规律。从图 6.45 和图 6.46

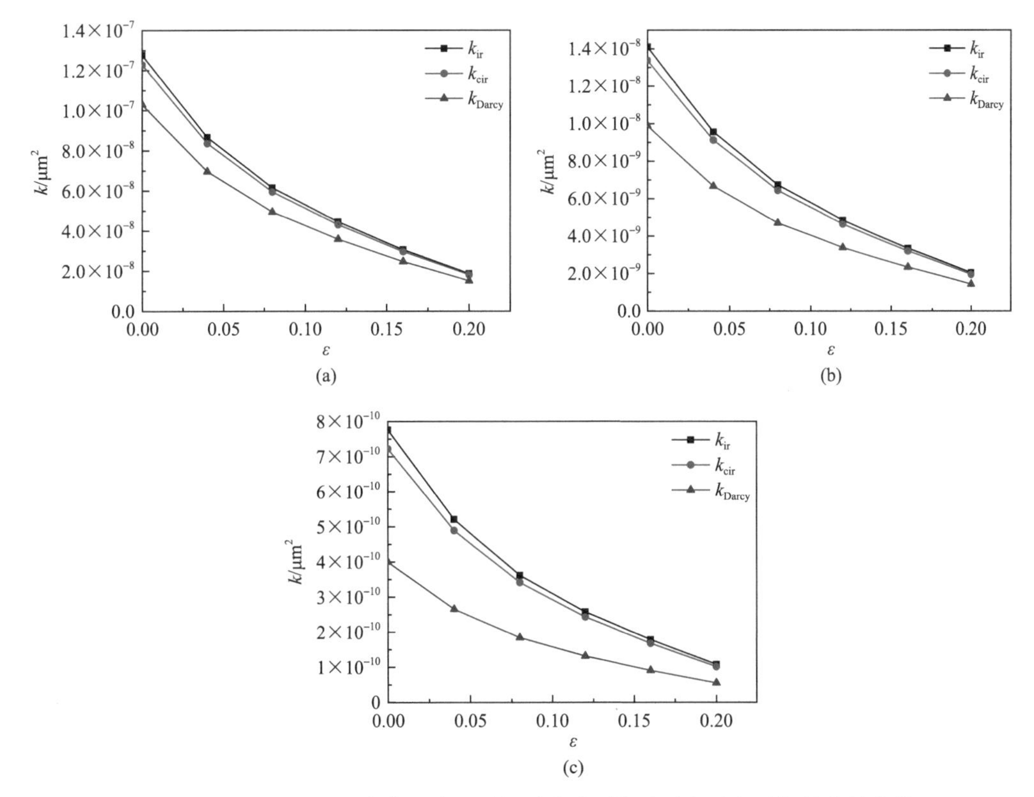

图 6.45 5MPa 下不同孔隙尺寸下无机质孔隙网络渗透率随相对粗糙度的变化

(a) 原始孔隙尺寸，γ=1；(b) 收缩后孔隙尺寸，γ=0.5；(c) 收缩后孔隙尺寸，γ=0.2

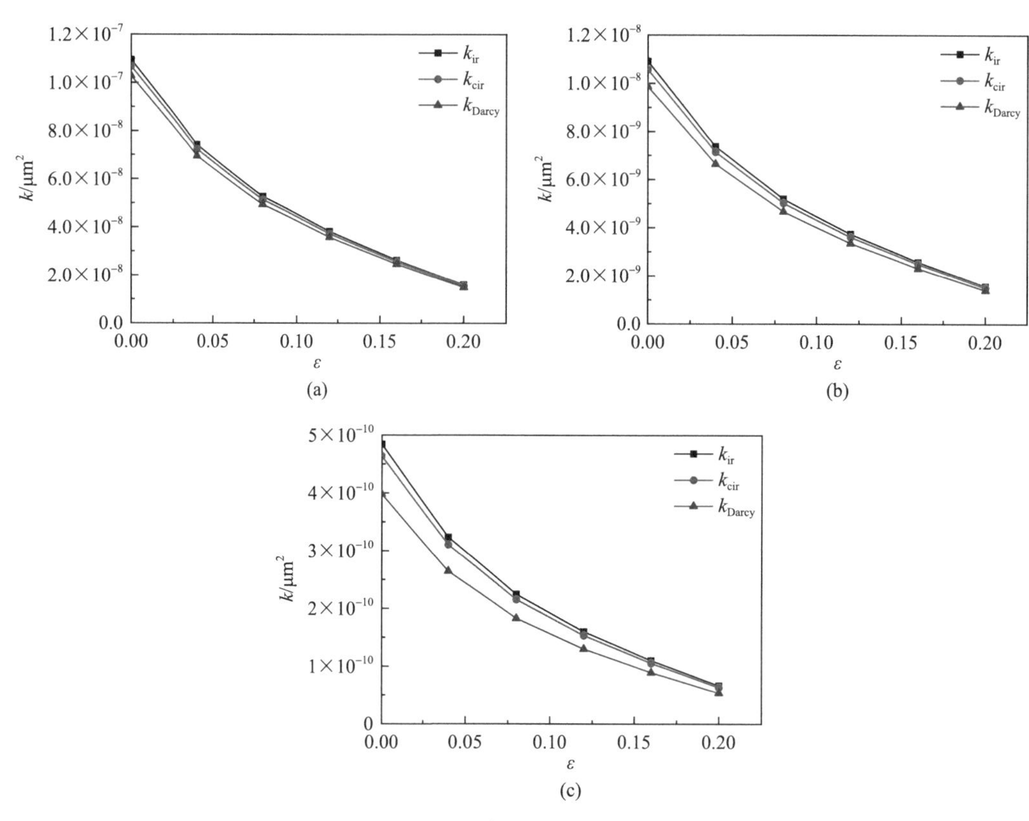

图 6.46 40MPa 下不同孔隙尺寸下无机质孔隙网络渗透率随相对粗糙度的变化

(a)原始孔隙尺寸，γ=1；(b)收缩后孔隙尺寸，γ=0.5；(c)收缩后孔隙尺寸，γ=0.2

中可以看出，低压 5MPa 和高压 40MPa 下气体渗透率均随相对粗糙度的增加快速降低，当相对粗糙度增加到 0.2 时，气体渗透率减小到原来的 20%，相比于孔隙压力对气体渗透率的影响，相对粗糙度对气体渗透率的影响更为明显。

图 6.47 为不规则孔隙气体渗透率与基于等效圆形孔隙气体渗透率的相对误差随相对

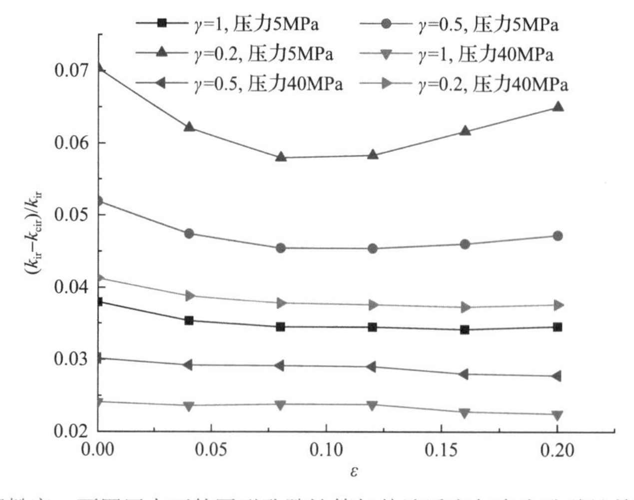

图 6.47 不同粗糙度、不同压力下的圆形孔隙计算气体渗透率与真实孔隙计算渗透率相对误差

粗糙度变化。从图中可见孔隙尺寸较大时，粗糙度对气体滑移在不规则孔隙与圆形孔隙之间的气体滑移差异影响可忽略；在小孔隙尺寸，低压下会对相对误差造成影响，但影响不大，在低压 5MPa 情况下变化幅度仅为 1%。因此，粗糙度对气体滑移在不规则孔隙与圆形孔隙之间的气体滑移差异影响可忽略。

6.4.3　考虑有机孔-无机孔相互作用双重孔隙类型孔隙网络气体流动模拟方法

1. 考虑有机孔-无机孔相互作用的双重孔隙类型孔隙网络模型建立

Loucks 等[40]给出了有机质孔隙分布的三种模式假设(图 6.48)。A 模式：有机质孔隙连通性很好，有机质呈条带状分布；B 模式：有机质孔隙连通性较好，有机质连片分布；C 模式：有机质孔隙连通性较差，有机质分散分布。基于 Loucks 等[40]得到的有机质孔隙分布模式假设，分析有机质孔隙分布模式对气体流动规律的影响。图 6.49 表示某区块页岩孔隙网络模型，物理尺寸为 4.8μm×4.8μm×4.8μm，保留该孔隙网络模型上每一个孔隙和喉道的位置，利用保留下来的孔隙空间拓扑，按照有机质孔隙分布模式随机充填无机质孔隙和有机质孔隙，构建考虑有机孔-无机孔相互作用的双重孔隙类型孔隙网络模型。有机质孔隙尺寸和无机质孔隙尺寸通常符合对数正态分布[46,47]，可表示为

$$N\left(r,\mu_{\mathrm{ave}},\sigma_{\mathrm{g}}\right)=\mathrm{e}^{-\frac{\left(\lg r-\mu_{\mathrm{ave}}\right)^2}{2\sigma_{\mathrm{g}}^2}} \tag{6-89}$$

式中，μ_{ave} 为均值；σ_{g} 为标准差；r 为孔隙半径。

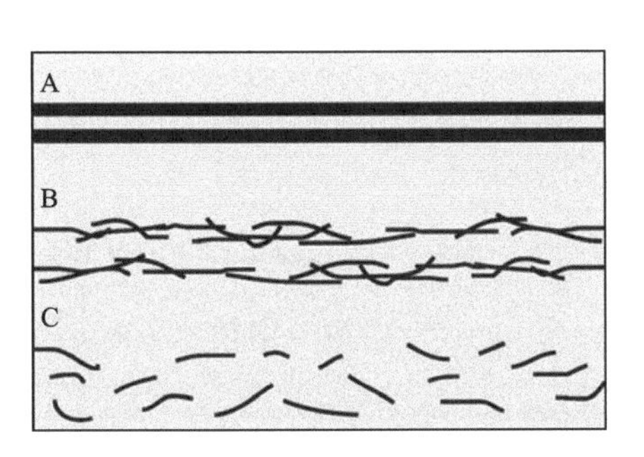

图 6.48　Loucks 等[40]提出的有机质孔隙分布模式假设

图 6.49　页岩孔隙网络模型
红色表示孔隙，蓝色表示喉道

对于有机质孔隙喉道半径分布情况，μ_{ave} 和 σ_{g} 分别取值为 0.7 和 0.12。对于无机质孔隙喉道半径分布情况，μ_{ave} 和 σ_{g} 分别取值为 1.2 和 0.12。计算得到的有机质孔隙喉道和无机质孔隙喉道半径分布见图 6.50。图 6.51 为有机质孔隙在三维孔隙网络模型上二维剖面分布概念示意图，在孔隙网络模型上构建有机质孔隙条带状分布、S 形有机质孔隙连片分布、有机质孔隙分散分布的有机质孔隙分布状态。

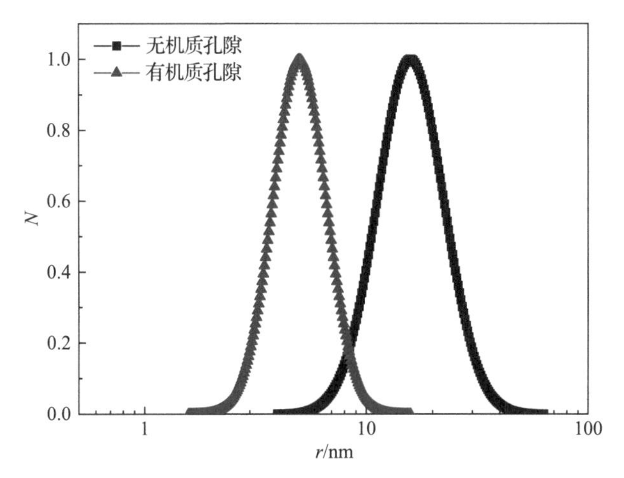

图 6.50 有机质孔隙喉道和无机质孔隙喉道半径分布

N 为分布频率

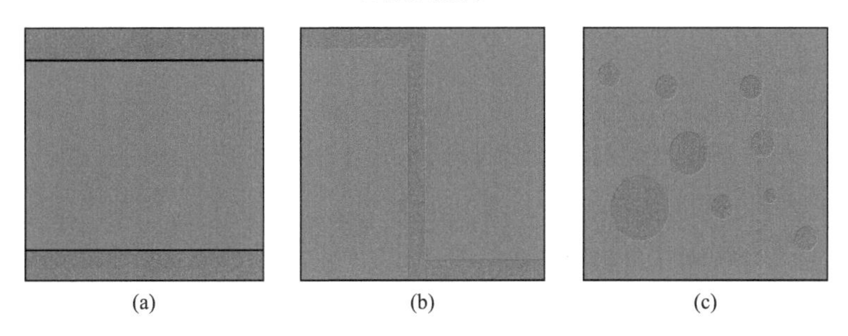

图 6.51 有机质孔隙在三维孔隙网络模型上二维剖面分布示意图

(a) 有机质孔隙条带状分布；(b) S 形有机质孔隙连片分布；(c) 有机质孔隙分散分布。棕黄色表示有机质孔隙区域，蓝色表示无机质孔隙区域

页岩孔隙网络模型上有机质孔喉数量比例 N_{f} 可表示为

$$N_{\mathrm{f}}=\frac{N_{\mathrm{or\_pore}}+N_{\mathrm{or\_throat}}}{N_{\mathrm{\_pore}}+N_{\mathrm{\_throat}}}\times 100\% \tag{6-90}$$

式中，$N_{\mathrm{or\_pore}}$ 为孔隙网络模型上有机质孔隙数量；$N_{\mathrm{or\_throat}}$ 为孔隙网络模型上有机质喉道数量；$N_{\mathrm{\_pore}}$ 为孔隙网络模型上孔隙总数量；$N_{\mathrm{\_throat}}$ 为孔隙网络模型上喉道总数量。

对应每一个有机质孔喉数量比例 N_{f}，在三种页岩孔隙网络模型构建过程中，无机质孔隙半径大小按照无机质孔隙半径分布设置，有机质孔隙半径大小按照有机质孔隙半径分布设置。

根据图 6.51 在三维孔隙几何拓扑中标记孔隙类型，建立三种页岩孔隙网络模型（图 6.52）。三种页岩孔隙网络模型中红色表示有机质孔隙，蓝色表示无机质孔隙。有机质孔隙基本标记单元为单个喉道和与之相连的两个孔隙。图 6.52(a)、(b) 为 A 模式页岩孔隙网络模型，在孔隙网络上部和下部呈条带状分布，中部为无机质孔隙。图 6.52(c)、(d) 为 B 模式页岩孔隙网络模型，有机质孔隙在孔隙网络中 S 形连片分布，有机质孔隙一部分位于孔隙网络上部和底部，并在孔隙网络中间位置从上至下贯穿分布。图 6.52(e)、

(f) 为 C 模式页岩孔隙网络模型，有机质孔隙在孔隙网络中分散分布。

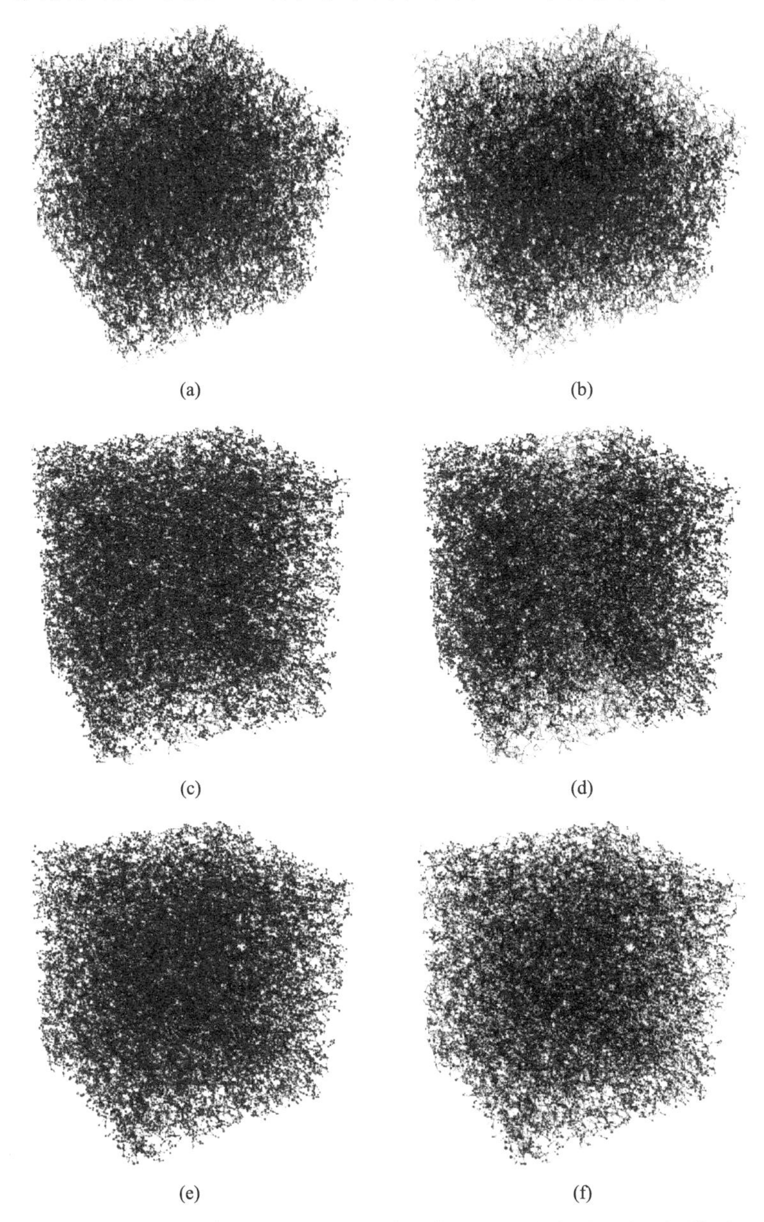

图 6.52 考虑有机孔-无机孔相互作用的双重孔隙类型孔隙网络模型

(a) 有机质孔隙条带状分布，N_f=5%；(b) 有机质孔隙条带状分布，N_f=30%；(c) S 形有机质孔隙连片分布，N_f=5%；(d) S 形有机质孔隙连片分布，N_f=30%；(e) 有机质孔隙分散分布，N_f=5%；(f) 有机质孔隙分散分布，N_f=30%

2. 有机质孔隙对页岩气流动规律影响规律分析

为了降低模型构建不确定性对后期流动模拟结果的影响，对于每一个有机质孔喉数量比例 N_f，重复进行 10 次考虑不同有机质孔隙分布模式的页岩孔隙网络模型生成过程。每次生成过程产生 3 组不同有机质孔隙分布模式的页岩孔隙网络模型，因此每一个有机

质孔喉数量比例 N_f 对应 30 组页岩孔隙网络模型。给定 N_f 变化范围(0.05～0.3，步长 0.05)，共产生 180 组页岩孔隙网络模型。对 180 组页岩孔隙网络模型考虑气体在有机质孔隙和无机质孔隙中流动的差异，模拟气体在页岩孔隙网络模型上的流动。有机质孔隙和无机质孔隙传导率见式(6-69)和式(6-66)，控制方程见式(6-78)～式(6-80)，流动模拟参数见表 6.5，压力分布计算结果见图 6.53。

表 6.5 页岩双重孔隙类型孔隙网络模型气体流动模拟输入参数

参数	取值
地层温度 T/K	400
孔隙压力 p/MPa	40
压力梯度 dp/dx/(MPa/m)	0.1
朗缪尔压力 p_L /MPa	13.789514[43]
最大吸附气浓度 C_{max}/(mol/m^3)	328.7[43]
覆盖度为零时的等温吸附热 $\Delta H(0)$/(J/mol)	16000[29]
等温吸附热线性变化系数 γ/(J/mol)	−4186[29]
堵塞速度常数与迁移速度常数比值 κ	0.5[29]
气体摩尔质量 M_w/(kg/mol)	0.01604
体积 TOC 含量 TOC_{in}	0.01[43]

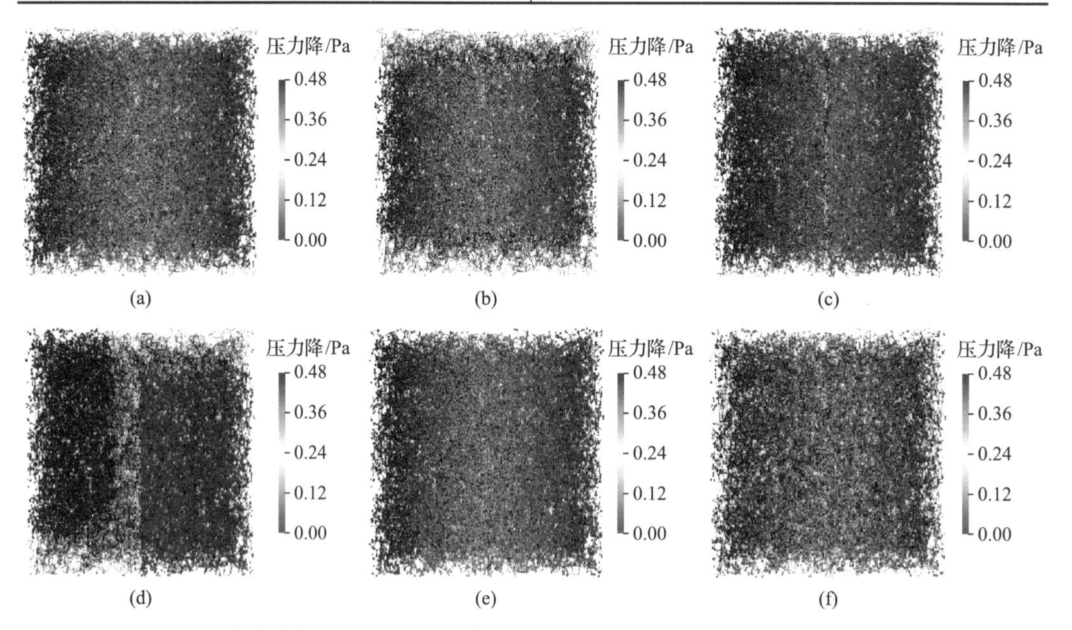

图 6.53 考虑有机孔-无机孔相互作用的双重孔隙类型孔隙网络模型压力降分布

(a)有机质孔隙条带状分布，N_f=5%；(b)有机质孔隙条带状分布，N_f=30%；(c)S 形有机质孔隙连片分布，N_f=5%；(d)S 形有机质孔隙连片分布，N_f=30%；(e)有机质孔隙分散分布，N_f=5%；(f)有机质孔隙分散分布，N_f=30%

图 6.54 为有机质孔隙半径分布小于无机质孔隙半径分布时，三种页岩孔隙网络模型气体渗透率随有机质孔喉数量比例 N_f 变化。随着有机质孔喉数量比例的增加，气体渗透率逐渐减弱。有机质孔隙条带状分布的 A 模式，页岩孔隙网络模型气体渗透率最大，渗

透率下降最为缓慢；有机质孔隙分散在无机质孔隙中的C模式，页岩孔隙网络模型气体流动能力次之，但随着有机质孔喉数量比例的增加，气体渗透率快速下降；有机质孔隙连片分布的B模式，页岩孔隙网络模型气体渗透率最小。这是由于有机质孔隙连片分布时，在孔隙网络模型中央形成相对于无机质孔隙传导率低的屏障，导致气体流动能力降低。如图6.53(c)、(d)所示，气体通过有机质孔隙需要克服更大的流动阻力，因此在有机质孔隙上压力降较大。有机质孔隙呈条带状分布时，气体主要在中部无机质孔隙流动，形成高流动能力的通道，受有机质孔隙尺寸影响较小，因此相比其他两种孔隙网络模型，气体流动能力最强。由于有机质孔隙分散状分布时与无机质孔隙在孔隙网络模型不同空间位置相互影响更加明显，因此随着有机质孔隙数量比例的增加，气体渗透率显著下降。

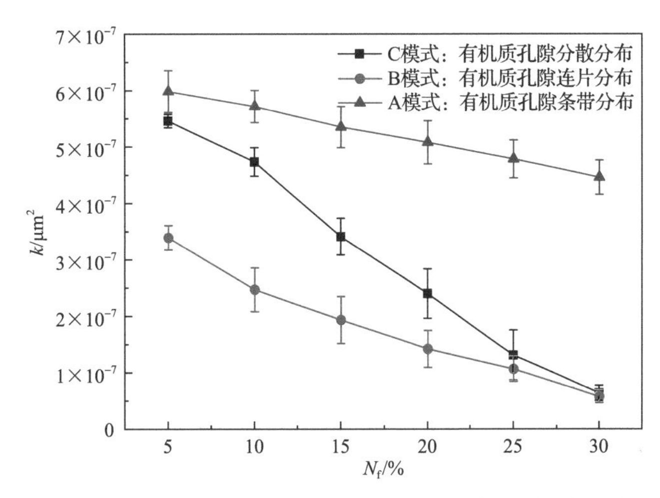

图6.54 不同有机质孔隙分布模式下气体渗透率随有机质孔喉数量比例N_f的变化关系

6.4.4 孔隙尺度-岩心尺度跨尺度实验室压力脉冲数据解释方法

1. 压力脉冲气测渗透率实验原理与物理模型构建

图6.55表示实验室压力脉冲气测渗透率实验原理。初始条件下阀1、阀2、阀3打开注入气体，使上游箱体、岩心以及下游箱体压力保持一致。关闭阀2和阀3，升高上游箱体压力p_u，待上游箱体压力p_u保持稳定后打开阀2，上游压力p_u逐渐降低，下游压力逐渐p_d上升，记录上游压力p_u与下游压力p_d压力差随时间的变化。目前的压力差与时间变化数据解释模型一般考虑气体以达西流进行流动，通过直线段斜率反求气测渗透率值[48,49]。为了更好地考虑

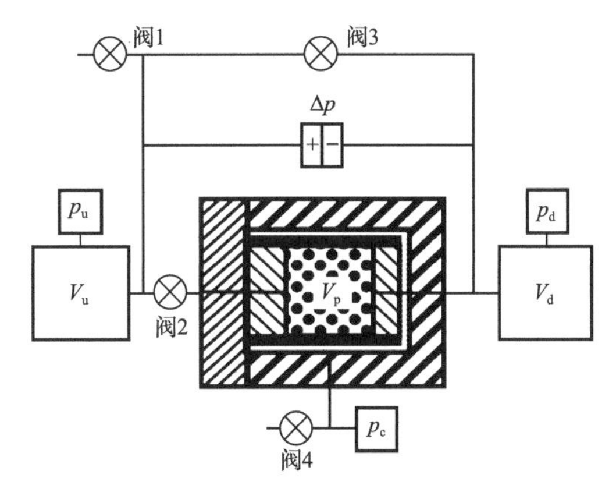

图6.55 压力脉冲气测渗透率实验示意图

页岩孔隙结构、气体运移机制、气体性质对压力脉冲曲线数据解释的影响，本节基于孔隙网络模型构建岩心尺度模型来解释压力脉冲数据。

图 6.56 为我国某页岩气藏区块实验页岩研究样品以及该样品二值化后的扫描电镜图像。页岩扫描电镜图像物理尺寸为 8μm×8μm，分辨率 20nm。采用多点地质统计学方法[42]数值重构三维页岩数字岩心，重构结果见图 6.57(a)，采用居中轴线法提取孔隙居中轴线孔隙拓扑，提取结果见图 6.57(b)。孔隙居中轴线拓扑空间尺寸 $l_x \times l_y \times l_z$ 为 8μm×8μm×8μm。在孔隙居中轴线拓扑上每一个孔隙和喉道位置，根据实验室测量到的样品孔径分布结果(图 6.58)随机给定孔隙半径和喉道半径，构建孔隙网络模型。按照图 6.59 模拟压力脉冲物理过程，首先将该孔隙网络串联成岩心尺度长度的虚拟岩心，串联的孔网模型个数见式(6-91)：

$$n_{\text{porenet}} = \frac{L_{\text{core}}}{l_z} \tag{6-91}$$

式中，L_{core} 为实验室压力脉冲测试样品岩心长度，m；l_z 为孔隙网络模型长度，m；n_{porenet} 为孔隙网格模型串联个数。

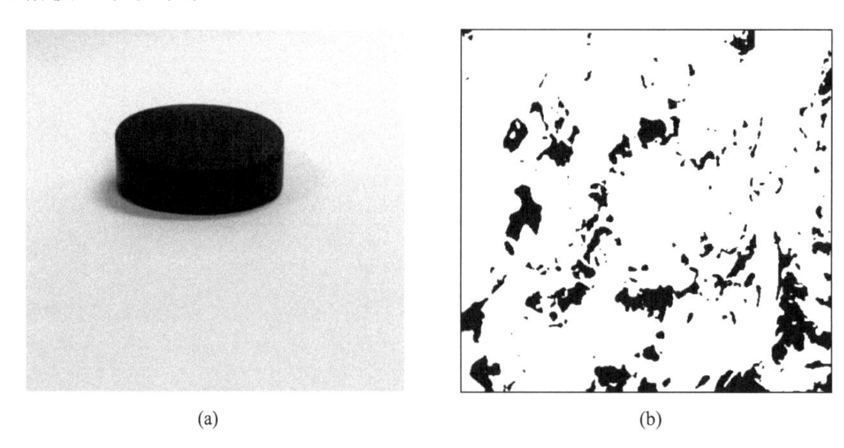

(a) (b)

图 6.56 我国某页岩气藏区块实验页岩研究样品及其扫描电镜图像

(a)页岩样品；(b)样品二值化后页岩扫描电镜图像。黑色表示孔隙，白色表示骨架，像素大小 400×400

虚拟岩心体积可表示为式(6-92)：

$$V_{\text{core\_sim}} = l_x l_y L_{\text{core}} \tag{6-92}$$

式中，$V_{\text{core\_sim}}$ 为虚拟岩心体积，m^3；l_x 和 l_y 分别为孔隙网络模型横截面 x 方向和 y 方向长度，m。

上游箱体体积和下游箱体体积按照物理相似性原则进行设置，见式(6-93)、式(6-94)：

$$V_{\text{up}} = V_{\text{up\_lab}} \frac{V_{\text{core\_sim}}}{V_{\text{core\_lab}}} \tag{6-93}$$

$$V_{\mathrm{down}} = V_{\mathrm{down\_lab}} \frac{V_{\mathrm{core\_sim}}}{V_{\mathrm{core\_lab}}} \tag{6-94}$$

式中，$V_{\mathrm{up\_lab}}$ 和 $V_{\mathrm{down\_lab}}$ 分别为压力脉冲实验设备上游箱体和下游箱体体积，m^3；$V_{\mathrm{core\_lab}}$ 为实验室页岩岩样体积，m^3；V_{up} 和 V_{down} 分别为压力脉冲实验模拟上游箱体和下游箱体体积，m^3。

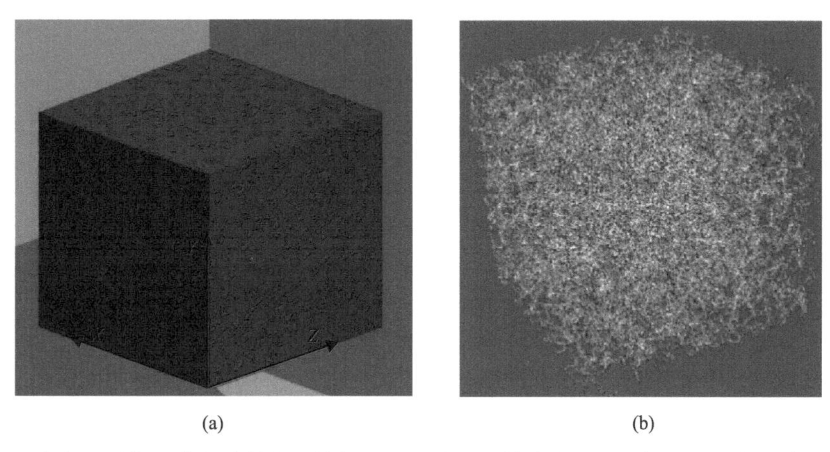

(a)　　　　　　(b)

图 6.57　多点地质统计学方法数值重构得到的三维页岩数字岩心以及提取得到的孔隙居中轴线

(a)三维页岩数字岩心(体素大小 400×400×400，物理尺寸 $l_x \times l_y \times l_z$ 为 8μm×8μm×8μm)；(b)孔隙空间居中轴线，红色表示孔隙位置，白色表示喉道位置

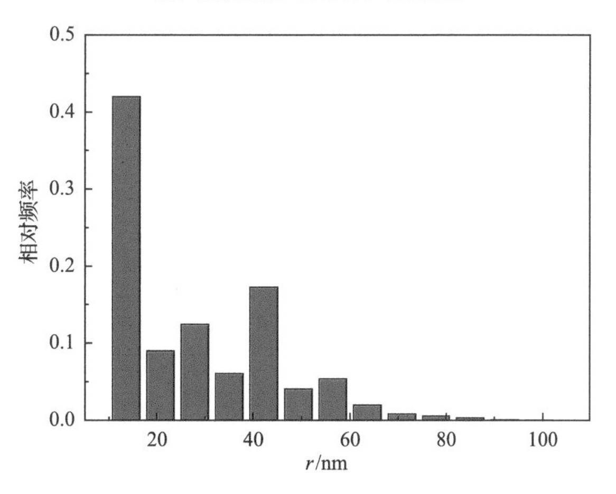

图 6.58　实验室测量到的页岩孔隙半径分布

2. 孔隙尺度-岩心尺度跨尺度压力脉冲过程模拟与实验数据验证

初始条件下，上游箱体压力高于下游箱体压力。随着压力降的传播，上游箱体压力降低，下游箱体压力上升。由于采用相同的孔隙网络模型进行串联，因此每个孔隙网络模型上的压力降可采用式(6-95)进行表示：

$$\Delta p_{\text{pnm}} = \frac{p_{\text{u}}^k - p_{\text{d}}^k}{n_{\text{porenet}}} \tag{6-95}$$

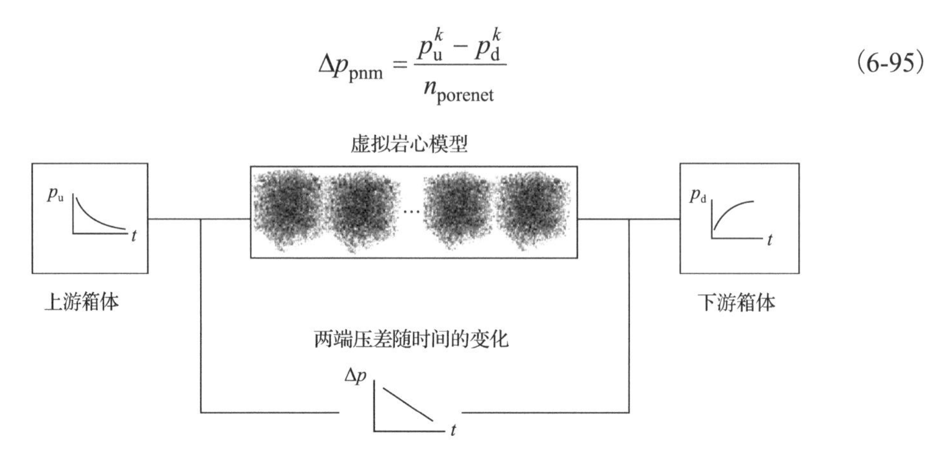

图 6.59 模拟压力脉冲实验过程物理模型示意图

式中，p_{u}^k 和 p_{d}^k 分别为第 k 个时间步上游箱体和下游箱体压力，Pa；Δp_{pnm} 为孔隙网络模型上的压力降，Pa。对于连接上游箱体的第一个孔隙网络模型，两端压力可分别采用式(6-96)和式(6-97)表示：

$$p_{\text{inlet}} = p_{\text{u}}^k \tag{6-96}$$

$$p_{\text{outlet}} = p_{\text{u}}^k - \Delta p_{\text{pnm}} \tag{6-97}$$

式中，p_{inlet} 和 p_{outlet} 分别为孔隙网络模型入口压力和出口压力，Pa。

由于实验室测试气体为惰性气体氦气，不存在吸附解吸，因此根据孔隙网络模型入口压力和出口压力采用式(6-66)计算气体传导率。气体流动控制方程见式(6-78)～式(6-80)。根据式(6-98)计算流经孔隙网络模型的总气体流量：

$$Q_{\text{total}} = \sum_{i=1}^{N_{\text{inlet}}} Q_{\text{inlet}} \tag{6-98}$$

根据每个时间步计算得到的总气体流量，采用式(6-99)、式(6-100)更新上游箱体和下游箱体压力，随着时间步的逐渐增加，上游箱体压力和下游箱体压力逐渐达到平衡。

$$c_{\text{g}} V_{\text{up}} \left(p_{\text{u}}^{k+1} - p_{\text{u}}^k \right) = -Q_{\text{total}} \Delta t \tag{6-99}$$

$$c_{\text{g}} V_{\text{down}} \left(p_{\text{d}}^{k+1} - p_{\text{d}}^k \right) = Q_{\text{total}} \Delta t \tag{6-100}$$

式中，c_{g} 为气体压缩系数，Pa^{-1}。

实验室压力脉冲曲线网络解释方法的整体技术流程如图 6.60 所示，输入数据为实验室测孔隙半径分布及孔隙居中轴线拓扑。根据压力脉冲实验参数设置上游箱体和下游箱体体积以及压力梯度，根据孔隙半径分布，随机分配孔隙拓扑上每一点孔隙和喉道尺寸，并保证喉道尺寸小于两端孔隙尺寸。将构建的孔网模型串联成岩心尺度模型，模拟压力降传播过程，计算上游压力和下游压力差随时间变化并计算压力差随时间变化直线段斜率，通过比较计算斜率与压力脉冲实验测量得到的斜率是否一致决定是否输出当前孔隙网络气体渗透率结果[式(6-81)]。实验参数见表 6.6，氦气气体性质参考 Seibt 等[50]的工作。压力脉冲过程模拟匹配实验测量斜率中产生的页岩孔隙网络模型以及第一个时间步压力降分布见图 6.61。图 6.62 显示模拟结果与实验结果匹配良好，解释研究页岩岩样的气测渗透率结果为 $9.5\times10^{-6}\mu m^2$。

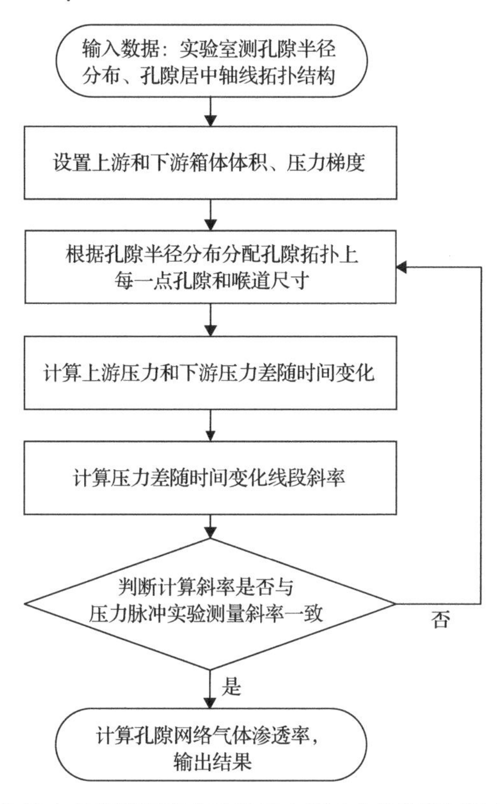

图 6.60 孔隙尺度-岩心尺度跨尺度实验室压力脉冲曲线孔隙网络解释方法技术流程

表 6.6 压力脉冲实验岩样和实验参数

参数	取值
岩心长度 L_{core}/m	0.01441
岩心直径 D_c/m	0.0251
上游箱体体积 V_{up_lab}/m^3	7.3613×10^{-5}
下游箱体体积 V_{down_lab}/m^3	7.1846×10^{-5}
上游压力 p_u/MPa	6.07534
下游压力 p_d/MPa	6
温度 T/K	293
测试气体类型	氦气

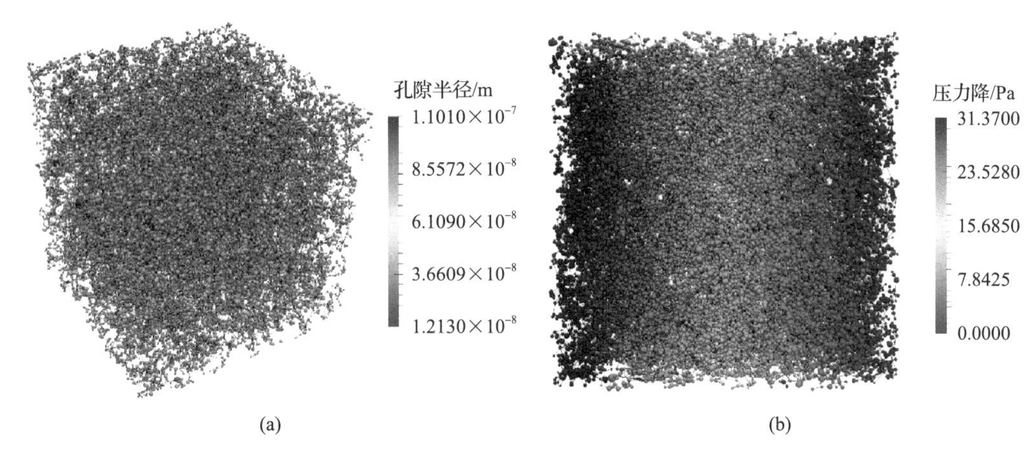

图 6.61 压力脉冲过程模拟结果

(a)匹配实验测量斜率中产生的页岩孔隙网络模型；(b)第一个时间步压力降分布

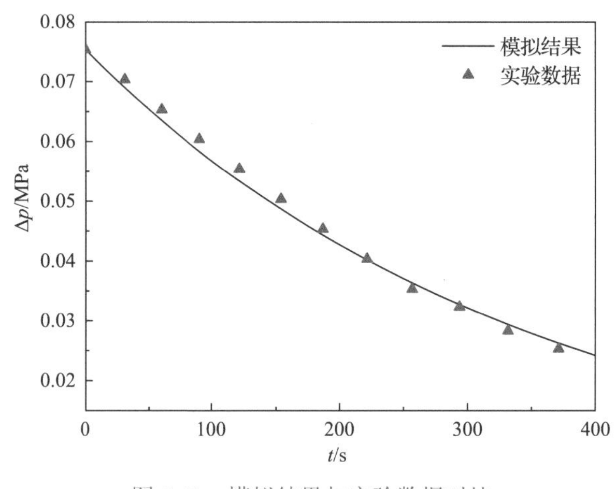

图 6.62 模拟结果与实验数据对比

与 Naraghi 和 Javadpour[47]模型的计算结果进行对比来验证模型准确性，具体对比参数见表 6.7。基于 Eagle Ford 页岩数字岩心(图 6.63)提取孔隙空间拓扑，采用文献[47]中有机质孔隙和无机质孔隙尺寸对数正态分布参数(表 6.8)在孔隙居中轴线随机分布有机质孔隙喉道和无机质孔隙喉道(图 6.64)。根据 TOC 含量，有机质孔隙和喉道体积占总孔隙空间比例设置为 12%。从对比结果可以看到，该模型结果与 Naraghi 和 Javadpour 模型的计算结果均与实验数据匹配良好(图 6.65)。该模型气测渗透率解释结果与 Naraghi 和 Javadpour[47]提出的模型气测渗透率解释结果分别为 $1.2\times10^{-7}\mu m^2$ 和 $1.07\times10^{-7}\mu m^2$，二者较为接近，验证了模型的准确性。但 Naraghi 和 Javadpour[47]提出的模型无法分析测试气体类型对渗透率解释结果的影响，本节提出的模型在解释气测渗透率结果基础上，还能够反向分析测试气体类型对渗透率解释结果的影响，具体分析见下一部分内容。

3. 测试气体类型对渗透率解释结果的影响因素分析

由于惰性气体氦气流动不受孔隙类型影响，因此气体运移机制主要以气体滑移作用

表 6.7 Naraghi 和 Javadpour[47]文献中实验参数

参数	取值
岩心尺度 L_{core}/m	0.0615
岩心直径 D_c/m	0.038
上游压力 p_u/MPa	13.79
上游箱体体积 V_{up}/m^3	30×10^{-6}
下游压力 p_d/MPa	13.1
下游箱体体积 V_{down}/m^3	30×10^{-6}
体积 TOC/%	12
温度 T/K	293
气体类型	氦气

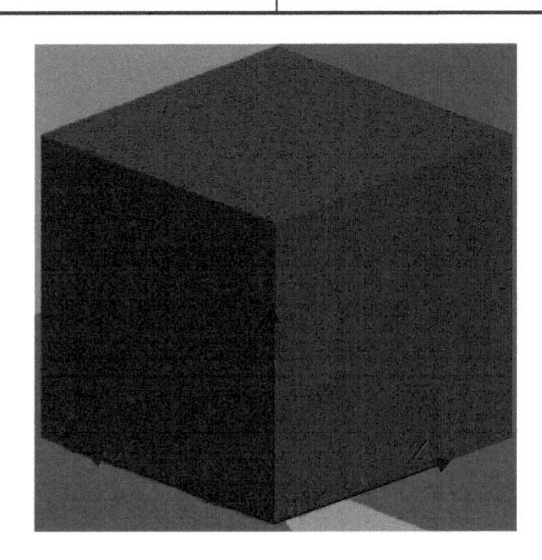

图 6.63 Eagle Ford 页岩数字岩心

体素大小 300×300×300，物理尺寸 14.4μm×14.4μm×14.4μm

表 6.8 Naraghi 和 Javadpour[47]文献中有机质孔隙和无机质孔隙尺寸对数正态分布参数

孔隙类型	均值	标准差
有机质孔隙	0.4	0.18
无机质孔隙	1.4	0.44

为主。对于甲烷气体，由于有机质孔隙壁面会存在吸附气，因此气体流动会受孔隙类型的影响。另一方面，甲烷和氦气具有截然不同的气体性质。因此需要研究实验室采用氦气测试渗透率来描述页岩储层渗透率的相对误差以及受控因素。首先计算不同单管孔隙半径下氦气渗透率与考虑吸附气流动的甲烷测试渗透率或不考虑吸附气流动甲烷测试渗透率的比值。从图 6.66(a)中可以看出，当孔隙半径在 100nm 以上时，氦气测试渗透率与甲烷测试渗透率结果相差不大；当孔隙半径在 100nm 以下时，氦气测试渗透率会随着孔隙半径的减小远高于甲烷测试渗透率，并且当孔隙半径在 10nm 以下时，氦气测试渗透率会高于甲烷测试渗透率 30%以上，并且不考虑吸附气流动情况下相对误差在 50%

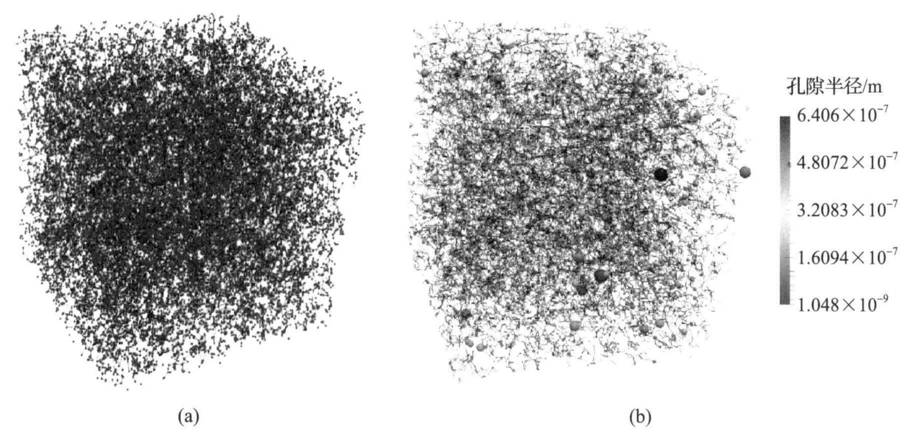

图 6.64 用于模型验证的页岩孔隙结构

(a)孔隙居中轴线(红点表示有机质孔隙位置，蓝点表示无机质孔隙和喉道位置)；
(b)压力脉冲过程模拟中产生的页岩孔隙网络模型

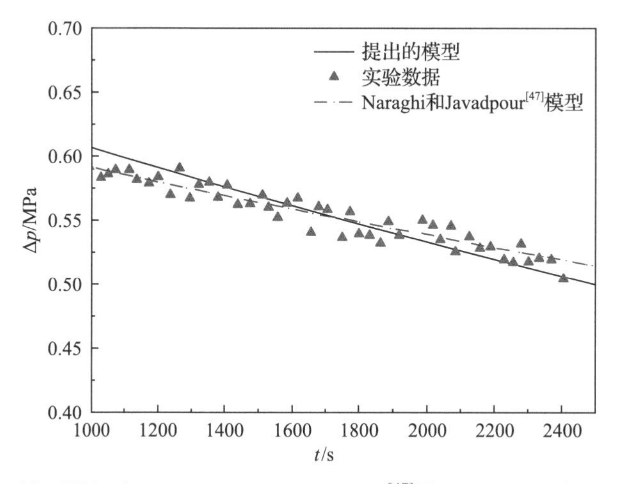

图 6.65 模型模拟结果、Naraghi 和 Javadpour[47]模型的结果和实验数据对比

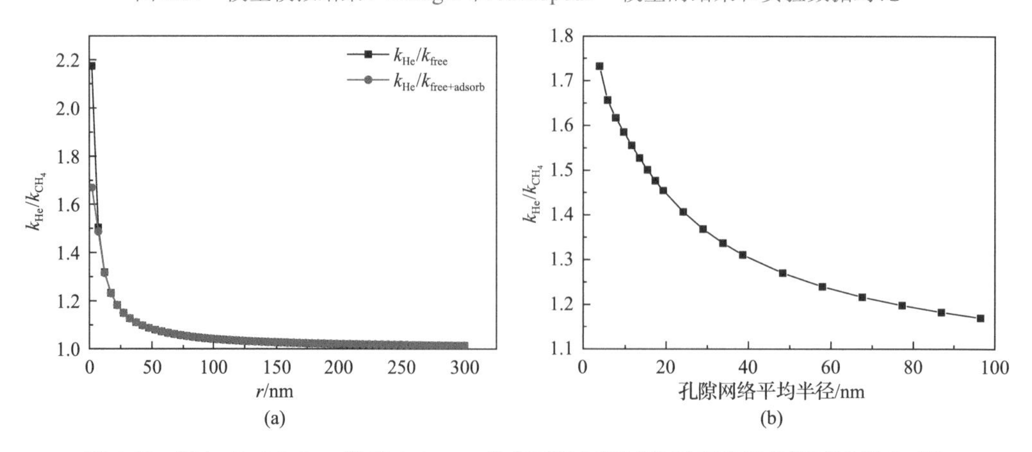

图 6.66 压力 13.45MPa、温度 273.15K 条件下氦气测试渗透率和甲烷测试渗透率对比

(a)不同单管孔隙半径下氦气渗透率与甲烷渗透率比值；(b)不同孔隙网络平均半径下氦气渗透率与甲烷渗透率比值

以上。出现这种现象的原因是氦气平均分子自由程要远大于甲烷分子平均分子自由程[50]，因此气体滑移现象更明显，导致氦气测试渗透率在小孔隙尺寸下要远大于甲烷测试渗透率。同时为考虑孔隙结构对相对误差的影响，基于图 6.64(b) 页岩孔隙网络模型，逐步缩小孔隙网络上每一点孔隙和喉道尺寸，计算不同孔隙网络平均半径下的氦气测试渗透率与甲烷测试渗透率比值。从图 6.66(b) 结果可以看到，当孔隙网络平均半径在 20nm 以下时，氦气测试渗透率会高于甲烷测试渗透率 40%以上。模拟结果解释了实验观察到氦气测试渗透率大于甲烷测试渗透率的现象[51]。本部分建立的模型相比于其他模型的优势在于在准确解释压力脉冲数据的基础上，还能够基于三维空间真实页岩孔隙结构来反向分析不同测试气体类型对渗透率预测结果的影响。

6.5　页岩气藏微纳尺度孔隙网络模型两相流动模拟方法

6.5.1　页岩有机质孔隙网络气水两相流动规律

1. 水相注入过程中有机质孔隙内气水两相赋存状态

由于目前微纳尺度气水两相物理实验较为困难，认识页岩中气水两相流动规律必须通过数值模拟手段解决。图 6.67 表示有机质孔隙中水驱气前气相流动状态，自由气在孔隙中心流动，吸附气在孔隙壁面流动。根据 Lee 等[52]的分子模拟结果，有机质孔隙气水两相赋存条件下，吸附气会占据孔隙壁面而水相占据孔隙中央。图 6.68 表示有机质孔隙中水驱气后气水两相流动状态，水相驱替孔隙中心的自由气在孔隙中心流动，吸附气在孔隙壁面以表面扩散的方式进行流动。对于占据孔隙中心的水相，贴近孔隙壁面处的一定厚度的水相黏度会发生变化。根据 Wu 等[53]的研究结果，水相变黏度层厚度约为 0.7nm，并且水相边界变化黏度与水相润湿角有关，可表示为

$$\frac{\mu_{\mathrm{i}}}{\mu_{\infty}} = -0.018\theta_{\mathrm{w}} + 3.25 \tag{6-101}$$

式中，μ_{i} 为水相变化黏度；μ_{∞} 为水相自由黏度；θ_{w} 为水相润湿角。

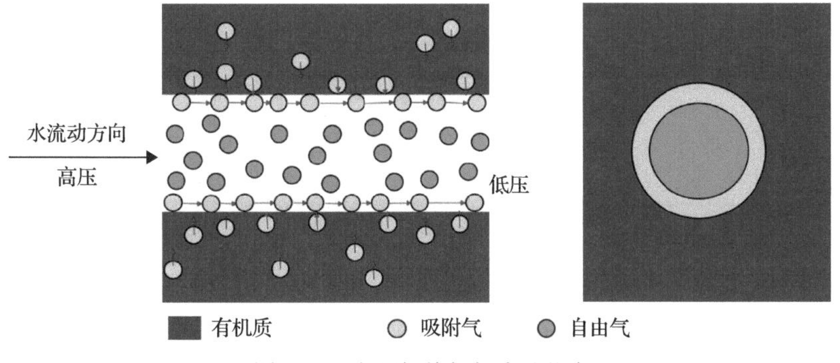

图 6.67　水驱气前气相流动状态

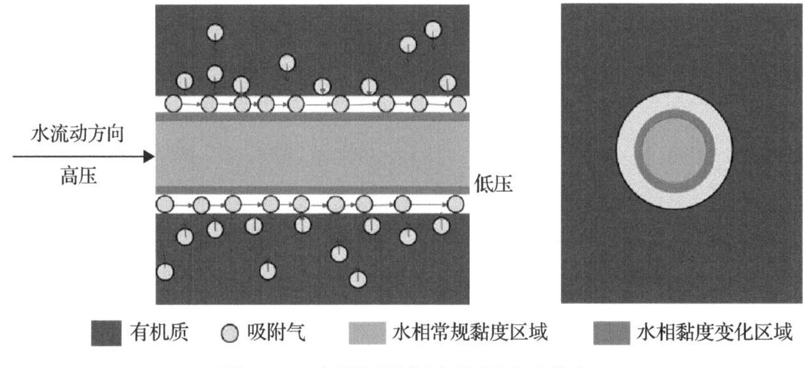

图 6.68　水驱气后气水两相流动状态

不同温度下的水相自由黏度可根据式(6-102)通过地层温度给定[54]：

$$\mu_{\infty}(T)=2.414\times10^{-5}\times10^{247.8/(T-140)} \tag{6-102}$$

考虑吸附气等效壁面厚度后，水相等效流动半径可表示为

$$r_{\text{eff\_water}}=r-d_{\mathrm{m}}\theta \tag{6-103}$$

水相在微纳米孔道中流动时会体现出边界速度滑移作用。其滑移长度与水相润湿角有关，Wu 等[53]通过拟合分子模拟数据得到了滑移长度 l_{st} 与水相润湿角 θ_{w} 的经验公式如下：

$$l_{\mathrm{st}}=\frac{0.41}{\left(\cos\theta_{\mathrm{w}}+1\right)^{2}} \tag{6-104}$$

考虑微纳米孔道边界速度滑移作用后的水相流量可表示为

$$Q_{\text{water}}=\frac{\pi}{8\mu\left(r_{\text{eff\_water}}\right)}\left(r_{\text{eff\_water}}^{4}+4r_{\text{eff\_water}}^{3}l_{\mathrm{st}}\right)\frac{\mathrm{d}p}{\mathrm{d}x} \tag{6-105}$$

根据式(6-56)和式(6-105)，水相传导率可表示为

$$g_{\text{water}}=\frac{\pi}{8\mu\left(r_{\text{eff\_water}}\right)l}\left(r_{\text{eff\_water}}^{4}+4r_{\text{eff\_water}}^{3}l_{\mathrm{st}}\right) \tag{6-106}$$

采用 TIP4P/2005 水分子势能模型考虑水相表面张力随温度的变化[55]：

$$\gamma_{\mathrm{w0}}=227.86\left(1-T/T_{\mathrm{c}}\right)^{11/9}\left[1-0.6413\left(1-T/T_{\mathrm{c}}\right)\right]\times10^{-3} \tag{6-107}$$

式中，T_{c} 为水分子临界温度，取值为 641.4K。

微纳米孔道水相表面张力会随孔隙尺寸发生变化，水相表面张力随孔隙尺寸的变化关系可表示为[56]

$$\gamma_{\mathrm{w}} = \gamma_{\mathrm{w}0}\left(1-\frac{1}{4r/h-1}\right)\exp\left(-\frac{2S_{\mathrm{b}}}{3R}\frac{1}{4r/h-1}\right) \tag{6-108}$$

$$S_{\mathrm{b}} = \frac{E_0}{T_{\mathrm{b}}} \tag{6-109}$$

式中，h 为水分子直径，取值为 0.096nm；E_0 为焓值，kJ/mol；T_{b} 为沸点，取值为 373K。

气水两相界面毛细管力可表示为

$$p_{\mathrm{cw}} = \frac{2\gamma_{\mathrm{w}}\cos\theta_{\mathrm{w}}}{r_{\mathrm{eff\_or}}} \tag{6-110}$$

2. 水相注入过程有机质气水两相流动模拟

图 6.69 为某区块重建得到的页岩有机质数字岩心以及提取得到的孔隙网络模型。从图 6.70 可以看出，有机质孔隙网络模型平均配位数为 3 左右，40%的孔隙连通性较差。平均孔喉比为 0.4 左右，与砂岩孔喉比统计结果相似。

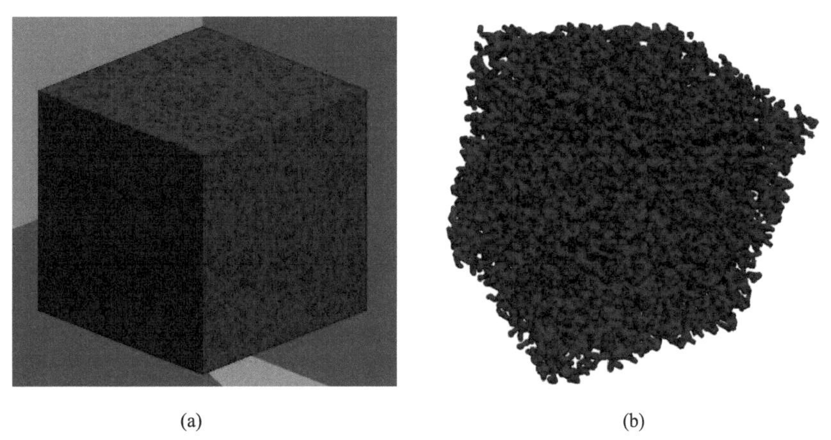

(a)　　(b)

图 6.69　页岩气水两相流动规律研究某区块页岩有机质样品

(a)页岩数字岩心(体素尺寸：400×400×400，分辨率 12nm)；(b)提取得到的孔隙网络模型

初始条件下认为，游离气和吸附气充满有机质孔隙网络，吸附气不断从孔隙表面有机质中解吸出来，在外界驱替压力作用下水相从孔隙网络模型一端侵入。从孔隙网络模型一端不断提高水的注入压力，采用侵入逾渗方法模拟侵入孔隙的顺序，计算水相能侵入的孔隙拓扑，根据侵入孔隙计算含水饱和度[57]：

$$S_{\mathrm{w}} = \frac{\sum_{i=1}^{n_1} V_{\mathrm{p}i} + \sum_{i=1}^{n_2} V_{\mathrm{t}i}}{V_{\mathrm{pore}}} \tag{6-111}$$

式中，V_{pi} 和 V_{ti} 分别为单个孔隙体积和喉道体积；n_1、n_2 分别为侵入孔隙和喉道数量；V_{pore} 为总的孔隙体积。

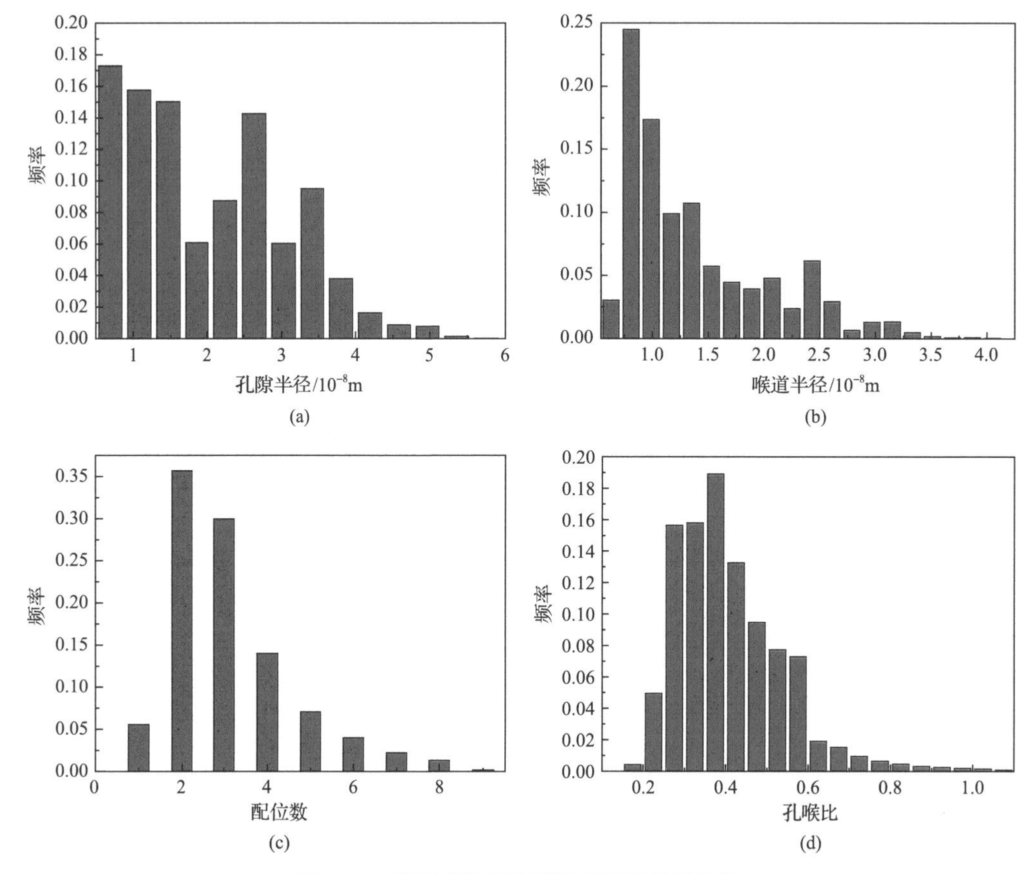

图 6.70 页岩有机质孔隙网络模型储层参数

(a) 孔隙半径分布；(b) 喉道半径分布；(c) 配位数分布；(d) 孔喉比分布

常规孔网模型只需通过式(6-112)计算流量来计算两相相对渗透率：

$$k_{rp} = \frac{Q_{tmp}}{Q_{tsp}} \tag{6-112}$$

式中，Q_{tmp} 为两相流动条件下各自对应的单相流量；Q_{tsp} 为相同压差下整个模型单相流动条件下的流量。

由于气相在各个孔道黏度发生变化，需采用求渗透率方法计算相对渗透率。另外由于气水在微纳米孔道流动机制不同，相同孔隙网络模型分别采用单相水和单相气流动模拟得到的绝对渗透率不同，因此式(6-113)和式(6-114)中相对渗透率求解分别使用了对应的绝对渗透率 k_{gabs} 和 k_{wabs}：

$$k_{rg} = \frac{k_g}{k_{gabs}} \tag{6-113}$$

$$k_{rw} = \frac{k_w}{k_{wabs}} \tag{6-114}$$

页岩气水两相流动模拟参数见表 6.9。图 6.71 显示不同驱替压力下页岩孔隙网络模型气水两相分布。

表 6.9 页岩气水两相流动模拟参数

参数	取值
地层温度 T/K	400
孔隙压力 p/MPa	40
压力梯度 $\mathrm{d}p/\mathrm{d}x$/(MPa/m)	0.1
朗缪尔压力 p_L/MPa	13.789514
最大吸附气浓度 C_{max}/(mol/m^3)	328.7
覆盖度为零时的等温吸附热$\Delta H(0)$/(J/mol)	16000
等温吸附热线性变化系数 γ/(J/mol)	−4186[29]
堵塞速度常数与迁移速度常数比值 κ	0.5[29]
气体摩尔质量 M_w/(kg/mol)	0.01604
水相接触角 θ_w/(°)	103
体积 TOC 含量 TOC_{in}	0.01

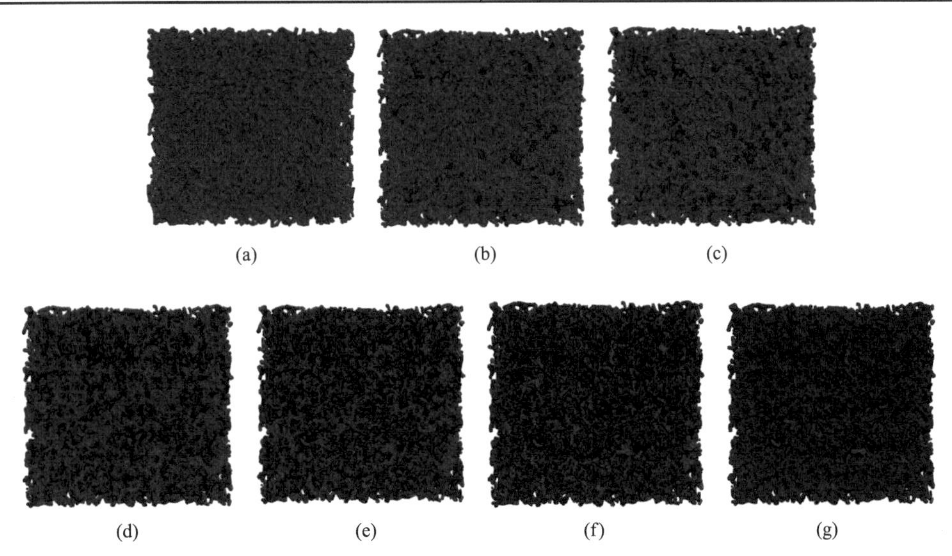

图 6.71 页岩气水两相流动过程(右端注水，红色为水相，蓝色为气相，驱替结束后残余气饱和度为 0.2)
(a) S_w=0.0015；(b) S_w=0.23；(c) S_w=0.34；(d) S_w=0.5；(e) S_w=0.62；(f) S_w=0.7；(g) S_w=0.8

3. 有机质气水相渗曲线变化规律分析

图 6.72 表示不同孔隙压力和地层温度下的气水相渗曲线。随着孔隙压力升高，吸附气表面扩散能力减弱，气相相对渗透率曲线降低。气藏温度升高，吸附气表面扩散能力增强，气相相对渗透率曲线升高。孔隙压力和地层温度的改变对水相相对渗透率曲线的影响很小。为了研究孔隙尺寸对有机质气水相渗曲线影响，通过采用式(6-115)中比例调

节系数γ_i(2，1，0.8，0.6，0.4)等比例放大和缩小孔隙和喉道尺寸，产生 5 组具有不同平均喉道尺寸的(31.2nm，15.6nm，12.48nm，9.36nm，6.24nm)有机质孔隙网络模型，计算不同孔隙尺寸下的气水相渗曲线(图 6.73)。

$$r_{\text{shrink}} = r\gamma_i, \quad i = 1,2,3,4,5 \tag{6-115}$$

式中，r_{shrink}为收缩后的孔隙半径；r为孔隙半径。

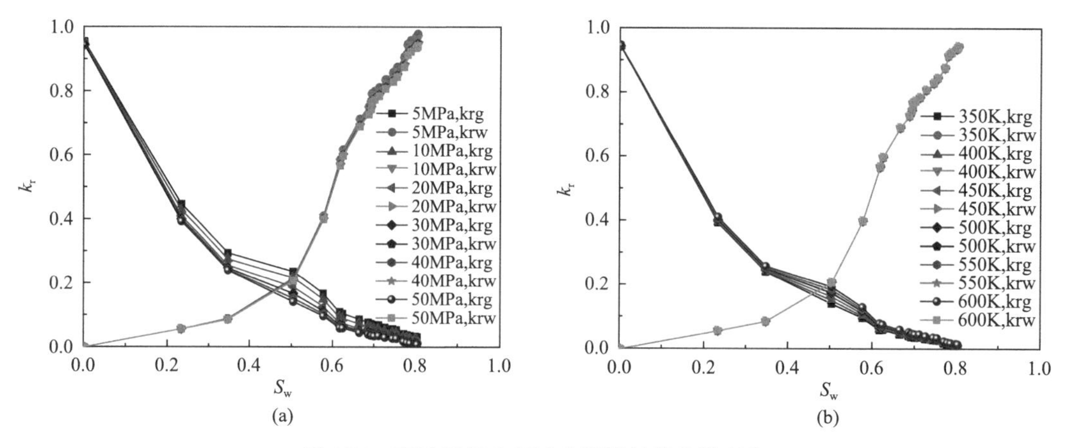

图 6.72 有机质气水相渗曲线随气藏参数变化

(a)不同孔隙压力；(b)不同地层温度

由于孔隙尺寸减小，水相流动截面占据比例减小，吸附气流动截面占据比例增加，表面扩散能力增强，水相流动能力减弱。以单个有机质孔隙表面扩散对气体渗透率的贡献为例(图 6.74)，随着孔隙半径的减小，表面扩散对气体流动能力贡献逐渐增大。因此随着孔隙尺寸减小，气相相对渗透率曲线抬升，水相相对渗透率曲线降低。对于典型非水相润湿相渗曲线，相渗曲线交叉点含水饱和度通常小于 0.5，但对于有机质内气水相渗曲线，由于吸附气表面扩散作用导致气相相渗曲线在某些气藏条件下交叉点含水饱和度大于 0.5(孔隙压力 10MPa 以下，孔隙尺寸 10nm 以下，地层温度 550K 以上)。

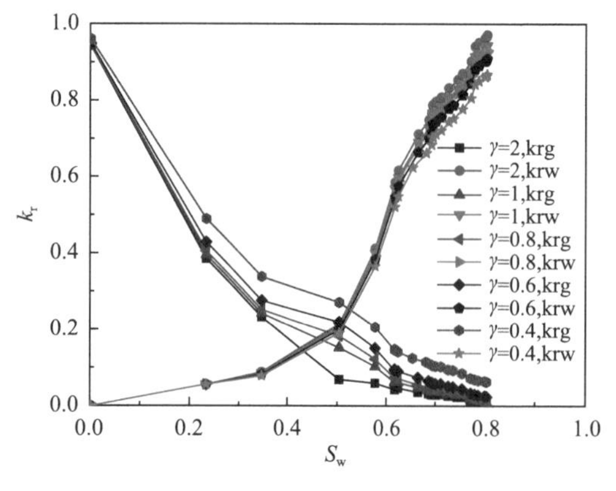

图 6.73 不同孔隙尺寸下的有机质气水相渗曲线(温度 400K，压力 40MPa)

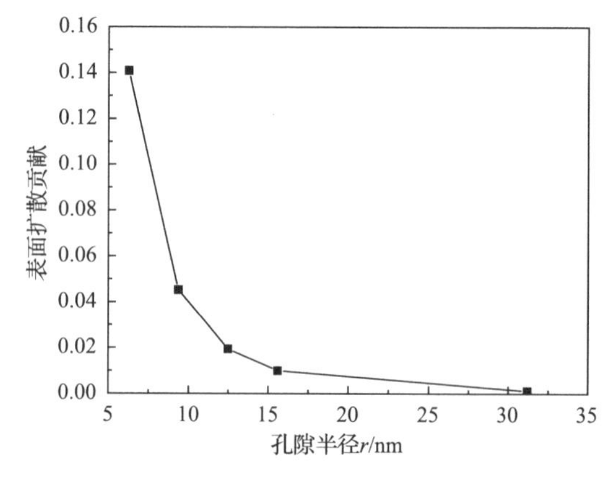

图 6.74 不同孔隙半径下表面扩散对气体流动能力贡献

6.5.2　考虑有机孔-无机孔共存的双重孔隙类型孔隙网络气水两相流动规律

1. 双重孔隙类型孔隙网络模型建立

由于有机质孔隙和喉道尺寸一般小于无机质孔隙和喉道尺寸，因此基于前面介绍的页岩孔隙网络模型，从最小的孔隙和喉道标记有机质孔隙和喉道，直到有机质孔隙和喉道的总体积占总孔隙体积的比例达到体积 TOC 含量。构建的双重孔隙类型页岩孔隙网络模型如图 6.75 所示。有机质孔隙孔径尺寸分布和无机质孔隙孔径尺寸分布见图 6.76 和图 6.77。

图 6.75　构建的双重孔隙类型页岩孔隙网络模型

红色表示有机质孔隙和喉道，蓝色表示无机质孔隙和喉道

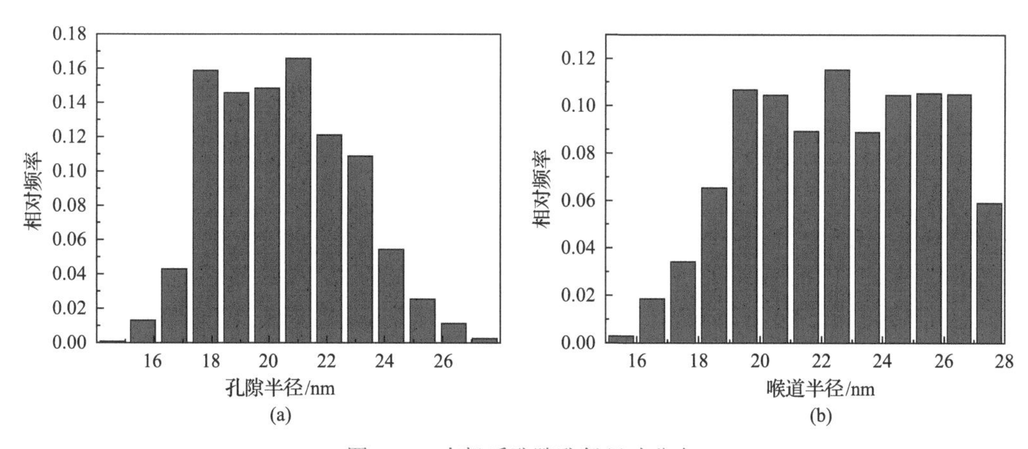

图 6.76　有机质孔隙孔径尺寸分布

(a) 孔隙半径分布；(b) 喉道半径分布

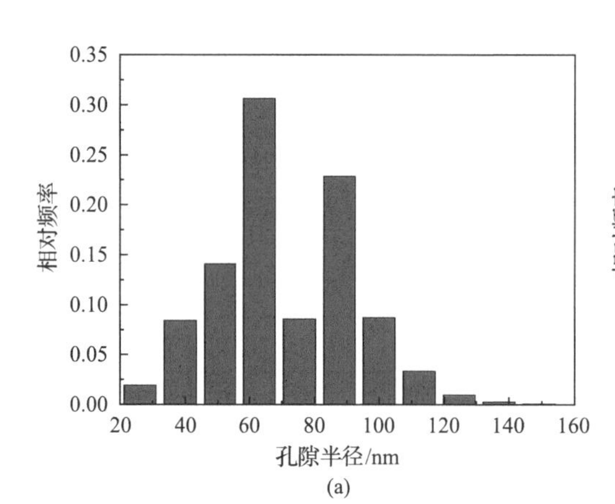

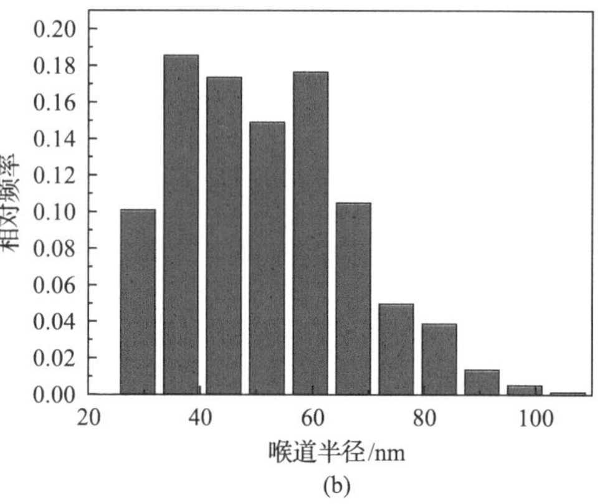

图 6.77 无机质孔隙孔径尺寸分布

(a) 孔隙半径分布；(b) 喉道半径分布

2. 压裂液注入与返排过程中页岩孔隙内气水两相赋存状态

图6.78和图6.79表示压裂液注入过程和返排过程中有机质孔隙和无机质孔隙中气水两相分布状态。根据实验结果[58-60]，水相前进角随着孔隙压力的增加而增加且在高压下可接近 90°。因此压裂液自发吸吮进入无机质孔隙过程可认为为活塞式过程。压裂液返排过程中，气相会驱替不规则无机质孔隙中心的水相，角落水相在孔隙壁面进行流动。对于压裂液进入有机质孔隙的过程，吸附气相赋存于孔隙壁面，水相赋存于孔隙中心。返排阶段由于孔隙壁面吸附气的存在，孔隙中心的水相被进入孔隙中的气相驱替。

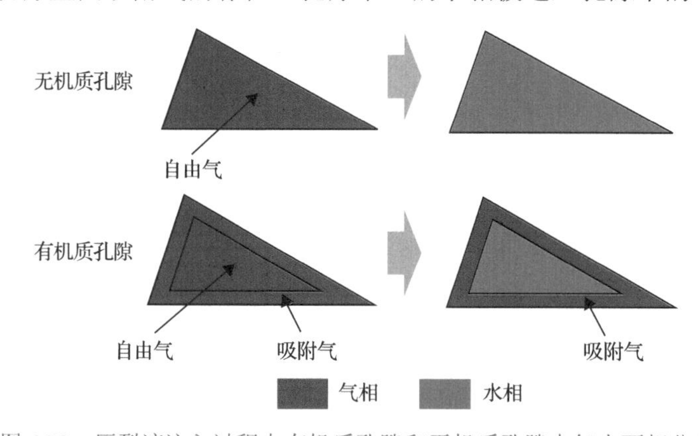

图 6.78 压裂液注入过程中有机质孔隙和无机质孔隙中气水两相分布

无机质孔隙压裂液注入过程为活塞式过程，因此无机质孔隙中含水饱和度为 1。注入过程中有机质孔隙水相饱和度可表示为

$$S_{\mathrm{w\_loc\_or}} = \frac{A_{\mathrm{p}} - p_{\mathrm{e}} d_{\mathrm{m}} \theta}{A_{\mathrm{p}}} \tag{6-116}$$

对应的水相传导率可表示为

$$g_{\text{mw}} = g_{\text{sw}} S_{\text{w\_loc\_or}} \tag{6-117}$$

式中，g_{sw} 为单相情况下水相传导率。

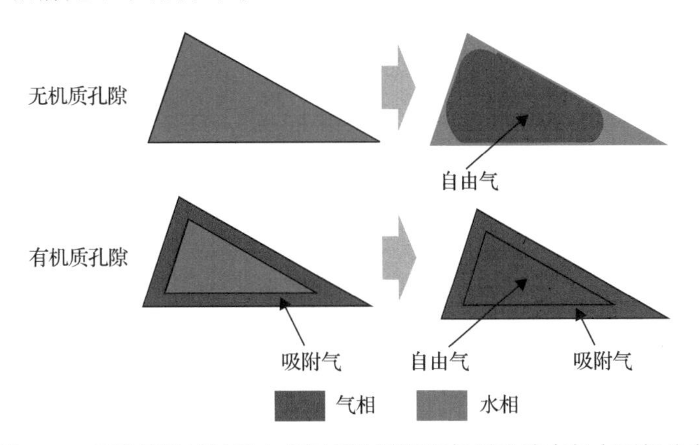

图 6.79　压裂液返排过程中有机质孔隙和无机质孔隙中气水两相分布

考虑水相边界滑移以及达西流情况下正方形孔隙和三角形孔隙流量表达式，水相在不同形状无机质孔隙中单相传导率可表示为如下所示。

圆形孔隙水相导水率为

$$g_{\text{sw\_cir}} = \frac{\pi r^4}{8\mu_{\text{w}} l}\left(1 + \frac{4l_{\text{st}}}{r}\right) \tag{6-118}$$

正方形孔隙水相导水率为

$$g_{\text{sw\_squ}} = 0.42173\frac{w^4}{12\mu_{\text{w}} l}\left(1 + \frac{4l_{\text{st}}}{r}\right) \tag{6-119}$$

三角形孔隙水相导水率为

$$g_{\text{sw\_tri}} = 0.6\frac{A_{\text{tri}}^2 G}{\mu_{\text{w}} l}\left(1 + \frac{4l_{\text{st}}}{r}\right) \tag{6-120}$$

式中，l_{st} 通过式(6-104)进行计算。

图 6.80 表示压裂液返排过程中单个不规则无机质孔隙角落中气水两相分布状态。

根据自由能平衡原理：

$$\Delta F_{\text{L}} = -\gamma_{\text{g,w}}\left[\kappa\Delta A - \left(\Delta L_{\text{gw}} + \Delta L_{\text{gs}}\cos\theta_{\text{w}}\right)\right] \tag{6-121}$$

式中，ΔF_{L} 为单位界面长度上自由能变化，N；ΔA 为水相占据的孔隙面积变化，m^2；κ 为气水界面曲率，m^{-1}；ΔL_{gw} 为气水界面长度变化，m；ΔL_{gs} 为气相与固体壁面接触长度变化，m；θ_{w} 为水相润湿角，(°)。

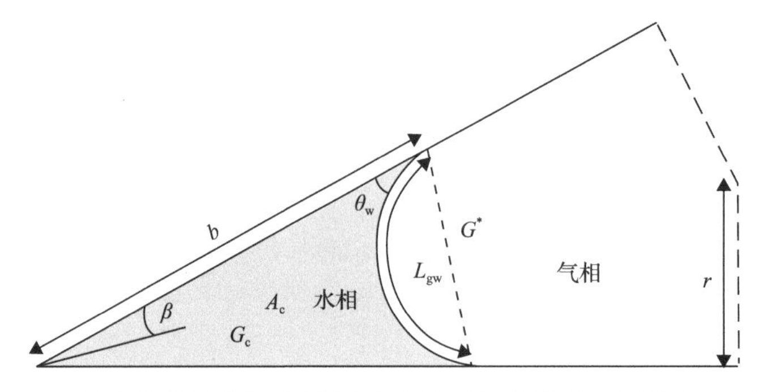

图 6.80　单个不规则无机质孔隙角落压裂液返排过程气水两相分布状态

当ΔF_L为 0，气水两相流体分布平衡时，水相角落赋存状态取决于润湿角θ_w与三角形孔隙中三个角落半角β_i之间的大小关系：当$\theta_w < \pi/2 - \beta_i$时，该角落存在水相角落赋存；当$\theta_w \geqslant \pi/2 - \beta_i$时，该角落不存在水相角落赋存。

对于满足角落赋存的水相，根据润湿角以及几何关系可以得到

$$A_{\text{eff\_g}} = A_p - R_{g,w}^2 \sum_{i=1}^{n_{cor}} \left[\frac{\cos\theta_w \cos(\theta_w + \beta_i)}{\sin\beta_i} + \theta_w + \beta_i - \frac{\pi}{2} \right] \tag{6-122}$$

$$A_{ci} = \left[\frac{b_i \sin\beta_i}{\cos(\theta_w + \beta_i)} \right]^2 \left[\frac{\cos\theta_w \cos(\theta_w + \beta_i)}{\sin\beta_i} + \theta_w + \beta_i - \frac{\pi}{2} \right] = R_{g,w}^2 S_1 \tag{6-123}$$

$$b_i = R_{g,w} \frac{\cos(\theta_w + \beta_i)}{\sin\beta_i} \tag{6-124}$$

$$R_{g,w} = \frac{\gamma_w}{p_{c\_(g,w)}} \tag{6-125}$$

$$D_{g,w} = S_1 - 2\sum_{i=1}^{n_{cor}} \frac{\cos(\theta_w + \beta_i)}{\sin\beta_i} \cos\theta_w + S_3 \tag{6-126}$$

$$L_{gw} = 2R_{g,w} \sum_{i=1}^{n_{cor}} \left(\frac{\pi}{2} - \theta_w - \beta_i \right) = R_{g,w} S_3 \tag{6-127}$$

$$G_{ci} = \frac{A_{ci}}{4b_i^2 \left[1 - \frac{\sin\beta_i}{\cos(\theta_w + \beta_i)} \left(\theta_w + \beta_i - \frac{\pi}{2} \right) \right]^2} \tag{6-128}$$

$$G_i^* = \frac{\sin\beta_i \cos\beta_i}{4(1 + \sin\beta_i)^2} \tag{6-129}$$

$$C_{\_\text{val}} = 0.364 + 0.28 \frac{G_i^*}{G_{ci}} \tag{6-130}$$

式中，A_{eff_g} 为孔隙内气相占据面积；$R_{g,w}$ 为气水界面曲率半径，m；$p_{c\_(g,w)}$ 为气水界面毛细管力，Pa；L_{gw} 为气水界面长度，m；β_i 为存在水相角落赋存的角落半角(i=1–n_{cor})；n_{cor} 为存在水相角落赋存的角落个数；A_{ci} 为在角落 i 水相角落赋存占据的面积，m^2；b_i 为角落 i 上水相角落赋存在孔隙壁面上的延伸长度，m；G^* 为水相单个角落不考虑气水界面曲面的形状因子(图 6.80)；G_{ci} 为水相单个角落考虑气水界面曲面的形状因子；S_1 和 S_3 均为无因次参量。

气相开始进入不规则孔隙的阈值毛细管力可表示为

$$p_{c\_(g,w)} = \frac{\gamma_{g,w}\cos\theta_w\left(1+2\sqrt{\pi G}\right)}{r}F_d\left(\theta_w, G, \beta_i\right) \tag{6-131}$$

$$F_d\left(\theta_w, G, \beta_i\right) = \frac{1+\sqrt{1+\dfrac{4GD_{g,w}}{\cos^2\theta_w}}}{1+2\sqrt{\pi G}} \tag{6-132}$$

当孔隙为圆形孔隙时，阈值毛细管力可表示为

$$p_{c\_(g,w)} = \frac{2\gamma_{g,w}\cos\theta_w}{r} \tag{6-133}$$

式(6-131)和式(6-132)中气水界面张力 $\gamma_{g,w}$ 通过式(6-107)～式(6-109)进行计算。

根据式(6-122)～式(6-125)，压裂液返排过程中无机质孔隙含水饱和度可表示为

$$S_{w\_loc} = 1-\frac{A_{eff\_g}}{A_p} \tag{6-134}$$

有机质孔隙中由于水相能够被侵入气相完全驱替，因此有机质孔隙中含水饱和度为 0。对于无机质孔隙气水两相赋存情况下水相角落流动能力，首先定义以下参数来简化推导：

$$C_2 = \frac{\cos\left(\theta_w+\beta_i\right)}{\sin\beta_i} \tag{6-135}$$

$$C_3 = \frac{\pi}{2}-\theta_w-\beta_i \tag{6-136}$$

单个水相赋存角落边界周长可表示为

$$p_{\_cor} = 2R_{g,w}C_2 + 2R_{g,w}C_3 \tag{6-137}$$

水相角落等效流动半径可表示为

$$R_{\_cor} = \frac{2A_{ci}}{p_{\_cor}} = \frac{R_{g,w}S_1}{C_2+C_3} \tag{6-138}$$

根据式(6-118)，角落处水相滑移系数可表示为

$$S_{\mathrm{fc}}=1+\frac{4l_{\mathrm{st}}}{R_{\_\mathrm{cor}}}=1+\frac{C_4}{R_{\mathrm{g,w}}} \tag{6-139}$$

式中，C_4可表示为

$$C_4=\frac{4\left(C_2+C_3\right)l_{\mathrm{st}}}{S_1} \tag{6-140}$$

达西流动情况下，水相在单个孔隙角落处流量随压差的变化规律可表示为[57]

$$q_{\mathrm{wc\_ns}}=C_{\_\mathrm{val}}\frac{A_{\mathrm{c}i}^2G_{\mathrm{c}i}}{\mu_{\mathrm{w}}}\frac{\mathrm{d}p}{\mathrm{d}x} \tag{6-141}$$

考虑角落处水相滑移系数，水相在单个孔隙角落处流量随压差的变化规律可表示为

$$q_{\mathrm{wc\_s}}=S_{\mathrm{fc}}C_{\_\mathrm{val}}\frac{A_{\mathrm{c}i}^2G_{\mathrm{c}i}}{\mu}\frac{\Delta p}{l} \tag{6-142}$$

根据式(6-142)，单个角落处水相传导率可表示为

$$g_{\mathrm{wc\_s}}=\frac{S_{\mathrm{fc}}C_{\_\mathrm{val}}A_{\mathrm{c}i}^2G_{\mathrm{c}i}}{\mu_{\mathrm{w}}l} \tag{6-143}$$

因此两相赋存条件下的水相传导率可通过计算每个角落处的水相传导率求和得到

$$g_{\mathrm{mw}}=\sum_{i=1}^{n_{\mathrm{cor}}}\frac{S_{\mathrm{fc}}C_{\_\mathrm{val}}A_{\mathrm{c}i}^2G_{\mathrm{c}i}}{\mu_{\mathrm{w}}l} \tag{6-144}$$

两相赋存情况下，气相传导率的计算首先要计算出气相在孔隙中占据的比例，按照单相情况下的气相传导率g_{sg}对应计算得到

$$g_{\mathrm{mg}}=g_{\mathrm{sg}}\left(1-\frac{\sum_{i=1}^{n_{\mathrm{cor}}}A_{\mathrm{c}i}}{A_{\mathrm{p}}}\right) \tag{6-145}$$

3. 压裂液注入与返排过程中气水两相流动模拟

初始条件下气相充满整个页岩孔隙网络，压裂液注入与返排过程由毛细管力控制[61,62]（图6.81）。压裂液注入过程可分为两个流动阶段，详述如下。

第一个阶段为毛细管力控制的压裂液吸吮过程，由于孔隙尺寸越小，毛细管力越大，因此压裂液首先进入孔隙尺寸较小的无机质孔隙，再逐步进入孔隙尺寸较大的无机质孔

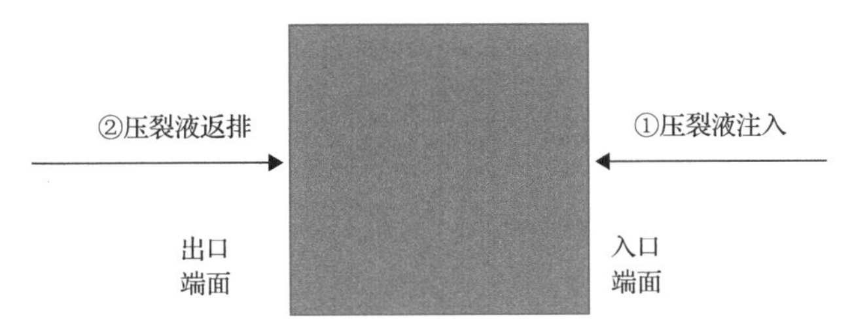

图 6.81 页岩孔隙网络模型上压裂液注入与返排过程模拟二维示意图

隙,当毛细管力达到最大无机质孔隙对应的毛细管力后,毛细管力控制的吸吮过程结束。具体算法实现过程如下：首先计算每个无机质孔隙和喉道上阈值毛细管力，找到最大阈值毛细管力和最小阈值毛细管力，设置一组从最大阈值毛细管力变化到最小阈值毛细管力的毛细管力，与每个无机质孔隙和喉道上的阈值毛细管力进行比较，找到阈值毛细管力大于毛细管力的孔隙和喉道，根据连通图原理搜索与入口孔隙相连通的、阈值毛细管力大于毛细管力的孔隙和喉道，这些孔隙和喉道为每个毛细管力下水相能吸入的孔隙拓扑。

第二个阶段为毛细管力控制的压裂液驱替有机质孔隙中自由气过程，压裂液在有机质孔隙周围的含水无机质孔隙中，在外界驱替压力作用下逐步侵入有机质孔隙，从页岩孔隙网络模型压裂液入口端不断提高水相的驱替压力，采用侵入逾渗方法模拟侵入有机质孔隙的顺序，计算压裂液能侵入的有机质孔隙，主要算法过程如下：首先计算每个有机质孔隙和喉道上阈值毛细管力，与驱替压力进行比较，找到阈值毛细管力小于驱替压力的有机质孔隙和喉道，根据连通图原理搜索与无机质含水孔隙相连通的、阈值毛细管力小于驱替压力的有机质孔隙和喉道，这些孔隙和喉道为每个驱替压力下水相能侵入的有机质孔隙拓扑。压裂液注入过程模拟至页岩孔隙网络模型上气相不再具有流动能力时结束。

基于压裂液注入过程完成后的页岩孔隙网络模型上气水两相分布状态，压裂液返排过程同样分为两个流动阶段。第一个阶段为毛细管力控制的气相吸吮过程，气相在页岩孔隙网络模型出口进入，由于有机质孔隙为气相润湿，因此气相首先进入与出口端面上的有机质孔隙相连通的有机质孔隙连通拓扑。由于孔隙尺寸越小，毛细管力越大，因此气相首先进入孔隙尺寸较小的有机质孔隙，再逐步进入孔隙尺寸较大的有机质孔隙。当毛细管力达到最大有机质孔隙对应的毛细管力后，毛细管力控制的吸吮过程结束。具体算法实现过程如下：首先基于连通图原理寻找与出口端面上的有机质孔隙相连通的有机质孔隙连通拓扑,计算有机质孔隙连通拓扑上的每个有机质孔隙和喉道上阈值毛细管力,找到最大阈值毛细管力和最小阈值毛细管力，设置一组从最大阈值毛细管力变化到最小阈值毛细管力的毛细管力，与连通拓扑上的有机质孔隙和喉道上的阈值毛细管力进行比较，找到阈值毛细管力大于毛细管力的孔隙和喉道，这些孔隙和喉道为每个毛细管力下气相能进入的有机质孔隙拓扑。

第二个阶段为毛细管力控制的气相驱替无机质孔隙中的压裂液过程，从页岩孔隙网络模型出口端面不断提高驱替压力，气相在无机质孔隙周围的含气有机质孔隙以及出口端面无机质孔隙逐步侵入无机质孔隙，采用侵入逾渗方法模拟侵入无机质孔隙的顺序，计算气相能侵入的无机质孔隙，主要算法过程如下：首先计算每个无机质孔隙和喉道上阈值毛细管力，与驱替压力进行比较，找到阈值毛细管力小于驱替压力的无机质孔隙和喉道，根据连通图原理搜索与出口无机质孔隙或有机质含气孔隙相连通的、阈值毛细管力小于驱替压力的无机质孔隙和喉道，这些孔隙和喉道为每个驱替压力下气相能侵入的无机质孔隙拓扑。

压裂液注入过程，不同流动阶段含水饱和度可表示为

$$S_{\mathrm{w}}=\frac{\sum_{i=1}^{n_1}V_{\mathrm{in}}(i)+\sum_{i=1}^{n_2}V_{\mathrm{or}}(i)\left[1-S_{\mathrm{w\_loc\_or}}(i)\right]}{V_{\mathrm{pore}}} \tag{6-146}$$

式中，V_{in}为压裂液进入的无机质孔隙和喉道体积，m^3；n_1为压裂液进入的无机质孔隙和喉道数量；V_{or}为压裂液进入的有机质孔隙和喉道体积，m^3；n_2为压裂液进入的有机质孔隙和喉道数量。

压裂液返排过程，不同流动阶段含水饱和度可表示为

$$S_{\mathrm{w}}=\frac{\sum_{i=1}^{n_3}V_{\mathrm{in}}(i)+\sum_{i=1}^{n_4}V_{\mathrm{in}}(i)S_{\mathrm{w\_loc}}(i)+\sum_{i=1}^{n_5}V_{\mathrm{or}}(i)S_{\mathrm{w\_loc\_or}}(i)}{V_{\mathrm{pore}}} \tag{6-147}$$

式中，n_3为未被气相占据的无机质孔隙和喉道数量；n_4为气相侵入的无机质孔隙和喉道数量；n_5为气相未进入的有机质孔隙和喉道数量。

根据气相传导率[式(6-66)～式(6-68)]和水相传导率[式(6-118)～式(6-120)]，采用式(6-118)～式(6-120)计算各相压力降分布，采用式(6-81)分别计算水相和气相单相渗透率$k_{\mathrm{single_water}}$、$k_{\mathrm{single\_gas}}$。

压裂液注入过程中，根据气水两相在孔隙网络模型上分布，水相侵入的无机质孔隙喉道水相传导率采用式(6-118)～式(6-120)计算，水相侵入的有机质孔隙喉道水相传导率采用式(6-117)计算。气相占据的无机质孔隙喉道气相传导率采用式(6-66)～式(6-68)计算，占据的有机质孔隙喉道气相传导率采用式(6-69)～式(6-71)计算，水相侵入的有机质孔隙气相传导率采用式(6-62)计算。

压裂液返排过程中，根据气水两相在孔隙网络模型上分布，水相占据的无机质孔隙喉道水相传导率采用式(6-118)～式(6-120)计算，气相侵入的无机质孔隙喉道水相传导率采用式(6-143)计算。气相侵入的无机质孔隙喉道气相传导率采用式(6-145)计算，侵入的有机质孔隙喉道气相传导率采用式(6-69)～式(6-71)计算。

根据压裂液注入过程和返排过程中气水两相分布，分别对气相和水相采用式(6-78)～式(6-80)计算相同压差下压降分布以及各相流量，采用式(6-113)、式(6-114)计算水相相对渗透率和气相相对渗透率。模型输入参数见表 6.10，计算得到的压裂液注入和返排过程中页岩孔隙网络模型上气水两相分布见图 6.82，气相采用红色标记，水相采用蓝色标记，角落中的水相不予可视化。

表 6.10 双重孔隙类型孔隙网络气水两相流动模拟模型输入参数

参数	取值
地层温度 T/K	400
孔隙压力 p/MPa	40
压力梯度 dp/dx/(MPa/m)	0.1
体积 TOC 含量 TOC_{in}	0.05
无机质孔隙润湿角 θ_{w_in}/(°)	10
有机质孔隙润湿角 θ_{w_or}/(°)	120
朗缪尔压力 p_L/MPa	13.789514[43]
最大吸附气浓度 C_{max}/(mol/m^3)	328.7[43]
覆盖度为零时的等温吸附热$\Delta H(0)$/(J/mol)	16000[29]
等温吸附热线性变化系数 γ/(J/mol)	−4186[29]
堵塞速度常数与迁移速度常数比值 κ	0.5[29]
气体摩尔质量 M_w/(kg/mol)	0.01604

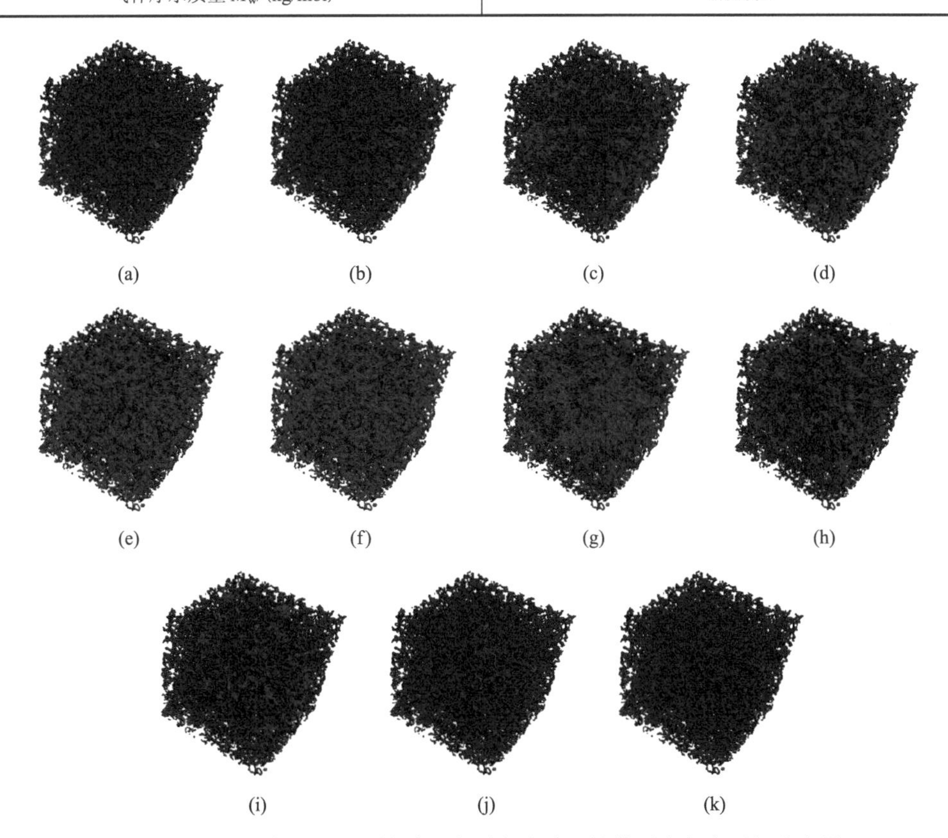

图 6.82 压裂液注入和返排过程中页岩孔隙网络模型上气水两相分布图

(a) S_w=0.012；(b) S_w =0.079；(c) S_w =0.4；(d) S_w =0.61；(e) S_w =0.79；(f) S_w =0.87；(g) S_w =0.56；(h) S_w =0.37；(i) S_w =0.243；(j) S_w =0.13；(k) S_w=0.09。角落中水相不予可视化，(a)～(f) 压裂液注入过程，(g)～(k) 压裂液返排过程

4. 压裂液注入与返排过程中气水相渗曲线分析

图 6.83 为计算得到的压裂液注入和返排过程中气水相渗曲线。从图中可以看出，随着水相注入，气相相渗曲线迅速降低，当含水饱和度达到 0.4 时，气相相渗曲线开始缓慢降低[图 6.83(a)]。气相相渗曲线先快速降低后缓慢下降的变化趋势与 Peng[63]基于页岩气相相对渗透率实验结果得到的结论较为一致。由于气相润湿有机质孔隙的存在，导致整个孔隙网络上表现为以水湿为主的混合润湿特性，因此返排气水相渗曲线交叉点对应的含水饱和度值接近于 0.6，呈现弱水湿的特征。随着气相饱和度的增加，气相相对渗透率曲线迅速降低，水相相对渗透率曲线迅速增加。图 6.84 表示不同 TOC 含量下压裂液注入与返排过程中气水相渗曲线，从图中可以看出随着 TOC 含量增加，水湿特征逐渐减弱，气水相渗曲线左移，气水相渗曲线交叉点逐渐接近于 0.6。图 6.85 表示不同无机质孔隙水相润湿角情况下压裂液返排过程中气水相渗曲线，典型水湿相渗曲线交叉点饱和度通常大于 0.5，随着润湿角的增加，页岩孔隙网络模型上整体水相润湿程度减弱，气

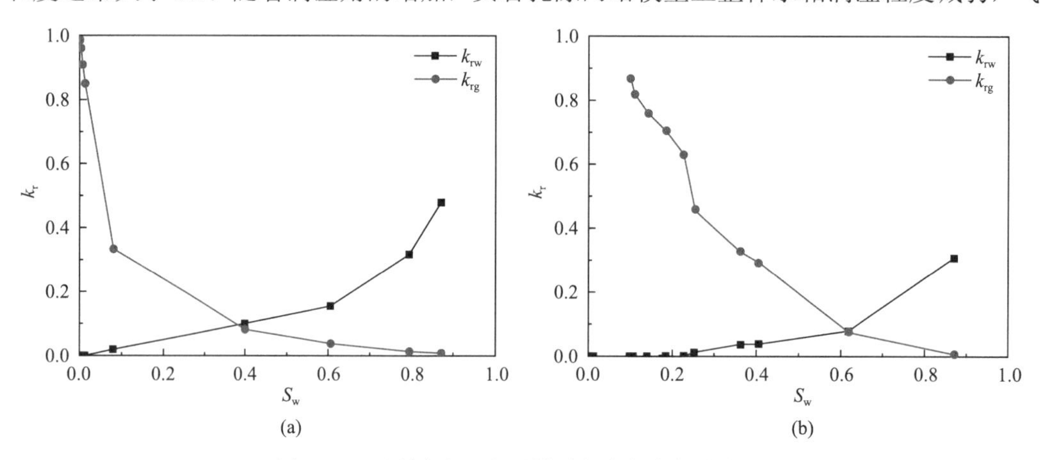

图 6.83 压裂液注入和返排过程中气水相渗曲线

(a)压裂液注入过程；(b)压裂液返排过程

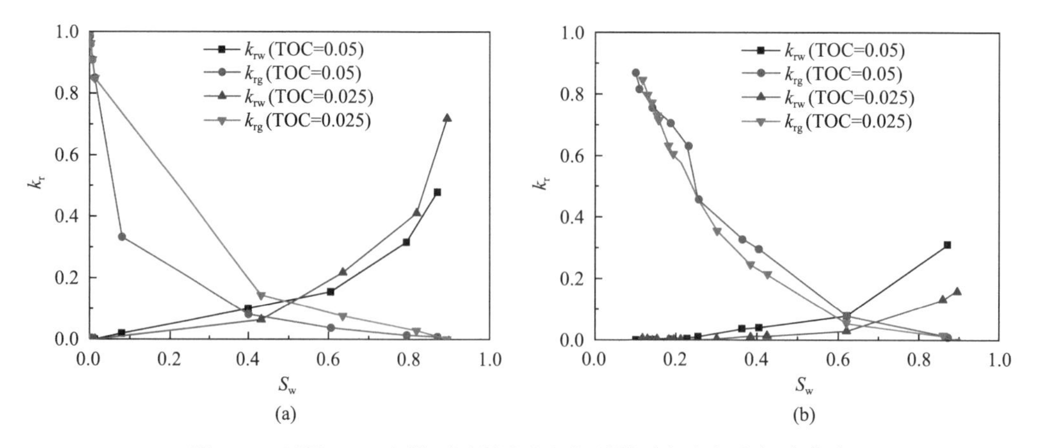

图 6.84 不同 TOC 含量下压裂液注入与返排过程中气水相渗曲线

(a)压裂液注入过程；(b)压裂液返排过程

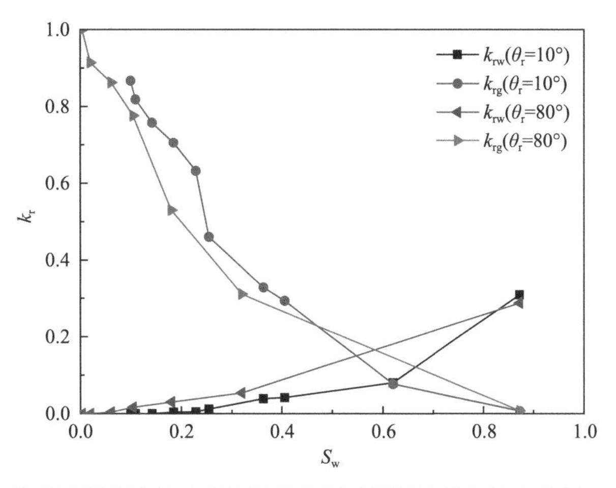

图 6.85　不同无机质孔隙水相润湿角情况下压裂液返排过程中气水相渗曲线

水相渗曲线交叉点含水饱和度逐渐接近于 0.6。不考虑自由气滑移、吸附气表面扩散以及水相滑移，计算考虑气相和水相以达西流动情况下的气水相渗曲线(图 6.86)，从图中可以看出，气水微纳尺度运移机制对气水相渗曲线的影响很小，可忽略不计。相对渗透率为无量纲值，因此相渗曲线不发生变化但并不意味着气水微纳尺度运移机制对气水两相流动能力没有影响。微纳尺度运移机制通过影响气水流动的单相渗透率来影响每个饱和度点下的气水两相有效渗透率。对比图 6.83～图 6.85 可发现，页岩气水相渗曲线主要受孔隙结构、TOC 含量、水相润湿角控制。

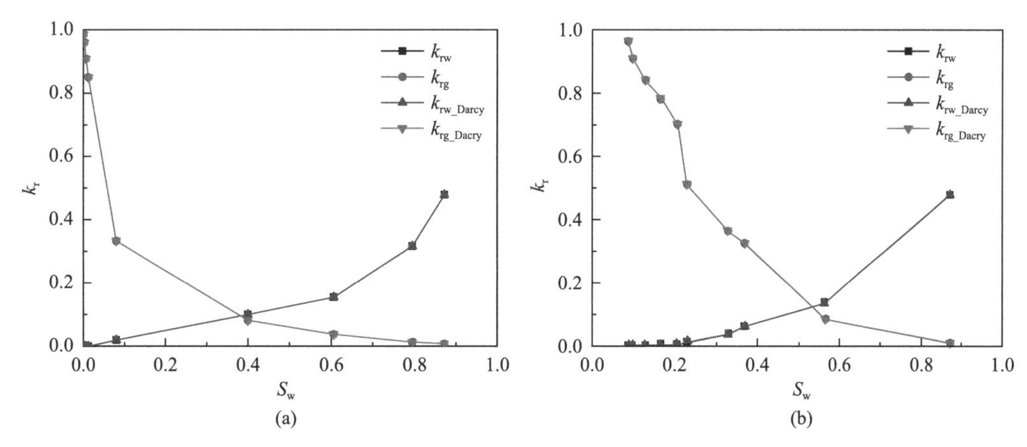

图 6.86　考虑运移机制与不考虑运移机制的气水相渗曲线

(a)压裂液注入过程；(b)压裂液返排过程

6.6　我国某页岩气藏区块开发过程中的实际应用

6.6.1　页岩气藏研究区块基础数据资料获取

以我国某页岩气藏区块作为研究对象，基础数据资料主要来源于岩心扫描电镜成像、岩心吸附-解吸实验结果、储层参数(孔隙压力、地层温度、TOC 含量等)。图 6.87 为该区块 8 组页岩扫描电镜二值化处理后的图像，具体参数见表 6.11。从图 6.87 可看出，该区块页岩孔隙呈现局部聚集的特点，孔隙发育整自由对集中[图 6.87(c)～(e)、(g)]。通过岩心吸附-解吸实验结果拟合得到该区块朗缪尔吸附曲线，如图 6.88 所示。气藏储层参数见表 6.12。根据以上获得的基础数据资料，基于本书提出的页岩孔隙网络流动模拟模

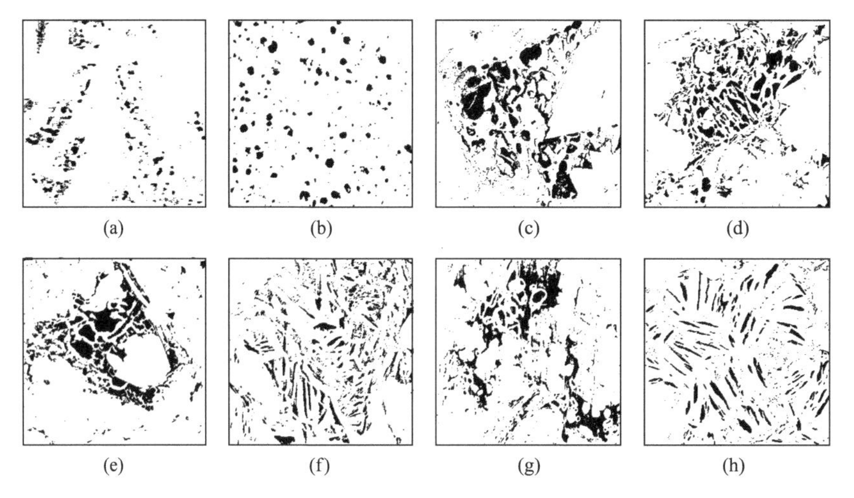

图 6.87　我国某页岩气藏区块 8 组页岩二值化扫描电镜图像

表 6.11　我国某页岩气藏区块 8 组页岩扫描电镜图像物理参数

序号	分辨率/nm	像素尺寸	物理尺寸/(μm×μm)
1	3.36	300×300	1.008×1.008
2	5.26	300×300	1.578×1.578
3	28.30	300×300	8.490×8.490
4	8.40	300×300	2.520×2.520
5	12.42	300×300	3.726×3.726
6	4.53	300×300	1.359×1.359
7	24.69	300×300	7.407×7.407
8	9.85	300×300	2.955×2.955

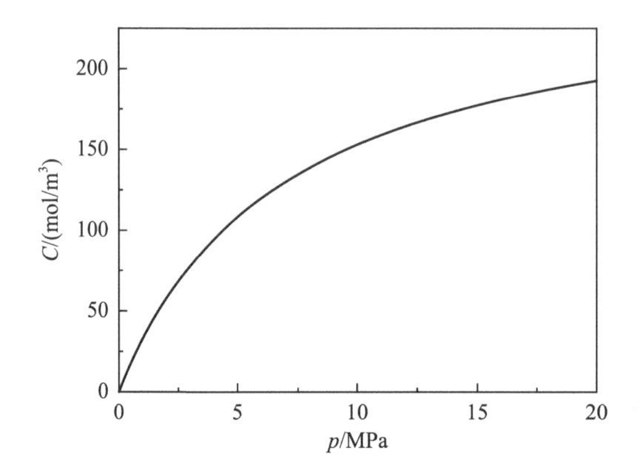

图 6.88　我国某页岩气藏区块页岩吸附实验数据得到的朗缪尔吸附曲线

表 6.12　我国某页岩区块气藏储层参数

参数	取值
地层温度 T/K	393
孔隙压力 p/MPa	50
压力梯度 $\mathrm{d}p/\mathrm{d}x$/(MPa/m)	0.1
体积 TOC 含量 $\mathrm{TOC_{in}}$	0.0576
无机质孔隙润湿角 $\theta_{\mathrm{w\_in}}$/(°)	20
有机质孔隙润湿角 $\theta_{\mathrm{w\_or}}$/(°)	120
朗缪尔压力 p_{L}/MPa	7
最大吸附气浓度 $C_{\max}$/(mol/m^3)	260
覆盖度为 0 时的等温吸附热$\Delta H(0)$/(J/mol)	16000
等温吸附热线性变化系数 γ/(J/mol)	−4186
堵塞速度常数与迁移速度常数比值 κ	0.5
气体摩尔质量 M_{w}/(kg/mol)	0.01604

型，能够计算该区块孔隙结构特征参数、单相气渗透率、气水相渗曲线，分析储层性质以及微纳尺度流体运移机制对该区块流体渗流规律的影响。

6.6.2　页岩气藏研究区块孔隙结构分析

基于页岩二值化扫描电镜图像(图 6.87)，采用马尔科夫链-蒙特卡罗方法数值重构我国某页岩气藏区块 8 组页岩数字岩心(图 6.89)。基于重构得到的页岩数字岩心，采用最大球方法提取得到该区块 8 组页岩孔隙网络模型(图 6.90)，统计孔隙结构特征。根据孔隙结构分析结果可发现，该区块页岩孔径分布主要呈现双峰分布(图 6.91)，配位数分布呈现单峰分布(图 6.92)，存在较多的孤立孔隙。图 6.91 中可看到，该区块页岩孔径从几

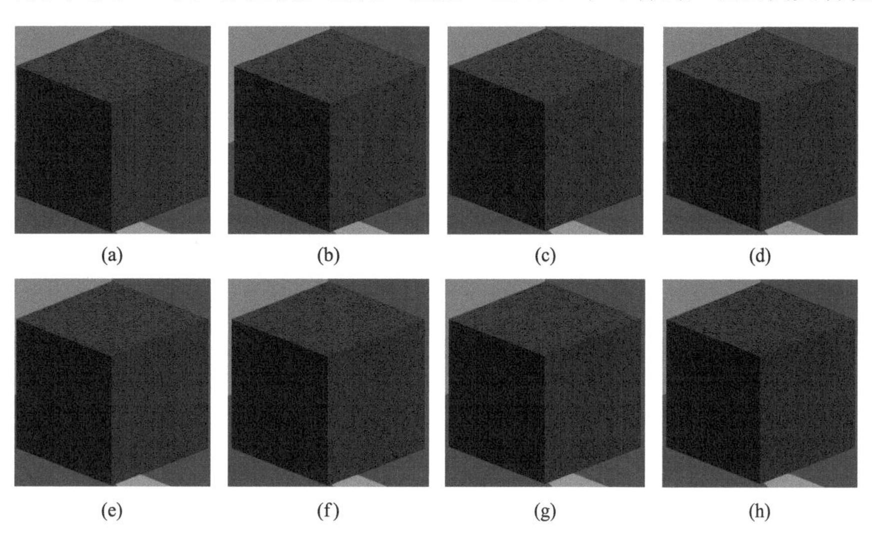

图 6.89　我国某页岩气藏区块 8 组页岩数字岩心

纳米到几十纳米不等，孔隙尺寸总体在 50nm 以下，配位数总体在 4 以下。8 组岩样整体平均孔喉半径为 18.7nm，平均配位数为 3.3，孔隙连通性一般。

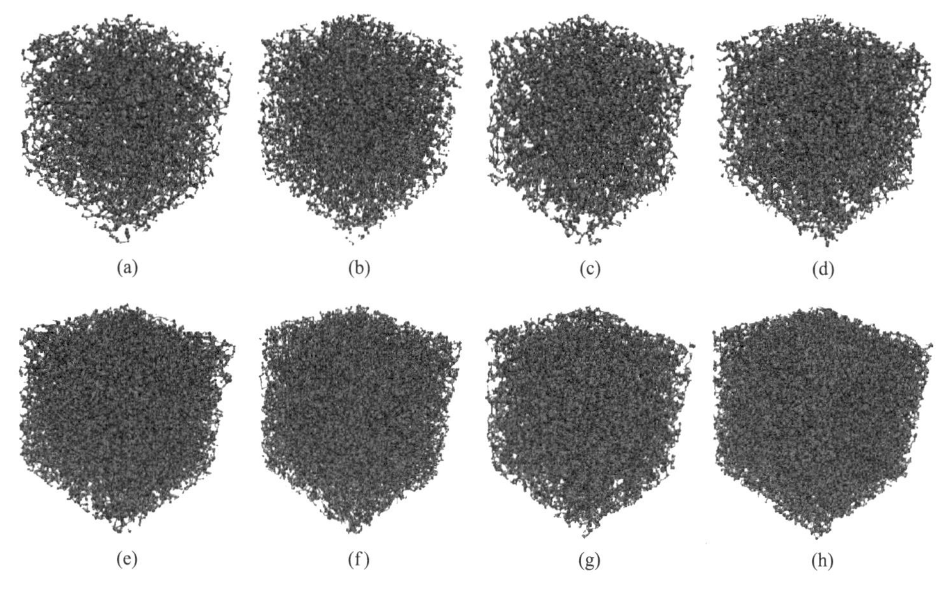

图 6.90　我国某页岩气藏区块 8 组页岩孔隙网络模型

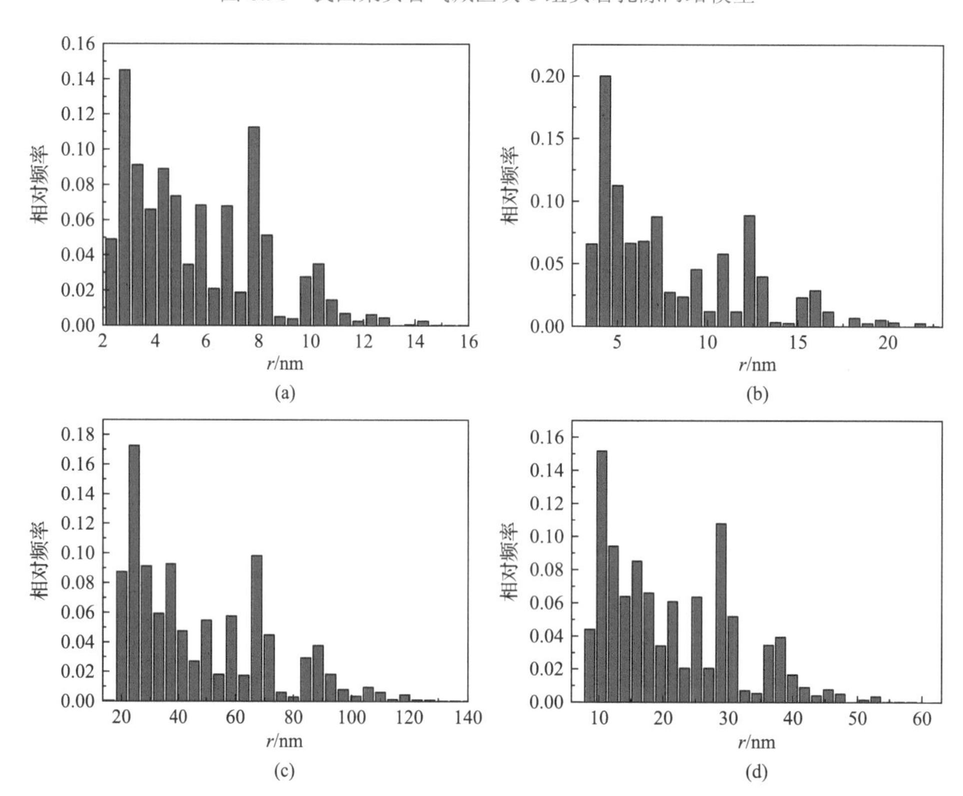

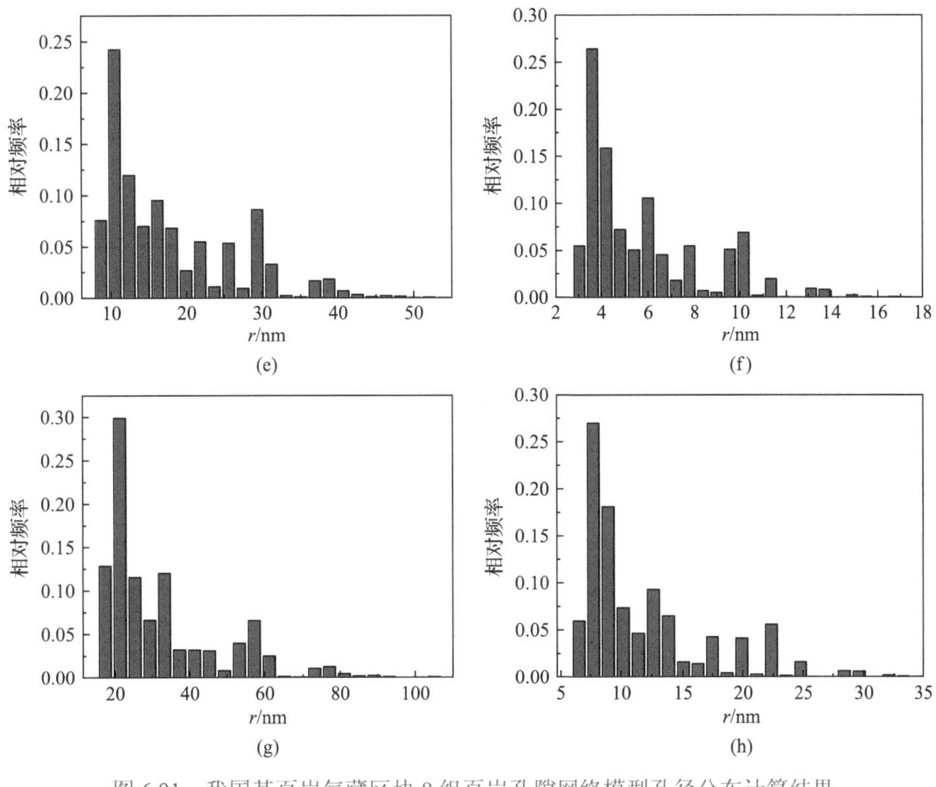

图 6.91　我国某页岩气藏区块 8 组页岩孔隙网络模型孔径分布计算结果

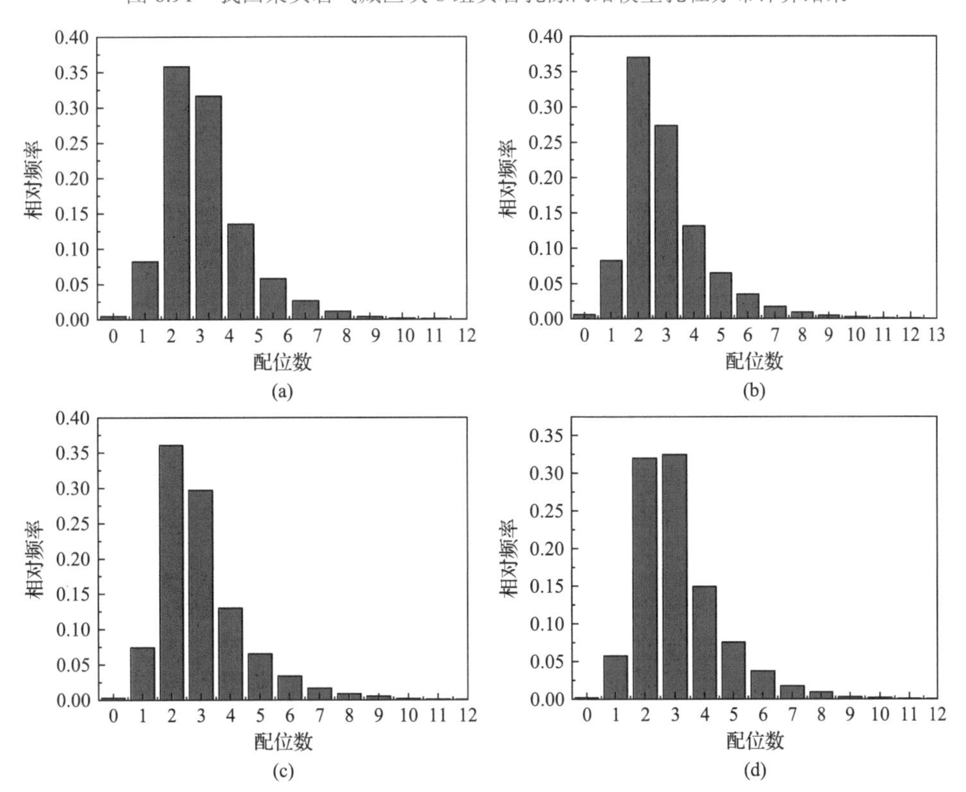

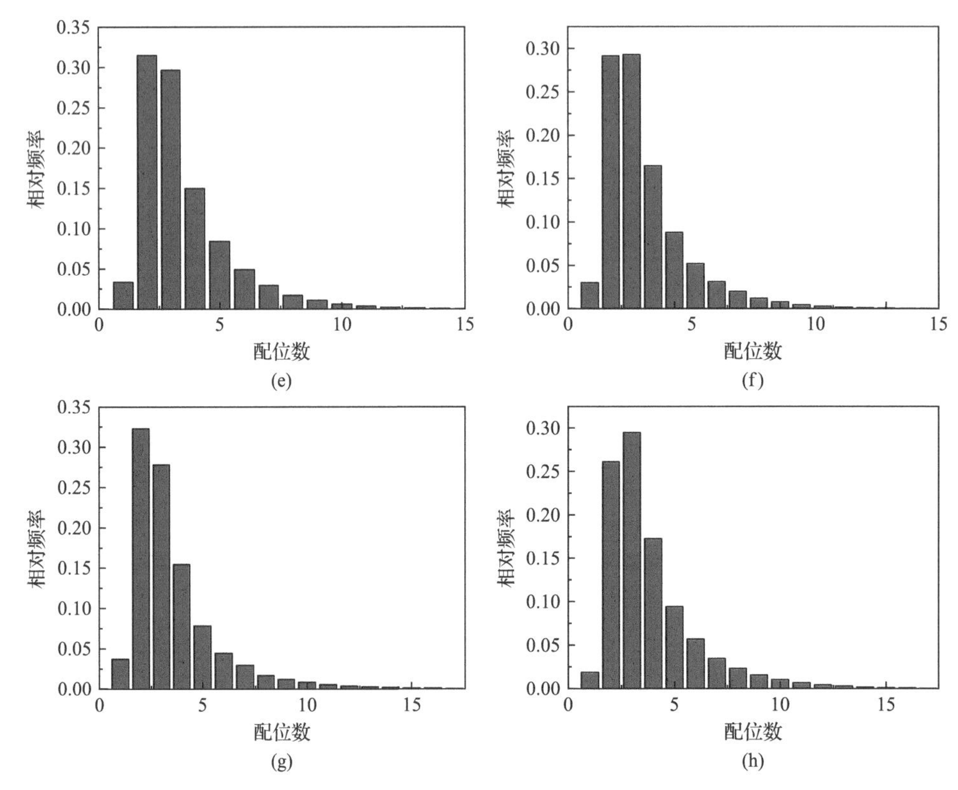

图 6.92 我国某页岩气藏区块 8 组页岩孔隙网络模型配位数计算结果

6.6.3 页岩气藏研究区块渗透率影响规律分析

基于图 6.90 中 8 组页岩孔隙网络模型，按照 6.5.2 节第 1 部分提出的方法构建双重孔隙类型孔隙网络模型，计算不同孔隙压力下页岩气渗透率。从图 6.93 可看出，该页岩气藏区块非均质性较强，渗透率从 $10^{-8}\mu m^2$ 数量级增加到 $10^{-6}\mu m^2$ 数量级。随着孔隙压力降低，渗透率逐渐增加。图 6.94 为孔隙压力 10MPa 与孔隙压力 50MPa 条件下页岩气渗透率比值(k_{10}/k_{50})，从图中可看出，低压下页岩气渗透率要显著高于高压下页岩气渗透率，增幅最大可达 30%以上。对比表 6.13 孔隙结构分析结果可发现，孔隙尺寸越小，微尺度效应越强，低压下渗透率增加幅度越大。

计算原始储层条件下固有渗透率、气相视渗透率以及水相视渗透率，从图 6.95 可以看出，微纳尺度气体运移机制和水相滑移效应导致视渗透率值大于固有渗透率。根据表 6.13，5#岩心孔隙结构统计结果与该区块平均孔隙尺寸、配位数最为接近，因此选取 5#岩心分析微纳尺度运移机制对该区块页岩气渗透率的影响。从图 6.96 可看出，气体临界性质变化对该区块页岩气渗透率的影响可忽略不计，有机质孔隙中的吸附气流动对页岩气渗透率有微弱影响，但从工程意义上可忽略不计。自由气滑移作用对该区块页岩气渗透率有较大影响，矿场生产模拟中必须考虑自由气滑移作用影响。

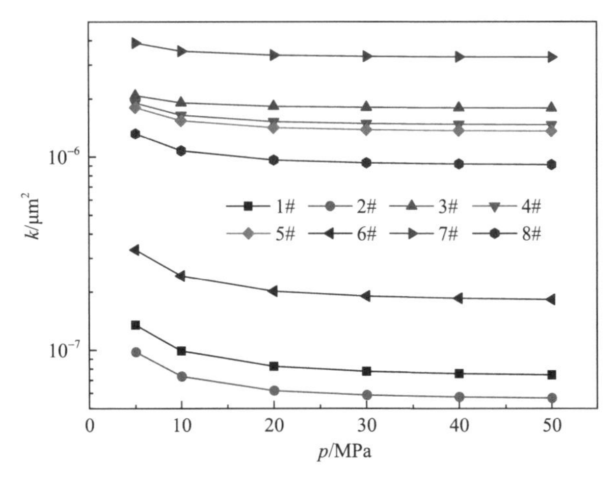

图 6.93　我国某页岩气藏区块不同孔隙压力下 8 组页岩气渗透率变化

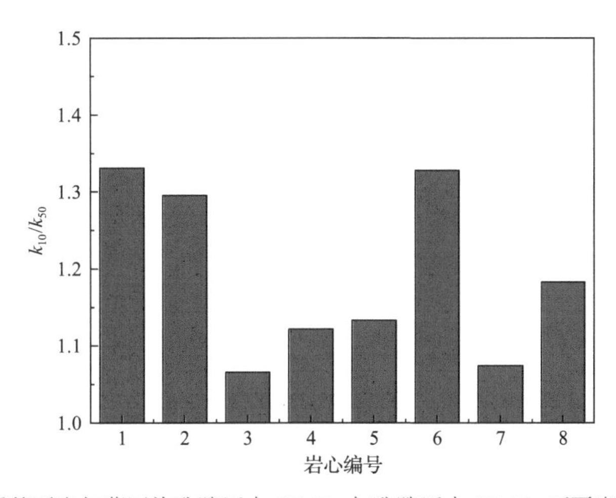

图 6.94　我国某页岩气藏区块孔隙压力 10MPa 与孔隙压力 50MPa 下页岩气渗透率比值

表 6.13　我国某页岩气藏区块 8 组页岩孔隙网络模型孔隙结构统计结果

序号	物理尺寸/(μm×μm×μm)	平均孔喉半径/nm	平均配位数
1	1.008×1.008×1.008	5.39	2.88
2	1.578×1.578×1.578	7.99	2.99
3	8.490×8.490×8.490	47.3	3.03
4	2.520×2.520×2.520	21.2	3.14
5	3.726×3.726×3.726	17.7	3.47
6	1.359×1.359×1.359	5.74	3.60
7	7.407×7.407×7.407	32	3.56
8	2.955×2.955×2.955	11.8	3.83

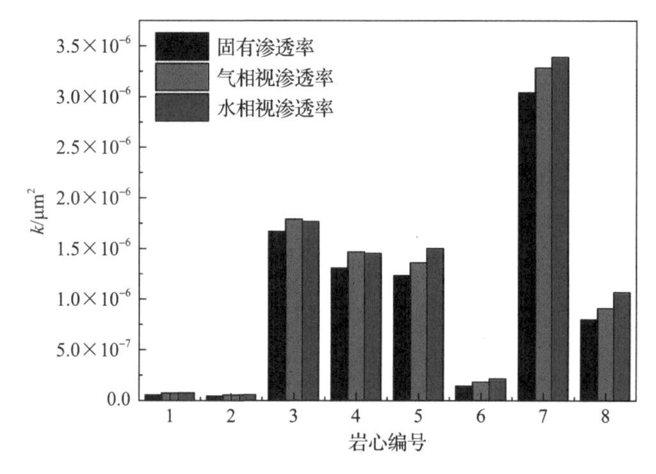

图 6.95 我国某页岩气藏区块原始孔隙压力下 8 组页岩渗透率计算结果

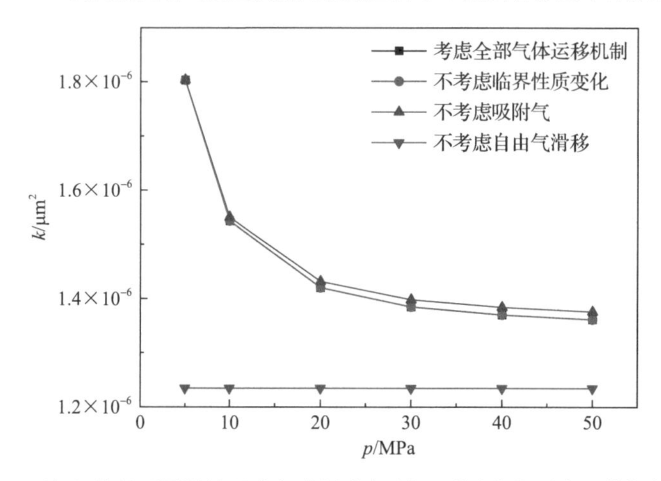

图 6.96 5#岩心考虑不同微纳尺度气体运移机制、不同孔隙压力下的气体渗透率

6.6.4 页岩气藏研究区块气水相渗曲线影响规律分析

基于该区块 8 组双重孔隙类型页岩孔隙网络模型，模拟地层条件下压裂液注入与返排过程，参数见表 6.12，计算得到 8 组压裂液返排气水相渗曲线(图 6.97)。从图 6.97 可以看出，由于压裂液注入过程结束后不同岩心气水分布存在差异，因此返排过程水相初始相渗值略有不同。从 8 组相渗形态可以看出，该区块压裂液返排气水相渗曲线属于气相优势型相渗曲线，随着水相返排，水相相对渗透率迅速降低，气相相对渗透率过交叉点后快速增加，两相共渗区域较小，气水相渗交叉点相渗在 0.2 以下，克服最大毛细管力情况下的束缚水饱和度为 5%～10%。以代表性岩心(5#岩心)为研究对象，模拟计算不同孔隙压力下压裂液注入与返排气水相渗曲线。结合图 6.96 和图 6.98 发现，孔隙压力可通过影响单相渗透率来影响不同含水饱和度下的有效渗透率，但对气水相渗曲线的影响可忽略不计。选取表征该区块孔隙尺寸跨度范围的 3#岩心和 6#岩心，计算压裂液返排过程毛细管力曲线(图 6.99)。

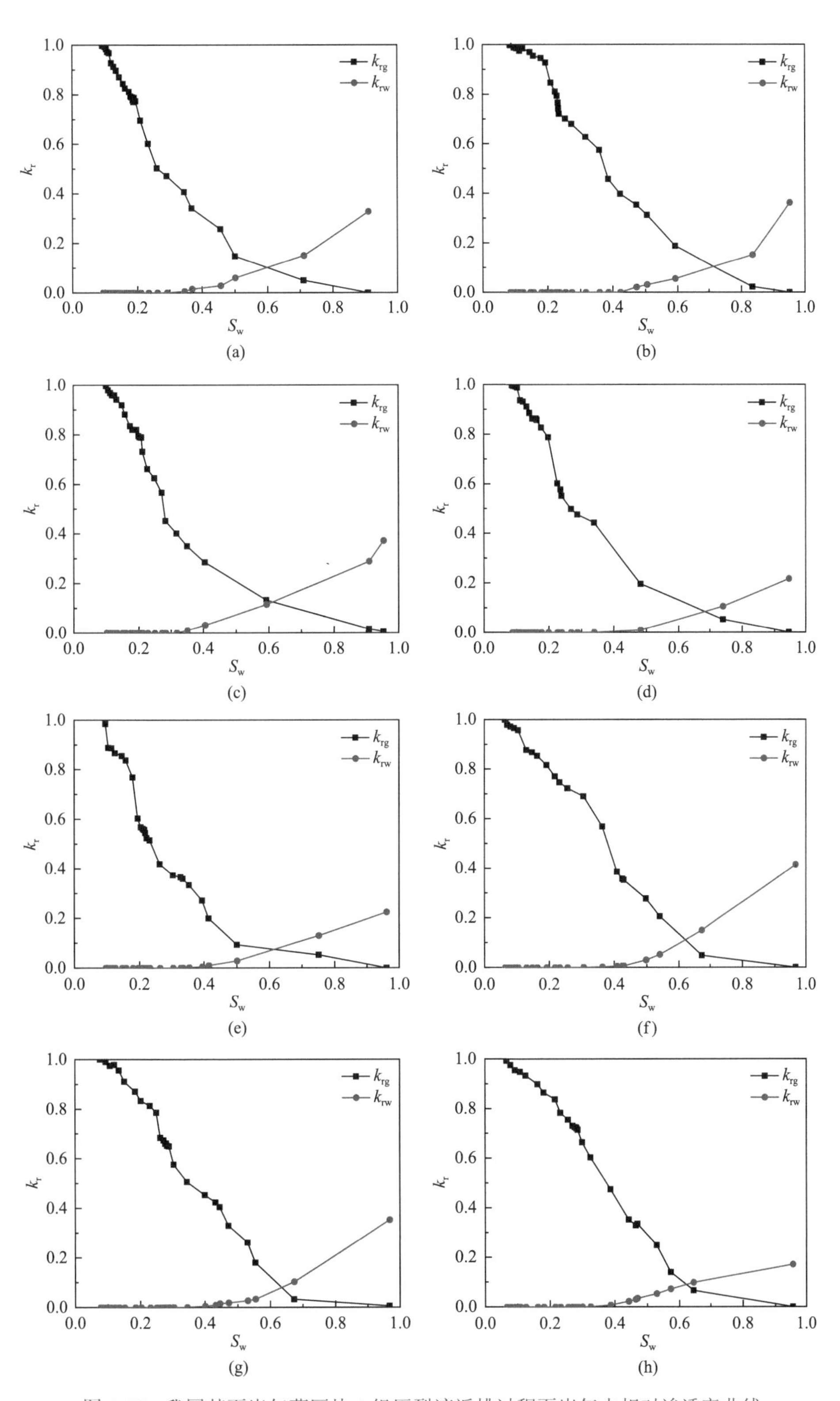

图 6.97　我国某页岩气藏区块 8 组压裂液返排过程页岩气水相对渗透率曲线

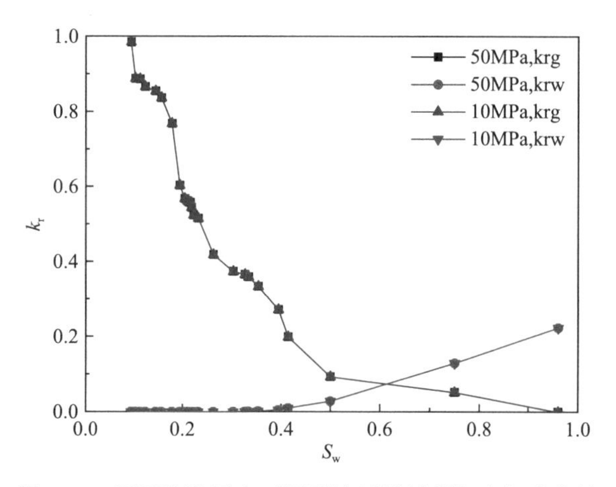

图 6.98　不同孔隙压力下压裂液返排过程气水相渗曲线

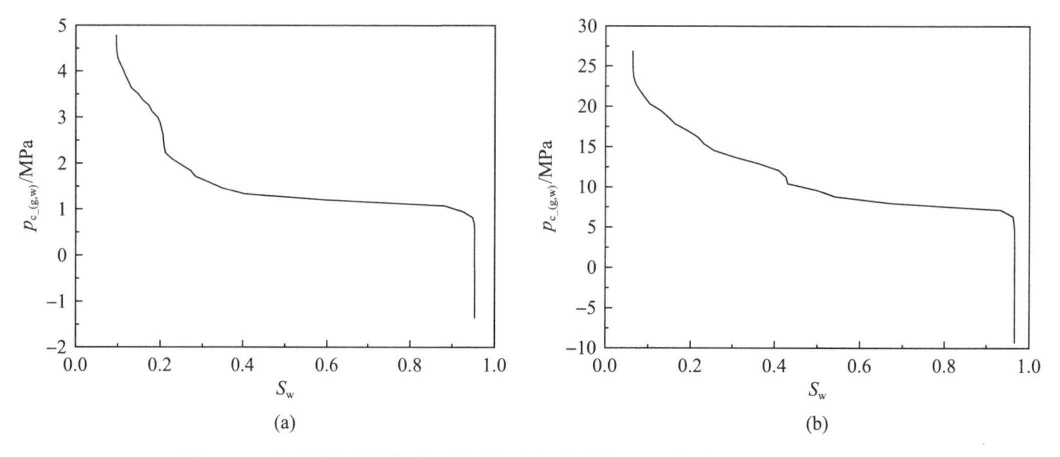

图 6.99　我国某页岩气藏区块典型孔隙结构下返排过程毛细管力曲线

(a) 3#岩心；(b) 6#岩心

返排过程气相在毛细管力的作用下根据孔隙尺寸从小到大的顺序首先进入连通的有机质孔隙拓扑，由于连通有机质孔隙拓扑体积分数较小，因此初始阶段毛细管力为负值，并且随着含水饱和度的降低而毛细管力绝对值快速减小。当气相在驱替压力的作用下开始进入无机质孔隙中时毛细管力为正值，并且随着驱替压力的增加，含水饱和度快速减小。从返排过程毛细管力曲线中可看出(图 6.99)，毛细管力中间平缓段延伸区域大，同时返排所需克服的毛细管力从几兆帕到几十兆帕不等，因此返排阶段需要较大的驱替压力将页岩基质内的压裂液返排。由于页岩气藏分段压裂水平井实际开发过程中远井地带驱替压力无法克服兆帕级大小的毛细管力，因此大量的压裂液滞留在页岩基质中，导致压裂液返排率较低。计算得到的 8 组压裂液返排气水相渗曲线在该区块宏观气水两相生产数值模拟中得到广泛应用，准确认识了页岩基质中压裂液返排规律，有效地指导了现场生产制度的制订。

参 考 文 献

[1] Fatt I. The network model of porous media[J]. Petroleum Transations, 1956, 207(1): 144-181.

[2] 姚军, 赵秀才. 数字岩心及孔隙级渗流模拟理论[M]. 北京: 石油工业出版社, 2010.

[3] Øren P E, Bakke S. Reconstruction of Berea sandstone and pore-scale modelling of wettability effects[J]. Journal of Petroleum Science and Engineering, 2003, 39(3): 177-199.

[4] Silin D B, Jin G, Patzek T W. Robust determination of the pore space morphology in sedimentary rocks[C]// Proceedings of the SPE Annual Technical Conference and Exhibition, Denver, 2003.

[5] Dong H, Blunt M J. Pore-network extraction from micro-computerized-tomography images[J]. Physical Review E, 2009, 80(3): 036307.

[6] Lindquist W B, Lee S M, Coker D A, et al. Medial axis analysis of three dimensional tomographic images of drill core samples[J]. Journal of Geophysical Research, 1996, 101: 8297-310.

[7] Sheppard A P, Sok R M, Averdunk H. Improved pore network extraction methods[C]// Proceedings of the International Symposium of the Society of Core Analysts, Toronto, 2005.

[8] Song W, Yao J, Ma J, et al. Assessing relative contributions of transport mechanisms and real gas properties to gas flow in nanoscale organic pores in shales by pore network modelling[J]. International Journal of Heat and Mass Transfer, 2017, 113(Supplement C): 524-537.

[9] Song W, Yao J, Ma J, et al. Pore-scale numerical investigation into the impacts of the spatial and pore-size distributions of organic matter on shale gas flow and their implications on multiscale characterisation[J]. Fuel, 2018, 216: 707-721.

[10] Song W, Yao J, Ma J, et al. Numerical simulation of multiphase flow in nanoporous organic matter with application to coal and gas shale systems[J]. Water Resources Research, 2018, 54(2): 1077-1092.

[11] Wang Y, Zhu Y, Liu S,et al. Pore characterization and its impact on methane adsorption capacity for organic-rich marine shales[J]. Fuel, 2016, 181: 227-237.

[12] Heller R, Zoback M. Adsorption of methane and carbon dioxide on gas shale and pure mineral samples[J]. Journal of Unconventional Oil and Gas Resources, 2014, 8: 14-24.

[13] Kang S M, Fathi E, Ambrose R J, et al. Carbon dioxide storage capacity of organic-rich shales[J]. SPE Journal, 2011, 16(4): 842-855.

[14] Ambrose R J, Hartman R C, Diaz Campos M,et al. New pore-scale considerations for shale gas in place calculations[C]// Proceedings of the SPE Unconventional Gas Conference. Society of Petroleum Engineers, 2010.

[15] Islam A W, Patzek T W, Sun A Y. Thermodynamics phase changes of nanopore fluids[J]. Journal of Natural Gas Science and Engineering, 2015, 25: 134-139.

[16] Mahmoud M. Development of a new correlation of gas compressibility factor (Z-factor) for high pressure gas reservoirs[J]. Journal of Energy Resources Technology, 2014, 136(1): 012903.

[17] Fan X, Li G, Shah S N,et al. Analysis of a fully coupled gas flow and deformation process in fractured shale gas reservoirs[J]. Journal of Natural Gas Science and Engineering, 2015, 27: 901-913.

[18] Yu W, Sepehrnoori K, Patzek T W. Modeling gas adsorption in Marcellus shale with Langmuir and bet isotherms[J]. SPE Journal, 2016, 21(2): 589-600.

[19] Lee A L, Gonzalez M H, Eakin B E. The viscosity of natural gases[J]. Journal of Petroleum Technology, 1966, 18(8): 997-1000.

[20] Landry C J, Prodanović M, Eichhubl P. Direct simulation of supercritical gas flow in complex nanoporous media and prediction of apparent permeability[J]. International Journal of Coal Geology, 2016, 159: 120-134.

[21] Kim C, Jang H, Lee Y, et al. Diffusion characteristics of nanoscale gas flow in shale matrix from Haenam basin, Korea[J]. Environmental Earth Sciences, 2016, 75(4): 1-8.

[22] Beskok A, Karniadakis G E. Report: A model for flows in channels, pipes, and ducts at micro and nano scales[J]. Microscale

Thermophysical Engineering, 1999, 3(1): 43-77.

[23] Karniadakis G E, Beskok A, Aluru N. Microflows and Nanoflows: Fundamentals and Simulation[M]. Berlin: Springer Science & Business Media, 2006.

[24] Maurer J, Tabeling P, Joseph P, et al. Second-order slip laws in microchannels for helium and nitrogen[J]. Physics of Fluids, 2003, 15(9): 2613-2621.

[25] Patzek T, Silin D. Shape factor and hydraulic conductance in noncircular capillaries: I. One-phase creeping flow[J]. Journal of Colloid and Interface Science, 2001, 236(2): 295-304.

[26] Qian Y H, D'Humières D, Lallemand P. Lattice BGK models for Navier-Stokes equation[J]. EPL (Europhysics Letters), 1992, 17(6): 479.

[27] Golub G. Numerical methods for solving linear least squares problems[J]. Numerische Mathematik, 1965, 7(3): 206-216.

[28] Cunningham R E, Williams R. Diffusion in Gases and Porous Media[M]. Berlin: Springer, 1980.

[29] Wu K, Li X, Wang C, et al. Model for surface diffusion of adsorbed gas in nanopores of shale gas reservoirs[J]. Industrial & Engineering Chemistry Research, 2015, 54(12): 3225-3236.

[30] Shelby J. Temperature dependence of he diffusion in vitreous SiC_2[J]. Journal of the American Ceramic Society, 1971, 54(2): 125, 126.

[31] Wang Y, Ercan C, Khawajah A, et al. Experimental and theoretical study of methane adsorption on granular activated carbons[J]. AIChE Journal, 2012, 58(3): 782-788.

[32] Pan H, Ritter J A, Balbuena P B. Isosteric heats of adsorption on carbon predicted by density functional theory[J]. Industrial & Engineering Chemistry Research, 1998, 37(3): 1159-1166.

[33] Guo L, Peng X, Wu Z. Dynamical characteristics of methane adsorption on monolith nanometer activated carbon[J]. Journal of Chemical Industry and Engineering (China), 2008, 59(11): 2726-2732.

[34] Nodzeński A. Sorption and desorption of gases (CH_4, CO_2) on hard coal and active carbon at elevated pressures[J]. Fuel, 1998, 77(11): 1243-1246.

[35] Hwang S T, Kammermeyer K. Surface diffusion in microporous media[J]. The Canadian Journal of Chemical Engineering, 1966, 44(2): 82-89.

[36] Chen Y, Yang R. Concentration dependence of surface diffusion and zeolitic diffusion[J]. AIChE Journal, 1991, 37(10): 1579-1582.

[37] 姚军, 赵秀才, 衣艳静, 等. 数字岩心技术现状及展望[J]. 油气地质与采收率, 2005, 12(6): 52-54.

[38] Yang Y, Yao J, Wang C, et al. New pore space characterization method of shale matrix formation by considering organic and inorganic pores[J]. Journal of Natural Gas Science and Engineering, 2015, 27: 496-503.

[39] Zheng D, Reza Z. Pore-network extraction algorithm for shale accounting for geometry-effect[J]. Journal of Petroleum Science and Engineering, 2019, 176: 74-84.

[40] Loucks R G, Reed R M, Ruppel S C, et al. Morphology, genesis, and distribution of nanometer-scale pores in siliceous mudstones of the Mississippian Barnett Shale[J]. Journal of sedimentary research, 2009, 79(12): 848-861.

[41] Peng S, Zhang T, Ruppel S C. Upscaling of pore network and permeability from micron to millimeter scale in organic-Pore dominated mudstones[C]// AAPG Annual Convention and Exhibition, Houston, 2014.

[42] Okabe H, Blunt M J. Pore space reconstruction using multiple-point statistics[J]. Journal of Petroleum Science and Engineering, 2005, 46(1-2): 121-137.

[43] Wasaki A, Akkutlu I Y. Permeability of organic-rich shale[J]. SPE Journal, 2015, 20(6): 1, 384-381, 396.

[44] Bird R B. Transport phenomena[J]. Applied Mechanics Reviews, 2002, 55(1): R1-R4.

[45] Zhao J, Yao J, Zhang M, et al. Study of gas flow characteristics in tight porous media with a microscale lattice boltzmann model[J]. Scientific Reports, 2016, 6: 32393.

[46] Hinai A, Rezaee R, Esteban L, et al. Comparisons of pore size distribution: A case from the Western Australian gas shale formations[J]. Journal of Unconventional Oil and Gas Resources, 2014, 8: 1-13.

[47] Naraghi M E, Javadpour F. A stochastic permeability model for the shale-gas systems[J]. International Journal of Coal Geology, 2015, 140: 111-124.

[48] Jones S. A technique for faster pulse-decay permeability measurements in tight rocks[J]. SPE Formation Evaluation, 1997, 12(1): 19-26.

[49] Cui X, Bustin A, Bustin R M. Measurements of gas permeability and diffusivity of tight reservoir rocks: Different approaches and their applications [J]. Geofluids, 2009, 9(3): 208-223.

[50] Seibt D, Herrmann S, Vogel E, et al. Simultaneous measurements on helium and nitrogen with a newly designed viscometer-Densimeter over a wide range of temperature and pressure[J]. Journal of Chemical & Engineering Data, 2009, 54(9): 2626-2637.

[51] Ghanizadeh A, Gasparik M, Amann-Hildenbrand A, et al. Lithological controls on matrix permeability of organic-rich shales: An experimental study[J]. Energy Procedia, 2013, 40: 127-136.

[52] Lee T, Bocquet L, Coasne B. Activated desorption at heterogeneous interfaces and long-time kinetics of hydrocarbon recovery from nanoporous media[J]. Nature Communications, 2016, 7: 11890.

[53] Wu K, Chen Z, Li J, et al. Wettability effect on nanoconfined water flow[J]. Proceedings of the National Academy of Sciences, 2017, 114(13): 3358-3363.

[54] Al-Shemmeri T. Engineering Fluid Mechanics[E/M]. 2012. http://bookboon.com/en/engineering-fluid-mechanics-ebook?mediaType=ebook.

[55] Vega C, de Miguel E. Surface tension of the most popular models of water by using the test-area simulation method[J]. The Journal of Chemical Physics, 2007, 126(15): 154707.

[56] Lu H M, Jiang Q. Size-dependent surface tension and Tolman's length of droplets[J]. Langmuir, 2005, 21(2): 779-781.

[57] Oren P E, Bakke S, Arntzen O J. Extending predictive capabilities to network models[J]. SPE Journal, 1998, 3(4): 324-336.

[58] Arif M. Experimental investigation of wettability of rock-CO_2-brine for improved reservoir characterization[D]. Perth: Curtin University, 2017.

[59] Iglauer S, Al-Yaseri A Z, Rezaee R, et al. CO_2 wettability of caprocks: Implications for structural storage capacity and containment security[J]. Geophysical Research Letters, 2015, 42(21): 9279-9284.

[60] Pan B, Li Y, Wang H, et al. CO_2 and CH_4 wettabilities of organic-rich shale [J]. Energy & fuels, 2018, 32(2): 1914-1922.

[61] Birdsell D T, Rajaram H, Lackey G. Imbibition of hydraulic fracturing fluids into partially saturated shale[J]. Water Resources Research, 2015, 51(8): 6787-6796.

[62] Cheng Y. Impact of water dynamics in fractures on the performance of hydraulically fractured wells in gas-shale reservoirs[J]. Journal of Canadian Petroleum Technology, 2012, 51(2): 143-151.

[63] Peng S. Gas relative permeability and its evolution during water imbibition in unconventional reservoir rocks: Direct laboratory measurement and a conceptual model [J]. SPE Reservoir Evaluation & Engineering, 2019, 22(4): 1346-1359.